Lily Nichols RDN, CDE

懷孕全食物
營養指南

結合西醫與自然醫學, 以最新營養科學, 為媽媽和寶寶打造的完整孕期指引

REAL FOOD *for* PREGNANCY

The Science of Wisdom of Optimal Prenatal Nutrition

國家認證營養師、糖尿病衛教師、彼拉提斯教練

莉莉·尼克斯 **著**

駱香潔 **譯**

免責聲明

本書有著作權。未獲得作者的書面授權，不得以任何形式（包含電子、掃描或印刷，或儲存於資料庫或存取系統中）再製或散播本出版品。

本書僅提供資訊與衛教，不是針對個人的醫療建議。若對自身的醫療狀況有任何疑問，或在採取任何飲食、運動或養身計畫之前，請務必諮詢你的醫生。本書提供的資訊不以治療、診斷、治癒或預防任何疾病為目的，使用本書資訊若造成任何直接或間接傷害，本書作者不會承擔任何賠償責任。

目　次

讓你和寶寶一生受益的孕期指南

本書作者莉莉·尼可斯是一名合格的營養師及糖尿病衛教員，但這個受傳統醫學教育的作者卻開宗明義地跟你說：「如果你遵循常規孕期營養建議，絕對攝取不到足夠的營養素。」也就是說，照著衛教那套吃──低脂少鹽多喝果汁──你和寶寶不但都會營養不足，你也極可能引發妊娠糖尿病。

為什麼會這樣呢？莉莉·尼可斯解釋，那是因為很多「醫生幾乎從未學過營養學」。大家給孕婦的營養建議，好像都只有「只要補充孕婦維他命」就好了。

我研究營養，寫過一本關於懷孕的健康書，同時也鑽研草藥，並擁有一個很受信任的保健品品牌。也就是說，我是賣保健品的，我也了解孕期的需求。但是我卻一直沒有調出一個針對孕婦的產品。那是因為，我與莉莉·尼可斯有同樣的看法，「大自然可不笨。補充品的效果根本比不上真正的全天然食物」。她說得一點也沒錯！

在這本書裡，她會用最科學的方法跟你解釋吃什麼到底在補什麼，然後為什麼吃什麼補什麼那麼重要，用她給予的建議，你才可能真正避免妊娠糖尿病。看完了這本書，你會對天然原始的食物產生全新的崇敬，也因此會大膽地享受食物。你和寶寶會因為你與食物建立的全新健康關係，而受益一生且延續數代。

　　祝願你在這個人生最精彩的歷程中，能夠吃得真、吃得好！

賴宇凡

美國 NTA 認證自然醫學營養治療師

暢銷書《要瘦就瘦，要健康就健康》作者

「天天自然 Go Natural 365」保健生活用品品牌創辦人

二〇二一年八月

打破過時孕期營養觀念

　　此刻你拿在手裡的這本書，是一本充滿力量的書。你在懷孕期間攝取的營養，將直接影響寶寶的健康。這種影響不限於襁褓期，而是一輩子的影響。你攝取的食物、保健食品，你活動身體的方式，你接觸（或沒接觸）到的毒素，你如何處理壓力，都會對孩子的 DNA 造成直接和長期的影響，決定孩子成長過程中面臨健康問題的風險有多高。

　　莉莉跟我雖然都住在美國，但我們各自居住的地區面臨截然不同的情況。我有個朋友搬到我住的地區之後，小兒科醫師直言不諱地警告他住在美國南方罹患肥胖症的風險較高。雖然聽起來略嫌誇張，但是慢性疾病的罹患率正在逐漸上升，尤其是兒童慢性疾病，這意味著醫生的警告並非空穴來風。

　　身為營養學教授，我有開母嬰營養的專門課程。我希望能利用現行的孕期營養原則搭配科學文獻，指引學生探索這個複雜的領域。我將培養未來的營養師視為己任，絲毫不敢輕忽。將來他們開始執業後，將為無數的客戶提供飲食建議，包括孕婦。

　　新研究與公共政策之間經常存在著差距，而且有時候差距甚大。我的目標是為學生填補這種差距。了解莉莉以及他在妊娠糖尿病營養管理方面的專業知識之後，我把他的著作《妊娠糖尿病飲食指南》（*Real Food for Gestational Diabetes*，暫譯）指定為課程書籍。學生可藉由這本書了解一種常見的妊娠併發症，但更重要的是，這本書幫助他們省思數十年來未曾遭受質疑的孕期營養觀念。

我相信莉莉，因為他提供的建議奠基於學術訓練、研究和臨床經驗。除此之外，他並未對營養政策照單全收，而是親自做過詳盡的嚴謹調查之後再做決定。他在這本書裡探討最新的研究結果，對常見的孕期營養原則提出質疑。

為什麼你應該看這本書？如果你看過孕期營養的相關書籍，很可能已經發現有些建議莫衷一是，例如：哪些食物不該吃，該攝取多少蛋白質、脂肪或碳水化合物，以及該吃哪些保健食品。莉莉將在書中一步步詳細說明為什麼你讀到的某些建議雖然立意良善，卻早已過時或無憑無據。這本書會告訴你哪些東西該吃並提供原因，每一項建議都有研究為證。在討論傳統飲食與文化背景的部分，你也有機會認識孕期飲食的歷史發展。

這本書涵蓋的主題不限於飲食，還包括孕期的運動、常見的困擾（如何用天然的方式控制孕吐、便祕、高血壓等等）、對飲食和生活方式有幫助的醫學檢查、如何以及為何要在孕期避開常見的毒素。此外還有一整章討論產後調養。有幾個頗具爭議的主題也終於在這本書裡得到檢視，例如妊娠糖尿病的檢查方式（包括傳統的葡萄糖耐量試驗以外的檢查）、生酮飲食與低碳飲食的安全性、飲食品質如何影響母乳的營養程度、孕期攝取酒精的最新研究等等。

這本書內容詳盡確實，可能會成為膳食營養訓練、學生與醫療工作者仰賴的參考資源。更重要的是，這本書文筆順暢、內容實用，對孕婦來說是一本珍貴的參考書。你正在經歷最美妙的生命奧祕：細胞建構器官，器官建構系統，一個人類的軀體慢慢成形，孕育出人類的下一代；而真正的食物與健康的生活方式將為你的身體提供支援。許多宗教信仰都將懷孕視為聖事，包括我自己的信仰在內。

書中的某些建議可能得花點時間才能了解，至於得花多少時間，取決於每位讀者對「真食物」的熟悉程度。如果你無法接受攝取全脂乳製品（例如草飼動物的奶油）、吃包括蛋黃在內的全蛋或是自己用骨頭熬湯，我建議你一次嘗試一種新作法即可。參考這本書裡的飲食計畫與食譜，搭配正念飲食，你一定會找到最適合自己的作法，使你既能享受美食，也能持之以恆、堅持到底。

你將在這本書裡看見，懷孕期間也能把吃當成一種享受。只要對食物中毒有正確的認識，你也可以安全享用過去孕婦禁食的東西，例如魚跟蛋黃半熟的荷包蛋（須事先採取安全措施）。破除對鹽與脂肪的迷思之後，才能一邊享受吃進嘴裡的食物，一邊預防妊娠併發症（相信我，這是真的）。看完這本書，你可以輕鬆面對孕期飲食。你不需要執著於控制份量與熱量，改以正念飲食取而代之。簡單地說，你可以吃美味且份量足夠的食物，讓自己吃得心滿意足。莉莉在書中引導你建立的孕期飲食習慣，對你的寶寶、家人和你自己來說都是一份禮物；它影響的不只是當下，也包括許多年後的未來。

梅莉莎·鮑爾（Melissa Powell）
教育碩士，合格營養師
田納西大學查塔奴加分校（University of Tennessee at Chattanooga）
二〇一七年十二月

前　言

孕期營養是胎兒生長及發育的關鍵。

——伍國耀博士，德州農工大學

　　母親在懷孕期間的營養攝取會影響寶寶的發育，這是多種營養學理論與傳統民族都廣為接受的觀念。即使這是你第一次翻開營養書籍，我相信你也會認同這個觀念。

　　你或許覺得奇怪，既然我知道大家都認同這個觀念，為什麼還要花力氣寫一本孕期營養書？其實除了少數幾種營養素之外，孕期營養是一個眾說紛紜的領域。我仔細探究常見的孕期營養原則，比對科學研究與源自傳統文化的古老智慧，發現它們之間存在著許多歧異。這是我寫這本書的原因。

　　在深入討論之前，請容我定義幾個將在書中經常出現的詞彙。「目前常見的營養觀念」是指根據美國政府營養政策給的飲食建議，過去惡名昭彰的「食物金字塔」① 就是建立在這樣的飲食原則上。雖然食物金字塔已被餐盤取代，但整體訊息幾乎數十年未變：少吃肉、少吃飽和脂肪、多吃穀物。古代飲食（ancestral diets）與

---

① 譯註：美國農業部一九九二年推出最廣為人知的食物金字塔（food pyramid），做為飲食份量的參考原則。二〇一一年已由「我的餐盤」（MyPlate）取而代之。

7

傳統民族的飲食（diets of traditional cultures）指的是幾百年前的飲食習慣（目前仍有少數偏遠族群維持這樣的飲食習慣）。在量產食品與工業化出現之前，人類吃的都是在地生產、未經加工的原形真食物。我在這本書裡把「古代飲食」、「古代營養」、「傳統民族飲食」和「真食物」等詞彙當成同義詞使用。

常見的營養原則與傳統民族的飲食之間，確有相似之處（例如強調要吃新鮮的農產品），但是相異之處也不少。常見的孕期營養原則鼓勵孕婦少吃肥肉、內臟、海鮮（每週低於三四〇公克），只能吃低脂乳製品，必須攝取大量碳水化合物（佔熱量攝取的四十五到六十五％），如此才能孕育健康的寶寶。

對比鮮明的是，傳統民族的飲食習慣是把一隻動物「從頭吃到尾」，視脂肪最多的肉為上品，海鮮多多益善（包括內陸地區），（原本就喝牛／羊乳的地方）乳汁從不脫脂，碳水化合物的攝取量遠低於現在的建議。此外，精製碳水化合物（白麵粉與白糖）直到一、兩個世紀前才問世。常見的孕期營養原則只建議「攝取穀物時，全穀物應佔一半」。換句話說，就算另一半是精製穀物跟白麵包也全然沒問題。

那麼，到底誰是對的：常見的營養觀念，還是傳統民族的飲食習慣？我決定仔細查閱科學文獻，但結果令我驚訝並深感失望。身為營養師，我以為政府的公共政策不會這麼糟。

簡言之，有研究發現常見的孕期營養原則要你少吃的那些食物裡，恰好含有孕期飲食最缺乏的營養素，例如維生素 A、B12、B6、鋅、鐵、DHA、碘和膽鹼。而且，碳水化合物（尤其是精製碳水化合物）吃得愈多，意味著微量營養素（維生素與礦物質）攝取得愈少，罹患妊娠併發症的機率就愈高。

或許有些人覺得不以為然，他們認為：「反正可以吃孕婦維他命呀。」我必須很遺憾地告訴你，大多數孕婦維他命的營養素含量遠遠不及孕期健康所需，而且很多維他命完全缺乏關鍵營養素（例如碘和膽鹼）。除此之外，有些孕婦維他命裡的營養素形態不容易吸收利用（例如雖然含有葉酸，卻不是活性葉酸〔L-methylfolate〕）。補充優質的孕婦維他命是一種額外保障，但是維他命無法取代富含營養素的真食物。

孕期營養一直是我感興趣的領域，但直到我親眼看見營養欠佳對妊娠結局 [2] 造成的影響，才真正了解孕期營養有多麼重要。當時我除了臨床工作之外，也參與了妊娠糖尿病的公共政策制定（妊娠糖尿病指的是懷孕期間才初次罹患或確診的糖尿病），這使我想要進一步認識孕期營養。確診妊娠糖尿病的孕婦超過十八％，若沒有妥善照顧，妊娠糖尿病可能會對孩子的健康造成長期影響。若母親罹患妊娠糖尿病，孩子十三歲時罹患第二型糖尿病的機率是其他孩子的六倍。[1] 二〇〇一至二〇〇九年，兒童罹患第二型糖尿病的盛行率增加幅度超過三十％，而且預計會持續增加。[2] 這些統計數據很嚇人，也突顯出母親的營養攝取和血糖對寶寶來說有多麼重要。兒童糖尿病與肥胖症已是流行病，原因不僅僅是童年時期飲食不佳或運動不足，也包括胎兒在**出生之前**就已遭遇營養缺乏和代謝問題。

常見的孕期營養觀念與真食物或古代飲食之間存在著巨大差

---

② 譯註：妊娠結局（pregnancy outcome）指的是受精的最終結果，包括活產（足月與早產）、死產、自然流產或人工流產。（資料來源：https://www.nature.com/subjects/pregnancy-outcome）

異，這種差異在我的妊娠糖尿病臨床工作中尤為顯著。協助妊娠糖尿病患者使我有機會驗證常見的孕期營養建議以及我自己的「真食物飲食法」，並觀察這些建議對血糖值和妊娠結局有怎樣的影響。

結果令人震驚。使用我的「真食物飲食法」的患者，有**半數不**需要依賴胰島素或藥物控制血糖。妊娠結局也有亮眼表現：母親非但更健康，也不需要跟飢餓或體重飆升搏鬥；子癇前症的發生率降低；寶寶身體健康，體重和血糖值都很正常。我親眼看見真食物對妊娠結局的影響，深受震撼。這不只是因為我的「真食物飲食法」碳水化合物的份量較少，更是因為它提供的營養素遠遠超過常見的妊娠糖尿病飲食建議。

備受鼓舞的我寫下第一本書《妊娠糖尿病飲食指南》（*Real Food for Gestational Diabetes*，暫譯），希望能把正確的觀念傳遞給更多的母親、營養師與醫療人員。這本書出版短短數月就成了妊娠糖尿病的暢銷書（在書寫這段文字的時候依然暢銷）。我經常收到來自母親們的回饋，甚至包括懷孕時曾罹患妊娠糖尿病的媽媽，他們說我的「真食物飲食法」使他們的懷孕過程更加順利，寶寶也很健康。收到這些訊息，我非常感動。

第一本書剛出版沒多久，就有人問我能不能寫一本談孕期營養的書。親眼看到「真食物飲食法」如何幫助妊娠糖尿病的助產士和醫生，都希望沒有妊娠糖尿病的孕婦也有可靠的參考資料可依循。他們也希望我能對其他相關主題發表意見（也就是總結一下我的研究結果），例如孕期保健食品、毒素的接觸、典型的「禁忌食物」清單是否可信等等。

起初我不願意寫，因為市面上早有大量書籍在談這些事。但是後來我發現**其實不然**。我們需要夠多具備科學實證的資訊才能扭轉過時的孕期營養建議，至少目前還沒出現這樣的一本書。我看過的相關書籍，大多只是分享常見的營養建議或是個人意見，既沒有引用資訊的來源，也毫無研究依據。

後來有位同事看了美國營養與飲食學會（Academy of Nutrition and Dietetics）的一份政策文件，叫做〈健康妊娠的營養與生活習慣〉。同事跑來問我幾個跟孕期營養有關的問題，這成了我決定動筆寫書的最後一根稻草。如果你對美國營養與飲食學會不熟悉（前身為美國飲食協會〔American Dietetics Association〕），這是管理合格營養師的專業機構，對美國的營養政策深具影響力。我閱讀這份政策文件時，驚訝得下巴差點掉到地上。文件的內容我**並非全部**都反對，但確實有疏漏之處，於是我決定這本書此時不寫、更待何時？

這份文件最令人失望的內容之一是飲食範例。簡直就是錯誤的孕期營養觀念大集合。早餐幾乎沒有蛋白質跟脂肪（只有燕麥、草莓跟**低脂**牛奶）。碳水化合物的份量高到衝破天際（超過三百公克）。下午的點心是蘇打餅乾跟紅蘿蔔，根本無法滿足口腹之慾。完全沒有紅肉、雞蛋（只有**低脂**美乃滋裡含有微量的蛋），當然也沒有內臟。當我看到晚餐菜單上出現鮭魚時，著實鬆了一口氣，但配菜是沒有調味的清蒸花椰菜、白米飯，而且低脂牛奶居然**再度**登場（沒有提及選擇野生鮭魚或養殖鮭魚很重要）。這跟我會建議的飲食範例大相逕庭，我光是用眼睛看就覺得肚子很餓。

我知道哪些食物含有平常較難攝取到的營養素，例如膽鹼和維生素 A，因此我很難想像學會的飲食建議怎麼可能滿足孕婦的需求。我決定比較一下學會的飲食範例跟我自己的飲食範例，各自提供多少營養素。

比較結果證實了我的疑慮。我們的飲食範例雖然熱量相同，但是營養素的含量天差地遠。以微量營養素來說，我的飲食範例領先的種類多達十九個。其中維生素 B12 的含量約是學會的三倍，維生素 A 和 E 是兩倍，鋅高出五十五％，鐵高出三十七％，膽鹼則高出將近七〇％。刺激腦部發育的 omega-3 含量較高，此外 omega-3 和 omega-6 也有更好的攝取比例。尤其令我憂心的是，學會建議的食物幾乎不含既成維生素 A（又叫視黃醇），原因是動物脂肪的攝取量極為有限。

想當然耳，我尊重但不認同常見的孕期營養原則，也無法昧著良心把這種飲食範例推薦給孕婦。剝奪胎兒發育（例如腦部發育）所需的關鍵營養素，有違全球醫療人員信奉的「首先，不造成傷害」（First, do no harm）道德原則。從研究走到實踐以及大刀闊斧改革舊有政策，都是動輒花費數十年的事情。我們現在陷入這種境況，其實不令人意外。但是，我們可以改善現況。

真食物飲食範例	常規飲食範例
早餐	**早餐**
無派皮菠菜鹹派 豬肉早餐腸（放養豬） 香蕉	燕麥 低脂牛奶 草莓
上午點心	**上午點心**
蘋果＋杏仁奶油	綜合果乾堅果（杏仁＋果乾）
午餐	**午餐**
自製雞肉蔬菜湯 扁豆（加入湯裡） 芝麻菜沙拉 檸檬香草沙拉醬 帕瑪森乳酪	火雞三明治（全麥麵包、火雞肉、低卡美乃滋） 沙拉（萵苣、番茄、腰豆，佐法式沙拉醬） 香蕉 低脂牛奶
下午點心	**下午點心**
橄欖油漬沙丁魚 糙米脆餅	紅蘿蔔切片 全麥蘇打餅
晚餐	**晚餐**
草飼牛烤肉捲 炙烤球芽甘藍 炙烤紅馬鈴薯	高麗菜沙拉（高麗菜、鳳梨、低卡美乃滋） 烤鮭魚（有放油） 花椰菜莖，清蒸 白米飯 低脂牛奶
晚上點心	**晚上點心**
希臘優格（全脂）＋香草精 奇亞籽	氣炸爆米花
甜點	**甜點**
覆盆莓＋自製鮮奶油	香草口味冷凍優格，低脂

我寫這本書不只是為了扭轉嚴重過時的孕期營養建議，也是為了提供簡單易懂的孕期飲食與生活指南。我動筆寫書的時候，兒子還不到一歲，我可以輕鬆回憶自己懷孕時碰到的所有疑問，並一一寫下應對方式。

真食物飲食法		常規營養建議		營養素比較
總熱量　2,329		總熱量　2,302		真食物飲食法 勝出的營養素
碳水化合物：156 g	26%	碳水化合物：319 g	54%	
纖維：41 g		纖維：43 g		
蛋白質：140 g	24%	蛋白質：109 g	19%	
脂肪：134 g	51%	脂肪：72 g	28%	
必需脂肪酸		必需脂肪酸		
Omega-3：3.3 g		Omega-3：2.9 g		Omega-3：114%
Omega-3 與 6 比例：3.2:1		Omega-3 與 6 比例：4.3:1		
維生素		維生素		維生素
維生素 A：13,935 mcg		維生素 A：6,753 mcg		維生素 A：206%
視黃醇：2,492 mcg		視黃醇：83 mcg		視黃醇：3002%
維生素 C：194 mg		維生素 C：171 mg		維生素 C：113%
維生素 D：18 mcg		維生素 D：16 mcg		維生素 D：112%
維生素 E：18 mg		維生素 E：9.3 mg		維生素 E：193%
維生素 B1：1.5 mg		維生素 B1：1.5 mg		
維生素 B2：3.1 mg		維生素 B2：2.0 mg		維生素 B2：155%
維生素 B3：32 mg		維生素 B3：25 mg		維生素 B3：128%
維生素 B6：3.0 mg		維生素 B6：2.6 mg		維生素 B6：115%
維生素 B12：23 mcg		維生素 B12：8.1. mcg		維生素 B12：284%
葉酸：609 mcg		葉酸：518 mcg		葉酸：118%
膽鹼：633 mg		膽鹼：374 mg		膽鹼：169%
礦物質		礦物質		礦物質
鈣：1,463 mg		鈣：1,394 mg		鈣：105%
銅：4,700 mcg		銅：1,200 mcg		銅：392%
鐵：20.5 mg		鐵：15 mg		鐵：137%
鎂：482 mg		鎂：433 mg		鎂：111%
鉀：4,522 mg		鉀：4,027 mg		鉀：112%
硒：131 mcg		硒：126 mcg		硒：104%
鋅：17 mg		鋅：11 mg		鋅：155%

如果你知道現在吃對東西，肚子裡的寶寶將來較不容易罹患糖尿病、肥胖症或慢性皮膚紅疹，你願不願意改變飲食？多數女性都會誠心誠意地說：「願意！」因為孩子過得好，就是他們最大的心願。就我的工作經驗而言，孕婦是我遇過態度最積極的客戶。

遺憾的是，如果你遵循常規孕期營養建議，絕對攝取不到足夠的營養素。

你有別的選擇。我已對現況提出質疑，所以你不需要在選擇孕期飲食跟生活習慣時感到無所適從。孕婦和他們的健康協助者都需要孕期營養教育，這本書提供了他們過去遍尋無獲的資訊。我會將複雜的科學原理化繁為簡，提供最有憑有據的孕期營養建議。每一章的內容都詳實列出資料來源，我老公笑我根本寫了一本教科書。我不敢妄稱這是一本教科書，但我承認自己是個營養學阿宅，我希望你知道這些資訊不是我「胡謅」出來的。我相信每位女性都應該有機會獲得最正確的資訊，無論他是研究者或營養學家。有好幾章的引述資料都超過一百筆。如果你有興趣的話，可以自己去找我引用的醫學期刊，閱讀原始的研究資料。

懷孕是充滿變數的過程，但有些事能讓孕期順順利利，也能讓寶寶獲得發育所需的所有協助。雖然這本書的主題是營養，不過也談到孕期運動、減少接觸化學物質與毒素、壓力管理，以及產後調養跟哺乳。也就是說，我提供了許多飲食以外的資訊。

這本書的目標讀者是孕婦。但由於懷孕前的健康狀態會影響懷孕期間的健康狀態，因此書中的建議也適合正在備孕的女性。吃真正的食物改善健康是一件本就該做的事，只不過在你孕育新生命的時候，這件事的重要性會倍數增長。

1

孕婦要吃真正的食物

人生的每一個階段都需要優質營養，但是現在愈來愈多人知道胎兒與新生兒的營養環境和個別經驗，對他們將來的新陳代謝影響甚鉅；在關鍵的發育期若是營養不足，長大後可能更容易罹患肥胖症與第二型糖尿病。也就是說，懷孕和哺乳中的女性攝取的飲食，是影響孩子新陳代謝的關鍵要素。

——貝芙莉・默豪斯勒博士（Beverly Muhlhausler）
阿得雷德大學

懷孕是個奇蹟。我們居然能夠**創造出一個新人類**，我至今依然覺得難以置信。回想起來，我懷孕時清楚知道自己的身體裡每分每秒都在進行各種複雜的程序（有的可在科學文獻裡找到，有的不行）。我甚至不需要刻意為之，我的身體自動**知道**它在做什麼。它知道怎麼讓雙手各自長出五根手指，知道該把指甲放在哪些位置，知道頭髮、心臟跟每一條血管應該放在哪裡，以此類推。

身體會自動滿足胎兒發育的各種需求，你無須插手。有些人認為這意味著，你**完全無法**控制自己懷孕的進程或是寶寶未來的健康。你的身體會「自己完成一切」，你只能希望自己有足夠的好運，把優良基因傳給下一代。

這種想法只對了一半。

請容我用一個簡單的比喻來說明。若你曾栽種過植物，你會知道種下一顆番茄種子，理應長出一株番茄（不會長出豌豆或花椰菜）。種子內建生長藍圖，就算你不太擅長園藝，只提供最基本的土壤、水和光，種子也會順利生長。但是，園藝新手跟園藝高手之間的差別，在於花費多少精力提供最佳環境。高手知道富含養分與微生物的堆肥能改善土壤，為植物提供更多生長所需的原料。他們知道最適量的水和光能幫助番茄蓬勃生長，而不僅僅是不會枯死。最重要的是，他們知道多付出一點關愛，就能種出葉子更綠、果實更多也更美味的健康番茄。

這個觀念也適用於懷孕。說得簡單點，繁衍是人類的內建功能。就算不是處於最佳環境，你的身體仍會竭盡所能地進行繁衍步驟，讓寶寶完成在母體內的發育。若非如此，面對營養不良跟毒素等各種常見的干擾因素，地球上不會有這麼多人類。可是，慢性疾病正在增加，尤其是兒童慢性疾病。有不少研究發現心臟病、荷爾蒙失調、糖尿病與肥胖症的發生，都與胎兒在子宮內的生長環境有關。可惜的是，此類研究必須花費數十年才有機會影響臨床實踐與公共政策。因此，你必須**努力**調查才能把散落各處的資訊整合起來。這正是我為了寫這本書所做的努力。

別誤會，懷孕有很多你無法掌控的因素（你的基因、年齡、家族病史等等）。但是也**確實**有些因素是你可以掌控的：飲食、運動、睡眠習慣、壓力管理、毒素等等。這些因素都可能對你跟寶寶造成重大影響，甚至在寶寶的身上留下永久的印記。這是一種叫做「先天設定」（fetal programming）的假設，已存在數十年之久（現在已有深入且廣為接受的科學研究）。這種假設認為孕期營養不良可能會損害胎兒發育，影響孩子一輩子的代謝變化，增加罹患心臟病、糖尿病、高血壓與肥胖症的機率。[1]

雖然多數人都把基因視為無法改變的藍圖，但有研究發現，胎兒在子宮內接觸到的物質可能會開啟或關閉基因，例如母親的營養素攝取量、血糖與胰島素、運動習慣、壓力荷爾蒙、毒素等等。這表示即使你認為自己「基因不佳」，只要補充最好的營養、維持良好的生活習慣，你還是可以盡量減少不良基因對寶寶的影響。反過來說，就算你「基因優良」，不健康的飲食跟生活習慣可能會在某種程度上關閉這些優良基因。

當**你**懷孕的時候，只要調整生活習慣就能夠降低妊娠糖尿病、子癇前症、早產、貧血、孕期過重或過輕的機率。是不是很厲害？

任何孕婦都會告訴你，對他來說最重要的就是寶寶健康、孕期順利。**現在**，你可以想辦法「作弊」戰勝基因。

❧ 為什麼要吃真食物？

我剛進入孕期營養學的領域時，發現人類對胎兒的發育所知甚少，著實嚇了一跳。目前研究者仍在探索胎兒發育的確切進程。信不信由你，我們還不知道孕期的哪一個階段需要哪些營養素，也不知道需要多少量。就連建議我們該攝取多少營養的參考膳食攝取量（recommended dietary allowances，簡稱 RDA）*，也只是比較可靠的

---

* 編按：參考攝食攝取量是美國國科院醫學研究所的食物與營養委員會（Food and Nutrition Board）所制定的一套營養攝取建議，明確指出一個健康的人每天應該攝取哪些營養素，以及平均應該攝取的量。根據年齡、性別與懷孕與否，建議的攝取量也會有所不同。

瞎猜。[2] 在可信度更高的資訊出現之前（但說不定永遠不會出現），我們需要另一種對策。

　　其中一個選擇，是觀察並師法長期孕育出健康寶寶的傳統民族飲食。二十世紀初，牙醫兼營養學研究者偉斯頓·普萊斯醫生（Weston Price）曾寫道，傳統民族很重視孕前和孕期必須攝取富含營養的食物。[3] 普萊斯醫生周遊列國，調查無數文化的飲食習慣、食物的營養價值以及整體健康情況。他研究過的傳統民族包括瑞士人、蓋爾人、愛斯基摩人、馬來部落、紐西蘭的毛利人、加拿大和美國原住民、東非和中非部落、太平洋群島（玻里尼西亞人和美拉尼西亞人）、澳洲原住民、亞馬遜盆地的南美人，以及祕魯的古老文明和它們的後代。他發現，外來食物和傳統食物的營養含量天差地遠。

　　他也發現，傳統民族的健康狀態直接反映出飲食習慣。遵循古代飲食的民族依然不容易生病，生下來的孩子也很強健。相反地，改吃現代飲食的親戚跟他們的孩子，都面對更多健康問題。吃了較多「現代商業食品」（例如糖與精製穀物）、較少傳統食物的人，下一代身上更常出現蛀牙、上顎弓狹窄、齒列不整、肢體畸形（例如螃蟹足和神經管缺陷）、免疫力低弱（容易罹患傳染病，例如結核病）、心理問題與各式各樣的健康問題。但普萊斯醫生的發現最令我感到震驚的是，惡劣飲食不只殃及下一代，還有下一代的**下一代**。

　　普萊斯醫生觀察到的現象曾有動物研究成功複製，現在世人已廣泛接受孕婦接觸正面因素（例如營養豐富的飲食和運動）對妊娠結局有好處，接觸毒素、壓力和加工食品則是有害無益。[4,5,6,7,8] 目前有一個專門的研究領域叫「表觀遺傳學」（epigenetics），研究生活習慣與接觸各種化學物質如何影響你的基因（或是下一代的基因）。

看了普萊斯醫生的研究結果（以及了解這些民族最重視哪些食物）之後，我開始質疑我以前在營養學訓練中學到的孕期營養觀念。如果低脂飲食的維生素 A、膽鹼、鐵和鋅含量都很少，怎麼會是營養最豐富的食物來源呢？傳統民族的選擇跟我們恰恰相反。我們鼓勵孕婦吃添加營養素的食品，例如添加葉酸跟鐵質的穀片，卻忘了有些食物是這些營養素的天然來源。事實上，我們反而不鼓勵孕婦食用某些營養豐富的食物，例如肝臟與全脂乳製品。若沒有這些食物，在添加營養素的食品尚未出現的年代，傳統民族如何確保孕婦與胎兒的健康呢？

現代營養學習慣把營養素抓出來個別研究，而不是研究食物的整體營養，導致人們更關注的是孕婦該吃哪些維他命或補充劑。這種思維叫做「營養主義」（nutritionism），我一直不敢苟同。為什麼不把我們從現代科學裡得到的資訊，應用在真正的食物上？

換句話說，與其吞一大堆補充劑，還不如找出哪些食物富含胎兒發育需要的重要營養素。**畢竟，營養素彼此之間相輔相成。大自然可不笨。補充劑的效果根本比不上真正的全天然食物。**

因此，我的真食物飲食法要逆向分析，找出完美的孕期飲食。把個別營養素的科學研究跟傳統民族的飲食結合起來。

分析結果如何？我將結合現代營養科學與古代智慧兩者的精髓，幫助你「孕育健康寶寶」。接下來的章節除了介紹哪些食物、營養素和生活習慣對你有好處、哪些應盡量避免，也將一一**說明原**

因。你可以放心跟著書中的建議，在能力範圍內維持孕期健康。現在就讓我們一起「作弊」戰勝基因吧。

2

真食物飲食

母體營養在生理運作上的重要性眾所周知。母體營養是
胎兒獲得必需營養素的唯一途徑。不僅如此,胎盤分泌
的荷爾蒙影響著各種營養素的代謝,而母體營養影響著
母體對這些荷爾蒙的代謝調節能力。發育初期的營養,
跟胎兒的生長、器官發育、身體的結構與功能之間存在
著關聯性,也會影響成年之後的健康情況、罹病率、死
亡率,以及神經功能與行為的發展。這種現象叫做「代
謝設定」(metabolic programming)

——艾琳・贊納塔庫博士(Irene P Tzanetakou)
賽普勒斯歐洲大學

　　請回想一下你聽過的孕期飲食建議。大部分的孕婦會請醫生提
供建議,卻不知道醫生幾乎從未學過營養學(美國只有二十五％的
醫學院把營養學列為必修課)。[1]若你得到的建議是「只要補充孕婦
維他命、不要喝酒就行了」,但你又覺得光是這樣應該不夠,讓我
告訴你:確實不夠,**遠遠不夠**。若想維持孕期健康,你可以做得更
多。

　　我將在本章介紹幾個基本概念,說明營養均衡的**真食物**孕期飲
食。若你對營養學並不陌生,請體諒我將從基本概念出發,再慢慢
於本章和後面的章節進入更複雜的主題。也就是說,我會先解釋定

義與分類，幫助讀者理解後面的討論。

　　你現在已經知道「孕期吃真食物」大有益處，但你可能對具體的內容不太清楚。因此在深入討論之前，讓我們先定義一下什麼是真正的食物。

⟡ 什麼是真食物？

　　每個人對真食物的定義都不一樣，為方便讀者理解，以下是我的定義：

❖ 真食物與產地的距離很近，而且以保留最大營養價值的方式種植或飼養。舉例來說，栽種過程未使用農藥、採收後盡快食用的新鮮當季蔬菜，營養價值遠高於罐頭蔬菜。

❖ 真食物的加工程度極低，形態接近自然原形。除了前述的蔬菜，也可以想想乳製品。放牧乳牛會在草地上吃草，而牛奶原本就含有脂肪。從真食物的角度來說，來自草飼牛的全脂乳製品，營養價值會高於來自圈養穀飼牛的低脂乳製品。

❖ 真食物通常不會有成分標示（例如新鮮蔬菜和肉類），就算有，成分也很單純而且不含添加劑。當然，有些純粹主義者會堅持「真食物就是沒有成分標示」，但是我們生活在忙碌的現代社會，有成分標示的食物多不勝數，所以沒有關係。你可以購買包裝食品，但一定要確認成分。如果含有一大堆化學物質，就不算是真食物。

簡而言之，真食物盡量使用單純的天然原料，而且營養不會因

為加工方式而流失。

均衡的真食物孕期飲食至少應包含蔬菜、水果、肉類、禽類、魚和海鮮、堅果、種子、豆類與大量的健康脂肪。乳製品對大部分的女性有益，但不是非吃不可。如果你吃全穀物不會不舒服，你的真食物飲食也可加入全穀物。

我將在下一章根據這些食物所含的營養成分來說明它們**為什麼**是孕期不可或缺的食物。首先，我們要對孕期營養有些基本認識，並且掃除錯誤觀念。

᧗ 我該不該「一人吃兩人補」？

「一人吃兩人補」不一定是壞事，只是遭到廣泛誤解。這句話讓人以為孕婦必須吃雙倍食物。

其實要孕育健康的寶寶，你的身體不需要**那麼多**熱量。常見的觀念是在第一孕期進入尾聲時，你必須開始攝取更多熱量。差不多每天要為寶寶額外攝取三百大卡熱量。但是，世界各地的孕婦研究都發現這個數字只是粗估。有些孕婦每天僅需增加七十大卡熱量就夠了。[2] 話雖如此，就算三百大卡只是粗略的估計，也差不多等於每天多吃一頓點心，而不是每餐都吃雙倍食物。有位科學家說得很好：「孕婦『一人吃兩人補』這句老話實在誇張，應改成『一人吃一・一人補』。」[3] 你真正**需要補充**的是維生素 A、葉酸、維生素B12、膽鹼、鐵、碘和其他營養素。[4]

與其把「一人吃兩人補」當成大吃大喝或多吃垃圾食物的藉口，不如把它當成溫柔的提醒：你的寶寶**仰賴你**提供養分。把這句話當成優化營養密度的動力，讓你吃進嘴裡的每一口食物都營養滿滿。**重質不重量。**

你攝取的營養愈豐富，腹中的寶寶就能獲得愈多滋養。而第一步就是了解何謂均衡飲食。

巨量營養素

巨量營養素為你提供能量，維生素和礦物質等**微量營養素**則是提供其他身體功能所需。最理想的孕期營養是醣類、脂肪與蛋白質這三種巨量營養素均衡攝取，讓身體獲得足夠的能量。

所有的真食物都含有這三種巨量營養素，只有少數例外僅含有其中一、兩種。例如番薯的主要成分是醣類，僅含有少量蛋白質，完全不含脂肪。蛋的主要成分是蛋白質跟脂肪，完全不含醣類。乳製品大多三者兼具，例如全脂牛奶與優格。

我發現，了解巨量營養素、它們對身體的作用以及主要的食物來源，能幫助你規劃出最適合自身需求的飲食內容。

現代營養科學已漸漸發現，孕期巨量營養素攝取過量或不足都可能造成問題。你或許已經猜到，每個人的需求都不一樣。低醣飲食或許適合你，但是活動量很大的女性會需要更多醣類。後面會說明如何為自己量身打造孕期飲食。

我曾為數百位孕婦提供一對一的營養協助，我觀察到女性過度攝取醣類的情況很普遍（也很容易發生），但女性過度攝取蛋白質或脂肪的情況卻很少見。

我相信這是過時的營養原則造成的結果。富含脂肪的食物被妖魔化，導致食品工業製造出大量的低脂（而**高醣**）加工食品。這些精製醣類（例如麵包、穀片、麵條和餅乾）經常被當成「主食」，但營養價值卻低得可憐。基於這個原因，我想在說明孕期營養需求之前，先聊一聊醣類。

開始之前，我要先說一件事：我記得在大學修營養學的時候，一開始覺得把食物按照巨量營養素來分類既沒意義又太簡化。（我心想：「食物不只是醣類、脂肪或蛋白質各有幾公克！」）但是從事臨床工作這麼多年之後，我親眼看到營養失衡是很普遍的現象，這才明白從巨量營養素的角度思考飲食**確實**有其必要。這能幫助你規劃營養均衡的飲食，不必仰賴嚴格的飲食建議。你也能因此對餐盤裡的食物，有更具體的想像。接下來的說明雖然細節很多，卻能讓你的人生過得更輕鬆。我保證。

✿ 醣類

含有醣類的食物非常多，有些很健康，有些不健康。植物幾乎都含有醣類，但含量最高的是穀物、根莖類蔬菜、水果、豆類與某些乳製品（以及含有上述原料的加工食品）。

醣類就像糖串在一起形成的長鏈。身體消化醣類時，會把它們分解成單鏈以便吸收。身體吸收了糖，血糖會立刻上升。

三種巨量營養素之中，只有醣類會使血糖驟升。

大多數女性都以為，只有不健康的孕婦才需要注意血糖，例如罹患妊娠糖尿病的孕婦。其實有研究發現，即使是輕微的孕期血糖升高，也有可能影響腹中的寶寶。例如，史丹佛大學的研究者發現若孕婦血糖較高（但遠低於妊娠糖尿病診斷門檻），寶寶出現先天心臟缺陷的機率顯著較高。[5]另一項研究發現，懷孕初期若胰島素濃度較高（身體對高血糖的反應），寶寶有較高的機率出現神經管缺陷。[6]聽起來很嚇人，因為多數人對自己的血糖或胰島素濃度一無所知。二〇一五年《美國醫學會雜誌》（*Journal of the American Medical Association*）刊登的一篇論文指出，美國罹患糖尿病或糖尿病前期的成年人約佔四十九％到五十二％，其中有許多人尚未接受診斷，而且患者比例正以驚人速度持續上升中。[7]

正因如此，我認為**每一個**孕婦都應該積極控制血糖平衡，也必須了解飲食跟血糖之間的關係。

除了影響血糖，攝取過量醣類（尤其是精製醣類，例如果汁、汽水跟白麵粉製品）會增加孕期過重的機率，也更有可能導致胎兒不健康地過度生長（巨嬰症〔macrosomia〕）。[8,9]跟孕期吃未加工醣類為主的孕婦相比，吃更多精製醣類的孕婦增加的體重多出八公斤。他們生下的寶寶體型明顯較大，體脂肪也比較高。[10]另一項研究指出，這種效應會持續到童年期；孕期吃高醣飲食的母親生下的孩子，在兩歲、三歲和四歲都呈現較高的體重。[11]這種情況會持續下去。研究者指出，母親的孕期飲食與孕期過度增重，可能會對孩子的代謝造成**永遠**的影響。[12]

孕期攝取高醣飲食，跟妊娠糖尿病、子癇前症（妊娠高血壓）、妊娠膽囊疾病（膽結石），以及寶寶長大後罹患代謝疾病的機率之間存在著關聯性。[13,14,15]此外也有研究發現，母體攝取過量醣類，跟寶寶肺部發育不良與童年期罹患危及生命的呼吸道病毒感染機率之間存在著關聯性。[16]

這並不代表飲食中**完全不能有醣類**，而是攝取量應與其他食物維持均衡，以免血糖飆升。請選擇營養密度高的醣類（全天然食物），不要吃加工過的精製醣類。

有了這樣的觀念之後，你在探索怎樣的食物組合最適合自己時，應該會想要知道哪些食物的醣類含量最高。別擔心，稍後我會說明這些食物怎麼吃最健康。

醣類的主要來源

- 穀物：全穀物、精製穀物，以及所有的麵粉製品（麵條、麵包、墨西哥玉米餅、鬆餅、餅乾、穀片、果麥〔granola〕等等）
- 澱粉類蔬菜：馬鈴薯、番薯／山藥、南瓜、豌豆、玉米
- 豆類：四季豆、扁豆、去莢乾燥豌豆
- 水果
- 牛奶與優格（都含有乳糖）

懂營養學的讀者或許會發現，以上這些食物也包括很好的蛋白質來源，我為什麼要把它們跟麵包、麵條放在一起？這是因為豆類、牛奶跟優格雖然都含有蛋白質，但醣類的含量也相當可觀，會使血糖上升。不過**正因為**它們富含蛋白質，所以跟麵包、餅乾、麵條和穀片比起來，它們是較好的醣類來源。豆類富含纖維，可減緩醣類的消化速度。高纖與高蛋白食物會讓血糖上升得比較慢，你或許有聽過它們被稱為「低升糖指數」食物。

在乳製品方面，我只列出牛奶跟優格。這是因為它們含有大量乳糖，所以被視為醣類的來源。除了含糖乳製品之外（例如巧克力牛

奶跟冰淇淋），其餘的乳製品醣類含量其實不高，例如乳酪、奶油、高脂鮮奶油與原味希臘優格（含乳糖的乳清已大致被過濾）等。

這張清單並未列出**每一種**醣類來源，僅列出含量高於其他全天然食物的幾種來源。低醣飲食不是**零醣**飲食。許多真食物都含有醣類，只是含量低於其他營養素（例如堅果、種子與非澱粉類蔬菜）。這類食物的升糖指數非常低，因為澱粉主要以纖維的形式存在。堅果跟種子除了纖維，也富含脂肪與蛋白質。通常這些食物可以放心吃，無須擔心血糖升高。

有些加工食品的醣類含量極高，最好少吃或完全不吃（第四章有更多說明）。依我個人的經驗，醣類的攝取以非澱粉類食物為主的孕婦，最能輕鬆維持正常血糖並攝取到最多營養。研究已證實，以低升糖指數的真食物做為醣類主要來源的孕婦，微量營養素的攝取量顯著較高。相反地，孕婦如果吃進較多澱粉，即使是屬於「複合醣類」的全穀物，他們的維生素與礦物質攝取量會比較少，可能的原因是他們吃了澱粉之後，就吃不下其他營養密度較高的食物。[17]

你應該吃多少醣類？

歡迎進入孕期營養的相關主題中，爭論最激烈的一個主題。常規的孕期營養建議是以醣類為主食，滿足四十五至六十五％的熱量需求。[18] 以每日攝取二二〇〇至二六〇〇大卡的孕婦來說，這相當於每天吃進二五〇至四二〇公克的醣類。有趣的是，研究人員在攝取那麼多醣類（佔熱量的五十二％）的孕婦產下的嬰兒與兒童身上，觀察到較高的肥胖症比例，即使母親維持健康體重，且攝取的熱量不超過或低於預估熱量需求。[19] 常見的營養建議也警告孕婦每天攝取的醣類不得低於一七五公克。

如果你看過我的《妊娠糖尿病飲食指南》，一定知道我是第一個公開提倡低醣和低升糖孕期飲食的營養師，而且我提供了大量的科學證據來支持這個觀念。如果有人跟你說：「你懷孕了，需要攝取更多醣類」，或是你的「胎盤跟寶寶需要醣類幫助發育」，或是「酮很危險」，這些都是流於片面的資訊。事實上，每天至少一七五公克的醣類攝取標準毫無科學證據。（與酮有關的資訊，請見本書第九章。我在《妊娠糖尿病飲食指南》的第十一章，針對與常規醣類攝取建議和妊娠酮症相關的爭議及研究，提供了完整的分析。）

現代孕婦被鼓勵攝取大量醣類，攝取量遠高於多數傳統民族。二〇一一年有一項研究估算了全球二二九個現存漁獵採集部落的醣類攝取量，發現平均約佔熱量的十六到二十二％。[20] 也就是說，只佔常規孕期營養建議的一半或四分之一。值得一提的是，傳統民族的醣類攝取量取決於他們住得離赤道有多遠。溫暖氣候的居民攝取得比較多（二十九至三十四％），寒冷氣候的居民不出意料地攝取量較低（三至十五％）。[21] 就算將區域差異納入考量，常規的醣類建議攝取量依然遠高於漁獵採集部落，包括水果產量豐富的熱帶地區。

此外，古代飲食的「醣類密度」通常比較低，意味著比現代飲食提供了更多維生素、礦物質、纖維、脂肪跟蛋白質。[22] 仔細觀察便會發現，對胎兒發育最有益處的必需營養素，在高醣食物裡的含量都很低，就算是「健康」的全穀物也一樣。逆向分析營養均衡的孕期飲食，你會發現高醣食物要不是大幅超過熱量需求，就是缺乏重要的微量營養素。每天吃九至十一份麵包、米飯、穀片跟麵條的常規營養學建議＊，實在大錯特錯。

我在多年的臨床經驗中觀察到，**醣類攝取量顯著低於**常規建議（亦即佔總熱量的四十五至六十五％〔二五〇至四二〇公克〕）對多數孕婦都有好處。而且平均而言，我的客戶每天只吃九十至一五〇公克的醣類也依然健康良好（這也是本書附錄飲食範例的份量）。計算後會發現，這個份量跟前述研究中漁獵採集部落的醣類攝取量完全相符。

有些人可以多吃一點醣類，有些人不需要吃那麼多（幾乎每一種營養素皆然）。說實話，我不喜歡在數字上吹毛求疵，但是用數字來說明會比較清楚。罹患妊娠糖尿病與其他併發症的孕婦除外，我鼓勵孕婦吃營養密度最高、升糖最慢的醣類，例如非澱粉類蔬菜、希臘優格、堅果、種子、豆類和莓果。你還是可以吃醣類密度高的食物，例如番薯、水果跟全穀物，但是把它們當成小份量的配菜或點心，不要當成主食。第五章的飲食範例會提供「實際」的參考份量。

舉例來說，規劃正餐時不要以麵條或米飯為基礎，而是把蛋白質跟蔬菜當成主食，再根據飢餓程度、活動量跟血糖值搭配高醣食物。如果你不確定自己吃進多少醣類，或是哪些食物算是醣類，可以做個短期實驗，用飲食追蹤 APP 記錄自己吃了哪些東西。你說不定會很驚訝，因為你很可能誤把高醣食物當成低醣食物，不小心吃了高醣飲食。如果你想要準確一點，用餐完測量血糖，是找出醣類「最佳攝取量」的好方法（請參考第九章的〈自主血糖監測〉）。

＊編按：台灣衛生福利部國民健康署提供的《每日飲食指南手冊》和《國人膳食營養素參考攝取量》仍建議，醣類佔總熱量來源五〇到六十五％，即全穀雜糧類一‧五至四碗。

請注意，正在經歷第一孕期孕吐、食慾不振的準媽媽，在這個階段吃較多醣類很正常也無須擔心。如果你正處於這個階段可先看第七章，了解這些症狀的原因以及處理方式。

　　重點 現代營養科學與古代飲食都指出，適量的低醣飲食對微量營養素的攝取與妊娠結局都大有益處。這表示你的醣類需求應遠低於常規的孕期營養建議。請選擇未加工、低升糖的醣類。

✑ 蛋白質

　　蛋白質是打造人類生命的基石。你身上的每一個細胞都含有蛋白質，你也需要蛋白質裡的胺基酸來製造新細胞。如你所想像，懷孕期間有大量新細胞需要製造。對發育中的寶寶（以及慢慢變大的子宮與其他組織）來說，蛋白質絕對不可或缺，能為你和寶寶的身體提供製造細胞的原料。

　　醣類由較小的糖分子組成，而構成蛋白質的基本單位是胺基酸。標準胺基酸有二十種，在你的身體裡各有作用。有些蛋白質食物含有二十種胺基酸，我們稱之為「完全蛋白質」；有些只含有其中幾種，所以叫做「不完全蛋白質」。來自動物的「動物性食物」屬於完全蛋白質，例如肉類、魚類、蛋和乳製品。「植物性食物」則是不完全蛋白質，例如豆類、堅果與種子。

　　選擇多種蛋白質來源是明智的作法。不過，「補充完全蛋白質」這句話另有深意。有些胺基酸在孕期變得更加重要，因為孕婦有不一樣的營養需求。例如，孕婦對一種叫做甘胺酸（glycine）的胺基酸需求特別高，而且經常攝取不足。平常這種胺基酸不算是「必需」胺基酸，就算攝取量不多，身體也能用其他胺基酸來製造。但是懷孕之後，甘胺酸變成「有條件的必需胺基酸」，意思是說，你必須為了維持孕期健康直接攝取甘胺酸。[23] 甘胺酸與胎兒DNA、內臟、結締組織、骨骼、血管、皮膚和關節的形成有關，也是子宮擴張、胎盤與皮膚生長的必要原料。我將在下一章討論甘胺酸的主要食物來源：動物性食物。植物性食物的甘胺酸含量很低，這也是孕期可能不適合吃全素的原因之一，詳情請見第三章。

你需要多少蛋白質？

說到孕婦需要多少蛋白質，可以從兩個角度切入。一方面，孕期蛋白質攝取不足可能會增加孩子將來罹患心臟病、高血壓和糖尿病的機率。[24,25] 蛋白質攝取量太少也跟嬰兒出生體重過低有關，[26,27] 懷孕後期肉類和乳蛋白攝取太少，特別容易發生這種情況。[28]

另一方面，也有動物研究發現，孕期攝取過量蛋白質會造成健康風險，而且通常跟攝取量過少造成的問題類似。[29] 不過值得注意的是，有些老鼠實驗中的蛋白質攝取量相當於（人類）女性每日攝取約二四〇公克以上的蛋白質，以我在臨床工作上的觀察，這通常是一般女性攝取量的兩、三倍。[30] 你顯然必須**非常**努力吃蛋白質，才有可能攝取過量。

常規的營養建議是以體重估算蛋白質的每日平均需求量，算法是每公斤〇・八八公克*。因此體重六十八公斤的女性，每日應攝

---

*編按：根據台灣衛生福利部國民健康署提供的第八版「國人膳食營養素參考攝取量」，十九至五十歲的女性每日蛋白質攝取量應為五〇公克，自第一孕期開始，每日需增加攝取一〇公克的蛋白質。

取六〇公克蛋白質。可是這個建議毫無事實根據、令人失望，因為它參考的數據主要來自沒有懷孕的成年人。在提出這個建議之前，他們只參考了一個孕婦蛋白質需求的相關研究。[31]

量化蛋白質需求的方法近年來已有進展，因此研究者可以用更嚴格的方式檢視孕婦的蛋白質需求。而過去的預估值，毫無意外地將需要更新。有一項設計精良的研究做了一件前所未見的事：直接估算孕期各階段的蛋白質需求。他們發現現行的飲食建議大幅**低估**了蛋白質的需求量。以現行預估的平均需求量來說，懷孕初期（此研究定義為少於二十週）的需求應再增加三十九％，懷孕後期（三十一週後）應再增加七十三％。[32] 意思是說，第三孕期一般體重的孕婦每天最好攝取蛋白質一百公克以上（相當於懷孕初期每公斤體重吃一・二二公克的蛋白質，懷孕後期每公斤一・五二公克）。這項研究告訴我們，孕婦對蛋白質的需求「隨著孕期推進而持續增加」。

你無須擔心，因為健康孕婦的平均蛋白質攝取量大都符合這項研究發現的需求量。[33] 若豐富的食物來源對你來說不成問題，只要你聆聽身體的需求、帶著正念進食，就可以攝取到適量的蛋白質。稍後我將在本章分享更多關於正念飲食的資訊。

既然不同的孕期階段有不同的蛋白質需求，你還是可以設定幾個大目標。孕期的前半段每日至少攝取八十公克，後半段每日至少一百公克。如果你體型較豐滿或是活動量較大，可以把目標設定得高一些。

蛋白質食物本來就很有飽足感，而且有助於穩定血糖，可防止血糖飆升或驟降。留意以下這些情況，對你會有幫助：精神不濟、血糖不穩、經常餓得受不了、極度想吃某種食物（尤其是糖）或頭痛。這些都是蛋白質攝取不足的跡象。如果你經常孕吐或食慾不振，用餐時吃少量的蛋白質很有幫助，無論是點心或正餐都可以。依照自己的感受盡量多吃一些，別忘了看看第七章對孕吐和食慾不振的說明，我在第七章提供了幾種好方法。

以下介紹幾種高蛋白食物。在此提供一個參考值，一顆雞蛋約可提供七公克蛋白質。

蛋白質的主要來源

- 牛肉、羊肉、豬肉、美洲野牛肉、鹿肉等等（最好是放牧飼養）
- 雞肉、火雞肉、鴨肉與其他禽類（最好是放牧飼養）
- 魚類及海鮮（最好是野生）
- 香腸與培根（最好是放牧飼養）
- 內臟（肝、心、腎、舌頭等等）
- 自製肉骨湯或高湯（也可用明膠粉或膠原蛋白）
- 雞蛋（最好是放牧飼養）
- 乳酪（最好是草飼或放牧飼養）
- 優格（希臘優格的蛋白質含量特別高，醣類含量較低）
- 堅果：杏仁、胡桃、花生、核桃、榛子、南瓜子、葵瓜子、腰果等等
- 堅果醬，例如花生醬或杏仁醬
- 四季豆、豌豆、扁豆和其他豆類（亦可作為醣類來源）

請設法在飲食中納入種類豐富的高蛋白食物，如此才能平衡攝取各種胺基酸與重要的維生素及礦物質。魚類跟海鮮是 omega-3 脂

肪酸含量最高的食物。紅肉富含鐵質（尤其是內臟），而乳製品雖然含有蛋白質，卻幾乎不含鐵質。肉骨湯以及用肉塊熬煮的高湯富含甘胺酸，但肌肉部位甘胺酸含量較低（植物性蛋白質的甘胺酸含量極低）。肝臟和腎臟等內臟，維生素 B12 的含量是肌肉部位（例如牛排或雞胸）的二百倍。植物性蛋白質的維生素 B12 含量是**零**。

除了種類多樣化之外，孕期尤其需要品質最好的蛋白質。例如草飼牛的 omega-3 脂肪酸是穀飼牛的二到四倍，β-胡蘿蔔素是七倍，維生素 E 是兩倍。[34] 通常草飼和放牧動物接觸到的抗生素、農藥和毒素會比較少，所以吃這些動物製品，你（和寶寶）接觸到的這些東西也會比較少。[35]

重點 孕期的蛋白質攝取量必須提高，而且要比常規的孕期營養建議高出許多。選擇蛋白質的時候，品質與種類都是重要的考量因素。

∽ 脂肪

你可能聽人說過孕婦應該減少攝取脂肪，但這個建議禁不起科學檢驗，我認為甚至禁不起常識的檢驗。你看到前面列出的蛋白質食物時，或許已發現它們大多數也富含脂肪。這是大自然的刻意設計。含有蛋白質的真食物通常也含有脂肪，除非經由加工刻意脫脂（例如蛋白粉、去皮雞肉跟低脂牛奶）。

懷孕期間，你的身體需要更多脂溶性維生素和其他高脂食物裡的營養素。舉例來說，孕婦對膽鹼和維生素 A 的需求量大幅上升，這兩種營養素在肝臟和蛋黃裡都含量豐富。如果你因為害怕脂肪（或膽固醇）就不吃這些食物，你從飲食中攝取到的這兩種營養素會比較少，或甚至不足。高達九十四％的女性膽鹼攝取量不足，維生素 A 攝取量過低的孕婦比例達三分之一。[36,37] 不吃肝臟的女性中，有七十％的維生素攝取量未達 RDA 標準。[38] 膽鹼的攝取量直接影響胎兒腦部發育，若是記憶力和學習力受到影響，他們成年後仍將身受其害。[39] 膽鹼攝取不足也是神經管缺陷的風險因子。[40] 維生素 A 攝取不足，會增加先天缺陷、肺臟與肝臟發育不良、出生體重過低與其他併發症的風險。[41] 換句話說，脂肪食物吃得**不夠多**可能會造成嚴重後果。

　　若有人曾告誡你孕婦要少吃脂肪或膽固醇，你或許會對這件事感到驚訝：以**人類**為實驗對象的科學證據並不存在。這些主張主要來自老鼠實驗，研究者讓老鼠吃進更多脂肪，通常是精煉大豆油，然後評量牠們的妊娠結局。可是攝取脂肪的時候，**品質**跟**份量**同等重要。[42] 大部分發現高脂飲食不利於妊娠結局的老鼠實驗，其實真正的意思是 **omega-6 脂肪酸**含量過高的飲食對妊娠結局有害。（關於 omega-6 脂肪酸稍後將有說明。）就我所知，只有一個懷孕老鼠實驗把脂肪的**品質**納入考量。使用大豆油飲食的老鼠實驗通常會發現幾種負面作用，包括體重過重、高血糖、發炎指標升高等等。研究者讓一組老鼠吃椰子油、核桃油跟魚油混製的高脂飲食，再跟另一組吃傳統大豆油飲食的老鼠做比較。雖然兩組老鼠攝取相同熱量，但健康油脂組的增重幅度明顯低於大豆油組，體脂肪也比較低。[43] 健康油脂組的血糖、胰島素濃度及肝功能都比較健康。這告訴我們：**品質很重要**。富含大豆油的飲食（充滿促炎的 omega-6 脂肪酸），跟提供均衡的飽和脂肪酸、單元不飽和脂肪酸與 omega-3 脂肪酸的健康組合，完全無法相提並論。下次再有人跟你說「脂肪對孕婦有害」時，你知道這句話並非全然正確。

寶寶的大腦有六〇％的成分是脂肪，懷孕期間寶寶將**從無到有**製造出大腦。[44] 所以孕婦非常需要膽固醇、膽鹼、omega-3 脂肪酸以及各式各樣的脂溶性營養素。有位研究者說得好：「大腦主要由脂肪構成，因此大腦的結構與功能都高度仰賴我們直接從食物中攝取的必需脂肪酸。」[45] 膽固醇在寶寶的發育中扮演關鍵角色，（你與寶寶的）荷爾蒙生成需要膽固醇，你和寶寶體內每個細胞也都含有膽固醇。[46] 我們知道，母親體內的必需脂肪酸濃度會決定寶寶體內的必需脂肪酸濃度，這應能使孕婦明白慎選飲食有多重要。[47]

有一種 omega-3 脂肪酸叫 DHA，對孕期來說特別重要，因為 DHA 是腦部和視覺發育的關鍵營養素。稍後我們會看到 DHA 主要存在於富含油脂的魚類、海鮮、草飼動物與放牧雞蛋裡。除此之外，還有一種脂肪酸叫 omega-6，它跟胎兒腦部發育異常之間存在著關聯性；孩子長大後容易焦慮，也跟母親懷孕時攝取過多 omega-6 有關。[48] 另外有研究發現，攝取太多富含 omega-6 的油脂（例如玉米油、大豆油、棉籽油跟紅花油）會抑制 DHA 的合成。[49] 這或許能解釋 omega-6 攝取量遠高於 omega-3 的孕婦生下的寶寶，發展遲緩的機率是其他寶寶的兩倍。[50] 與蔬菜油 * 和人造反式脂肪相關的其他資訊，請參閱第四章。

---

* 編按：一般將 vegetable oil 譯為「植物油」，本書將 vegetable oil 譯為「蔬菜油」，方便讀者區隔理解。「蔬菜油」是專指種子加工萃取出的油脂，例如大豆油、玉米油，裡頭 omega-6 脂肪酸含量高。蔬菜油並不包含橄欖油，橄欖油是一種「植物」油，用橄欖果實壓榨而成，裡頭含有豐富的 omega-3 脂肪酸，遠比蔬菜油（加工種子油）健康。

遺憾的是，現在攝取過多 omega-6 脂肪酸的人是大多數，因為蔬菜油（應稱為「加工種子油」會更正確）已取代了飲食中的傳統脂肪。過去人類飲食的 omega-6 和 omega-3 的攝取比例是一比一，現在高達三十比一。[51] 改變失衡比例的最佳作法是做菜時少用蔬菜油或是蔬菜油製品，例如市售沙拉醬和油炸食品。翻開老食譜，你會發現以前的人做菜經常用奶油、高脂鮮奶油、豬油跟牛油。煮肉的時候滴下或剩下的油脂會被留起來備用，或是熬成濃郁的肉汁。現代食譜反其道而行，要你先把鍋子裡的動物油脂全部倒掉，改用「更健康的」蔬菜油繼續往下煮。這種建議對營養學（以及烹飪）是一種曲解。

　　豬油跟奶油比蔬菜油健康許多，這個觀念很可能違背了你對所謂「健康脂肪」的既定印象。由於我接受的營養學訓練屬於常規營養學體系，所以我花了很長的時間才接受動物脂肪可能真的比較健康。分析過大量研究之後（引用於本章和第三章），我發現，許多對孕期有益的關鍵營養素都存在於高脂的動物性食物裡。這使我恍然大悟。這些食物富含脂肪都是有原因的，丟棄脂肪幾乎跟所有傳統民族的作法背道而馳。[52] 我們不該盲目遵從「只吃瘦肉與低脂乳製品」的建議，而是應該反過來確定自己吃進嘴裡的食物，都含有原本就存在的天然脂肪。也就是吃帶皮的雞肉、全脂乳製品、吃蛋連蛋黃一起吃，還有不要切掉草飼牛排鮮嫩多汁的脂肪。

　　重點是在預算範圍內選擇優質的動物性食物，因為肉類、雞蛋和乳製品所含有的脂肪品質，取決於動物攝取的飲食。例如，草飼動物（而非穀飼）的肉含有較多 omega-3 脂肪酸，較少 omega-6 脂肪酸。[53] 放牧雞蛋比傳統養雞場的雞蛋更有營養，下一章將有詳述。

更棒的是，草飼與放牧的動物性食物風味絕佳，你的味蕾可幫你輕鬆轉換食材。

乳製品與生育力的研究結果，是另一個你應該吃脂肪的理由。我每次看到常規的孕期營養政策推薦**低脂**乳製品，都覺得很有意思。已有充分的證據顯示，高脂乳製品對生育力有幫助，而低脂乳製品會導致不孕，因此我實在不明白為什麼女性懷孕後要突然改吃低脂食物。[54] 對**受孕**有幫助的營養素，對**維持**懷孕狀態也有幫助。體外人工受精的孕婦之中，攝取最多乳製品（也就是乳脂肪）的孕婦有最高的活產率。[55]

許多孕婦到了第三孕期會特別愛吃高脂食物。這很合理，因為脂肪不但熱量高，還能帶來飽足感。寶寶佔據了你的腹部，所以你吃飯時能容納食物的空間變少了，自然會想要「吃得少又吃得飽」。此外，說到兼顧熱量與血糖，脂肪才是王道。脂肪不會使血糖或胰島素濃度上升，又能提供燃燒緩慢的熱量。最重要的是，脂肪很美味。如果你出於本能想要攝取更多脂肪，這種本能一定其來有自。

富含脂肪的真食物通常也含有蛋白質，我不另外區分。這裡為了方便說明，我把幾種健康的高脂食物羅列如下。

脂肪的主要來源

- 動物脂肪：豬油、牛油、鴨油、雞皮等等（放牧／草飼動物）
- 乳脂肪：奶油、無水奶油（ghee）、高脂鮮奶油、酸奶油、奶油乳酪等等（放牧／草飼動物）

- 植物脂肪：橄欖、椰子、酪梨、堅果、種子和來自這些食物的非加工油脂。（請選擇「冷壓初榨」的油。植物脂肪加熱容易變質，所以不能高溫加熱，椰子油和棕櫚油是例外，這兩種油富含耐高溫的飽和脂肪。一定要買深色玻璃瓶裝的，**透明塑膠瓶萬萬不可**，因為脂肪很脆弱，光照可能會導致變質。）

補充說明：盡量少用 omega-6 含量高的加工蔬菜油和種子油，例如：玉米油、大豆油、花生油、菜籽油、紅花油跟棉籽油。此外，「部分氫化」油（partially hydrogenated）也要避開，這些油都含有人造反式脂肪。（完整說明請見第四章。）

脂肪有害健康這種話你已經聽了一輩子，突然要你主動攝取脂肪可能很嚇人。我花了**整整三年**研讀大量研究，才終於有信心重拾奶油，並且在煮飯時大量用油。飽和脂肪會導致「動脈阻塞」的說法毫無根據，但是為飽和脂肪澄清各種汙名的嚴謹研究做得再多，要大家放心食用脂肪還是得花點時間。[56,57,58,59]

理想的作法是每一頓正餐跟點心都要有脂肪來源，尤其是吃蔬菜的時候，因為蔬菜裡有很多營養素和抗氧化劑要跟脂肪一起吃才更容易吸收。[60] 四季豆可以大方使用奶油調味，或是淋上全脂沙拉醬。

你或許注意到我沒有提到脂肪的每日攝取量。我是故意的。我們已經對脂肪斤斤計較了一輩子，不是嗎？你攝取的脂肪應該是多少公克或佔百分之幾，取決於你攝取多少醣類與蛋白質。基本上，只要你能攝取到蛋白質的最低需求量，並且不要過度攝取醣類，就可以相信你的身體，盡量攝取脂肪。本章後面的正念飲食將提供寶貴的建議。

重點 未經加工的真食物（例如肉類和乳製品）所含有的脂肪，是孕期重要的營養來源。只有 omega-6 含量高的脂肪才需要敬而遠之，例如蔬菜油和人造反式脂肪。

◈ 蔬菜

終於來到蔬菜，我認為蔬菜值得特地介紹。營養豐富的蔬菜是活力泉源，雖然蛋白質與脂肪的含量不高，但碳水化合物的含量也沒有高到能歸類為醣類。蔬菜值得擁有獨立的章節。

除了少數高醣蔬菜（例如馬鈴薯），大部分的蔬菜對血糖幾乎毫無影響，原因是蔬菜富含纖維（纖維不會被大量轉換成糖）。這種蔬菜被稱為非澱粉類蔬菜，你攝取的蔬菜應以此為主。

蔬菜的纖維對孕婦特別有好處，除了能減緩身體消化醣類、將醣類轉換成糖的速度，還能為腸道細菌（益生菌）提供能量，而且讓你不容易便祕。

每一餐都要吃蔬菜，比例佔餐盤的一半。我建議非澱粉類蔬菜吃到飽就對了（吃到有飽足感，但不會太撐），不用考慮份量到底是多少。以下將列舉幾種非澱粉類蔬菜。

我在前面說過，蔬菜裡有很多營養素和抗氧化劑要跟脂肪一起吃才更容易吸收，所以請帶著愉快的心情為蔬菜調味，**不要**有罪惡感。

此外，蔬菜的種類愈多愈好。這不只是為了吸收更多營養，你肚子裡的寶寶對健康食物的偏好有部分在出生之前就已形成。[61] 沒錯，胎兒能透過羊水「品嚐到」你吃的食物。讓孩子提早接觸健康食物，將來斷奶後吃固體食物比較不會挑食。

非澱粉類蔬菜

- 蘆筍
- 甜椒
- 茄子
- 大蒜
- 芹菜
- 櫛瓜
- 朝鮮薊
- 高麗菜
- 白花椰
- 佛手瓜
- 四季豆、菜豆
- 球莖甘藍（大頭菜）
- 墨西哥酸漿（tomatillo）
- 番茄
- 韭蔥
- 菇類
- 秋葵
- 菜頭
- 蕪菁
- 小黃瓜
- 綠花椰
- 蕪菁甘藍
- 球芽甘藍
- 洋蔥（不分種類）
- 食用仙人掌（nopal）
- 夏南瓜（summer squash）
- 萵苣：菊苣、苦苣、結球萵苣、蘿蔓萵苣、「嫩葉」萵苣等等
- 綠葉蔬菜：甜菜、寬葉羽衣甘藍、蒲公英、芥菜、菠菜、羽衣甘藍、牛皮菜、蕪菁葉、西洋菜、白菜、芝麻菜等等

補充說明：甜菜、胡蘿蔔、豆薯、歐防風、甜豆、荷蘭豆、金絲南瓜，這些是略含澱粉的蔬菜，一杯含有淨重十五公克的醣類。除非你減少攝取添加糖與精製醣類**之後**仍有高血糖的問題，否則不需要刻意避開此類蔬菜。

重點 蔬菜是維生素、礦物質、纖維與抗氧化劑的重要來源，多多
益善。

༄ 水分

懷孕之後必須補充更多水分。除了子宮內的胎兒在羊水裡游
泳，你的血液量也會在第一孕期大幅增加。水分是維持血液循環的
基本條件，血液負責把營養送給胎兒，也幫胎兒清走廢物。

細胞也需要水分。你體內的每一個細胞都靠水分維持形狀與
結構。水分可調節體溫，幫助消化與吸收營養，把氧送至細胞，同
時也是黏液和各種潤滑液的主要成分。[62] 補充水分可預防便祕、痔
瘡、抽筋、頭痛、膀胱感染和許多其他病症。[63]

美國國家醫學院（Institute of Medicine）建議孕婦每天攝取一百
盎司水分（約三公升）。各種來源的水分都可納入計算，例如一杯
茶或一碗湯。你可以用尿液的顏色來判斷自己攝取的水分夠不夠
多。若是水分充足，尿液應該是清澈的淡黃色。第五章有列出孕婦
的建議飲品。

重點 懷孕期間，你的身體需要更多水分。請以每日三公升為目
標。*

---

* 編按：根據台灣衛生福利部國民健康署提供的《孕婦衛教手冊》，孕婦一天的水分建議攝
　取量為二千毫升。

鹽分

身體補充更多水分之後，對電解質的需求也會上升。電解質除了能幫你維持活力（畢竟心臟需要電解質才能正常跳動），也能預防頭痛和腿部抽筋等常見的小毛病，所以，從飲食中攝取充足礦物質非常重要，**包括鹽分**。最理想的鹽是天然粗海鹽，因為除了鈉之外，粗海鹽也含有微量礦物質。其他種類的鹽，例如猶太鹽和食鹽，都經過高溫處理跟淨化，去除了微量礦物質。

雖然鹽經常給人不健康的印象，卻是維持身體正常功能的關鍵要素，特別是在懷孕期間。有位研究者指出：「懷孕期間，經由飲食攝取的鹽分似乎能幫助推動許多生理變化，而且這些變化在胎盤與胎兒的生長發育上扮演不可或缺的角色。」[64] 鈉和氯化物都是重要的礦物質，有助於電解質平衡（維持細胞之間的溝通）、維持血液中的血漿量（調節水分），以及幫助神經傳導訊號（幫助你正常思考並操縱肌肉）。鹽提供的氯化物能幫助維持正常的胃酸濃度（胃酸是**氫氯酸**）。有適量的胃酸，身體才能吸收礦物質與維生素B12、消化蛋白質，並且在食物離開胃之前殺死病原菌。除此之外，鹽還可以保存食物，防止致病的有害微生物在食物裡增生。[65]

孕婦經常嗜吃鹹鹹的泡菜和醃橄欖並非巧合，但你或許曾被告誡孕期不要吃太鹹，以免血壓升高。這項建議毫無根據。對多數人來說，鹽**不會**對血壓造成影響。維吉尼亞大學醫學院的研究指出，鹽敏感型高血壓的人口只佔二十五％（這代表只有四分之一的美國人會因為吃鹽而血壓上升）。不僅如此，有十五％的人會因為**低鹽**飲食導致血壓**上升**。[66] 低鹽飲食可防止或控制子癇前症（妊娠高血壓）**從未獲得證實**，但大眾卻對此深信不疑。[67] 關於高血壓的控制與子癇前症，請見第七章。

大幅降低鹽的攝取量，可能會造成嚴重後果。除了前面提過的各種功能，鹽分對胎兒發育也很重要。有位研究者說：「鹽是胎兒正常生長的關鍵要素之一。孕婦限制鹽分攝取，跟胎兒宮內生長受限或死產、出生體重過低、內臟發育不全和成年期內臟功能障礙有關，可能是經由基因媒介機制（gene-mediated mechanisms）。」[68] 也有「多項研究指出，在關鍵的發育期限制鹽分攝取，可能會影響胎兒的荷爾蒙、血管與腎臟系統發揮調節胎兒體內液體平衡的作用」。[69] 另外也有研究發現，鹽分攝取過低會加劇血糖問題與胰島素抗性，兩種情況都對妊娠不利。[70] **簡單一句話：鹽是孕婦的好朋友，不是敵人。**

這是否代表你可以大吃特吃含鹽加工食品？當然不是。加工食品最令人擔心的不是**鹽分**，而是其他添加劑。請記住，攝取足夠鹽分的前提是要吃**真正的食物**。餐桌上可放一罐（海）鹽，煮飯時可撒鹽調味，醃菜跟泡菜也可以放心吃。該吃多少鹽，讓你的味蕾告訴你。鹽能為許多食物增添風味，尤其是蔬菜。如果你不喜歡吃帶苦味的蔬菜，例如羽衣甘藍和芝麻菜，說不定加點鹽就會變得很好吃。

如果你剛好對鹽敏感，亦即吃鹽會導致血壓上升，那麼**稍微**減少飲食的含鹽量對你會有好處。但別忘了，對鹽敏感的其中一個前提是過度攝取果糖。[71] 在你大幅減少鹽的攝取量之前，不如先戒喝含糖飲料、戒吃其他果糖來源（尤其是高果糖玉米糖漿）。此外，高血壓與**高血糖**經常一起發生，因此低醣飲食通常也有舒緩高血壓的效果。[72] 也就是說，只要不吃加工醣類與添加糖，或許你就有餘裕能在飲食中多加一些鹽。

重點 鹽是必需營養素，懷孕期間應充分攝取。調味請用海鹽。

◌◌ 食材搭配

很多孕婦都得跟嘴饞和強烈的飢餓感（**現在**非吃不可的感覺）搏鬥。這兩種感覺都可能是一種副作用，代表你沒有從正餐和點心均衡攝取到足夠的巨量營養素。別擔心，前面已談過飲食成分的基本概念，接下來規劃營養均衡的正餐與零食就會比較容易。

先舉一個簡單的例子說明：蘋果。

單吃一顆蘋果，血糖會上升，並且上升得很快。因為蘋果的醣類含量高，而且幾乎不含脂肪跟蛋白質。

如果用這顆蘋果搭配一小把杏仁，血糖依然會上升，因為蘋果含醣，**但是**它不會上升得**那麼高、那麼快**，因為杏仁裡的脂肪與蛋白質會減緩醣類被消化成糖的速度，身體吸收糖的速度也會變慢。

我喜歡把吃蘋果比喻成吃「沒有穿衣服的醣類」。當你用含有脂肪與蛋白質的另一種食物「幫它穿上衣服」，你的身體會出現截然不同的反應（而且是好的反應）。血糖不飆升，就不會驟降。這表示飽足感會比較持久，也比較不會對糖產生強烈渴望。

我們可以用相同的觀念來規劃正餐。

餐盤法

餐盤法是用目測的方式規劃正餐，不需要嚴格測量食物的份量。餐盤法有很多種版本，以下這種是我的個人最愛：非澱粉類蔬菜二分之一盤，蛋白質與脂肪四分之一盤，醣類四分之一盤。醣類要特別注意，穀物、豆類、澱粉類蔬菜、牛奶／優格與水果都屬於醣類。

飲食內容可大致拆解如下：

❖ 蔬菜兩杯以上（搭配些許脂肪，例如奶油或橄欖油）

❖ 蛋白質約八十五至一一五公克（搭配原本就有的脂肪，例如雞肉不去皮）

❖ 澱粉或富含醣類的全天然食物二分之一至一杯。有些孕婦吃低碳飲食比較健康，所以正餐僅攝取少量醣類（或無醣），但有些孕婦可以吃份量多一點的醣類。微調飲食比例的詳細建議，請見第五章。

我跟大部分的營養師不一樣，除非有明確的理由，否則我不會硬性規定食物份量。舉例來說，如果你增重的速度超乎預期、血糖很高或是擔心自己吃得不夠多，最好先記錄飲食一、兩個星期（可以跟你的醫生或是營養師合作），找出需要調整的地方。

✐ 正念飲食

　　像這樣既沒有份量也沒有熱量可依循的情況下，有些孕婦會覺得不太放心。有一種最有效也最自然的方法，能讓你的身體攝取到適量的食物，那就是正念飲食（mindful eating）。正念飲食指的是聆聽身體向你發出的食物訊號，尊重身體的聲音。肚子餓的時候才進食，吃飽了就停下來。

　　我們經常張嘴就吃，吃得不知不覺，因為我們跟身體的內在訊號脫節已久，又或許是因為我們只對外在訊號有反應，所以有時候就算已經吃飽了，我們還是會把餐盤裡的東西吃光光（「不許留剩菜」的陷阱）；或是因為身旁的人都在吃，所以即使身體已經不需要更多食物，還是會跟著一起吃。但另一方面，你可能會在肚子餓的時候反而不敢吃東西，因為你怕自己孕期變得「太胖」。以上這些作法都很不健康。**無視飢餓訊號的人，通常也會無視飽足的訊號。**無意識的過度飲食跟有意識的節制飲食，都是既不健康也難長久的行為。

　　幸好我們的身體是最棒的老師，它會不間斷地跟我們溝通。理解身體的訊號需要練習，但只要肯花時間，我保證你將慢慢學會相信自己的身體。請試試以下的飢餓覺察練習，讓自己養成正念飲食的習慣。

飢餓覺察練習

吃正餐與點心之前，先靜下心來確認身體此刻的感受。有飢餓的感覺嗎？胃部是否蠢蠢欲動？如果有，程度很輕微，還是很強烈？你想吃一點點小東西，還是想吃一頓大餐？你的精神好不好？你特別想吃哪一種食物：甜食？鹹食？還是其他？（這僅需十五至三十秒。）

吃正餐與點心的時候，再次確認身體的感受。是不是開始覺得飽了？你的身體傳達了哪些感受？這些食物的風味和口感有沒有滿足你？你是否不想再吃，寧願吃別的食物？你吃的速度有多快：緩慢、適中、快速？當你提出這些問題時，不要批判自己。答案不分對錯。

正餐或點心快吃完的時候，最後再確認一次。如果身體會說話，它會說什麼？它想要再多吃一點嗎？它會叫你別再吃了嗎？它會不會說這裡已經沒有更多空間能容納食物？你的身體如何回應你吃東西的速度？別忘了，不要批判自己。答案不分對錯。

你或許可以開始觀察自己吃東西的方式。比如說總是吃得匆匆忙忙；就算吃飽了也一定要把剩菜吃光；每次吃飯都很焦慮，因為你擔心飯後胃不舒服。每個人的感受都不盡相同。

學著聆聽你的身體，不帶任何批判。吃東西的時候，觀察微小的改變如何影響你的感受。把這看成一項（持續進行的）大規模實驗。

正念飲食能幫助你吃飽就停下，不會讓自己撐到不舒服。這就是你每次吃東西的目標。你不一定每次都能達標，但是只要經常練習，一定會愈來愈好。

有些人覺得正念飲食沒有提供足夠的結構或「規則」，其實正念飲食並未將營養常識拋諸腦後。聆聽身體的目的也包括辨認出哪些食物會令你感到難受，下次吃東西的時候，**有意識地**做出營養更均衡的選擇。你的身體應該受到食物滋養，**你自己**也應該好好享用美食。這兩件事可以共存。有研究發現，孕期採用正念飲食的孕婦整體而言攝取更多營養，垃圾食物也吃得比較少。[73] 不要低估「聆聽身體」的力量，它對飲食**量與質**都會產生影響。

❧ 用餐的時間與間隔

你很可能會發現從懷孕初期到生產的那一天為止，你的食慾一直在變化。從第一孕期的偏食和孕吐，到孕期結束前的胃灼熱或淺食即飽，即便你原本不愛吃零食，但現在，減少正餐份量外加幾頓點心對你來說可能是最舒服的吃法。

吃飯的時間沒有硬性規定，如果吃三頓「規矩的」正餐並且不吃點心讓你覺得最舒服，就這麼做也可以。不過，對大部分的孕婦來說，小份量正餐外加點心有三個好處：

一、不會感到過度飢餓（有助於穩定血糖跟體力）
二、正餐不用吃那麼多
三、寶寶一整天都能持續獲得營養

小份量正餐對常見的孕期不適也有幫助，例如反胃跟嘔吐、胃灼熱、胃酸逆流和吃飽得太快。

❧ 如何開始

如果這麼多新資訊讓你頭昏腦脹，別擔心。今天看似困難的挑戰，幾個星期後就會變成習以為常的第二本能。

先用餐盤法觀察自己的飲食：

❖ 巨量營養素是否平衡？

❖ 大部分的正餐是否都包含蔬菜（並搭配些許脂肪）？

❖ 醣類有沒有搭配足夠的蛋白質？

❖ 健康的脂肪夠不夠多，包括動物脂肪？

盡量多吃真食物、少吃加工食品與含糖食品，是最重要的大原則。

下一步是察覺身體飢餓與飽足的訊號。留意身體在用餐前、中、後的感受。這是你觀察食物如何影響身體的好機會，實驗看看哪些食物**適合你**、哪些**不適合你**。這是一個自我探索的過程。請把它當成一場實驗，而不是期末考。

一邊嘗試一邊了解，寫下筆記，每天做一些調整。當你知道哪些食物**不適合你**的同時，也會知道哪些食物**適合你**。孕婦的身體時刻都在變化，請保持開放的心態，你的飢餓程度、飲食份量和進食次數每週都會改變。

下一章要討論的，是哪些食物對孕育健康寶寶特別有幫助。

3

孕育健康寶寶

懷孕會突顯營養不足的情況。生育年齡的女性若未從飲
食中攝取到足夠營養，並不能像某些國家建議的那樣，
單靠增加熱量攝取來解決……必須改變飲食的品質。

——希莉亞・畢昂希博士（Clélia Bianchi）
巴黎—莎克萊大學

　　有些準媽媽出於本能認為某些食物對孕育寶寶有幫助。確實
如此，世界各地的傳統民族都相信有些食物特別適合在懷孕前、懷
孕期間和生產後攝取。但現代人已和傳統脫節，只關注個別的營
養素。把焦點集中在單一營養素、不去管營養素要從哪些食物來取
得，這種思維忽略了其他已知及未知的營養，也就是所謂的「營養
主義」。

　　因此在這一章，我們要把焦點拉回到**食物**本身。我在本章介紹
的食物，在許多文化中已有漫長的食用歷史，現代營養學才正要開始
了解這些食物**為什麼**對健康如此重要。我會說明這些食物富含哪些營
養素，這些營養素對你的整體健康與胎兒發育有何幫助，以及攝取
不足的話會造成哪些後果。我也會花點時間討論如果飲食中缺少這
些食物（例如全素食者），滿足孕期營養需求會碰到哪些困難。

　　希望你可以利用這些資訊，有意識地、聰明地調整飲食內容，

在滿足營養需求的同時，**也能**滿足自己的味蕾。畢竟，享受食物的美味也是一種滋養自己與寶寶的方式。

∽ 蛋

蛋是神奇的超級食物，尤其是在孕期。除了是方便的蛋白質來源，蛋也含有孕期飲食中經常缺乏的多種維生素與礦物質。

蛋黃富含膽鹼。膽鹼是維生素 B 的親戚，直到最近二十年才受到關注。膽鹼的建議攝取量初次公布是在一九九八年。膽鹼對胎兒的發育能發揮跟葉酸一樣的益處，例如促進腦部正常發育以及防止神經管缺陷。[1] 膽鹼還能永遠改變（好的改變）發育中的寶寶的基因表現。[2]

有位研究者指出：「老鼠寶寶（子宮內與出生後第二週）補充膽鹼之後，腦部功能受到改變，終生記憶力獲得加強。這種記憶力的改變，顯然可歸因於大腦記憶中樞（海馬迴）的發育變化。由於這種改變非常顯著，甚至到了老鼠寶寶老了之後，研究人員依然可以找出哪些寶寶的母親補充過膽鹼。可以說，老年時的記憶力部分取決於其母親的孕期飲食。」[3]

可惜的是，多數女性攝取的膽鹼遠低於需求量，有些是因為食物來源有限，有些則是因為不敢吃蛋黃。根據估計，高達九十四％的女性沒有達到每日建議攝取的四五〇毫克。[4]

蛋黃和肝是所有食物中膽鹼含量最高的食物。兩顆蛋（含蛋黃！）就能滿足孕婦每日膽鹼需求量的一半。正因如此，本書的飲食範例會經常出現蛋。

蛋是少數非海鮮的 DHA 來源。DHA 是一種 omega-3 脂肪酸，與嬰兒的高智商之間存在著關聯性。[5] 膽鹼與 DHA 這種 omega-3 脂肪酸一起發揮作用時，能幫助更多 DHA 進入細胞。[6] 在老鼠實驗中，單獨補充膽鹼或 DHA，不如兩者同時補充更能促進大腦發育。[7] 蛋富含膽鹼和 DHA 並非偶然。蛋黃含有豐富的葉酸、維生素 B、抗氧化劑（包括葉黃素和玉米黃素，兩者都對眼睛及視覺發展至關重要）以及微量礦物質（特別是碘和硒）。

蛋最重要的是品質。放牧雞蛋（在戶外的草地上啄食昆蟲、享受陽光）特別健康，營養密度也超越傳統養雞場生產的雞蛋。

放牧雞蛋與飼料雞蛋的營養密度差異[8]

- 維生素 A 高出三〇％，從蛋黃的顏色就能看出，放牧雞蛋的蛋黃是飽和的橘色。母雞吃的新鮮綠葉、青草和蟲子愈多，蛋黃維生素 A 含量就愈高。
- 維生素 E 含量是飼料雞蛋的兩倍。
- omega-3 含量是飼料雞蛋的二・五倍。
- 容易導致發炎的 omega-6 含量較低（所以是好事）。放牧雞蛋的 omega-6 與 omega-3 比例還不到飼料雞蛋的一半。
- 維生素D含量是飼料雞蛋三至六倍，因為放牧雞經常曬太陽。

我要提醒你一下，這些營養素都在蛋黃裡，所以要吃**整顆蛋**，否則將錯失吃蛋的諸多益處。畢竟，蛋黃可不是平白無故出現在蛋裡。

以巨量營養素來說，蛋僅含有脂肪與蛋白質（沒有醣類），所以吃蛋不會使血糖上升。如果你經常嘴饞，或是早上總是飢腸轆轆、精神不濟，或是體重上升的速度超乎預期，早餐吃蛋是絕佳選擇。

調查人體對各種早餐有何反應的研究發現，跟早餐吃貝果的人相比，早餐吃蛋的人一整天下來進食量較少，嘴饞的頻率較低，血糖與胰島素飆升的情況也比較少。[9] 蛋營養豐富、能帶來飽足感，還使你的體力保持穩定。吃蛋是三贏的選擇。

如果你因為膽固醇的關係不敢吃蛋，請注意，近年來的研究已推翻膳食膽固醇會使心臟病風險升高的理論。[10,11,12,13] 通常，實情跟你所想的正好相反。其實攝取過多醣類與高血脂之間的關聯性，比膳食膽固醇（或飽和脂肪）高出許多。[14] 況且，大腦**需要**膽固醇。人體內的膽固醇有二十五％存在於腦部，膽固醇是神經維持正常運作的要素。如果你想為寶寶的大腦健康發育提供原料，一定要攝取膽固醇。

有些孕婦被告誡不可吃蛋（尤其是半熟蛋黃），否則恐有食物中毒之虞。蛋的食品安全疑慮一再被誇大，尤其是在孕婦身上。美國疾病管制與預防中心（CDC）二〇一二年的一項分析指出，蛋造成的食物中毒僅佔全國食物中毒案例的二％。[15] 事實上，吃生鮮農產品食物中毒的機率是吃蛋的八倍，[16] 但是衛生官員從來不曾警告孕婦少吃蘋果跟菠菜。若想降低食物中毒的風險，最好的方法是選擇放牧的有機雞蛋，因為傳統養雞場感染沙門氏菌的機率是有機養雞場的七倍。[17] 可能的原因是放牧雞在戶外生長，不是關在密閉雞舍裡，而且飲食比較多元，這兩點都能防止疾病散播。其實就連傳統養雞場的雞蛋含有沙門氏菌的可能性也很低，根據估計，比例約為一萬兩千分之一到三萬分之一。[18] 所以你無須擔心膽固醇和沙門氏菌的問題。吃雞蛋（包括**蛋黃**）能攝取到豐富營養，把雞蛋納入日常飲食絕對值得。

無論是食品安全**還是**營養價值，放牧雞蛋都是理想的選擇。你可以向附近的小農詢問或是去健康食品店購買。如果你找不到或是買不起放牧雞蛋，別擔心，無論來自怎樣的養雞場，**雞蛋本身**就是很棒的營養來源，天天吃蛋絕對物有所值。

經常有人問我對雞蛋過敏的問題：「如果不能吃蛋，該怎麼辦？」如果你因為對蛋過敏、敏感或其他因素不能吃蛋，吃葷素兼備的「雜食」也能充分攝取蛋所含有的大部分營養素。大概只有膽鹼無法攝取到。吃蛋的人攝取到的膽鹼，約是不吃蛋的人的兩倍。[19]如果你不吃蛋，我建議你吃膽鹼補充劑，同時／或是經常吃肝臟。本章後面將介紹素食者的飲食，對膽鹼有更詳細的討論。

Ꮖᎏ 肝臟

很多人形容肝臟是大自然的綜合維他命，我認為這個稱號實至名歸。除了蛋之外，肝臟是膽鹼的主要食物來源。現代營養學已發現的每一種維生素及礦物質，肝臟裡幾乎都找得到。

肝臟是最豐富的鐵質來源，鐵是預防妊娠貧血和許多健康問題的礦物質。肝臟（與動物性食物）含有的鐵質叫血基質鐵，非常好吸收，而且不像鐵質補充劑一樣有惱人的便祕副作用。孕婦缺鐵可能會造成子癇前症、甲狀腺機能低下和早產。這也會直接影響寶寶的鐵營養狀況：缺鐵和腦部發育不良及生長遲滯有關。[20] 有項研究發現，母親孕期缺鐵的寶寶在出生後十週與九個月接受檢查時，都有認知發展遲緩的情況。[21]

　　肝臟也是葉酸和維生素 B12 含量最高的食物來源，兩者都是維持紅血球健康、幫助寶寶腦部健康發育的關鍵營養素。眾所周知，葉酸可預防先天缺陷。大部分的孕婦都會吃葉酸補充劑，但幾乎沒人知道從食物攝取的葉酸比合成葉酸優質許多。由於 MTHFR 這種酶的基因變異很常見，有高達六〇％的人身體無法（或比較無法）利用補充劑或添加在食品裡的葉酸。[22] 不管你是哪一種體質，吃肝臟能讓你獲得身體可完全利用的葉酸形式。（你可以向醫生詢問 MTHFR 基因檢測[③]，詳情請見第九章。如果你有 MTHFR 基因變異，如何選擇孕婦維他命請參考第六章。）

　　跟相同重量的肌肉部位（例如雞胸肉或牛排）相比，肝臟含有的維生素 B12 是兩百倍。維生素 B12 對孕婦的重要性經常被忽略。孕期維生素 B12 攝取量不足，會增加神經管缺陷跟流產的風險。[23] 有一項研究深入分析來自十一個國家、一萬一千名孕婦的數據，發現維生素 B12 不足與早產高風險之間強烈相關。[24] 雖然不吃肝臟也能達到維生素 B12 的 RDA 標準，但是已有研究發現，目前的 RDA 將維生素 B12 的標準設得太低，不足以維持體內最理想的 B12 濃度。研究者推估，身體對維生素 B12 的需求量應是現行 RDA 標準的三倍。[25] 可以說，維生素 B12 的攝取量寧可多、不可少。

　　肝臟的脂溶性維生素含量極高，包括維生素 A、D、E、K；這些營養素都是難以從其他食物中取得的。許多讀者或許曾被特別警告孕婦**不要吃**肝臟，原因正是肝臟富含維生素 A。關於這一點，近

---

③ 譯註：台灣通常稱為「葉酸代謝基因檢測」。

年來爭論不休，主因是過去有研究發現，高劑量的**合成**維生素 A 補充劑與先天缺陷之間存在著關聯性。但是現在我們知道，天然的維生素 A **沒有**毒性，尤其是搭配適量的維生素 D 與 K2 同時攝取，這些都是肝臟內含量豐富的營養素。[26] 這剛好證明了從食物攝取營養素，遠比吃補充劑安全許多。

有位研究者說：「肝臟與補充劑導致畸胎的可能性**並不相同**。以維生素 A 補充劑的致畸胎性為由，要孕婦少吃肝臟的建議應重新檢討。」[27]

擔心孕婦吃肝臟導致維生素 A 中毒頗令人不解，因為孕婦維生素 A 攝取不足是常見的情況。有項研究發現，雖然三分之一的孕婦有管道取得富含維生素 A 的食物，卻依然處於攝取不足的邊緣。[28] 對胎兒的正常生長與發育來說，維生素 A 是公認的必需營養素，肺臟、腎臟、心臟、眼睛和其他器官的發育都需要它。國家衛生研究院（National Institutes of Health）指出：「孕婦需要多補充維生素 A 來協助胎兒的生長與組織修護，以及孕婦自己的新陳代謝。」[29] 無論是哪一種營養素，攝取過量都會造成問題。維生素 A 是脂溶性的，確實有較高的中毒風險。但是我們已經知道維生素 A 有攝取不足的問題，也知道從食物攝取維生素 A 很安全，所以中毒疑慮無法支持少吃肝臟的建議。肝臟是最珍貴的維生素 A 膳食來源。

事實上，不吃肝臟是維生素 A 攝取不足的已知風險因子。有一項荷蘭研究以一千七百多位女性為受試者，發現吃肝臟的女性幾乎都能攝取到足夠的維生素 A，而不吃肝臟的女性竟有七〇％未達 RDA 標準。[30] 這項研究之所以重要，是因為它指出常規孕期營養政策的一大疏失。一般人總以為，維生素 A 攝取不足是缺乏食物的開發中國家才會發生的情況，但這項研究來自世上最富裕的國家之一。也就是說，能否獲得有營養的食物並非關鍵，關鍵是女性刻意不吃那些食物。

以下這句話充分說明科學研究與營養政策之間有多麼脫節（也說明孕婦為什麼會在飲食的選擇上感到困惑）：「孕婦或是考慮懷孕的女性，經常被建議少吃富含維生素 A 的肝臟以及含有肝臟的食物，但這樣的建議毫無科學根據。」[31]

營養主管機關建議，吃**植物**攝取維生素 A，會比肝臟更加「安全」。很可惜，這個建議不太可靠，因為植物提供的維生素 A 跟動物不一樣。源自植物（例如番薯、胡蘿蔔、羽衣甘藍）的維生素 A 含有類胡蘿蔔素（原維生素 A），不是真正的既成維生素 A（視黃醇）。**理論上**身體可以把原維生素 A 轉換成視黃醇，但是轉換率因人而異，而且部分受到遺傳影響。[32] β - 胡蘿蔔素是討論度最高的類胡蘿蔔素，但視黃醇的效力是它的二十八倍。[33] 而且更矛盾的是，你攝取的類胡蘿蔔素愈多，身體轉換的維生素 A 反而愈少。[34] 這意味著你確實需要從飲食（肝臟或其他動物性食物）攝取**部分**既成維生素 A，才能讓自己跟寶寶都攝取到足夠的量。光是大吃胡蘿蔔行不通。

一週吃一到兩次肝臟、一次幾十克，搭配來自蔬菜的胡蘿蔔素以及其他維生素 A 的膳食來源（草飼動物的奶油、放牧動物的脂肪、放牧雞蛋的蛋黃等等），就能滿足你的維生素需求。南非有一個牧養綿羊的地區，幾乎所有居民都經常吃肝臟，平均每個月吃二‧三次。這裡維生素 A 缺乏的情況極為少見：兒童僅六％，成人**完全沒有**。相較之下，肝臟攝取量較低的南非其他地區，維生素 A

缺乏的國民比例逼近六十四％。[35] 總體而言，吃肝臟的好處遠多於壞處。（唯一的例外是北極熊肝臟，因為對多數人來說，它**確實**含有過量的維生素 A。[36] 但如果你沒有去北極探險的打算，這個問題微不足道。）

如果吃肝臟對你來說是個嶄新、陌生或噁心的想法，你並不孤單。內臟曾是主食，但現在從小就常吃內臟的人很少。如果你不習慣吃肝臟或是討厭肝臟的味道，可以把它「藏在」使用絞肉的食物裡。請參考附錄的食譜，無豆辣味牛絞肉、烘草飼牛肉卷、低醣牧羊人派、烤兩次金絲南瓜佐肉丸和草飼牛肝醬都用了肝臟。你也可以試試雞肝，味道比牛肝溫和許多。

買肝臟時，切記來源很重要。肝臟的功能是過濾毒素和儲藏養分，最好購買健康的放牧動物的肝臟。高級牛排很貴，但肝臟非常便宜，所以購買品質最好的肝臟一點也不傷荷包。如果你特別討厭肝臟的味道，也可以買草飼牛肝乾燥磨粉後做成的肝精膠囊，當成補充劑服用。

帶骨肉、燉肉與肉骨湯

無論是牛肉、豬肉、雞鴨鵝還是野生獵物，肉類是孕婦重要的營養來源。肉類含有完整的營養，包括蛋白質、礦物質、維生素 B 群、脂溶性維生素等等，其他食物難以望其項背。

動物性食物提供最容易吸收的鐵與鋅，[37] 這也是素食者比較容易缺乏這兩種礦物質的原因。[38,39] 孕婦缺鐵可能會導致妊娠貧血、流產、早產、甲狀腺功能障礙和胎兒腦部發育問題。缺鋅與流產、早產、胎兒生長遲滯、死產和神經管缺陷之間存在著關聯性。[40]

肉類也富含維生素 B6。美國適孕年齡的女性中，有四〇％缺乏維生素 B6。流產、早產、出生體重過低、阿普伽新生兒評分（APGAR）偏低，都與缺乏維生素 B6 有關。[41,42] 除此之外，動物性食物是維生素 B12 的唯一食物來源，維生素 B12 的重要性將於介紹肝臟的章節說明。肉類含有豐富的微量營養素，這些營養素從其他食物來源攝取不到，或是難以吸收。因此想要維持最佳的孕期營養，肉類不可或缺。正因為肉類如此營養豐富，懷孕後期動物性蛋白質攝取不足跟新生兒體重過低有關，一點也不令人意外。[43]

肉類的好處還不只是蛋白質、維生素與礦物質而已。只要選擇特定的部位與烹調方式，我們能夠從肉類獲得更多營養。正因如此，我用它們當作本節的標題。

阿嬤應該都知道怎麼用生鮮食材煮湯，但現在多數人都用市售的罐頭或紙盒包裝的「高湯」。用骨頭熬製的高湯不但省錢，也是為飲食補充營養的珍貴來源。傳統民族不會只吃去骨、去皮的雞胸肉，然後把雞的其他部位全部丟掉。他們會吃內臟跟脂肪，堅硬的部位、骨頭跟皮用來煮湯。

現代研究已證實，我們應該回歸這種作法。動物的骨頭、皮與結締組織富含蛋白質、膠質、膠原蛋白、甘胺酸和礦物質。在重量相同的情況下，骨頭的礦物質含量高於任何身體組織。用慢火熬煮一大鍋肉骨湯，礦物質會滲進湯裡，成為鈣、鎂、鐵、鋅、鉀及多種微量礦物質的絕佳來源。你可以把肉骨湯想像成電解質飲料，就像不甜的舒跑。

肉骨湯和燉肉也提供膠質與膠原蛋白，它們是甘胺酸最豐富的來源。甘胺酸是一種重要的胺基酸，常規營養學通常刻意略過甘胺酸，因為它是「有條件的必需胺基酸」，意思是身體可以利用其他胺基酸製造很多甘胺酸。但懷孕是特殊情況，孕婦必須從飲食中攝取更多甘胺酸。研究發現「孕期的甘胺酸需求可能已超過身體合成甘胺酸的能力，使甘胺酸變成有條件的**必需**胺基酸」。[44]

甘胺酸功能多元，胎兒合成 DNA 與膠原蛋白都需要甘胺酸。懷孕後期的飲食尤其需要包括甘胺酸，因為寶寶的體重會迅速增加。在這個階段，寶寶生長中的骨骼、結締組織、器官和皮膚都對甘胺酸的需求達到顛峰。有項研究指出：「隨著孕期推進，內源甘胺酸〔也就是身體用其他胺基酸合成的甘胺酸〕可能無法滿足逐漸上升的甘胺酸需求。」[45]

除此之外，**你自己**的身體也跟寶寶一樣需要甘胺酸支援變大的子宮、乳房跟皮膚。孕期結束時，子宮含有的膠原蛋白是懷孕前的八○○％。[46] 從飲食中攝取充足的甘胺酸或許（當然無法保證）有助於預防妊娠紋的產生，因為以重量來說，甘胺酸佔了膠原蛋白的三分之一。[47]

不過，瘦肉、去皮禽類、乳製品和植物性蛋白質的甘胺酸含量都很少。此外，若只用這幾種食物滿足蛋白質需求，可能會攝取過量的甲硫胺酸。這是一種胺基酸，它不但會減少甘胺酸的儲存量，若大量攝取還可能會中毒。[17] 甲硫胺酸過量與高濃度的同半胱胺酸（一種發炎指標）、神經管缺陷、子癲前症、自然流產以及早產有關。[48] 有位研究者提出解釋：「甲硫胺酸失衡的飲食，可能會對下一代的短期生殖功能及長期生理機制造成負面影響。分解代謝身體未利用的甲硫胺酸，會增加身體對甘胺酸的需求，進而導致甘胺酸不足。」[49]

　　甘胺酸最可靠的食物來源包括肉骨湯、燉煮的硬肉（例如燉牛肉或手撕烤豬肉）、帶皮帶骨的禽肉（例如雞翅、雞腿或烤全雞）、豬皮、培根、肉腸或絞肉（通常是用肉質較硬的部位製作）。另一種作法是在食物裡加純明膠粉或膠原蛋白粉，這兩種東西都富含天然甘胺酸（當然要買未加甜味劑的明膠粉！）

　　動物研究已證實孕期沒有攝取足夠的甘胺酸會造成哪些後果。基於顯而易見的道德因素，刻意限制孕婦攝取必需營養素的人體實驗幾乎不存在，不過有老鼠實驗。吃低蛋白飲食的老鼠，下一代身上出現了心血管問題和高血壓。但是當低蛋白飲食補充了甘胺酸之後，這些影響都消失了。研究人員說：「甘胺酸的存在似乎對心血管的正常發育至關重要。」[50] 這或許是因為甘胺酸在葉酸代謝中發揮的交互作用。[51] 也可能是身體需要甘胺酸才能製造彈性蛋白，這是一種能使血管擴張和收縮的結構性蛋白質。

　　甘胺酸能夠對抗氧化壓力，而氧化壓力是子癇前症的指標；此外也有實驗證明，甘胺酸能降低血壓與血糖。[52] 罹患子癇前症的孕婦，尿液裡的甘胺酸濃度較低，這意味著他們需要更多甘胺酸以及／或是母親體內甘胺酸儲量不足。[53] 此外，「早產兒的體內甘胺酸很少。」[54]

　　我們也知道，膽鹼和甘胺酸在人體內的作用具有相關性：兩者都跟甲基化有關，而甲基化能確保胎兒的基因發育正常。[55] 換句話說，胎兒的最佳發育仰賴母親攝取這兩種營養素。若飲食無法提供足夠的甘胺酸，膽鹼可轉換成甘胺酸。前提當然是母親攝取的膽鹼夠多，但大部分女性對膽鹼一無所知。

膽鹼是製造穀胱甘肽的原料，而穀胱甘肽是身體最強有力的排毒酶，能幫我們每天接觸到的化學物質解毒。接觸化學物質是多種先天缺陷和妊娠併發症的風險因子，你理應留意哪些營養素能幫你提升排毒能力。[56] 我將在第十章討論與接觸毒素有關的風險。

孕期飲食的甘胺酸含量顯然很重要。從寶寶製造 DNA 與心血管系統，到媽媽日漸變大的子宮，甘胺酸對健康孕程的重要性不容小覷。你可以放心喝營養豐富的湯、吃手撕烤豬肉跟燉牛肉，因為你正在順應寶寶發育所需，為他提供發育的原料。

一如所有的動物性食物，請盡可能購買放牧和草飼的肉類跟肉骨。價格會比較貴，但有個抵銷成本的好方法，那就是買肉質較硬的部位（不但比較便宜，**而且**甘胺酸含量比較高），不要買像牛排那樣的高級部位。我覺得這種部位**比較好吃**，因為更有風味，料理起來也更容易（手撕烤豬肉〔豬肩肉〕是零失敗料理，相較之下豬排很費工）。隨著需求漸增，愈來愈多超市、商店有賣放牧和草飼肉品。趁特價時採買，放在冰箱的冷凍庫裡。也可以跟附近的肉舖老闆聊一聊，有些老闆會免費送熬湯的肉骨，或是用很低的價格賣出。你也可以直接向農夫購買，例如牛農或豬農，單價會便宜許多。

若你無論怎麼發揮創意就是買不起草飼肉類，別擔心，商業牧場的動物性食物**依然**營養豐富。你還是能為寶寶提供關鍵營養素，這是完全無肉的飲食做不到的。

❧ 蔬菜，尤其是綠葉蔬菜

孕婦應多吃蔬菜，原因顯而易見。綠葉蔬菜是營養泉源，富含維生素、礦物質與抗氧化劑。光是羽衣甘藍，研究者就在裡面發現了四十五種類黃酮（一種抗氧化劑）。

綠葉蔬菜是葉酸含量最多的食物之一，正因如此葉酸才用「葉」命名（另外兩種葉酸的主要食物來源是肝臟與豆類）。綠葉蔬菜也含有維生素 C、β - 胡蘿蔔素、纖維、多種維生素 B 和微量礦物質。維生素 C 會跟胺基酸與其他營養素一起發揮作用，維持正常的膠原蛋白產量，這對胎兒的發育以及**你自己**的組織生長（例如變大的子宮與腹部的皮膚）都很重要。

綠葉植物含有大量維生素 K1，這種營養素在凝血功能中扮演關鍵角色，能降低產後出血（分娩失血過多）的風險。綠葉植物也富含兩種有助於預防或舒緩孕吐的營養素：維生素 B6 和鎂。最後，綠葉植物也是鉀的來源；鉀是維持正常血壓、防止水腫的重要電解質。

別忘了，無論是哪種蔬菜，蔬菜裡的營養素都要跟脂肪一起攝取才能有效吸收，尤其是抗氧化劑與脂溶性維生素。所以吃蔬菜時可放心搭配草飼奶油、椰子油、橄欖油、酪梨、堅果和其他健康脂肪。[57]

有些營養素在生菜裡保存得比較好，例如維生素 C。有些則是煮熟之後效果更佳，例如 β - 胡蘿蔔素。[58] 因此，我建議生菜跟熟菜搭配著吃。吃有機蔬菜最理想，可把接觸殘留農藥的風險降至最低。[59] 向在地農夫買蔬菜可保證買到風味跟營養都處於最佳狀態的蔬菜，還能趁機詢問農夫的耕種方式，例如農藥和其他化學藥劑的使用。在許多地區，向在地農夫購買當季蔬菜價格更加實惠。如果你買不到（或是買不起）有機的當地蔬菜，別擔心，吃傳統方式種植的蔬菜也很好，勝過不吃蔬菜。

~ 鮭魚、多脂魚和海鮮

有愈來愈多人擔心魚類體內含汞和其他汙染物質，因此有些孕婦被建議不要吃魚，或是每週不得超過三四〇公克。汞是神經毒素，可能對腦部發育有害，所以少吃海鮮應能減少接觸到汞，進而保護胎兒。這種想法似乎很合理。

遺憾的是，這項資訊有誤導之嫌。**確實**有些魚類體內含汞量很高，應盡量避免（例如劍旗魚、大耳馬鮫④、馬頭魚跟鯊魚；鮪魚每週攝取量應低於一七〇公克）。但是孕婦可以安心食用的魚種類很多，就算含有少量的汞也不用擔心，原因是魚肉富含一種叫做硒的礦物質，硒很容易與汞結合，防止汞對人體發揮毒性。[60]

在研究孕婦攝取魚類與神經發育的實驗中，有一項設計精良的實驗以將近一萬兩千組母嬰為對象，該實驗發現，每週攝取三四〇公克**以上**的魚類和童年期的高智商與溝通技巧之間存在著強烈的關聯性。而孕期**完全不吃海鮮**的母親生下的寶寶，認知測驗的結果**敬陪末座**。這些孩子較有可能在精細動作技能、人際發展及溝通技巧上碰到問題。[61] 雖然吃魚的孕婦攝取到的汞比較多，但魚類的營養價值（以及會與汞結合的硒）似乎能抵銷接觸汞的壞處。

話雖如此，各種魚類和海鮮的含汞量還是值得留意。雖然聽起來好像簡單到難以相信，但是魚的體型是預測含汞量的最佳指標。[62] 體型較大的魚壽命較長，吃了較多小魚和海鮮，所以通常含汞量會比較高。舉例來說，吃體重低於七公斤、壽命最長七年的紅鮭，會比吃體重高達六〇公斤、壽命長達十三年的長鰭鮪魚更好。一般人

---

④ 譯註：king mackerel，台灣俗稱白腹仔。

不太知道魚的體型（和硒的作用）跟汞的關聯，希望這些資訊能減少你對汞的疑慮。

冷水魚對孕婦特別有好處，因為牠們富含 DHA，一種對大腦發育有幫助的 omega-3 脂肪酸。鮭魚、鯡魚跟沙丁魚等多脂魚（還有魚卵），是 DHA 濃度最高的食物來源，而且含汞量也很低。我會在第六章說明如何從飲食（或補充劑）中直接攝取 DHA，以及為什麼這麼做很重要。

除了 DHA，多脂魚跟海鮮是少數富含維生素 D 的食物。大部分的孕婦都有缺乏維生素 D 的問題。[63] 海鮮也含有許多微量礦物質，例如碘、鋅和硒。孕期的碘需求量會上升五〇％，所以攝取不足很常見。[64] 媽媽和寶寶都需要碘才能維持甲狀腺的正常功能，大腦正常發育也需要碘。

根據《美國醫學會雜誌》，「可預防的智力障礙主因仍是缺碘，全球皆然」。[65] 吃海鮮是滿足碘需求的好方法，尤其是海藻、扇貝、鱈魚、蝦子、沙丁魚和鮭魚。

盡可能選擇野生魚，因為品質比較好。養殖魚經常受到多氯聯苯、戴奧辛跟其他有害化學物質的汙染。[66] 養殖魚也可能含有對抗生素有抗藥性的細菌，原因是水產養殖常大量使用抗生素。[67,68] 這可能會使人在受到感染時難以治癒，對孕婦來說尤其危險。除了少數例外，野生魚的 DHA 含量幾乎肯定高於養殖魚。[69]

✤ 全脂與發酵乳製品

首先，我要聲明我不認為每個人都必須藉由乳製品攝取鈣。但若是你的身體能承受乳製品，它們能提供諸多益處。除了鈣，乳製品也是蛋白質、脂溶性維生素（A、D、E、K）、數種維生素B、益生菌和碘的絕佳來源。

我想特別討論一下維生素K2，除了乳製品之外，這種營養素在其他食物中含量不多。另一種主要的維生素K叫維生素K1，存在於植物裡，但維生素K2跟K1不一樣。維生素K2會跟維生素A與維生素D一起發揮作用，幫助身體正常代謝礦物質，也就是把礦物質引導到正確的地方：骨骼與牙齒，而不是軟組織。你可以想像一下，子宮裡的寶寶骨骼正在成形，因此這幾種維生素搭配鈣和其他礦物質，是形成強健骨骼的最佳營養組合。維生素K2對**你自己**的骨骼健康也很重要。懷孕時若營養攝取不足，身體會向自己的組織「借用」營養。也就是說，你可能會在孕期變得營養不良，造成健康問題。例如妊娠骨質疏鬆症，多數人認為這是缺乏鈣的跡象，其實只要補充維生素K2，就能逆轉骨質疏鬆症。[70]

維生素K2的好處不只是促進骨骼健康。它的附加好處之一是增加胰島素敏感性，這意味著攝取足夠的維生素K2能幫助你維持血糖正常。[71] 如果你還記得，上一章提過每一個孕婦都必須維持血糖正常，無論是否罹患妊娠糖尿病。

乳製品也是重要的碘來源，因為讓乳牛補充碘來促進牠們的生育力是常態，擠乳前也會先用碘消毒。孕婦如果不吃海鮮，乳製品（和蛋）是攝取碘最重要的來源。[72]

跟任何食物一樣，品質是關鍵。請向放牧（草飼）的牛農購買乳製品，他們的牛乳含有較豐富的脂溶性維生素，殘留農藥也比較少（因為乳牛吃的不是商業生產的玉米跟黃豆）。次佳的選擇是貼著「有機」標章的乳製品，有機乳牛不一定是吃草，而是吃有機飼料（請向牛農確認）。如果你能找到草飼**而且**貼了有機標章的乳製品，那就太棒了。別忘了，你要攝取脂肪才能吸收脂溶性維生素，請購買全脂乳製品。

我也建議孕婦吃一點發酵乳製品，例如優格、克非爾發酵乳（kefir）和熟成乳酪。發酵乳製品的維生素 K2 含量更高，因為這種維生素濃度會隨著細菌發酵而上升。發酵乳製品的細菌叫益生菌，本身就好處多多。事實上，已有證據顯示，孕婦攝取發酵乳製品可減少寶寶罹患濕疹與過敏性鼻炎（花粉熱）的情況。[73] 經常食用發酵乳製品或許也有助於降低早產風險。[74]

如果你有乳糖不耐症，或許吃奶油、鮮奶油、全脂希臘優格與熟成乳酪不會有問題，因為這些乳製品的乳糖含量較低。有些女性說自己懷孕前不能吃乳製品，但懷孕後卻沒有問題，這種現象原因不明。如果你不是這樣，我將在第六章討論益生菌、鈣質、維生素 D 和其他營養素的替代來源。

素食孕婦的困難

你應該已經注意到，這個部分討論的食物除了蔬菜之外，全部都是動物性食物。傳統民族之所以重視這些所謂的「生育食物」是有原因的：這些食物含有豐富的營養素，有助於胎兒發育、維持母親孕期健康、幫助產後調養，以及製造有營養的母乳。針對全球現存漁獵採集部落所做的研究發現，動物性食物佔飲食熱量的五十五％至六十五％。[75] 這個結果與普萊斯醫生的發現相吻合：普萊斯醫生於一九○○年代早期記錄世界各地原住民的傳統飲食，他沒有找到只吃植物的原住民。[76] 只吃植物性食物卻想攝取到雜食的完整營養，著實不容易。補充劑並非萬能。動物性食物能提供的營養素不一定都有補充劑可吃，更何況合成的營養素不像全天然食物那麼容易吸收。經常有人問我對孕期吃全素的看法，所以我決定深入討論這件事。

簡而言之，素食者很難攝取到以下這些營養素：維生素 B12、膽鹼、甘胺酸、既成維生素 A（視黃醇）、維生素 K2、DHA、鐵和鋅。如果你吃全素，也就是**絕對不吃**動物性食物（肉類、禽類、魚類、乳製品跟蛋），有些營養素你完全不可能從飲食中取得。為了方便討論，我這裡所說的「素食」指的是不吃動物性食物，但是吃乳製品跟蛋（奶蛋素）。以下將仔細說明為什麼吃素對孕婦來說不是最佳選擇，無論對母親還是寶寶都一樣。

維生素B12

在胎兒發育上扮演關鍵角色的維生素 B12，只存在於動物性食物中。甲基化這種化學作用需要維生素 B12，而甲基化跟基因表現、細胞分化與器官形成都有關聯。[77] 你應該猜得出來，甲基化對胎兒的正常發育至關重要。如果維生素 B12 不足，流產、神經管缺陷與早產的風險都會上升。[78,79] 平均而言，六十二％的素食孕婦都缺乏維生素 B12，雜食孕婦缺少維生素 B12 的情況很少見。[80]

有項研究以素食孕婦（奶蛋素）、低肉飲食孕婦（每週少於三百公克）與雜食孕婦為研究對象，測量第一、第二和第三孕期血液裡的維生素 B12 濃度以及各項標記（包括同半胱胺酸）。[81]「血清維生素 B12 濃度低、同半胱胺酸濃度高」這樣的組合被視為特別有害，因為它可能會限制葉酸的利用度、妨害髓磷脂的合成，這兩種物質都對發展神經系統極為重要。[82] 素食孕婦中有二十二％觀察到這個組合，低肉飲食孕婦中有十％，雜食孕婦只有三％。換言之，就連理論上能從飲食裡（乳製品和蛋）攝取到 B12 的素食孕婦，以及肉類吃得**不夠多**的孕婦，都可能會有缺乏維生素 B12 的問題。這項研究有趣的地方在於，素食孕婦有六〇％（單靠飲食）達到 RDA 建議的維生素 B12 攝取標準，低肉飲食孕婦有九十四％達標，雜食孕婦一〇〇％達標。儘管如此，缺乏維生素 B12 依然相當常見。這項研究與其他研究均顯示，RDA 的維生素 B12 攝取標準定得太低。本章前面提過，有最新研究指出，目前的 RDA 把孕婦對維生素 B12 的需求量低估了大約三倍。[83] 也就是說，只是偶爾吃蛋或乳製品、補充孕婦維他命（一〇〇％達到 RDA 的維生素 B12 攝取標準）或甚至吃添加了維生素 B12 的食物，都不太可能攝取到足量的維生素 B12。孕婦必須吃足夠的動物性食物與／或補充維他命 B12 才行

　　缺乏維生素 B12 在孕期會造成問題，對**產後**餵母乳的女性也是一大挑戰：缺乏維生素 B12 的女性，母乳裡也會缺少維生素 B12。醫學文獻中有許多嬰兒嚴重缺乏維生素 B12 並導致發展遲緩、生長遲滯與動作障礙的案例（其中有些情況是**不可逆轉的**），都是母親吃素或吃全素的全母乳寶寶。[84] 在規劃最佳孕期飲食的內容時，寶寶出生前**以及**出生後的發育需求都必須納入考量。符合母親孕期營養需求的飲食，應當也能為母乳提供足夠的養分，幫助寶寶生長。嬰兒奶粉問世至今僅約一五〇年（史上第一個配方奶產品出現於

一八六五年），因此在那之前，母乳是嬰兒生存的必備條件，餵不餵母乳不是一種選擇，是必須做的事情。或許正因如此，傳統民族才會如此重視孕前、孕期和產後的女性應攝取動物性食物。關於哺乳期的營養，請見第十二章。

若吃素和吃全素是出於道德因素，可破例吃牡蠣攝取維生素B12。牡蠣沒有中樞神經系統，理應感受不到疼痛。[85] 牡蠣富含維生素 B12，一盎司牡蠣（約二十八公克）的 B12 含量就已超出 RDA 標準。至於其他富含維生素 B12 的食物，稍早已在本章討論過。

膽鹼

膽鹼是胎兒腦部發育和胎盤功能的必要元素，有助於預防神經管缺陷，也具備許多跟葉酸相同的益處。[86] 前面已討論過膽鹼的兩種主要食物來源是蛋黃與肝臟。吃奶蛋素的孕婦應可攝取到足夠的膽鹼，但吃全素的孕婦恐怕很難。吃蛋的人攝取到的膽鹼量，比不吃蛋的人高出一倍。[87] 孕婦每天至少需要四五〇毫克膽鹼。一顆蛋（含蛋黃）可提供一一五毫克膽鹼，一盎司牛肝（約二十八公克）可提供一一九毫克膽鹼。膽鹼含量最高的素食食物包括某幾種十字花科蔬菜、豆類與某幾種堅果，但膽鹼含量遠遠不及動物性食物，要靠它們滿足每日四五〇毫克的需求相當困難。舉例來說，二分之一杯的熟斑豆（pinto beans）、球芽甘藍或花椰菜可提供三十毫克膽鹼，二分之一杯的藜麥或優格提供二十毫克，二大匙花生醬提供二十毫克，四分之一杯杏仁可提供十八毫克。黃豆也含有膽鹼（二分之一杯豆腐可提供三十五毫克），但我不建議大量攝取黃豆，尤其是孕婦，原因請見第四章。你也可以吃膽鹼補充劑，例如重酒石酸膽鹼（choline bitartrate）或向日葵卵磷脂（sunflower lecithin）。

　　請記住，雖然目前膽鹼的每日建議攝取量是四五〇毫克，但已有新研究發現「孕婦的膽鹼攝取量超過 RDA 標準，或許可提升母親與寶寶的健康結果」。[88] 有研究發現，讓孕婦每日補充九三〇毫克膽鹼，對胎兒發育與胎盤功能都有益處。[89,90] 這個攝取量對腦部發育特別有好處。最近有一項設計精良的研究比較孕婦每天攝取四八〇毫克與九三〇毫克膽鹼，對寶寶腦部發育有何影響。寶寶分別在四個月、七個月、十個月與十三個月大的時候接受測驗，九三〇毫克組的寶寶的反應速度明顯超越另外一組。[91] 由此可見，膽鹼的目標攝取量可定得愈高愈好。MTHFR 基因變異是一種常見的情況，約有六〇％的人受其影響。對這樣的孕婦來說，膽鹼需求量會比現行的建議攝取量高出許多。[92] 有 MTHFR 基因變異的孕婦若是吃素或完全不吃蛋，將面臨更高的風險。

甘胺酸

　　甘胺酸是膠原蛋白裡佔比最高的胺基酸，而膠原蛋白是人體內佔比最高的蛋白質。甘胺酸是孕期「有條件的必需胺基酸」，意思是你必須**經由飲食**攝取足夠的甘胺酸，為寶寶生長骨骼、牙齒、內臟、頭髮、皮膚跟指甲提供養分。除此之外，孕婦的皮膚增生、子宮擴張、胎盤都需要甘胺酸。甘胺酸還能幫助循環系統適應孕期的需求。跟葉酸、膽鹼及維生素 B12 一樣，甘胺酸在甲基化中扮演關鍵角色。

　　植物性食物的甘胺酸含量通常很低。我查了甘胺酸含量前一千名的食物，只有少數幾種不是動物性食物。孕期的甘胺酸需求量很高，我不確定吃素能否攝取到足夠的甘胺酸，不過研究人員尚未定出膳食甘胺酸的攝取標準。已有研究在未懷孕的素食者尿液中，發現甘胺酸缺乏症的標記物。[93] 同樣地，「尿液標記物顯示甘胺酸不足的孕婦比例很高。」[94] 缺乏甘胺酸的飲食（素食）碰上甘胺酸需求激增的代謝狀態（懷孕），顯然不是明智的組合。我們知道「胎兒需要極大量的甘胺酸來發展身體結構，並做為代謝前驅物」。[95] 就算沒有懷孕，「甘胺酸是一種半必需胺基酸」，飲食缺乏甘胺酸可能會妨礙膠原蛋白的形成；膠原蛋白是維持骨骼、皮膚及牙齒健康的要素。[96]

雖然甘胺酸沒有官方的 RDA 標準，但是有研究者估算（非懷孕狀態的成年人）每日應從膳食攝取至少十公克（一萬毫克）甘胺酸。[97] 孕婦的需求量可能更高。甘胺酸含量前一千名的食物中，主要的植物來源包括（含量由高至低）：芝麻粉、螺旋藻、葵瓜子粉、南瓜子、紫菜（一種海藻）、西洋菜、豆子跟菠菜。再次提醒你，跟動物性食物比起來，植物的甘胺酸含量非常低。舉例來說，豬皮的甘胺酸含量很高，每二盎司六七六〇毫克。芝麻粉的甘胺酸含量是每二盎司一九四〇毫克，螺旋藻粉是一七六〇毫克（二盎司約為二分之一杯）。二分之一杯黑豆的甘胺酸含量是二八〇毫克，二分之一杯熟菠菜則是六〇毫克。若要單靠植物性食物攝取足量的甘胺酸，你必須非常、非常努力。跟其他動物性食物相比，乳製品和蛋不是特別好的甘胺酸來源，因為甘胺酸是結構性胺基酸，主要存在於結締組織、皮膚跟骨頭裡。因此吃素和吃全素的人不太可能攝取到足夠的甘胺酸。

維生素A

　　維生素 A 能幫助調節基因表現與胎兒生長，在心臟、眼睛、耳朵、四肢和免疫系統的發育上扮演特殊角色。[98] 缺乏維生素 A 可能會導致嚴重畸形，例如顱面結構、四肢和內臟發育異常。[99] 多數人從小到大都被教導植物性食物是很好的維生素 A 來源，但我們必須知道，植物含有的不是**既成維生素** A（視黃醇），而是原維生素 A（類胡蘿蔔素）。你的身體必須把類胡蘿蔔素轉換成視黃醇才能加以利用，而在許多人身上，這樣的轉換率很低。只要大啖番薯跟胡蘿蔔就能獲得許多原維生素 A，可惜幫助恐怕不大。因為你吃進的 β-胡蘿蔔素愈多，身體轉換的維生素 A 反而愈少。[100] 簡而言之，你**需要**的是既成維生素 A，可以來自全脂乳製品或雞蛋之類的動物性食物，也可以吃補充劑來攝取足夠的量。吃全素的女性如果不吃補充劑，**完全**攝取不到既成維生素 A。不過，既成維生素 A 補充劑吃太多也有風險（有幾種先天缺陷的風險會升高），但是從動物性食物攝取維生素 A 則未觀察到這種情況。關於這一點，本章前面介紹肝臟的段落已有深入討論。

維生素K2

　　維生素 K2 是骨礦化的必備要素，意思是寶寶的骨骼需要維生素 K2 才能正常發育。總而言之，維生素 K2 能確保鈣質累積在骨組織裡，而不是軟組織裡。維生素 K2 是營養學領域比較年輕的研究。事實上，第一份膳食維生素 K2 含量的官方數據直到二〇〇六年才問世。[101] 維生素 K2 的膳食來源是含脂肪的動物性食物（例如全脂乳製品、蛋和肝臟）以及幾種發酵食品。含量最豐富的食物是一種叫做「納豆」的發酵黃豆，但亞洲以外的地方幾乎沒人吃納豆（相信我，不是人人都愛納豆的味道與口感！）。納豆裡的維生素 K2 來自使黃豆發酵的細菌，而非黃豆本身。還有一件事很重要：綠葉蔬菜與植物性食物裡的維生素 K1 雖然也有重要作用（例如凝血功能），卻無法影響骨礦化，也不能在體內轉換成適量的維生素 K2。[102] 吃素的人若經常吃納豆、蛋黃、乳酪與全脂發酵乳製品，應可攝取到充足的維生素 K2。長時間發酵的硬質乳酪（例如帕瑪森、切達、高達乳酪），維生素 K2 含量通常高於味道溫和的軟質乳酪。不吃納豆的全素食者必須吃補充劑，可惜的是大部分孕婦維他命都不含維生素 K2。

DHA

omega-3 脂肪酸有好幾種，對孕婦最重要的 omega-3 脂肪酸是 DHA。胎兒快速發育的大腦和眼睛都需要 DHA，DHA 有助於神經元（腦細胞）的形成，保護大腦對抗發炎與損傷。[103] 在寶寶出生後的頭兩年，DHA 依然至關重要。如果你打算親餵母乳，一定要充分攝取 DHA，因為這會直接影響母乳中的 DHA 含量。[104]

許多孕婦都知道 DHA 對腦部發育的重要性，但知道如何透過飲食充分攝取 DHA 的孕婦卻不多。你或許聽說過亞麻籽和奇亞籽等植物性食物富含 omega-3，但這些食物雖然對健康有益，卻對寶寶的腦部發育**沒有**幫助。這是因為來自植物的 omega-3 脂肪酸叫做「ALA」（α - 次亞麻油酸），而大腦需要的 omega-3 脂肪酸是「DHA」。人體無法將夠多的 ALA 轉換成 DHA 來滿足寶寶的需要，因為轉換率最高只有三・八％。要是你的飲食富含 omega-6 脂肪酸（素食者常吃的種子、堅果跟蔬菜油，剛好都富含 omega-6），轉換率會下滑至一・九％。[105] 相較於包含動物性食物的飲食，素食的 omega-6：omega-3 比例明顯高出許多。我為美國營養與飲食學會推薦的孕期全素飲食範例做了完整的營養分析，再把分析結果跟這本書裡的飲食範例做比較；前者的 omega-6：omega-3 比例是十比一，而我提供的飲食範例是三比一。[106] 學會的全素飲食範例 omega-6 總含量是本書的二・五倍，而且脂肪酸的比例也不健康。研究顯示，孕婦飲食若 omega-6：omega-3 比例較高，寶寶到了六個月大的時候發展遲緩的可能性會升高一倍。[107] 老鼠實驗也發現相同結果，這兩種脂肪酸攝取比例失衡對寶寶「新皮質神經元層的形成不利」，導致焦慮行為。[108] 這也再次證實，胎兒發育確實存在著關鍵期，尤其是腦部發育，營養不足可能會造成一輩子的影響。

我要特別提出一項研究，這項研究觀察了全素食者攝取必需脂肪酸的情況（受試者吃全素的平均時間為七年），並與雜食者的情況做比較。有一組受試者是母親和他們的全母乳寶寶。[109] 這項研究進行時植物萃取 DHA 尚未問世，魚油補充劑也尚未普及，因此這群母親都沒有另外補充 DHA。研究結果令人震驚。全素食母親的血漿 DHA 濃度比雜食母親低六十五％，紅血球 DHA 濃度低六十七％，母乳 DHA 濃度低六十一％。寶寶的情況也相仿：母親吃全素的寶寶，紅血球 DHA 濃度比母親吃雜食的寶寶低六十九％（寶寶均只吃母乳）。這項研究結果並非特例。二○○九年有一項文獻回顧研究檢視了素食與 DHA 的狀況，發現「全素食者與素食者血漿、血球、母乳與組織裡的 DHA 濃度，都大大低於雜食者」。[110] 這令人對這些寶寶的腦部發育深感憂慮。其實**母親自己**的腦部健康也會受影響。孕期因為吃素（或海鮮份量不夠）導致 DHA 攝取量過低，孕期焦慮的發生率會上升。[111] 此外，飲食 omega-6 : omega-3 比例較高的孕婦（九比一以上），罹患產後憂鬱症的機率會變成二·五倍。[112] 別忘了，美國營養與飲食學會推薦的孕期全素飲食範例 omega-6 : omega-3 比例是十比一。

　　DHA 的作用已有明確的科學證據。核桃、亞麻籽跟奇亞籽吃得再多，也滿足不了寶寶的 DHA 需求，連你自己的身體也會欠缺 DHA。你必須**直接攝取** DHA 才行。不吃魚或海鮮的人，一定要吃放牧雞蛋與／或藻類做的 DHA 補充劑（藻類是 DHA 唯一的植物來源）。除此之外，為了維持健康的 omega-6 : omega-3 比例，不可把蔬菜油做為飲食的主要脂肪來源。

鐵和鋅

　　最後，吃素很難攝取到某幾種礦物質，原因在於吸收率的差異，鋅和鐵是最顯著的兩個例子。食物中的鐵以幾種不同的形態存在。血基質鐵存在於動物性食物裡，吸收率約為二十五％（有幾個研究認為是四〇％）。植物性食物裡的鐵是非血基質鐵，吸收率較低，約在二到十三％之間。[113] 例如全穀物麥片的吸收率極低，僅〇·三到一·八％之間。[114] 這是因為纖維、植酸和其他反營養物質⑤，會干擾人體吸收全穀物與豆類中的礦物質。[115] 有鑑於此，素食者的鐵質 RDA 標準是非素食者的一·八倍。平均而言，素食女性體內的鐵濃度較低，貧血的機率也較高。[116] 其實根據估計，非素食

---

⑤ 譯註：反營養物質（anti-nutrient）是天然或者人工合成的化合物，會干擾人體對營養素的吸收。

女性也僅有二〇％在孕期攝取到足夠的鐵儲量。[117] 孕婦鐵質攝取不足，是許多妊娠併發症的風險因子，例如子癇前症、甲狀腺機能低下跟早產。孕婦缺鐵還會阻礙胎兒腦部發育，導致生長遲滯，增加寶寶一輩子罹患肥胖症、糖尿病與高血壓的機率。[118]

　　素食的鋅含量通常很低。以美國人的飲食習慣來說，超過半數的鋅來自動物性食物（牛肉就佔了二十五％）。動物性蛋白質不但富含鋅，也能大幅提升鋅的吸收率。跟鐵一樣，富含鋅的植物性食物（例如豆類、全穀物、堅果跟種子）通常也富含抑制身體吸收鋅的物質，例如植酸。將吸收率之間的差異納入考量之後，素食者的鋅攝取標準會比非素食者高出五〇％。[119] 有項研究發現，就算藉由飲食攝取含量相近的鋅，素食者之中缺鋅的人仍高達四十七％，雜食者只有十一％。[120] 這項研究的作者認為，罪魁禍首是植酸及其他抑制身體吸收鋅的物質。孕婦缺鋅很危險，因為缺鋅跟流產、早產、死產、胎盤發炎、神經管缺陷與出生體重過輕之間都有關聯。[121] 有研究指出，孕婦缺鋅的影響可能會代代相傳。其中一項研究說：「孕期與出生後（亦即關鍵發育期）鋅攝取不足，會對下一代的長期健康造成負面影響，也可能使他們更容易罹患慢性疾病，而且影響可能延及數代。」[122] **現在**的你缺鋅影響的不只是寶寶，還包括你的孫子，這一點不可不慎。

　　總之，即使是素食或全素食理應可提供的礦物質，也可能會有吸收率過低的問題，這表示素食者較有可能欠缺礦物質。有一篇發表於《美國臨床營養學期刊》（*American Journal of Clinical Nutrition*）的研究總結得很好：「素食提供的鐵跟鋅在生物利用度上不如非素食，原因是肉類攝取量較少，以及更有可能攝取到植酸及其他容易妨礙鐵與鋅吸收的植物性抑制劑。」[123] 話雖如此，素食最豐富的鐵質來源是豆類、南瓜子、螺旋藻與煮熟的綠葉蔬菜。鋅的植物來源則包括全穀物、堅果、種子與豆類。若要促進吸收，先將全穀物、豆類、堅果與種子浸泡、發芽或發酵過再吃，這樣可以降低植酸含量（進而讓身體吸收更多礦物質）。[124] 另外，吃這些食物時請搭配酸性或富含維生素 C 的東西（例如醋或檸檬汁），不要跟高鈣食物（例如乳製品）或高單寧酸食物（例如咖啡和茶）一起吃，這樣能促進鐵與鋅的吸收率。

其他考量

　　雖然我對孕婦吃素的主要疑慮是微量營養素攝取不足，但如前所述，孕婦吃素還有其他潛在問題。蛋白質的品質就是一大考量，因為非動物性的蛋白質來源「並不完整」，欠缺部分的必需胺基酸。長期吃素的人都知道，只要攝取互補蛋白質就能補救這個問題，例如米飯搭配四季豆，或是動物性蛋白質搭配植物性蛋白質（比如說雞蛋或乳酪配扁豆）。不過，由於植酸、單寧酸、凝集素和胰蛋白酶抑制劑等反營養物質的存在，植物性蛋白質會比較難吸收。[125] 就算你努力吃植物性蛋白質彌補不足，仍需考慮甘胺酸的問題，甘胺酸不足是吃素常見的問題。為了攝取足夠的完全蛋白質，大部分素食者的飲食都偏向高醣，因為全天然食物的植物性蛋白質原本就含有醣類。因此跟非素食女性相比，吃素的女性平均攝取的醣類比較多。[126] 有一項研究以一萬三千多位美國受試者為對象，比較了雜食者與素食者的飲食習慣，發現素食者攝取的熱量有六〇％來自醣類，來自蛋白質的熱量不到十二％。[127] 吃奶蛋素的人請多吃蛋與低醣乳製品（例如乳酪與希臘優格），用堅果、種子跟豆類做為醣類來源，而不是穀物，這樣營養會更均衡。最後，素肉經常含有大量的黃豆製品，非常不適合孕婦，原因將在第四章深入說明。植物性蛋白質確實有營養方面的好處，例如葉酸與纖維，但是有研究發現，植物性蛋白質不應該是孕婦**唯**一的蛋白質來源。

給素食孕婦的建議

有些孕婦非吃素不可。若是如此，你在攝取營養時必須記住幾個重點。我必須聲明，良心上我並不支持孕婦吃**全素**。孕婦需要攝取大量的微量營養素，若有非常仔細的規劃與營養補充，奶蛋素**或許還可以**滿足這樣的需求。如果你在懷孕時選擇素食（或半素食），請務必考慮以下的作法：

❖ 每天至少吃三顆蛋（放牧雞蛋）。這能幫助你滿足大部分的營養需求：可滿足現行 RDA 標準中，七○％的維生素 B12 需求，三十五％的維生素 A 需求，七十五％的膽鹼需求，以及四○％的 DHA 需求。若不常吃蛋，請吃膽鹼補充劑，因為孕婦維他命幾乎都不含膽鹼。

❖ 吃藻類 DHA 補充劑。對不吃蛋的人來說，這點尤為重要，因為藻類是素食 DHA 的唯一主要來源。此外，有些素食女性會在孕期和哺乳期破例吃海鮮，例如沙丁魚、牡蠣和鮭魚。

❖ 經常吃海藻類，海藻類提供鐵質與包括碘在內的多種微量礦物質。螺旋藻是補充甘胺酸、鐵質與微量礦物質的好選擇。

❖ 每週吃牡蠣數次。雖然牡蠣不算是素食，但如果你是為了保護動物權益而選擇吃素，或許能放心吃牡蠣，因為牡蠣沒有中樞神經系統，應當感受不到疼痛。[128] 牡蠣是維生素 B12 最豐富的來源之一，也能提供鐵、鋅、硒、碘和 DHA。

❖ 全穀物和豆類在烹煮之前先浸泡七小時（或浸泡一夜），或是讓它們先發芽。浸泡和發芽能降低植酸與單寧酸的濃度，這兩種化學物質會干預礦物質的吸收，例如鐵、鋅、鈣、鎂、銅。購買麵包時，要選用發芽穀物或是傳統老麵（sourdough，又叫酸麵團）發酵製作的麵包。舉例來說，全麥老麵麵包的植酸含量是一般全麥麵包的一半。在老鼠實驗中，吃全麥老麵麵包的老鼠吸收到的鐵、鋅與鎂顯著較高。[129] 此外，吃穀物和豆類時，可搭配維生素 C 或酸性食物一起吃，這有助於礦物質的吸收，尤其是鐵質。[130]

❖ 經常吃草飼／放牧動物的全脂乳製品，尤其是發酵過的乳製品，例如優格、乳酪、克非爾發酵乳。它們會提供既成維生素 A、維生素 K2、鈣、碘、蛋白質、益生菌和許多營養素。乳製品不要跟高鐵食物一起吃（例如黑豆跟菠菜），因為身體無法同時吸收鈣和鐵。

❖ 每天都要吃優質的孕婦維他命。一定要吃含有維生素 B12、鐵（容易吸收的形態）和鋅。如果你的孕婦維他命不含鐵，請另外吃鐵質補充劑。第六章有更多關於孕婦維他命和鐵質補充劑的說明。

❖ 考慮甘胺酸的來源。前面提過，光靠植物性食物很難攝取甘胺酸。我有些吃素的客戶會在懷孕時，為寶寶的健康破例吃甘胺酸含量高的動物性食物。如果你不吃肉類，肉骨湯、膠原蛋白或明膠粉、甚至魚類（尤其是連皮一起吃）或許都是比較容易接受的選擇。素食最好的甘胺酸來源是芝麻和螺旋藻，但是要攝取到足夠的甘胺酸需要吃進極大量，所以實際上不容易做到。

你應該看得出來這個問題頗為複雜。我的建議之中，有些是請孕婦破例吃葷食，並且／或是仰賴更多補充劑，以便攝取到最完整的營養。雖然這種作法對某些孕婦有幫助，但不是每個孕婦都適合這樣的飲食法，就算吃再多補充劑也一樣。如果你剛好是六〇％有 MTHFR 基因變異的人之一，我強烈建議你吃素之前要三思。這種常見的基因變異，會使你更加需要參與甲基化的營養素，包括膽鹼、葉酸、維生素 B12、甘胺酸等等。除了葉酸之外，光靠植物性食物不足以提供這些營養素。

✍ 總結

如上所述，真食物提供的健康益處遠遠超過任何孕婦維他命。全天然食物的營養素聯手發揮的效用不容小覷。從脂溶性維生素到膽鹼與 DHA 的交互作用，大自然已幫你做了最好的安排。我在本章也說明了有些食物營養密度很高，對孕期健康有幫助，但孕婦卻因為沒有科學根據的理由被告誡不要吃這些食物。如果醫生或營養師還不知道這些資訊，你無須驚訝，可以跟他們分享這些資訊。如果你對任何建議心中存疑，或是對相互矛盾的意見感到困惑，可以把本章再讀一次，複習與這些食物有關的研究結果。如果你一直刻意避開這些食物或是長期吃素，我希望你在看過本章的說明之後，已經更加了解這樣的飲食選擇會造成哪些營養方面的取捨與潛在的併發症。

　　當然，本章僅列舉了幾種對孕期健康來說最重要的食物。可想而知，還有許多我沒列在清單上的食物你也應該吃。第五章的飲食範例會介紹如何將這些高營養密度的食物跟其他食物搭配，放進你的日常飲食裡。除此之外，我將在第六章說明補充劑的吃法。但在那之前，請先看完下一章對孕期飲食限制的說明。別忘了，我的定義可能跟你在其他地方讀到的不太一樣。

4

對胎兒健康無益的食物

有大量的證據顯示，人類的妊娠結局受母親營養狀態的
影響至鉅。攝取『劣質飲食』會增加妊娠併發症的發生
機率，例如嚴重的先天缺陷、早產、出生體重過低，以
及出生後神經行為與免疫功能異常等等。

——珍妮特・巫李尤 - 亞當斯博士（Janet Uriu-Adams）
加州大學戴維斯分校

　　有些食物營養密度高，可促進胎兒發育，有些食物卻對寶寶
的健康有害。通常孕婦會避開受到致病細菌和病毒感染的食物，或
是含有毒素的食物。當你搜尋「孕婦飲食禁忌」時，大部分的禁忌
食物之所以被列為禁忌，是因為它們可能會引發食物中毒。可惜的
是，這些食物之中有許多也含有寶寶生長不可或缺的營養素。在某
些情況下，不吃這些禁忌食物反而有害無益。

　　另一方面，有些食物雖然很「安全」，不會導致食物中毒，卻
無法為你跟寶寶提供最好的營養，甚至有可能增加妊娠併發症的發
生機率。孕期營養教育很少提及或強調這一類的食物，但了解這些
食物也同樣重要。以上就是本章要討論的內容，我也會特別說明幾
個較具爭議性的主題。

所謂的「禁忌食物」

如果你已經看過不少孕期營養的文章，想必也看過長長的禁忌食物清單。軟質乳酪、生乳、某些魚類（尤其是生魚）、生肉、半熟蛋黃、冷盤肉片，是最常見的幾種禁忌食物。

從某些角度來說，這樣的建議相當謹慎。為了幫助胎兒發育，孕婦的身體會不可思議地調整免疫系統，這也令孕婦變得稍微比較容易受到感染。食物中毒（研究者稱之為「食源性疾病」〔foodborne illness〕）可能會導致嚴重的妊娠併發症。例如，有一種叫李斯特菌（Listeria）的細菌可能會造成流產或甚至死產。[1]

正因如此，孕期營養建議對飲食禁忌採取嚴格的態度。可是，這些建議有沒有堅實的科學證據？是不是過度謹慎呢？

打安全牌 vs 營養不足的風險

遺憾的是，嚴格避開**可能**導致食源性疾病的食物，反而會使孕期的營養需求難以得到滿足。有一項澳洲研究以將近七千五百位女性為受試者，發現「女性若刻意少吃可能含有李斯特菌的食物，或許無法從食物攝取到最佳營養」，也就是纖維、葉酸、鐵質、維生素 E 和鈣質。[2] 這項研究的作者認為，「比較合理的建議顯然是去平衡風險，可能含有李斯特菌的食物孕婦應該適量地吃，而不是少吃或完全不吃，否則將攝取不到孕期的重要營養素。」

雖然孕婦較有可能感染李斯特菌，但實際的感染案例極其少見。有一項研究使用美國食品藥品管理局（FDA）的數據分析孕婦感染李斯特菌的情況，發現孕婦要吃掉八萬三千份冷盤肉片或五百萬份軟質乳酪，才有一個李斯特菌感染案例。[3] 不管怎麼算，感染的風險都很低。

有一項加拿大研究的分析認為：「只要食物經過適當的處理和保存，感染李斯特菌的機會顯然很低。因此孕婦不需要禁食軟質乳酪跟冷盤肉片，但前提是攝取適量，而且要向信譽良好的店家購買。」[4] 他們也進一步解釋：「儘管孕婦感染李斯特菌的風險較高，但發生這種事的機率極低，完全不吃冷盤肉片似乎太過苛刻。」我相當同意。當飲食規定太嚴格，就成了苛刻的要求。

除了無法開心享用美味的軟質乳酪和薩拉米肉腸（salami），說不定還會用較不健康的食物取代營養豐富的食物。我滿常聽到孕婦說自己早上不再吃蛋，改吃早餐穀片，因為有人告訴他半熟蛋黃**或許會**令他生病。這樣的更換看似微不足道，卻減少了蛋白質、膽鹼、DHA、碘和多種營養素的攝取量。他用精製醣類（可能含有添加糖）取代了好處多多的蛋，早餐穀片的營養價值是零，而且可能對健康有害。他不知道的是，蛋含有沙門氏菌的機率是一萬兩千到三萬分之一。[5] 換句話說，機率極低。若是有機雞蛋或放牧雞蛋，機率還會再低七倍。[6]

另一個偏差資訊的例子是孕期能否吃魚的建議。我在上一章說明了吃魚的好處與汞的風險。但是，多數女性在做決定之前並未獲得足夠的資訊。美國有一項研究以孕婦為對象進行焦點團體訪談，發現「許多受試者知道魚類可能含有汞這種神經毒素，並且曾被建議少吃魚。知道魚類富含 DHA 與 DHA 有何作用的受試者人數較少。受試者全數表示從未有人建議他們吃魚。哪些魚類 DHA 含量較高或含汞量較低，多數受試者表示從未獲得相關資訊。」[7] 我敢說他們也從未聽說過硒，以及硒如何預防汞中毒。

很可惜的是，汞的風險總是比魚類跟海鮮的營養益處更受矚目。也因為如此，許多孕婦錯失了多種「安全可食」魚類中富含的 DHA、碘、鋅、鐵、維生素 B6、維生素 B12、甘胺酸與其他營養素。這種資訊缺乏（或明顯錯誤的訊息）致使很多孕婦「甘願冒著傷害自己與寶寶的風險，也不肯吃魚」。[8] 毫無意外地，日本人對魚類的益處和風險權衡，跟美國人正好相反。有一位日本內科醫師曾在日本懷孕一次，在美國懷孕兩次，他寫下親身經歷：「日本人普遍認為，魚油的好處比吃魚可能攝取到汞的風險更重要。」[9]

除了汞之外，孕婦也常被告誡不能吃生魚跟壽司以免食物中毒，但這項建議仍未有定論。日本孕婦不但常吃生魚片，甚至**被鼓勵**吃生魚片促進胎兒發育。英國國民保健署（National Health Service）的網站資訊也允許孕婦吃生魚：「壽司和其他含有生魚的菜餚，對孕婦來說通常安全無虞。」[10] 加拿大的一份醫學期刊說明了緣由：「供人類食用的海鮮都經過微生物汙染檢驗，因此市售海鮮安全性較高。雖然烹煮是消滅寄生蟲最有效的方式，但速凍也很有效，壽司等級的魚類通常都經過速凍。孕婦可以放心吃生魚，前提是要向聲譽良好的店家購買、用適當的方式保存，且購買後立即食用。」[11]

更有趣的是，我自己（以及許多懷孕的客戶）都發現懷孕期間偶爾會非常想吃生魚或壽司，對煮熟的魚反而興趣缺缺。這或許是因為你的身體比你以為的更聰明。有幾種魚類生吃時，硒的生物利用度會更高，鮭魚就是其中一種。[12] 硒能防止汞對人體發揮毒性，這可能是身體保護你的一種方式。此外，有數據顯示生魚的 omega-3 脂肪酸比熟魚更好吸收，碘含量也比較高（魚煮熟之後，碘含量會減少多達五十八％）。[13,14] 或許是你的身體想要照顧寶寶的腦部發育。如果你決定吃生魚，還有一個重要考量：吃野生魚，不要吃養殖魚，以免接觸到有抗生素抗藥性的細菌。[15]

生食海鮮有一個例外，那就是**生的蝦蟹貝類**。與海鮮有關的食源性疾病中，有七十五％是由蝦蟹貝類（例如牡蠣與蛤蜊）引起。[16] 我認為這樣的風險太高，超越食物本身帶來的好處。除非你百之百確定新鮮程度與來源，否則蝦蟹貝類一定要徹底煮熟才能吃。蝦蟹貝類的營養密度極高，愛吃蝦蟹貝類的孕婦可多吃，但切記要煮熟。

我曾參與公共政策的制定，能夠理解政府為什麼要提供這種總括性的建議。但是，對這樣的建議照單全收可不妙，因為事實上沒有絕對安全或絕對不安全的食物。有些食物雖然受汙染的可能性較高，但矛盾的是，大多數的食安問題都跟它們無關。

美國疾病管制與預防中心（CDC）做過一項二〇〇九到二〇一一年李斯特菌感染爆發的分析，與乳製品有關的感染幾乎全數都是由低溫殺菌過的牛奶（非生乳）製作的乳酪所造成，只有一件不是。[17] 這唯一由生乳乳酪造成的感染發生在一場婚宴上，而外燴活動在食物的保存與處理上原本就惡名昭彰。從二〇〇九到二〇一一年共有二二四人感染李斯特菌，其中一四七人是因為吃了生的哈密瓜，還有一次爆發的源頭是預先切好的生芹菜。二〇一六年美國 CDC 調查了五個沙門氏菌爆發事件。一件歸因於雞蛋，其餘四件歸因於植物性食物，包括苜蓿芽（兩件）、開心果和全素蛋白粉。[18]

我舉這些例子是為了證明，沒有哪種食物保證安全，也沒有哪

種食物肯定危險。乳汁即使經過低溫殺菌，仍有可能在後續處理與保存上遭到汙染。現今美國的生乳製造商均須接受嚴格審查，很多生乳製品的生菌數都遠遠低於市售的低溫殺菌乳製品。曾有一項分析採驗了弗蒙特州（Vermont）二十一家以生乳為原料的手工乳酪製造商，所有的樣本都沒有驗出李斯特菌、沙門氏菌或危險的大腸桿菌 O157:H7 型。[6][19] 進行分析的研究者認為：「我們的分析結果顯示，小型手工乳酪製造商使用的生乳在微生物品質上大多可靠，儘管重複採樣，依然沒有檢測到目標病原體。」或許美味的生乳切達乳酪沒有別人警告的那麼危險。

最後，我要故意唱一下反調。常規營養學的「禁忌食物」大多是動物性食物，其實蔬果也可能同樣危險。蔬果並非絕對安全的飲食選擇。炎炎夏日的戶外聚餐，大家帶來的食物會放在戶外好幾個小時，這時你應該小心的不只是雞蛋沙拉，水果沙拉跟蔬菜沙拉也一樣危險。食物中毒的案例中，有四十六％的起因是植物性食物（主要是新鮮水果與綠葉蔬菜）。[20] 二〇一三年有一項食物中毒的分析發現，在各類食物中，綠葉蔬菜是造成食源性疾病的頭號原因，也是食物中毒導致住院的第二大原因。[21] 儘管如此，從來沒有衛生官員警告孕婦要少吃生菜沙拉。有一位研究者說：「蔬果是健康飲食的主要成分，但生吃新鮮農作物並非毫無風險。」[22] 我們不由得要問：為什麼蔬果可以被放過一馬？半熟蛋黃、冷盤肉片跟軟質乳酪卻是禁忌？

把這一切納入考量之後，你應能理解為什麼說到禁忌食物時，

---

⑥ 譯註：O157:H7 型大腸桿菌是一種腸道出血性大腸桿菌，是造成食物中毒的原因之一

我並不支持常規的孕期營養建議。我的立場看似離經叛道，但其實有愈來愈多專業醫護人員也認為鐵律已不再適用，有幾位研究者這麼說：

> 「更完善的標準與監督機制，已減少過去零售店家常見的食物汙染問題。因此孕婦不需要再避免冷盤肉片與軟質乳酪（與李斯特菌有關）、半熟蛋（與沙門氏菌有關）、壽司和生魚片……做為食物安全的大原則，孕婦應確定的是食物來自聲譽良好的店家，以適當的方式保存、處理和烹調，並且及時吃掉。」[23]

在權衡特定食物的益處與風險時，除了考慮生病的機率，你也必須考慮它們含有的營養素。食物的來源與處理方式，都可能使原本「安全」的食物變得可疑，**任何**食物都是如此。當然，如果你是出於個人偏好決定不吃軟質乳酪、半熟蛋黃或冷盤肉片，這完全沒有問題。你也可以選擇吃全熟蛋黃，或冷盤肉蒸過再吃，這樣一來既可降低接觸病原體的機會，也可受益於這些食物的營養素。若你決定吃半熟蛋或冷盤肉，請放心吃，與它們相關的風險很低。無論你怎麼選，一定要注意以下的食物安全預防措施。

✑ 食物安全預防措施

就算你認為自己是「鐵胃」，吃到處理不當的食物還是會生病的。以下是幾個減少接觸常見食源性病原體的方法：

❖ 相信你的鼻子。如果有怪味，別吃。

❖ 容易變質的食物，購買的地點很重要。例如同樣是雞蛋沙拉三明治，在加油站買的八成沒有高級外帶熟食店來得新鮮。

❖ 盡量少買切好的蔬果，除非你打算煮熟才吃。切過的蔬果受病原體汙染的可能性遠高於完整蔬果。[24]

❖ 盡量在家煮飯。大部分的食源性疾病都發生在餐廳，或是外帶食物。[25]

❖ 冷凍肉類在冷藏室放一夜解凍，不要放在流理台上解凍。生肉放在冷藏室不可超過二至三天。

❖ 煮飯和用餐前務必做好清潔。你的雙手、流理臺、砧板以及會接觸到食物的東西，都要清潔乾淨。可以考慮準備一塊肉類專用砧板。白醋可用來安全地消毒廚房。

❖ 處理生肉之後一定要洗手（是的，在你伸手拿鹽罐、胡椒罐或觸碰流理台之前都要洗手！）。

❖ 生食與熟食分開放，避免交叉汙染。例如醃完生肉之後，不能把煮熟的肉放回同一個容器裡（醃料沒有滾煮過也不能直接吃）。

❖ 蝦蟹貝類不要生吃。

❖ 剩菜要在煮熟兩小時之內放進冷藏室（如果你家很熱，時間應更短）。

❖ 冷藏剩菜三至四天內要吃完（或是冷凍以便長期保存）。

❖ 只要你對食物的新鮮程度或來源有疑慮，別吃。

支援你的免疫系統

除了以上的預防措施，還有幾個步驟可預防食源性疾病，這些步驟著重於提升孕期免疫力。據估計，有八〇％的免疫系統存在於腸道，而飲食直接影響腸道健康。以下這幾種方法能提升消化系統與免疫系統的健康：

❖ 經常吃發酵過的食物，讓益生菌進入你的飲食習慣裡，例如優格、克非爾發酵乳、酸菜、泡菜、康普茶（kombucha）與天然發酵的「醃」菜。那些發酵蔬菜必須生吃或吃未經低溫殺菌的（購自聲譽良好的店家），因為煮熟或低溫殺菌過的食物裡已無生菌。

❖ 吃富含益生元纖維（prebiotic fiber）的食物。益生元纖維是腸道益生菌的食物，包括蔬菜（尤其是當地農家種植的十字花科蔬菜，例如高麗菜、羽衣甘藍和球芽甘藍）、水果（尤其是莓果與稍微生一點的香蕉）、堅果、種子（尤其是奇亞籽）和豆類。[26]

❖ 經常喝肉骨湯，吃慢火燉肉。這些食物含有明膠，能維持腸道黏膜健康，進而促進你對食源性病原體的耐受力。

❖ 少吃糖與精製醣類，兩者都與免疫功能變弱以及腸道細菌失衡有關。[27]

❖ 認識農夫。選擇有機與放牧的肉類、禽類、乳製品和蛋，減少接觸殘留抗生素和病原體的機會。前面提過，傳統養雞場感染沙門氏菌的機率是有機養雞場的七倍。[28] 有機養殖的牛身上，抗生素抗藥性的細菌（嚴重食源性疾病常見的罪魁禍首）數量遠低於傳統牧場飼養的牛。[29] 精緻的小型乳牛牧場採取嚴格的衛生措施，他們的生乳生菌數經常少於低溫殺菌過的乳製品。[30] 再次提醒，品質最重要！

✑ 應限制或避免的食物

另一種孕婦應避免的食物，是無法為你和寶寶提供最佳營養的食物，或是會使妊娠併發症發生機率上升的食物。其中有幾種很常拿出來討論，例如酒精跟咖啡因；有些則是被避而不談。最重要的是，這些食物／成分對維持健康沒有助益，無法大量提供寶寶發育所需的營養素，而且攝取過多可能造成傷害。要不要限制或完全不吃以下的食物，取決於你自己。在此我僅提供研究結果，幫助你在做決定之前獲得充分資訊。

✑ 酒精

你或許早就知道懷孕時最好別喝酒。酒精會輕鬆穿過胎盤，直接影響胎兒發育。主要的考量是胎兒酒精類群障礙（Fetal Alcohol Spectrum Disorders，簡稱 FASD），這涵蓋了好幾種出生前接觸酒精造成的兒童病症。FASD 在每個孩子身上的表現都不一樣，但共通點是智力障礙或行為障礙。最常見於媒體也是最嚴重的 FASD 是胎兒酒精症候群（Fetal Alcohol Syndrome），孩子身上會出現多種發育問題，包括智力缺陷、聽力問題、臉部發育異常和生長遲滯。[31]

為了解孕婦攝取酒精的風險，目前已有數十個相關研究，因為這在世界上的某些地方仍是常見問題。研究孕婦接觸酒精的其中一個挑戰是，研究者無法進行隨機實驗，強迫某些孕婦喝酒、某些孕婦不喝酒，所以他們只能觀察自主選擇喝酒與戒酒的孕婦。多數孕婦都被告誡不得喝酒，因此選擇喝酒的女性可能也不會把其他建議當一回事，例如不要抽菸、不要吸毒、飲食要健康等等。有一項經常被引用的研究指出，孕婦每週喝一份酒精飲料跟孩子的行為問題之間存在著關聯性。[32] 可是仔細檢視數據後，你會驚訝地發現，這些孕婦吸食古柯鹼（是的，古柯鹼）的比例高得驚人。將近半數會在孕期喝酒的女性（四十五％）也會在孕期吸食古柯鹼；而不喝酒的孕婦中，吸食古柯鹼的比例是十八％（我認為依然高得嚇人）。這篇論文叫做〈孕期接觸酒精與六至七歲的童年行為：劑量—反應效應〉（Prenatal Alcohol Exposure and Childhood Behavior at Age 6 to 7 years: Dose-response Effect），但我認為應該改成〈孕期非法吸毒與童年行為問題之間的關聯性〉（Illicit Drug Use in Pregnancy Linked to Childhood Behavior Problems）比較貼切。

另一個挑戰是定義攝取多少酒精才安全或不安全，這有點算是模糊地帶。有一項文獻回顧研究檢視了三十四個孕婦飲酒的研究結果，發現酗酒（一次喝四份以上）顯然對孩子童年期的認知有負面影響。這應該不令人驚訝。但是研究者也發現，輕度至適度的飲酒（每週不超過六份）也可能影響孩子的行為或認知。[33] 他們表示：「孕期的安全酒精攝取量尚無定論。」

有幾個研究發現相反的結果，少量攝取酒精**不會**造成傷害。澳洲有一項研究以三千名孕婦為對象，檢視孕婦飲酒對二到十四歲兒童的行為問題有何影響。受試者依照酒精攝取量分為五組：不飲酒、偶爾飲酒（每週一份）、輕度飲酒（每週二至六份）、中度飲酒（每週七至十份）、重度飲酒（每週十一份）。這項研究發現，孕期輕度至中度飲酒與行為問題無關。仔細查看原始數據，會發現輕度飲酒的孕婦生下的孩子，發生行為問題的比例**低於**完全不飲酒的孕婦。[34]

另一項設計精良的大型研究以五千位母親和他們的孩子為對象，檢視孕婦飲酒以及孩子十四歲時的智商。這項研究將孕婦分成四組：不飲酒、每天飲酒少於二分之一杯、每天飲酒二分之一至一杯，每天飲酒超過一杯。研究者發現，沒有證據支持孕婦每天平均飲酒少於一杯會對孩子的智商、注意力或認知能力造成重大影響。[35]

有一項研究分析了一萬多名孕婦（和他們的孩子），發現母親懷孕時不飲酒和少量飲酒的孩子，在口說和語言能力方面毫無差異。這項研究對少量飲酒的定義是每天攝取酒精少於十公克。[36] 為幫助讀者了解十公克酒精是多少，一罐三五〇毫升的啤酒（酒精濃度四至六％）含有十一到十七公克酒精，一杯一五〇毫升的葡萄酒（酒精濃度十二％）含有十四公克酒精。不過，這項研究的研究者表示：「醫生應繼續建議孕婦不要飲酒，直到有進一步的證據顯示孕期低度至中度飲酒會造成什麼影響……關於孕婦的安全飲酒建議，國際標準至今仍未達成共識。」[37]

我對酒精的看法

孕婦攝取酒精的證據尚無定論。研究結果的大致趨勢是，跟攝取大量酒精相比，非常少量的酒精比較不會造成問題。至於保證安全的攝取量是多少，研究者並未達成共識。我個人認為從營養益處的角度來說，孕婦實在沒必要經常攝取酒精。就算「毒性取決於劑量」，但判定劑量很難，如果劑量因人而異就更麻煩。同等份量的酒精，這個孕婦認為是少量，另一個孕婦卻認為是大量。同樣地，每個人的酒量都不一樣。我自己偶爾小酌當然無礙，但我不會建議你每晚都喝上幾杯，尤其是容易「微醺」的人。當然，怎麼選擇取決於你。最清楚你酒量的人是你自己。

酒精對胎兒發育的傷害，尤其是重度飲酒的孕婦，或許跟營養素被耗盡有關，因為身體必須用營養素來解酒精的毒，就無法滿足胎兒的需求了。參與解毒的營養素包括維生素 B 群（例如葉酸）、維生素 A、甘胺酸、硒、鋅和膽鹼。動物實驗也支持這種看法，懷孕的老鼠因為酒精而缺鋅。[38] 從人類身上觀察到的數據也顯示，孕婦喝酒可能會耗盡膽鹼與它的代謝物（兩者都對肝臟功能至關重要）。[39] 這很重要，因為這些營養素會影響腦部發育和甲基化。因此，飲酒的孕婦對某些營養素的攝取需求或許會更高，尤其是本身營養不足或飲食習慣不良的孕婦，但這一點尚待研究。

無論如何，我希望營養能送到寶寶身上，而不是用來給酒精解毒。

請注意，唯一的例外是發酵飲料中自然產生的極少量酒精，這種飲料充滿益生菌。例如康普茶這種發酵茶飲。康普茶的酒精濃度通常低於〇・五％，所以一杯二三六毫升的康普茶，酒精含量不到一公克。這樣的酒精濃度甚至低於過熟的水果（酒精濃度〇・六至八・一％）。[40]

❧ 咖啡因

孕婦到底能不能喝咖啡？這是大哉問。幸好這不是一個非黑即白的問題。孕婦喝咖啡的安全性尚無定論，這一點不令人意外。我們知道咖啡因會穿過胎盤，母親吸收到多少咖啡因，胎兒就會吸收到多少。此外，身體將咖啡因從血液中排除的速度會隨著孕期進程變慢。[41] 還有，若母親體內的咖啡因濃度很高，胎盤血流速度會變慢，可能會阻礙營養的輸送。[42] 二、三十年前已有研究發現，攝取大量咖啡因與較高的流產和生長遲滯風險之間存在著關聯性。正因如此，孕婦每天攝取的咖啡因不應超過二百毫克，以策安全。[43]

二百毫克是多少呢？一杯二三六毫升的咖啡約含有一百毫克咖啡因，濃度隨著泡咖啡的方式而異。咖啡愈濃，咖啡因含量愈高。還有，別忘了多數人都認為一杯「正常」咖啡應是三五〇毫升。茶和巧克力也含有咖啡因：二三六毫升的茶約含有三〇毫克咖啡因（綠茶、白茶和烏龍茶也含有咖啡因，但濃度較低），二十八公克的黑巧克力約含有二〇至三〇毫克的咖啡因。

喝咖啡的人很多，因此許多研究者持續探究咖啡因對孕期的影響，目的是確認或推翻每日二百毫克的上限。可惜的是，這些研究的發現不盡相同。有一項文獻回顧研究檢視了五十三個研究，這些研究試圖找出更有科學根據的孕期咖啡因安全攝取量，但結果一無所獲。[44] 研究者發現，雖然高濃度咖啡因與較高機率的流產、死產和出生體重過低之間有關，可是咖啡因的安全攝取量尚無明確答案。他們認為若要改變官方的咖啡因攝取建議，目前證據不足，因為「許多問題尚待解答，包括確認因果關係。例如確定咖啡

因或它的代謝物是否就是原因，這些關聯是否完全能用發表偏差
（publication bias）來解釋，還是說咖啡因其實是健康孕期的標記
物。」另外值得一提的是，有些孕婦的飲食咖啡因主要來自汽水，
而不是咖啡。[45] 如此一來，汽水的精製糖與添加物會讓咖啡因的研
究結果更加混亂。

　　或許孕期研究永遠無法取得直接證據，因為讓孕婦攝取大量咖
啡因、面對潛在傷害有違道德。以目前的情況來說，保守一點，每
日攝取量低於二百毫克比較明智。這意味著一天不要喝超過四七三
毫升的咖啡，應該就沒問題。若你本來就不喝咖啡，應該無須擔
心，因為喝茶或吃巧克力要攝取到過量咖啡因很難。

　　要注意的是，有喝咖啡習慣的孕婦，要注意咖啡品質。傳統
的咖啡種植會使用多種農藥。請購買 USDA 認證或雨林聯盟認證
（Rainforest Alliance）的有機咖啡，以免接觸到殘留農藥。第十章有
更多關於農藥的討論。

精製醣類

　　「精製」醣類是經過高度加工的醣類，通常在去除纖維之後
做成了麵粉或澱粉。例如全麥麵粉可精製成白麵粉，玉米粒可精製
成玉米澱粉。精製醣類的消化跟吸收都很快，會導致血糖急速升
高。換句話說，此類食物的升糖指數很高。它們的營養密度通常很
低，除了醣類之外，維生素、礦物質和抗氧化劑的含量都很低。這
種「飽足食物」很容易讓人吃飽，讓你吃不下其他營養更豐富的食
物。

富含精製醣類的食物

- 精製穀物做的食物，包括用白麵粉或「添加營養素」的麵粉製作的各種食品，例如麵包、貝果、披薩、義大利麵、麵條、餅乾、椒鹽卷餅、洋芋片等等
- 早餐穀片（是的，就算原料是全麥穀物而且沒有添加糖也一樣）
- 「加熱爆開」的穀物，例如爆米花、爆米餅等等
- 「即食」食品，例如即食米飯（或快煮米）、泡麵（例如杯麵）、即食馬鈴薯和即食燕麥（或快煮燕麥）
- 白米

一般說來，你吃的精製醣類愈多，你的飲食營養程度就愈低。有一項研究檢視了孕期飲食的微量營養素含量，發現精製醣類的攝取量是飲食缺乏營養的頭號預測指標。這項研究的作者表示：「從醣類品質的變化，可大致預測出一個人微量營養素攝取情況的變化。具體說來，若澱粉攝取量增加，就可預測微量營養素的攝取情況會變糟。」[46] 這一點值得注意，因為美國人的精製醣類攝取量遠超過自己所想像。美國人攝取的穀物之中，有八十五％是精製穀物。[47]

吃全穀物就行了嗎？

除了前面列出的精製醣類之外，我們也必須知道，有些食物雖然是全天然食物，卻提供了比我們預期中更多的醣類、更少的營養素。例如許多孕婦認為孕期飲食不能沒有全穀物，一定要吃全穀物才能攝取到足夠的纖維。但就算是「優質」的全穀物麵包，一片

的纖維量約為二到五公克，總醣量卻有十五到二十公克。另一個例子是糙米。一杯糙米僅含纖維三・五公克，總醣量卻高達四十五公克。這些食物的主要成分是醣類，纖維的「密度」並不高。

請注意，只要吃兩湯匙椰子粉、或三分之一顆酪梨、或一湯匙奇亞籽，或四分之三杯覆盆子，就能攝取到五公克纖維。如同非澱粉類蔬菜，這些食物的總醣量遠低於穀物，微量營養素的含量卻高出許多。非穀物的纖維來源非常多。本書的飲食範例穀物份量較少，但每天能提供三十五至四十五公克纖維，比孕婦的建議最低攝取量二十八公克還高。想知道高纖低醣食物有哪些，請參考第七章說明便祕的段落。

全穀物受到追捧的另一個原因是含有維生素 B 與礦物質。其實比較一下穀物與其他全天然食物的營養密度，就知道穀物沒有各種宣傳所說的那麼營養。美國人最常缺乏的十三種維生素與礦物質，在全穀物中的含量都低於前面舉例的那幾種食物。[48] **用相同份量的蔬菜與／或一大份肉或魚，取代原來的那份穀物，你一定會攝取到更多維生素 B、鐵、鎂、鋅和鈣。**

說到血糖，全穀物只比精製穀物稍微好一些，但全穀物**還是會**讓你的血糖飆升。有一項研究比較了白麵包和全麥老麵麵包（用現磨全麥麵粉，以傳統發酵法使麵團「變酸」。也就是說，使用優質老麵），受試者的血糖反應與事前預測的趨勢不同。令人驚訝地，有些受試者吃了**全麥老麵**麵包之後，血糖上升得比吃了白麵包還高。[49] 我個人依然建議吃傳統全麥老麵麵包，或是發芽穀物麵包。原因是發酵對消化和營養吸收有幫助，而且全麥老麵麵包的微量營養素含量高於白麵包。不過，就算這種麵包「很天然」、「加工程度較低」，也不代表可以毫無限制地大吃特吃。

最後，愈來愈多人有跟麩質相關的健康問題。麩質是幾種穀物裡含有的蛋白質，最廣為人知的是小麥、裸麥和大麥。[50] 除了乳糜瀉之外，醫學界不太能夠接受與麩質相關的病症確實存在。但我在營養師的執業過程中，經常碰到乳糜瀉以外的麩質敏感症狀。如果你在試過無麩質飲食之後，發現自己變得更健康，沒有必要為了讓營養「更完整」或「更全面」就在孕期吃含麩質的穀物。無麩質飲食絕對能夠滿足你的營養需求。如果你用全天然食物（而不是無麩質麵粉以及用這種精製醣類製作的加工食品）取代含麩質穀物，你的飲食說不定能提供更多營養。[51]

多數人吃飯時都習慣吃穀物，這無所謂，前提是份量不能太大，也不能排擠營養密度更高的其他食物，例如蔬菜、肉類、魚類、禽類、乳製品、堅果、種子和豆類。基於這個原因，本書的飲食範例中也有少量的全穀物，這是為了幫你了解情況，因為我們很容易吃進太多穀物（以及醣類）。早上吃一片發芽穀物麵包配雞蛋，這跟早餐吃一大碗燕麥片、午餐吃一個三明治、點心吃餅乾、晚餐吃全麥義大利麵可不是同一回事。如果你遵循不含穀物、麩質、以原始人為靈感的飲食法，或是覺得完全不吃穀物比較舒服，你可以用其他食物取代飲食範例中的穀物，詳情請見第五章。

∾ 糖

你或許已經知道懷孕時最好不要吃含糖量高的食物（添加糖和天然糖分都一樣）。糖攝取過量，容易使孕婦體重過重，胎兒也會長得太大。[52] 吃太多糖也會增加罹患妊娠糖尿病的機率。[53] 孕婦攝取太多糖，可能會使孩子成為氣喘或濕疹體質。[54] 除此之外，糖很容易排擠更健康的食物、具有致癮性，還可能會影響寶寶的大腦，使他長大後偏好甜食。[55] 老鼠研究發現，孕期吃高糖飲食會阻礙寶寶的腦部發育，並導致類似注意力不足過動症（ADHD）的行為，包括注意力廣度低和衝動行為等等。[56] 基本上，沒有研究發現糖對妊娠結局有**任何益處**。

　　你或許已經知道，糖是許多食品的隱藏成分。成分表上的成分依序排列，主要成分排第一。製造商經常在一種產品中使用幾種不同類型的糖，目的是讓含糖量看起來比實際上更低。千萬別上當。仔細查看成分表上可能是糖的成分（見後方列表）。你也可以看一下糖的總公克數，藉此判斷手上的產品有多健康，**或多不健康**。舉例來說，營養標示裡每四公克的糖相當於一茶匙的糖。添加糖與自然糖分在營養標示裡不會分開標示，這一點雖然有時令人困擾，但有助於了解食品的總含糖量。例如，果乾的含糖量極高，四分之一杯葡萄乾就含糖二十五公克，超過六茶匙！

高糖食物

- 糖：白糖、紅糖、粗糖、脫水蔗汁、糖蜜、蜂蜜、龍舌蘭花蜜、糖漿（例如玉米糖漿、楓糖漿和糙米糖漿）、棗糖、椰糖、麥芽糊精、蔗糖（sucrose）、葡萄糖（dextrose）、果糖（fructose）、麥芽糖（maltose）等等（凡是以「-ose」結尾的成分就是一種糖）
- 甜食／甜點：糖果、冰淇淋、冷凍優格、雪酪、蛋糕、酥皮點心、甜甜圈、餅乾、派餅、棒棒糖、果醬／果凍等等

- 甜的飲料：汽水、潘趣酒、檸檬水、果汁（包括一○○％現榨果汁）、甜茶、調味乳、墨西哥調味水（aguas frescas）等等
- 天然糖分高的食物：果乾（蔓越莓乾、葡萄乾、棗乾等等）、果昔、果汁等等
- 加入大量的糖製作的醬汁：番茄醬、烤肉醬、照燒醬、蜂蜜芥末醬等等

我從未遇過**完全**不碰糖分的孕婦，包括我自己在內。理想很美好，現實很殘酷。所以，當你**非常想吃**一點甜的東西時，切記份量不宜太多，帶著正念吃甜食（用心感受每一口）。或許也可以考慮那一餐的醣類份量減少一些，以免血糖激增影響身體。舉例來說，如果晚餐後想吃冰淇淋，就減少晚餐的醣類份量，並且多準備一份非澱粉類的蔬菜來取代馬鈴薯。

此外，加工程度較低的含糖食品（例如果乾、蜂蜜和楓糖）含糖量依然很高。跟白糖或玉米糖漿等精製甜味劑比起來，我更喜歡這些食品，因為它們味道豐富，且含有微量營養素。儘管如此，**糖就是糖**，在你的整體飲食裡愈少愈好。看了附錄的食譜，你會知道我如何在甜點中使用適量的天然甜味劑。

❧ 人工甜味劑

人工甜味劑頗具爭議。不過，我相信盡量選擇跟老祖宗吃一樣的食物應是最安全的作法。人工甜味劑用化學物質來欺騙你的身體

它是甜的。有研究發現，味蕾愈常接觸甜食（包括天然與人工甜味劑），它們就會**愈喜歡**甜食。

有位科學家說：「正因為人工甜味劑很甜，所以會激發你對糖的強烈渴望，漸漸對糖產生依賴。反覆接觸會令人心生偏好。一個人經常接觸某種味道以及他對那種味道的偏好強度之間，存在著強烈的關聯性。」[57]

簡言之，無論是天然的甜食還是人工甜味劑，我們愈少接觸甜味，味蕾就愈不會渴望甜味。

人工甜味劑的另一個問題是影響血糖。多年來，人們一直相信人工甜味劑不會**也無法**使血糖上升。但新研究徹底推翻了這個觀念，因為大量攝取人工甜味劑的人發生血糖問題的機率更高。人工甜味劑顯然會跟你的腸道微生物（益生菌）交互作用，導致血糖升高。有一項研究發現，受試者在攝取人工甜味劑之後，血糖值變成二至四倍（這項研究使用的人工甜味劑是阿斯巴甜、蔗糖素與糖精）。[58]

人工甜味劑不只改變腸道裡的好菌，還會殺死這些好菌。尤其是 Splenda 代糖（蔗糖素），只要連續吃十二個星期就能大幅消滅腸道裡的各種好菌（厭氧菌、雙歧桿菌、乳桿菌、類桿菌、梭菌、總需氧菌的數量全都變少）。[59] 這個研究的受試者每天只吃 FDA 所稱「安全」攝取量（這叫做「一日可接受攝取量」〔Acceptable Daily Intake〕）的**五分之一**。

我們對微生物群系（人體內的好菌）如何影響健康所知甚少，但相關研究正在蓬勃發展，尤其是孕期健康的研究。你體內的微生物也會傳給寶寶，所以你最好盡全力支援體內的天然與健康好菌。

益生菌對免疫系統、調節血糖、平衡荷爾蒙、排毒與消化系統的正面影響或許既深且遠。若是對這個主題有興趣，請見第六章討論益生菌的段落。

除了干擾血糖平衡與腸道微生物，人工甜味劑或許還會影響甲狀腺荷爾蒙。蔗糖素已被證實會抑制甲狀腺功能，這種影響可能會延續到胎兒身上，影響胎兒的腦部發育。[60] 關於甲狀腺健康的討論請見第九章，干擾甲狀腺功能的其他化學物質請見第十章。

人工甜味劑的另一個問題是可能會影響孩子的體質，長大後容易罹患肥胖症。二〇一七年的一項研究發現，跟母親完全不攝取人工甜味劑的寶寶比起來，母親懷孕時每天攝取人工甜味劑，寶寶出生時體型過大（巨嬰症）的機率是一・六倍，七歲時過重或肥胖的機率是一・九倍。[61] 除此之外，這項研究也發現，孕期喝添加人工甜味劑的飲料而不是含糖飲料（也就是喝無糖汽水，而不是一般汽水），跟孩子七歲時罹患兒童肥胖症機率較高之間存在著關聯性。這項發現呼應以成年人為對象的人工甜味劑研究，這些研究證實，人工甜味劑雖然零糖零熱量，卻對減重毫無幫助，反而與體重增加有關。

上述研究的作者總結得很好：「跟葡萄糖或蔗糖相比，高甜度人工甜味劑可能會改變腸道微生物而加劇葡萄糖耐受不良，透過『第二型葡萄糖運輸蛋白』而使得腸道對葡萄糖的吸收增加，並且因甜味與熱量獎勵失調而過度吸收、體重增加。」[62]

我建議不要吃人工甜味劑，讓自己慢慢習慣沒那麼甜的味道。當你偶爾想獎賞自己時，吃少量的真糖或是安全的替代物（見後方說明）。

可安全食用的替代品

我要先強調一件事：甜的東西，吃得愈少愈好。如果你嗜吃甜食，這件事說起來容易、做起來難。若真要用甜味劑取代真糖，你可以試試甜菊和糖醇。

甜菊萃取的甜味劑叫甜菊苷（又叫甜菊糖），這是一種南美洲的植物，一般認為孕婦可安心使用。甜菊跟人工甜味劑不一樣，人工甜味劑會使血糖上升，甜菊不會，反而有降血糖的效用。[63] 有些甜菊苷產品後味略苦，你可以多方嘗試，找出你喜歡的產品。

另一個選擇是糖醇。雖然叫做「醇」，但是糖醇不含醉人的酒精。糖醇熱量很低，是我們熟悉的顆粒狀，而且味道跟砂糖一樣（有些人說甜菊苷的後味很怪，但糖醇不會）。不過有些糖醇會造成消化不適，例如脹氣和腹瀉，所以別吃太多！最不會影響消化的兩種糖醇分別是木糖醇（xylitol）和赤藻糖醇（erythritol）。低醣烘焙和腸胃敏感的人，通常會選擇赤藻糖醇。

✍ 蔬菜油

我在前面幾章解釋過，孕婦攝取充足的脂肪很重要。不過，攝取哪一種脂肪也很重要。蔬菜油是用種子萃取出來的油，例如菜籽油、大豆油、玉米油、紅花油、棉籽油等等。其實這些油應該叫做「加工種子油」才對，但它們在貨架上的品名都是「蔬菜油」或「植物油」。在上個世紀之前，人類沒有能力大量萃取種子油，所以那時候的人類很少吃蔬菜油。萃取、提煉蔬菜油以及為蔬菜油除臭，除了需要現代集約農業和精密的機器，還要加入許多化學溶劑和酸劑。

有很多健康專家盛讚蔬菜油，因為蔬菜油的飽和脂肪含量很低，但這種觀念實是嚴重誤導。過去五十年來，多數人都已用蔬菜油取代動物油，可是肥胖症、心臟病、糖尿病與不計其數的其他慢性、發炎病症仍持續增加。[64]

蔬菜油含不飽和脂肪。不飽和脂肪一旦接觸空氣、用透明塑膠容器保存或是加熱烹煮，就會非常容易變質、發臭，產生毒性強烈的自由基與活性含氧物，這兩種化合物都會導致妊娠併發症，例如流產、早產、子癇前症與胎兒生長遲滯。[65]

蔬菜油富含一種叫做 omega-6 的不飽和脂肪酸。omega-6 被認為有促炎作用，omega-6：omega-3 攝取比例高的情況尤其不妙，但若經常使用蔬菜油，這幾乎是一定會發生的事。

理想的 omega-6：omega-3 攝取比例是一比一到四比一，但遺憾的是，近年來的估計顯示孕婦的攝取比例接近十比一（有些人甚至高達三十比一）。[66,67] 這使人無法放心，因為「今日西方飲食的omega-6：omega-3 攝取比例很高，容易引發許多疾病的發病機制，包括心血管疾病、癌症、骨質疏鬆症、發炎及自體免疫疾病」。[68] 必需脂肪酸失衡也對孕婦有害。有項研究發現，攝取過量 omega-6 脂肪酸（且 omega-3 攝取不足）會導致類花生酸（eicosanoid）飆升，這是一種促炎化合物，與早產有關。[69]

　　你攝取的脂肪也可能影響寶寶的腦部發育。九個月的寶寶接受心理動作發育檢查後發現，母親懷孕時 omega-6 攝取量最高的寶寶在精細動作與一般動作技巧上都有遲緩跡象。[70] 這並不令人意外，因為 omega-6 脂肪酸會在體內與 omega-3 競爭，妨礙寶寶吸收對大腦有益的 DHA，進而增加寶寶發展遲緩的機率。[71]

　　長期而言，孩子的新陳代謝可能也會受影響。有項研究發現，omega-6 脂肪酸攝取量最高的孕婦生下的孩子，更有可能體重過重、體脂肪過高。[72] 肥胖症研究指出，這種影響可能延續好幾代，研究者表示「出生前後接觸富含 omega-6 脂肪酸的飲食，會導致體脂肪逐步累積、綿延數代」。[73] 這意味著吃太多蔬菜油不只會影響肚子裡的寶寶，還會影響未來的孫子。

　　想減少 omega-6 脂肪酸的攝取量，最好的方法是少吃加工蔬菜油。檢查零食、美乃滋、沙拉醬跟各種醬汁的成分表。少吃用大豆油、菜籽油、棉籽油、紅花油、花生油和玉米油製作的產品。減少外食，盡量自己做飯，因為幾乎所有的餐廳都使用廉價的蔬菜油。油炸食物最為糟糕，例如薯條、洋蔥圈、甜甜圈跟洋芋片，因為這些東西都經過高溫加熱（因此發炎性自由基含量更高）。

　　煮飯最好用飽和脂肪（動物脂肪或椰子油），飽和脂肪具有天然的抗氧化與抗分解能力。調製沙拉醬之類的東西，可使用冷壓初榨橄欖油、酪梨油、夏威夷果油等等（其餘請見第二章）。這幾種油的 omega-6 天然含量很低，健康的單元不飽和脂肪酸含量很高。

反式脂肪

　　食品公司把液態蔬菜油變成固態，用來製作酥油和人造奶油，這個過程會產生反式脂肪。反式脂肪是「部分氫化」的產物，加工食品和油炸食品裡都有反式脂肪，因為反式脂肪可延長保存期限，讓食品長久不壞（所以速食店無須經常換油，Twinkie 奶油蛋糕放再久也不會壞）。

　　但是這種「部分氫化油」對健康危害甚大。沒有懷孕時，它們可能會導致糖尿病與心血管疾病；在孕婦身上，它們對妊娠結局有不良影響。人造反式脂肪對人體來說是異物，可能會干擾多種正常功能。最令人擔心的研究結果是，反式脂肪會干擾營養素穿過胎盤。舉例來說，反式脂肪會阻撓正常的必需脂肪酸代謝，也就是說，胎兒可能因此無法獲得足夠的 omega-3 脂肪酸來幫助腦部發育和視覺發育。[74] 反式脂肪會加重胰島素抗性，使你的身體無法降低血糖，而且這種影響可能會延續到寶寶身上，增加寶寶長大後罹患糖尿病的機率。[75] 就算攝取量相對較低，反式脂肪仍與出生體重過低、胎盤過輕、子癇前症的機率升高有關。[76] 反式脂肪還會干擾正常的胎盤功能，導致胎死腹中。[77] 最後，大量攝取反式脂肪是早產的風險因子之一。[78]

　　千萬要注意你攝取了多少人造反式脂肪。反式脂肪有百害而無一利。不要吃含有「部分氫化油」的食品，例如酥油、人造奶油、油炸物、速食、甜甜圈、蛋糕、現成糖霜、餅乾和酥皮點心。一定要看清楚成分，以免不小心吃進部分氫化油，食品公司會鑽營養標示的漏洞，只要**每份**含有的反式脂肪不到半公克，就可標示為「〇公克反式脂肪」或「不含反式脂肪」（並如此打廣告）。

很多孕婦都覺得自己可以盡情吃喝，但反式脂肪絕對萬萬不可！用健康的飽和脂肪取代反式脂肪。豬油、奶油、牛油和椰子油都是飽和脂肪。畢竟，反式脂肪當初就是為了取代飽和脂肪才被創造出來的。

請注意，我在這裡刻意強調「人造」反式脂肪，這是因為反芻動物（例如牛羊）身上有幾種天然有益的反式脂肪。**只有**反芻動物的反式脂肪是健康的反式脂肪，所以我希望讀者不要把它們跟人造氫化油搞混。最廣為人知的**健康**反式脂肪叫做共軛亞麻油酸（CLA），對新陳代謝、心臟和預防癌症都有益處。[79] 反式脂肪是天然的還是人造的，對健康的影響截然不同。含有 CLA 的食物包括牛肉、乳製品、羊肉和多種野生獵物（草飼和放牧動物的 CLA 含量較高）。[80]

ꙮ 黃豆

無論你對黃豆有怎樣的既定認識，黃豆都不是健康的食物。在你特別需要補充營養的孕前和懷孕時期，吃黃豆尤其糟糕。你現在應該已經知道，有些營養素對維持孕期順利至關重要。但是，黃豆對孕期健康有幾種害處。

其中一個害處是抑制礦物質的吸收。黃豆富含植酸，這種化學物質會阻撓必需礦物質的吸收，包括鈣、鎂、銅、鐵和鋅。[81] 你知道，礦物質會在體內發揮許多重要功能，例如強健寶寶的骨骼跟牙齒（鈣）、維持血糖正常（這是鎂的重要功能），以及幫助寶寶腦部發育（鐵和鋅）。

黃豆需要經過長時間發酵才能分解植酸。[82] 傳統的黃豆發酵製品（例如味噌、納豆、醬油和天貝〔tempeh〕），是少數經過長期發酵、大幅減少植酸的黃豆製品。時至今日，大部分的黃豆製品都以現代加工法製造，植酸不會因此減少，例如黃豆粉跟大豆分離蛋白。用大豆分離蛋白製作的食品種類繁多，包括高蛋白奶昔、高蛋白營養棒、素食漢堡、素肉、低醣墨西哥捲餅／麵包等等。

除了抑制礦物質的吸收，黃豆還會干擾蛋白質的消化。這是因為黃豆富含叫做「反營養物質」的天然化合物。許多反營養物質都會干擾消化酶的正常作用，進而影響消化，害你吸收不到食物裡的營養素。

黃豆裡的其中一種反營養物質是「酶抑制劑」，它會抑制對消化蛋白質來說非常重要的胰蛋白酶。跟植酸一樣，胰蛋白酶抑制劑很難分解，即使經過高度加工也一樣。[83] 孕期攝取干擾蛋白質消化與吸收的東西絕對不是好主意，因為孕婦的蛋白質需求較高。可惜的是，許多健康專家只看蛋白質含量，他們經常建議孕婦吃黃豆，卻對胰蛋白酶抑制劑一無所知。尤其是遵循常規營養學原則、推廣少吃動物性蛋白質飲食的健康專家。

黃豆也富含另一種反營養物質，叫致甲狀腺腫物質（goitrogens）。致甲狀腺腫物質會干擾碘的吸收，碘是製造甲狀腺荷爾蒙的必需礦物質。

孕婦的甲狀腺承受很多壓力。從第一孕期開始，甲狀腺荷爾蒙的分泌就會增加大約五〇％，並持續增加到生產為止。胎兒要到第二孕期才會自己分泌甲狀腺荷爾蒙，這表示在那之前，胎兒完全仰賴你供應甲狀腺荷爾蒙。[84] 碘與甲狀腺荷爾蒙對腦部發育至關重要，懷孕初期若缺乏其中一種，都可能導致寶寶智商較低，最糟的情況是永久智力障礙。[85] 雖然難以置信，但是「可預防的智能障礙，缺碘仍是主因，全球皆然」。[86] 你沒看錯，碘就是**如此**重要。

　　孕婦對膳食碘的需求量比較高，但是很多孕婦都攝取不足。雖然缺碘在美國不是嚴重的公衛問題，但攝取不足的孕婦仍高達五十七％。[87] 即使出生前僅是輕微缺碘，也跟兒童的過動及注意力缺失有關。[88] 少吃含有致甲狀腺腫物質的食物，例如黃豆，可確保自己吸收到足夠的碘，維持正常的甲狀腺功能，進而促進寶寶的腦部發育。

　　相關研究的結果幾乎毫無爭議地顯示，健康的甲狀腺功能對孕婦與胎兒的大腦發育都很重要。二〇一六年《刺胳針》期刊（*The Lancet*）的一篇論文指出：「甲狀腺荷爾蒙對子宮內胎兒的神經發育極為重要，因為它能調節胎兒神經細胞的移動、增生及分化，這些神經細胞未來將構成大腦灰質，也將用於突觸與髓鞘的形成。」[89]

　　黃豆對荷爾蒙的影響，不僅限於甲狀腺。黃豆含有大量植物雌激素，它會模仿雌激素在人體內的作用，影響好幾種荷爾蒙。有愈來愈多老鼠實驗顯示，孕期接觸黃豆植物雌激素可能會干擾正常生育力、胎兒的生殖器官發育，以及母親足月生產的能力。[90] 這種對生育力的負面影響，似乎也會發生在人類身上。一項以將近一萬兩千位女性為對象的研究發現，黃豆攝取量最高的女性受孕最為困難。[91]

　　黃豆的另一個問題是農藥殘留。黃豆大多種植在幅員寬廣的傳統農地上，必須仰賴嘉磷塞（glyphosate）來殺蟲、除草或做為乾燥劑（植物變乾就能早點採收）。以美國農業部規定的農藥殘留標準來說，黃豆的上限最高。[92] 這並不令人意外，因為大部分的黃豆都是基改黃豆。保守估計，美國種植的黃豆有九十四％是基改黃豆。大多數的基改黃豆都能承受高劑量的嘉磷塞，這是市售農藥年年春（Roundup）裡的有效成分。基本上，農夫就算往這些「抗嘉磷塞」的基改黃豆作物噴灑正常黃豆無法承受的劑量，基改黃豆也能毫髮無傷。無怪乎「抗嘉磷塞」的黃豆農藥殘留量很高，在各種食物中名列前茅。[93] 如果你對於吃基改食物持保留態度，我要提醒你，基改食物對孕婦與胎兒的影響目前尚無相關研究。

我之所以如此擔心嘉磷塞這種農藥，是因為最近的研究發現，嘉磷塞對發育中的胎兒毒性很強，還會干擾與荷爾蒙代謝有關的關鍵酶。嘉磷塞已證實會傷害人類胎盤細胞與胚胎，就算劑量很低也一樣。[94] 它也跟先天缺陷及其他生殖問題之間存在著關聯性，包括荷爾蒙與胎盤異常。[95] 在老鼠實驗中，母親接觸嘉磷塞會造成內分泌問題、行為改變，以及「擾亂〔公鼠寶寶〕的雄性化」。[96]

這或許能解釋為什麼平均而言，從事農業工作的女性比其他女性更容易發生妊娠併發症。第一孕期接觸嘉磷塞，與罹患妊娠糖尿病機率升高有關。[97] 而且，不需要接觸到高劑量也能造成傷害。

研究農藥毒性的科學家指出：「嘉磷塞與使用它的商用除草劑嚴重影響胚胎與胎盤細胞，就算劑量遠低於農業使用的濃度，仍會導致粒線體損傷、壞死，以及細胞的程序性凋亡。」[98] 有一項人類胎盤細胞研究發現，即使是遠低於農業使用的濃度，接觸嘉磷塞不到十八個小時，體內就會觀察到毒性。而且除了毒性會隨著時間加劇，年年春的佐劑（嘉磷塞以外的成分）也會加劇毒性。[99]

除了農藥殘留，還有一種毒素會汙染黃豆：鋁。據信黃豆製品裡的鋁應是從酸洗／處理黃豆的鋁槽滲出，或是添加礦物鹽（通常是氯化鋁）導致。此外，大部分的市售豆腐都是用鋁箱壓製（而非傳統的木箱），所以會有鋁滲入最後完成的豆腐裡。

鋁是有毒金屬，對人體沒有任何已知的益處。鋁通常會累積在腦部，並已發現與神經問題有關。[100] 或許正因如此，美國小兒科醫學會曾警告民眾不要使用黃豆配方奶（亦稱大豆配方奶），其中一項疑慮就是鋁的毒性。黃豆配方奶已確知「含有高濃度的植酸鹽、鋁和植物雌激素（異黃酮），可能會產生不良影響」。[101]

鋁會輕易穿過胎盤，至少在老鼠實驗中，鋁的毒性會影響胎盤細胞和子宮細胞。[102] 還有一項研究追蹤了經由胎盤和母乳接觸到鋁的鼠寶寶，發現「神經傳導物質的濃度顯著受到干擾，且干擾程度隨劑量而異」，包括血清素與多巴胺在內。鼠寶寶的感覺動作反射與動作行為都有缺陷，而且體重上升。研究者的結論說得很清楚：「孕期接觸鋁會對子宮內的胎兒腦部發育帶來潛在的神經毒性危害。」[103]

有一項文獻回顧研究檢視了孕期接觸鋁的各種實驗結果，得出的結論是：「實驗數據指出，孕期經口腔接觸鋁或許會大幅改變多種必需微量元素的組織分布，亦有可能對胎兒的新陳代謝造成負面影響。」[104] 更嚇人的是，最近有研究發現，同時接觸鋁和嘉磷塞毒性會更強，尤其是對腦部來說。[105] 這表示黃豆是一種雙重禍害。

刻意讓**人類孕婦**多吃或少吃黃豆的隨機對照實驗，可能永遠不會出現（基於明顯的道德因素），但是你可以積極減少攝取黃豆製品裡的反營養物質、模擬雌激素的化合物、嘉磷塞殘留物和鋁。

若你選擇在孕期吃黃豆，請選擇發酵過的有機黃豆製品，例如醬油、味噌、納豆和天貝，而且偶爾吃一次就好。至少這樣可以避開與礦物吸收及農藥殘留有關的疑慮。

∾ 總結

如你所見，在決定孕期應不吃或少吃哪些食物時，有諸多因素需要考慮。在你權衡一種食物的好處與風險時，必須先問自己：「這對孕育健康寶寶有幫助嗎？」有的答案很明顯。沒有營養的食物，例如汽水跟蛋糕，當然毫無益處。不過，儘管幾乎每一種全天然食物都具有營養益處，例如新鮮蔬菜跟魚類，若處理不當仍可能造成食安風險。我希望看完本章，你能更加了解當你選擇吃**或不吃**某種食物時，你會面臨怎樣的風險，最後做出明智的選擇。

5

飲食範例

無知而為，徒勞無功；知而不為，知亦枉然。

——阿布‧巴克爾（Abu Bakr）
伊斯蘭教第一代哈里發

　　現在你可能已經開始嚴格審視自己的飲食，也對必要的改變有了一些想法。又或許我引述了太多研究令你不知所措（抱歉！），你現在覺得有點困惑。這一章的目的是幫助你在生活中落實這些資訊。畢竟，除非你能在吃飯的時候運用自己學到的知識，否則學習的意義何在？

　　我要事先聲明，這本書裡的飲食範例不是處方箋。它們不是**唯一**的飲食方法。這些範例只是一個起點，一種概念，一個靈感的啟發點。我用這些範例告訴你怎麼把營養豐富的食物放進飲食習慣裡，怎麼均衡攝取巨量營養素，怎麼確保胎兒獲得促進發育的營養。

　　每個人愛吃的東西都不一樣，所以在某種程度上，每個人的營養需求都是獨一無二的。你可以配合**你自己**的情況來調整飲食範例。話雖如此，你看過前幾章也已知道，有些大原則是不變的：每餐都要吃蛋白質和脂肪；要吃非精製醣類，不要吃加工過的醣類；吃全天然的食物來平衡血糖最健康。

我使用第二章提過的「餐盤法」來設計正餐與點心。我選擇了醣類比例稍低的作法，因為這符合多數孕婦的需求。不過，若是你有增重過快、高血糖或高血壓的問題，可以把醣類比例再減少一些。另一方面，如果你活動量很大、增重過慢，或是吃多一點醣類才舒服，可以增加範例中的醣類比例來滿足自己的需求，不要客氣。我強烈推薦你將正念飲食技巧融合醫生的建議，找出屬於**你自己**的平衡。

我的飲食範例中，不是每一種食物的份量都有標明。通常我會建議蛋白質的最小份量（至少該吃多少），因為我觀察到孕婦客戶普遍缺乏蛋白質。我也會標明醣類的份量，因為這是最容易過度攝取的食物。我**希望**你能以這個大原則做為調整的基準。如果一餐吃一一三公克蛋白質無法滿足你，請務必多吃一點！

熱量與巨量營養素的需求因人而異，所以沒有適合全體孕婦的飲食範例。

因此，你可以換掉不喜歡的食材。如果你想吃放牧豬，不想吃草飼牛，那就換吧。如果你喜歡用椰子油煮飯，不喜歡用奶油，那就換吧。如果你想吃蘆筍，不想吃甜椒跟洋蔥，沒問題。如果你覺得不吃穀物或不吃豆類比較舒服，那就換一種醣類來源。重點是找出適合自己的飲食方法，同時均衡攝取營養。如果你完全不吃乳製品或穀物，我各別提供了一日飲食範例。

每一個範例都有三份正餐、三份點心和一份吃不吃都可以的甜點。我在前面提過，不是每個人都喜歡吃點心，所以就讓你的飢餓程度幫你做決定吧。你可以吃範例中的點心，也可以從範例結束後的清單裡選擇。我的每日飲食範例中沒有提到飲料，但在本章最後列出健康的低糖飲料以供參考。

相信我，我不期待你完全參照飲食範例吃東西。用營養價值相同的食物替換範例中的食物之前，請先參考第二章。盡量納入第三章提到的食物，但是要盡量避免第四章提到的食物。多走這幾步路，就能幫你獲得足夠的必需維生素、礦物質，以及你和胎兒都需要的其他營養素。

飲食範例裡的許多菜色，也收錄在最後附錄的食譜裡。這本書沒打算以食譜書自居，我只是挑選了一些食譜來示範如何烹煮第三章介紹的高密度營養食物（例如肝臟跟肉骨湯）。

✏ 鼓勵的話

改變飲食習慣，很難。我想提醒你，你只是個凡人。你不會每天都吃得營養豐富，這沒有關係。很多人都抱持著「不成即敗」的飲食心態，只要一餐吃得不夠營養，就會覺得一整天的營養計畫都「毀了」，於是那一天乾脆任意吃喝，隔天再重整旗鼓。我向你保證，改變飲食習慣絕對不像啟動開關那麼簡單。要完全接受新的飲食習慣得花上好幾個月，甚至**好幾年**的時間。此刻你正在孕育一個新生命，這是神奇的壯舉，**你要做的**是努力多吃真正的食物。這並不容易，所以一次一道菜慢慢來沒關係。

你現在練習的飲食技巧、養成的飲食習慣，能幫助你和你的家人維持一輩子的健康。好好利用分娩前剩下的這幾個月自己動手做菜，用新的食材做實驗，讓自己慢慢愛上真正的食物。你們全家人都將因此受益。

七日真食物飲食範例

第一天

早餐

2-3 顆放牧雞蛋，跟菠菜一起拌炒

搭配切達乳酪與番茄丁

1 顆柳橙

午餐

85-113 公克炙烤野生鮭魚，檸檬胡椒口味

奶油炒蘆筍

白花椰菜米佐奶油，搭配新鮮蝦夷蔥

1 杯草莓

晚餐

85-113 公克草飼牛肉漢堡排，用蘿蔓萵苣包裹

搭配墨西哥辣椒傑克乾酪、烤洋蔥、酪梨、番茄醬、芥末

½ 杯烤番薯條

點心（視飢餓程度決定）

1 顆油桃＋一小把榛子

胡蘿蔔片＆小黃瓜片＋ 12 片芭蕉脆片＋酪梨醬

芹菜＋有機花生醬

甜點（可省略）

28 公克黑巧克力（可可含量 75% 以上）＋杏仁

第二天

早餐

1 杯希臘優格（全脂，無糖）

新鮮藍莓＋夏威夷豆

甜菊糖＋香草精（調味用，可省略）

午餐

1 杯無豆辣味牛絞肉

½ 杯黑豆（可省略）

搭配傑克乳酪絲、酸奶油、莎莎醬、青蔥、新鮮萊姆

½ 杯酪梨

晚餐

兩塊鮭魚餅（使用野生鮭魚）

搭配綠葉沙拉佐蘿蔔丁、杏仁碎片、蒜味檸檬醬

½ 杯新鮮鳳梨

點心（視飢餓程度決定）

橄欖＋櫻桃小番茄＋莫札瑞拉乳酪＋橄欖油＋新鮮羅勒

28 公克草飼牛肝醬＋小黃瓜切片或米餅

全熟水煮蛋＋ 1 片發芽穀物麵包＋奶油

甜點（可省略）

自製莓果雪酪

第三天

早餐

無派皮鹹派

1-2 根早餐豬肉腸（放牧飼養）

½ 根香蕉

午餐

2 杯自製雞肉蔬菜湯

½ 杯熟扁豆（拌進湯裡）

芝麻菜沙拉＋檸檬香草沙拉醬

帕瑪森乳酪

晚餐

85-113 公克烘牛肉卷（草飼牛）

烤球芽甘藍

½ 杯烤紅皮馬鈴薯

點心（視飢餓程度決定）

橄欖油漬沙丁魚＋米餅

1 顆蘋果＋杏仁奶油＋肉桂

½ 杯原味希臘優格（全脂）＋ 1 湯匙奇亞籽
＋香草精＋甜菊糖（可省略）

甜點（可省略）

新鮮覆盆子＋自製鮮奶油

第四天

早餐

非穀物果麥（granola）

1 杯全脂牛奶、無糖克非爾發酵乳或無糖杏仁奶

½ 杯覆盆子

午餐

85 公克羊排

希臘沙拉：蘿蔓萵苣、½ 杯鷹嘴豆、菲達乳酪、
卡拉馬塔橄欖（kalamata olives）、小黃瓜與番茄佐油醋醬

晚餐

113 公克低醣牧羊人派（shepherd's pie）

檸檬烤花椰菜

½ 杯烤番薯條

點心（視飢餓程度決定）

腰果或南瓜子＋新鮮黑莓

1 顆魔鬼蛋（或全熟水煮蛋）

½ 杯番薯條（午餐剩下的）＋ 28 公克切達乳酪

甜點（可省略）

2 個椰子馬卡龍

第五天

早餐

1 杯全脂茅屋乳酪

½ 杯新鮮芒果或其他水果

一小把胡桃

少許肉桂＋幾滴蜂蜜（或是甜菊糖，調味用）

午餐

焗烤金絲南瓜

3-4 顆牛肉丸

熟花椰菜

1 片抹奶油的全穀物大蒜麵包（可省略）

晚餐

1 杯雞肉椰汁咖哩

咖哩味烤白花椰菜

奶油炒菠菜

½ 杯馬鈴薯或米飯（可省略）

點心（視飢餓程度決定）

甜椒與芹菜切絲＋ ¼ 杯菠菜泥沾醬

牛肉乾或火雞肉乾

堅果「果麥」棒

甜點（可省略）

酸櫻桃果凍

第六天（零穀物範例）

早餐

2-3 顆奶油炒蛋

炒羽衣甘藍＋新鮮番茄

½ 杯熟番薯

午餐

85-113 公克烤大比目魚或鱈魚（野生）

蘿蔓萵苣沙拉＋高麗菜絲

沙拉佐料：杏仁片、½ 杯甜豆

亞洲沙拉醬

1 顆新鮮橘子

晚餐

85 公克放牧雞雞肝（放牧飼養），用奶油拌炒

炒菠菜和洋蔥

1 杯烤奶油南瓜（butternut squash）

點心（視飢餓程度決定）

一小把杏仁＋ 1 顆桃子或油桃

85 公克切達乳酪＋ ½ 杯黑豆

牛肉乾或放牧雞肉乾

甜點（可省略）

楓糖烤蛋黃布丁（maple pots de creme）

第七天（零乳製品範例）

早餐

2-3 顆雞蛋做成蔬菜炒蛋

蔬菜餡料：炒洋蔥、紅椒、牛皮菜或菠菜、香菇，材料隨你搭配

2 片厚切培根

午餐

蘿蔓萵苣葉包裹 85-113 公克烤火雞胸肉（帶皮）

搭配重口味涼拌高麗菜、甜菜絲、青蔥花

1 杯烤奶油南瓜

晚餐

85-113 公克墨西哥燉豬肉絲（carnitas）

搭配白花椰菜米、烤甜椒與洋蔥

佐莎莎醬與新鮮萊姆汁

½ 酪梨

點心（視飢餓程度決定）

核桃＋ ½ 杯黑莓或其他水果

芹菜＋有機花生醬或杏仁醬

1 杯肉骨湯＋海苔

甜點（可省略）

草莓沾 30 毫升黑巧克力醬（可可含量 75-85%）

✑ 點心

我在設計點心食譜時，總是想把它們變得很好吃、很能止餓，又不會讓血糖飆升。從食物的角度來說，這種營養均衡的點心一**定**含有令人飽足的蛋白質跟脂肪，**或許**也含有些許醣類。如果點心**只吃醣類**，例如餅乾或水果（「純醣」〔naked carbohydrates〕），在下一餐到來之前，你反而會**更加**飢餓。所以與其吃餅乾，不如吃餅乾配乳酪。與其只吃一顆蘋果，不如搭配花生醬。

不是每個人都需要吃含醣量很高的點心，所以我在這裡列出低醣與中醣點心。中醣點心每份約含醣十五公克，如果你覺得吃高醣飲食比較舒服，可試試中醣點心。這些點心也很適合在運動前後吃，因為運動時肌肉會快速消耗能量（血糖）。

點心的好處是讓你正餐吃得少一點（避免血糖飆升、食道逆流、胃灼熱與消化不良），也能讓你在兩餐之間不會過度飢餓，控制你對垃圾食物的強烈渴望。別忘了，讓正念飲食法幫你決定何時吃點心，以及該吃多少。

低醣點心選擇
（血糖幾乎或完全不會上升）

- 堅果或種子，種類不限（杏仁、腰果、核桃、胡桃、夏威夷豆、松子、葵瓜子等等）
- ½ 杯原味希臘優格＋ ¼ 杯莓果（可用甜菊糖調味）
- 牛肉乾或火雞肉乾（請買未添加味精的肉乾）
- 乳酪，例如切達、傑克、莫札瑞拉、高達或乳酪條
- ¼ 杯藍莓或草莓，搭配無糖鮮奶油

- 酪梨醬＋新鮮芹菜與甜椒
- 小份沙拉，搭配松子、巴薩米克醋與山羊乳酪
- 全熟水煮蛋＋鹽與胡椒
- 魔鬼蛋
- 烤海苔＋酪梨
- 櫻桃小番茄、莫札瑞拉乳酪、新鮮羅勒、橄欖油＋巴薩米克醋
- 橄欖與酸小黃瓜
- 羽衣甘藍脆片＋堅果
- ½ 顆酪梨，搭配鹽、胡椒與檸檬汁
- 青醬與帕瑪森乳酪烤雞胸肉
- 沙丁魚＋黃瓜與甜椒絲
- 罐頭牡蠣搭配檸檬汁
- 咖哩烤白花椰菜搭配椰汁＋腰果
- 芹菜條搭配花生醬或杏仁醬
- 28 公克黑巧克力＋堅果（可可含量 75% 以上，含量愈高愈好！）
- 草飼牛肉漢堡排搭配乳酪，放在綠葉沙拉上
- 培根炒羽衣甘藍
- ¼ 杯覆盆子＋瑞可塔乳酪（ricotta cheese）或茅屋乳酪（用甜菊糖調味）
- 乾的薩拉米肉腸＋莫札瑞拉乳酪＋櫻桃小番茄

中醣點心選擇
（血糖稍微上升）

- ½ 杯自製番薯條＋烤雞肉
- 墨西哥乳酪餡餅（quesadilla）：一小片玉米餅皮＋乳酪＋酪梨＋莎莎醬＋全脂酸奶油

- 墨西哥夾餅（taco）：一小片玉米餅皮＋雞肉、牛肉、魚肉或蝦子＋高麗菜＋生菜沙拉＋全脂酸奶油
- ½ 杯四季豆或扁豆＋乳酪
- 全穀物餅乾＋乳酪、花生醬、薩拉米肉腸或橄欖醬
- 全穀物餅乾＋沙丁魚或罐頭牡蠣
- 中等大小蘋果＋一小把杏仁或乳酪條
- ½ 根香蕉＋花生醬或杏仁醬
- ½ 杯新鮮鳳梨＋茅屋乳酪
- ½ 杯調味希臘優格
- 1 杯牛奶＋一小把杏仁
- ½ 杯鷹嘴豆泥＋菲達乳酪＋芹菜／胡蘿蔔條
- ½ 個花生醬三明治，使用發芽全穀物麵包
- ½ 個火雞肉或乳酪三明治（＋芥末醬、萵苣、番茄……）
- 開頂漢堡（open faced burger）：草飼牛肉漢堡排，放在一片全穀物麵包上
- 果昔：¼ 杯莓果、½ 杯原味希臘優格、1 杯無糖杏仁奶。用甜菊糖或香草精調味（加一湯匙奇亞籽和膠原蛋白更加分！）

✎ 飲料

說實話，**光喝水**很容易喝膩。孕婦的水分需求比平常高（記得嗎？一天要喝三公升），你需要開水以外的選擇。在考慮喝什麼飲料之前，請記住以下幾件事。

很多含糖飲料乍看之下不含糖。例如果汁，但其實一杯二三六毫升的柳橙汁，含糖量約三十公克，即使是現榨、未經加工、含

果肉的有機柳橙汁也一樣。這樣一杯果汁的含糖量，相當於一罐二三六毫升的汽水。雖然天然的新鮮果汁比汽水營養，但血糖對兩者的反應卻幾乎一樣是急速上升。果昔跟果汁一樣乍看之下不含糖，其實有的果昔含糖量高達七十或八十公克！購買之前，請詳閱營養標示。

我對飲料的建議是，不要喝含有天然糖分或添加糖的飲料，留額度給正餐的醣類。**水果用吃的，不要用喝的**。若你想喝含糖飲料，可把它當成甜點。

以下列出幾種健康飲料，除非另有標註，它們的含醣／糖量都很低。

健康的飲料

- 加味水：無須太多糖，也能為水添加風味
  - ·小黃瓜＋萊姆
  - ·葡萄柚＋藍莓
  - ·桃子＋羅勒
  - ·草莓或黑莓
  - ·柳橙、檸檬、萊姆
  - ·草莓＋奇異果
  - ·蘋果＋肉桂條
  - ·薄荷＋萊姆
  - ·桃子＋新鮮薑片
- 氣泡水（可調味，但一定不能加糖）
- 無糖紅茶、綠茶、烏龍茶或白茶
- 咖啡（每天不超過四七三毫升全咖啡因咖啡）
- 薄荷、薑、南非國寶茶（rooibos）或覆盆子葉茶

- 熱巧克力（成分是未加糖的杏仁奶／椰奶、未加糖可可粉與甜菊糖）
- 未加糖杏仁奶或椰奶
- 椰子水（雖然含天然糖分，卻是電解質的絕佳來源）
- 草飼牛的全脂牛奶（二三五毫升的醣類含量不超過十二公克）
- 原味克非爾發酵乳
- 康普茶（一種發酵茶。要注意含糖量，各家產品含糖量差異很大）
- 其他發酵飲品，例如水克非爾或克瓦斯（kvass）
- 綠色蔬菜汁（例如芹菜、小黃瓜、菠菜、羽衣甘藍等等。胡蘿蔔汁或甜菜汁跟果汁一樣，含糖量很高。）
- 肉骨湯（沒錯，是鹹的飲料，一樣適合用來補充水分！）

補充說明：咖啡因飲料最好少喝。一般而言，孕婦的每日咖啡因攝取量不應超過二百毫克。四七三毫升的咖啡，約含二百毫克咖啡因。詳細說明請見第四章。

另外，關於紅覆盆子葉的資訊，請諮詢醫生。第六章有更詳細的資訊。

總結

現在你對正餐、點心和飲料已有基本概念，可以著手安排適合自己的飲食計畫了。範例提供的七天菜色可隨意搭配。讓你的飢餓程度引導你何時用餐、該吃多少，視需求調整飲食內容。請在廚房裡揮灑創意！真食物的美味可能會令你嚇一跳。

就算偶爾失了分寸，或是因為噁心、沒有食慾導致飲食不盡完美，沒關係。你隨時都能用本章的飲食範例來發揮創意、增加動力。有句話說：最有效的飲食法，是讓人吃得毫不費力的飲食法，意思是你可以吃自己喜歡的食物，這樣的飲食法才可長可久。

6

補充劑

營養對健康的影響力代代相傳，這個基本概念改變了我
們對健康與疾病的認知。一個人對後世子孫的健康影
響，取決於他自己出生前以及嬰幼兒時期發生的諸多因
素。

——厄爾瑪・席維亞 - 佐雷西博士（Irma Silva-Zolezzi）
雀巢研究中心

　　看到這裡，你應該已經知道，我是鼓勵孕婦先從食物中獲得營養，再來考慮吃補充劑。不過，有些營養素光靠食物很難充分攝取，尤其是對挑食或是食慾不佳的孕婦。

　　我在第三章引述了許多營養素的研究，當然相關內容還有很多值得討論之處。本章將深入介紹選擇孕期補充劑時，應該特別注意的營養素。並不是把本章介紹的每一種補充劑都吃了，才能維持孕期健康。但如果你要選擇補充劑，我希望你能知道怎麼選，也知道為什麼這些補充劑對你有好處。若你不想吃補充劑，我也會介紹吃哪些食物能獲得關鍵營養素。

孕婦維他命

醫生幾乎都會建議你吃孕婦維他命，這是有原因的。懷孕期間，你對多種營養素的需求會比平時高，有些孕婦無法僅靠飲食滿足營養需求。研究發現，孕婦的維生素 D、維生素 E、鐵、鋅、鎂和葉酸攝取量通常都低於建議攝取量。[1] 就算飲食的營養密度很高，仍有可能在孕期的某個階段營養不足。不過孕婦維他命有好有壞，以下幾件事需要銘記在心。

大部分的孕婦維他命會在營養標示上列出「每日攝取量百分比」（Percent Daily Value），雖然看見營養標示上寫著「每日攝取量一○○％」令人心安，但這可能是一種錯誤的安心感。有些孕婦維他命沒有標示上宣稱的那麼完整，要不是缺乏某些維生素，就是劑量不足。千萬要記住，營養素的 RDA 標準大多是以成年男性的數據為基礎，再經由複雜的估計算出孕婦的需求量。而且，建議攝取量的目的是預防營養素的嚴重缺乏，不一定是最佳營養劑量。

有一項研究說：「孕婦的營養需求，通常是以未懷孕與非哺乳女性的營養需求為基礎，加上用於胎兒生長與發育的營養以及母體組織代謝變化之後計算出來的。但是這種階乘的算法不一定正確，因為沒有把吸收或排泄的代謝變化考慮在內。」[2]

有研究仔細檢視了目前的孕婦 RDA 標準，至少以幾種維生素來說，實際的需求量其實高於 RDA 標準的估計。例如，有一項研究發現孕婦的最佳維生素 B12 攝取量，應是現行 RDA 標準的三倍。[3] 還有一項研究觀察了孕婦的維生素 B6 攝取情況，達成或超過 RDA 標準的孕婦之中，有五十八％在分娩時血液中的維生素 B6 濃度欠佳，意味著 RDA 標準太低。[4] 維生素 D 的實際需求量也遠高於 RDA 標準，可能有十倍之多，本章稍後將會說明。考慮到上述的幾個例子以及許多營養素都缺乏可靠數據，我認為不妨把孕婦維他命當成一種額外的保障，目的是補充營養，而不是**取代**營養豐富的真食物。

要不要吃孕婦維他命的另一個考量是，有些營養素在食物裡的形態不同於在多數補充劑裡的形態。補充劑裡的合成營養素不一定能被身體充分利用。補充劑製造商通常都很注重成本，所以會選製作成本最低的維生素形態，而不是生物利用度最高的形態。請選擇含有「活性」維生素 B 群（activated B vitamins）的孕婦維他命，這種維生素形態更容易被身體代謝。雖然比較貴，但物有所值。

幾種活性維生素 B 群
- 葉酸（活性葉酸〔L-methylfolate〕，又叫 5-MTHF 葉酸〔5-methyltetrahydrofolate〕）
- 維生素 B6（磷酸吡哆醛〔pyridoxal 5'-phosphate〕）
- 維生素 B12（甲鈷胺〔methylcobalamin〕與／或腺苷鈷胺〔adenosylcobalamin〕）

攝取正確形態的葉酸非常重要（不要吃合成葉酸〔folic acid〕），因為有多達六〇％的人基於遺傳原因利用葉酸的能力較差（MTHFR 基因變異），他們需要的是活性葉酸。[5] 葉酸攝取不足或是補充身體無法利用的葉酸，都會增加胎兒神經管缺陷的風險。幸好你可以藉由飲食獲得生物利用度高的葉酸，不需要仰賴合成葉酸。除了優質的孕婦維他命，你也可以吃綠葉蔬菜、豆類、肝臟、酪梨、雞蛋、堅果和種子攝取葉酸。

　　看營養標示時，除了注意是不是活性維生素 B 群，也要確定營養是否全面。我發現市售孕婦維他命經常缺少碘、維生素 B12、膽鹼、鎂、硒、維生素 D 與維生素 K2。這些營養素之中，有些「很佔位置」（例如膽鹼和礦物質），所以製造商乾脆不放或只放最少的量，減少孕婦吞維他命的數量。有些維他命完全不含既成維生素 A（視黃醇），而是使用效果較差的 β- 胡蘿蔔素。孕婦不可補充高劑量的視黃醇（每天超過一萬 IU〔國際單位〕），但目前為止我從沒看過視黃醇超量的孕婦維他命。我在第三章提到絕大多數的孕婦沒有從飲食攝取到足夠的維生素 A，尤其是不吃肝臟的孕婦。我也說過 β- 胡蘿蔔素不是可靠的維生素 A 來源。換句話說，你的孕婦維他命應該**至少含有一部分**活性維生素 A（在營養標示上，通常叫做「棕櫚酸視黃酯」〔retinyl palmitate〕）。

　　最後要考慮的是孕婦維他命**怎麼吃**。請跟著正餐或點心一起吃，不要空腹吃，這樣不但對吸收有幫助，也能減少噁心之類的副作用。大部分的優質孕婦維他命都是一天要吃好幾顆才能達到完整劑量（一天一粒的維他命通常維生素含量都極低，而且／或是缺少某些營養素）。你的身體一次能夠吸收的營養素有限，所以若想充分發揮孕婦維他命的效用，可考慮一整天分散吃。舉例來說，若是一天吃三粒的維他命，可以三餐飯後各吃一粒，或是早餐後吃兩粒、午餐後吃一粒。有些孕婦覺得睡前吃會干擾睡眠（B 群會讓人精神振奮），如果你是這種情況，就不要太晚吃維他命。

　　若要我用一句話歸納我對孕婦維他命的想法，我會說：**孕婦維他命是額外保障，別以為一顆維他命就能提供「所有營養」。**

在選擇優質孕婦維他命的時候，要考慮的事情顯然很多。市面上有數百種孕婦維他命，一一篩選令人頭昏腦脹。製造商時不時就會改變配方，所以我決定在將建議清單放在我的網站上，這本書裡就不放了。你可以在網站上看到更新版的清單。

我建議的孕婦維他命請看這裡：www.realfoodforpregnancy.com/pnv/

〇ᘏ 維生素D

雖然孕婦維他命與真食物飲食已能滿足你大部分的維生素需求，卻可能無法提供足夠的維生素 D。維生素 D 跟其他維生素不一樣，身體必須靠曬太陽才能製造維生素 D。所以你的飲食**不是維生素 D** 的主要來源，陽光才是。不另外補充維生素 D 的人，體內維生素 D 高達九〇％來自陽光。[6]

但是，有許多因素會影響身體利用陽光製造維生素 D 的能力。或許正因如此，全球各地維生素 D 缺乏的情況大不相同。據相關研究估計，全球孕婦缺乏維生素 D 的比例介於二〇至八十五％之間，有些地區甚至高達九十八％。[7,8]

天生膚色較深的人，缺乏維生素 D 的機率是其他人的六倍，部分原因是若皮膚裡的黑色素較多，維生素 D 的製造能力會受到抑制。[3] 所以要記住，膚色愈深的人需要更常曬太陽才能滿足維生素 D 需求。其他導致維生素 D 不足的因素包括午間刻意遮陽（維生素 D 製造力最強的時候），遠離赤道的地區（超過北緯和南緯三十三度）較難藉由陽光製造維生素 D，擦防曬乳，以及穿著防護衣物等等。

美國國家醫學院設定的維生素 D 每日建議攝取量是六百 IU；

但是已有好幾個研究發現，這個攝取標準不足以維持孕期正常維生素 D 需求。[9,10] 缺乏維生素 D 的孕婦發生子癇前症、嬰兒出生體重過低與妊娠糖尿病機率都比較高（以兩項統合分析為依據）。[11,12]

除了預防妊娠併發症，充足的維生素 D 對寶寶同樣重要。在罹患佝僂病的嬰兒之中（一種導致骨骼脆弱的疾病），母親孕期嚴重缺乏維生素 D（<10 ng/ml）的比例高達八十一％。[13] 更令人擔憂的是，母親缺乏維生素 D 會對寶寶造成長期影響。二〇〇六年《刺胳針》期刊的一篇論文發現，母親孕期缺乏維生素，生下的孩子到九歲仍有骨骼發育受阻的情況。[14] 孕婦缺乏維生素 D 可能也跟兒童氣喘、語言障礙、思覺失調症、第一型糖尿病與多發性硬化症之間存在著關聯性。[15,16,17,18,19,20]

問題是：你需要多少維生素 D，怎麼做才能攝取到足夠的量？

二〇一一年有一項研究回答了這個問題。研究者進行了雙盲的安慰劑對照實驗，以四五〇位孕婦為受試者，讓他們各自補充三種劑量的維生素 D：每天四百、兩千與四千 IU。受試者在孕期和分娩後都檢查了血液中的維生素 D 濃度。

簡單地說，這項研究發現，補充高劑量維生素 D 不僅很安全，也比較能夠提升母親與寶寶的血液維生素 D 濃度。[21] 四百 IU 組的受試者之中，只有五〇％在分娩時的血清維生素 D 濃度達標，兩千 IU 組與四千 IU 組的受試者分別是七〇‧八％與八十二％。寶寶的維生素 D 濃度也呈現類似情況，四百、兩千與四千 IU 組的寶寶之中，達標的寶寶分別佔三十九‧七％、五十八‧二％與七十八‧六％。

儘管三組劑量都高於 RDA 標準，但受試者身上都沒有出現副作用，也沒有發生血液維生素 D 濃度超量的情況。此外，維生素 D 補充劑量較高的受試者，發生妊娠併發症的比例也顯著較低，包括妊娠糖尿病。考慮到孕婦缺乏維生素 D 的情況日益嚴重，而補充維生素 D 又很安全，我認為所有的孕婦都應該做維生素 D 篩檢。

可惜的是，對孕期健康原則深具影響力的美國婦產科醫學會（American Congress of Obstetricians and Gynecologists）並不支持普篩。他們建議，孕婦**只有**在身為少數族裔、住在寒帶地區、住在高緯度地區、經常防曬或穿防護衣物，或是吃素的情況下，才需要做篩檢。[22] 但是，美國至少有三分之二的面積位在北緯三十三度以北（北緯三十三度差不多是從加州長灘〔Long Beach〕到喬治亞州亞特蘭大〔Atlanta〕畫一條線），由此可見大部分的美國女性住在冬季沒有日照、無法製造充足（或任何）維生素 D 的地區。也就是說，積極的作法是讓**每一個**孕婦都接受篩檢。

如果你的醫生還沒檢查你的維生素 D 濃度，下次產檢時請要求他為你做這個簡單的血液檢查。這個檢查項目叫做「25-OH-Vitamin D」。維生素 D 的最佳血液濃度將於第九章討論。請記住，大部分的孕婦維他命只含有四百到六百 IU 的維生素 D，如果你沒有經常中午曬太陽，光靠這樣的維生素 D 劑量，要維持正常維生素 D 濃度還差得遠。我建議每天吃四千 IU 的維生素 D，若原本就有缺乏的情況，還可以多補充一些。有些研究者建議，維生素 D 的 RDA 標準應接近七千或八千 IU（是目前 RDA 標準的十倍以上），但還是先請醫生幫你驗血之後再調整劑量為宜。[23,24]

市售維生素 D 補充劑最常見的形態有兩種：維生素 D3（膽鈣

化醇）與維生素 D2（麥角鈣化固醇）。維生素 D3 比較能有效提升並維持體內維生素 D 濃度，化學組成也與身體曬太陽後製造的維生素 D 相同。[25] 簡而言之，請購買維生素 D3。維生素 D 是脂溶性營養素，吃完含有脂肪的正餐或點心後吃維生素 D，吸收效果更好（請參考第五章的飲食範例）。

最後，維生素 D 需要幾種營養素協助代謝：維生素 A、維生素 K2、鋅和鎂。[26] 這些營養素可經由孕婦維他命與飲食攝取。請詳讀本章討論鎂的段落，並參考第三章的營養素食物來源。

✐ omega-3脂肪酸和魚油

我在前面幾章提過，有一種重要的 omega-3 脂肪酸叫做 DHA，孕婦可從飲食或補充劑中攝取 DHA。胎兒快速發育的腦部跟眼睛會吸收 DHA，以協助神經元（腦細胞）的形成，幫助大腦抵禦發炎和損傷。[27] 懷孕的最後三個月，胎兒平均**每一天累積六十七毫克 DHA**。[28] DHA 對寶寶腦部發育的重要性，至少會持續到兩歲。

孕婦每天至少要攝取三百毫克 DHA，才能為自己和胎兒提供足夠的量，不過有研究顯示，超過三百毫克好處更多。有一項研究在孕期的最後二十週，讓受試者每天補充兩千兩百毫克 DHA，對照組則是補充安慰劑（橄欖油）。在寶寶兩歲半的時候，DHA 組寶寶的手眼協調測驗成績比對照組優異許多。[29] 還有一項研究發現，母親懷孕時補充至多一千兩百毫克 DHA 的孩子，四歲時解決問題的技能優於其他孩子。[30]

光靠飲食絕對可以滿足你的 DHA 需求，只要每週吃二至三份富含脂肪的冷水魚就行了，例如鮭魚、鯡魚、沙丁魚、鱒魚、魚卵，或是淡菜也可以。放牧雞蛋（或是餵食亞麻籽、以「omega-3 雞蛋」為品名販售的雞蛋）與肉類、內臟、草飼與放牧牛的乳製品，都是 DHA 的食物來源（只是含量較低）。舉例來說，八十五公克沙丁魚或野生阿拉斯加紅鮭，含有超過一千四百毫克 DHA，相同重量的草飼牛肉僅含一百毫克 DHA。一顆放牧雞蛋約含一百毫克。魚卵是含量最高的 DHA 來源之一，每八十五公克約含 DHA 一千九百毫克。藻類是 DHA 唯一的植物來源，但含量因種類而差異甚鉅（意思是**直接吃**藻類並不可靠，不如吃藻類 DHA 補充劑）。

　　如果這些食物你都不愛吃或是不常吃，一定要考慮 DHA 補充劑。優質魚油、鱈魚肝油、磷蝦油和藻油都能提供 DHA。務必要買含有 EPA 的 DHA 補充劑，EPA 也是一種 omega-3 脂肪酸，能幫助 DHA 穿過胎盤，送到胎兒身上。[31] 魚類跟海鮮含有 DHA 與 EPA 的天然混合物，但並不是每一種市售魚油都同時含有這兩種脂肪酸（這也是真食物令人敬佩之處）。如果你選擇鱈魚肝油，別忘了它也同時含有維生素 A 與維生素 D（但各品牌劑量不同），購買其他補充劑時要注意劑量，以免超過建議攝取量，尤其是維生素 A。要選擇經過檢測不含汙染物質（例如重金屬與多氯聯苯）的優質品牌魚油。

　　我鼓勵孕婦吃 DHA 補充劑，但是別忘了，海鮮提供的營養素不只有 DHA，對孕婦大有好處，這我在第三章已有說明。要特別注意的是，若你不直接吃海鮮或海藻，可能無法攝取到足夠的碘。碘對腦部發育和甲狀腺功能很重要，如果你不吃海鮮，買孕婦維他命時至少要確定碘的劑量符合 RDA 標準。

關於亞麻籽油

有些孕婦營養教學資料提供的 omega-3 脂肪酸訊息並不正確，也沒有解釋 omega-3 脂肪酸跟 DHA 之間的差別。這兩種東西並不是同義詞。我在第三章討論素食飲食的時候說過，並非所有的 omega-3 脂肪酸都能提供 DHA，而你的身體也無法將植物性 omega-3 轉換成足量的 DHA。也就是說，亞麻籽油**無法提供** DHA。DHA 唯一的植物性來源是藻類 DHA 補充劑。請跟我一起重複一遍：亞麻籽油**不是**魚油的替代品。

益生菌

益生菌是住在我們身體裡面和表面的「好細菌」。人體細菌的數量超過構成身體細胞，比例是十比一。從消化系統、皮膚到陰部，都住著細菌。請靜下來仔細想一想。構成我們身體的細胞數量，少於身體內外的細菌數量（佔九〇％）。我們當然應該好好注意身上的細菌。

你身體裡的細菌（又叫「微生物群系」）會隨著你的飲食、睡眠、壓力程度等諸多因素時時變化。大部分的細菌住在腸道裡，但是益生菌的影響範圍不限於消化系統。例如，據估計免疫系統有多達八〇％位在腸道。

維持微生物群系的健康不僅對整體健康至關重要，也會影響妊娠併發症的發生機率。健康與不健康的細菌數量失衡，可能會增加早產、子癇前症、妊娠糖尿病及孕期過度增重的風險。[32] 孕期吃富含益生菌的食物，與較低的早產和子癇前症機率之間存在著關聯性，研究者認為原因是胎盤較不易發炎。[33] 孕婦補充益生菌對血糖也有好處。有項研究發現，益生菌補充劑能使妊娠糖尿病的發生機率減少二十三％。[34] 在罹患妊娠糖尿病的孕婦之中，補充益生菌的孕婦產下巨嬰的機率也比較低。[35]

近年來的研究也顯示，過去被認為是無菌的胎盤其實充滿細菌，這些細菌會在孕期傳送到發育中的胎兒身上。[36] 在這之前，人們一直以為寶寶初次接觸細菌是在穿過產道的時候。這是另一個應該維持孕期微生物群系健康的好理由。

維持微生物群系健康的其中一個重要作法，是非必要盡量避免接觸抗生素。抗生素會殺死細菌，好菌壞菌通殺，這種影響可能延及寶寶。有項研究發現，母親在第二與第三孕期接觸抗生素，會使孩子罹患肥胖症的機率增加八十四％。[37] 孕婦接觸抗生素也和嬰兒較容易罹患過敏、氣喘與濕疹之間存在著關聯性。[38,39,40] 相反地，懷孕後期（與哺乳期）補充益生菌支援你的微生物群系，或許能幫助寶寶對抗過敏、濕疹、絞痛、溢奶等症狀。[41,42]

要確保身體擁有健康的微生物平衡，其中一個方法是經常吃發酵食物，這是天然的益生菌「補充劑」。克非爾發酵乳、優格、熟成乳酪、生酸菜、泡菜、乳酸發酵蔬菜（例如酸黃瓜）、生蘋果醋、發酵飲料（水克非爾與康普茶）、味噌、納豆，都是發酵食物。發酵過的蔬菜一定不可經過低溫殺菌（必須生吃），否則益菌無法存活。不要以為補充劑的效果優於食物。一湯匙醃酸菜的湯汁，就含有一·五兆 CFU（菌落形成單位〔colony-forming unit〕，計算細菌數量的一種方法），[43] 跟克非爾發酵乳的益生菌含量差不多（比優格多）。[44] 這個數量相當驚人，大部分的益生菌補充劑僅含數百萬、數千萬或數十億個益生菌，**而不是以「兆」為單位**。

　　此外，孕婦也要多吃各種含有**益生元纖維**的食物，益生元纖維是微生物的食物，能餵養住在你腸道裡的益菌。此類食物包括富含纖維的蔬菜、堅果、種子、椰子、豆類與高纖水果（例如莓果）。第五章的飲食範例每日提供三十五至四十五公克纖維，是理想份量。有一種益生元纖維叫「抗性澱粉」（resistant starch），含有抗性澱粉的食物也對健康有益，[45] 例如尚未全熟的香蕉（帶點青色）、豆類、腰果、煮熟後冷卻的馬鈴薯（比如用來做馬鈴薯沙拉的馬鈴薯）。少吃添加糖與精製醣類能促進益菌生長，但壞菌無法因此受益。上述作法除了對消化有好處，還能預防細菌性陰道炎及念珠菌感染。[46]

　　如果你決定吃益生菌補充劑，請選擇每份含菌量至少三百億CFU 的產品。這數量聽起來雖然多，但別忘了你身體裡的細菌數量超過**一百兆**。宣稱「每份含菌量十億 CFU」的產品，其實益生菌少得可憐。高品質的益生菌補充劑，會在營養標示中詳列菌株和數量。要買含有乳酸桿菌（*Lactobacillus*）與比菲德氏菌（*Bifidus*）的產品。

　　你也可以考慮買對陰道有益的益生菌補充劑，防止壞菌在陰道孳生（例如 B 型鏈球菌〔GBS〕以及會導致細菌性陰道炎的細菌）。[47] 最重要的是讓陰道充滿益菌，寶寶才能在生產過程中「獲得」健康好菌。對陰道有好處的益菌是鼠李糖乳桿菌 GR-1®菌株（*Lactobacillus rhamnosus*，又叫雷曼氏乳桿菌），以及羅伊氏乳桿菌RC-14®菌株（*Lactobacillus reuteri*），這兩種細菌的用途與效果已有二十五年以上的臨床數據支持。[48] 有一項設計精良的隨機實驗，找來九十九名懷孕三十五至三十七週、陰道驗出 B 型鏈球菌的女性。

半數受試者接受益生菌治療（兩種菌株各一百億 CFU），半數受試者使用安慰劑。當他們入院生產時再次接受檢查，觀察 B 型鏈球菌是否存在。益生菌組檢查結果為陰性的人佔**四十三**％，安慰劑組只有十八％，[49] 代表益生菌具有改善陰道細菌平衡的潛力。

ཀ 鈣

我不太推薦孕婦吃鈣質補充劑，但因為經常有人問，所以我在這裡稍微說明一下。跟其他營養素不同的是，鈣質需求不會因為懷孕而上升。除此之外，多數女性已從飲食獲得充足的鈣。有一項美國人的鈣質攝取量分析發現（受試者吃標準美國飲食，也就是不健康飲食），十九至三十歲女性平均從飲食攝取八三八毫克鈣質，三十歲以上女性的攝取量更高，[50] 孕婦的鈣質建議攝取量是一千毫克，所以說你真的不需要吃高劑量補充劑來滿足鈣質需求。此外，懷孕時腸道吸收鈣質的效率會加倍，所以飲食裡的鈣質更容易被身體吸收。[51] 我發現只要吃營養豐富的真食物（例如本書中列出的食物），大部分的孕婦都能輕鬆滿足鈣質需求。我的飲食範例每天提供一千兩百至一千五百毫克的鈣質，不需要吃添加鈣質的食物，也不需要吃補充劑。

比起鈣質攝取不足，我更常看到的情況是輔助鈣質吸收的營養素攝取不足，例如維生素 D、維生素 K2 和鎂。身體需要這些營養素才能以最好的方式處理鈣質、強壯骨骼。

話雖如此，確實有些女性需要注意鈣質的攝取，尤其是不吃乳製品的女性。乳製品以外的鈣質來源包括綠葉蔬菜、白菜、花椰菜、杏仁、芝麻、奇亞籽、**帶骨**的罐頭沙丁魚或鮭魚。如果你很少吃乳製品，一定要每天吃前述食物中的其中幾種。除非這些食物你統統不吃，或是基於健康因素必須補充鈣質，否則你可以不用吃鈣質補充劑。如果你有高血壓，或是面臨較高的子癇前症風險，有研究發現吃鈣質補充劑（以及鎂補充劑）會有幫助。細節請見第七章。

如果你決定吃鈣質補充劑，請先諮詢醫生，並且要注意身體無法同時吸收鈣和鐵。對許多孕前鐵質不足的女性來說，這會是個問題。最好的方法是，攝取鈣質的時間要跟吃鐵質補充劑或含鐵食物的時間錯開。

鎂

鎂的情況跟鈣不一樣，缺鎂相當常見。根據近年來的估計，膳食鎂攝取不足的美國人佔四十八％。[52] 孕婦缺鎂的比例更高。有研究發現，缺鎂可能會使孕婦容易罹患妊娠血管併發症（例如子癇前症），尤其是在鈣質過量的情況下。罹患妊娠糖尿病的孕婦，通常也缺乏鎂。[53]

孕婦缺鎂大多不會有明顯症狀，但肌肉抽筋是鎂攝取不足的徵兆，有研究顯示，補充鎂可減少妊娠引發的腿部抽筋。[54] 鎂補充劑也會降低妊娠高血壓的發生機率。[55] 噁心是缺鎂的副作用之一，聽說有些孕婦吃鎂補充劑或是富含鎂的食物之後，孕吐的情況有所改善。

鎂最好的食物來源是海藻、綠葉植物、南瓜子、巴西堅果、葵瓜子、芝麻、杏仁、腰果、奇亞籽、酪梨、無糖可可粉（或黑巧克力）、肉骨湯；以及綠色香草，例如蝦夷蔥、芫荽、歐芹、薄荷、時蘿、鼠尾草與羅勒。不過，由於侵略式農業（aggressive farming）大行其道（例如大量噴灑農藥），許多農地的土壤已不再含鎂。[56]這種土壤種出來的食物通常也會缺鎂。有機農場以及生物動力農場的土壤，通常鎂的含量較高，所以作物會吸收土壤裡的鎂。可以的話，請向注重土壤肥力的在地小農購買食材。[57]

如果你選擇口服的鎂補充劑，要注意腹瀉是常見的副作用。補充哪一種形態的鎂很重要，甘胺酸鎂是最好吸收的形態，也最不可能造成胃腸副作用。如果食物快速通過消化道對你有好處（亦即如果你有便祕問題），檸檬酸鎂是個好選擇。若想盡量減少消化方面的副作用，我建議先從低劑量的補充劑開始吃，例如一百毫克，然後慢慢增加到一天三百毫克。若想補充更高的劑量，請先諮詢醫生。

你也可以經由皮膚吸收到大量的鎂，只要用硫酸鎂鹽（Epsom salt，又叫瀉鹽）泡澡或泡腳就行了。[58]泡澡時要注意水溫，溫度不宜太高，因為體溫過高是某幾種先天缺陷的風險因子。[59]你也可以選擇外用的鎂噴劑（通常叫做「鎂油」），成分是水和氯化鎂。

❧ 鐵

孕婦的鐵質需求是平常的一．五倍，因為紅血球的製造量大幅增加，而且胎兒與胎盤的生長也都需要鐵質。[60]孕婦的鐵質每日建議攝取量是二十七毫克，一般女性則是十八毫克。鐵質是胎兒發育的關鍵營養素，因此鐵質是孕婦的例行檢查項目。缺鐵會增加早產與出生體重過低的風險，[61]也可能損害母親的甲狀腺功能，進而導致寶寶神經發育遲緩。[62]

　　在這些訊息的影響下，很多孕婦吃鐵質補充劑吃得很積極，但鐵質補充劑是一把雙面刃。許多鐵質補充劑很難吸收，或是有便祕、噁心與胃灼熱等不舒服的副作用。[63] 在一項將近五百名孕婦參與的研究中，有四十五％吃鐵質補充劑的孕婦表示感受到副作用，而停止吃補充劑的孕婦之中，有八十九％表示原因是副作用「難以忍受」。[64]

　　我建議孕婦盡量從飲食攝取鐵質，尤其是動物性食物。這種鐵質好吸收，又沒有副作用。動物性食物的鐵質叫做血基質鐵，吸收率是非血基質鐵（來自植物性食物）的二至四倍，[65] 一部分是因為鐵質的形態，一部分是因為植物性食物含有抑制鐵質吸收的化合物，例如植酸、草鹽酸與多酚。正因如此，RDA 給素食者的鐵質攝取標準是雜食者的一・八倍。鐵質最棒的來源是肝臟與內臟。紅肉、野生獵物、牡蠣、沙丁魚、含血禽肉（例如雞腿）都是很好的鐵質來源。

富含血基質鐵的食物
（每份八十五公克，含量由高至低）

- 雞肝：9.9 毫克
- 牡蠣：5.7 毫克
- 牛肝：5.6 毫克
- 牛心：5.4 毫克
- 鹿肉：3.8 毫克
- 美洲野牛絞肉：2.7 毫克
- 沙丁魚：2.4 毫克
- 牛絞肉：2.3 毫克
- 蛤蜊：2.3 毫克
- 羊肉：1.7 毫克
- 火雞絞肉：1.7 毫克
- 雞腿：1.2 毫克
- 雞胸：0.9 毫克
- 野生鮭魚：0.5 毫克

有幾種方式能提升膳食鐵質的吸收率。第一，吃含鐵食物時，搭配維生素 C 或其他酸性食材一起吃，例如用加了醋的醬汁醃肉、絞肉拌入番茄醬，或是一邊吃含鐵食物一邊吃柑橘類水果。第二，吃含鐵食物時，要避開含鈣食物、鈣質補充劑或制酸劑，因為這些礦物質可能會阻撓身體吸收鐵質。第三，用可以「強化」食物的鑄鐵鍋做菜。有一項研究發現，用鑄鐵鍋烹煮非酸性食物（例如雞蛋跟馬鈴薯），煮熟後食物的鐵質含量會變成原來的五倍；煮酸性的番茄醬，鐵質含量變成原本的二十九倍。[66] 基於這個原因，鑄鐵鍋是我最愛用的鍋子。

　　醫生會追蹤你的孕期鐵質狀態，提醒你鐵質攝取不足。就我的經驗而言，大部分遵循我的飲食建議的孕婦都不需要吃鐵質補充劑，也能在孕期吸收到充足的鐵質。就算有人吃鐵質補充劑，通常是在第三孕期。如果你需要補充鐵質，或是你的飲食習慣無法滿足鐵質需求，請選擇好吸收的鐵質形態，例如甘胺酸亞鐵（iron bisglycinate）。不要吃延胡索酸亞鐵（ferrous fumarate）或硫酸亞鐵（ferrous sulfate）。遺憾的是，這兩種形態的鐵質是最常見的處方補充劑，但它們的副作用是甘胺酸亞鐵的兩倍，吸收效率也比不上甘胺酸亞鐵。[67]

　　你也可以吃動物肝臟脫水乾燥後磨成粉的肝精（如果你不常吃肝臟的話），或螺旋藻來補充鐵質。肝精補充劑由來已久，雖然關於其效用的現代研究不多，但早期的研究發現它治療妊娠貧血的效果比鐵質補充劑更好。[68] 螺旋藻也是不錯的選擇。有一項研究探究孕婦補充螺旋藻（每天一千五百毫克）與鐵質（九十毫克硫酸亞鐵）的效果分別如何，螺旋藻組的貧血發生率明顯較低。[69] 螺旋藻的好處包括提升血紅素的效率更高、身體對它的耐受性較好，而且不會造成便祕。螺旋藻的其他益處請見第十章。

明膠與膠原蛋白

我在第三章介紹過，明膠和膠原蛋白是甘胺酸的主要膳食來源。甘胺酸是孕期「有條件的必需胺基酸」，這意味著你必須經由飲食攝取這種胺基酸。[70] 明膠和膠原蛋白主要存在於動物性食物的結締組織、骨頭和外皮。如果你經常喝肉骨湯、燉肉、帶皮禽肉、脆豬皮和帶骨肉，應能從飲食中攝取足夠的明膠與膠原蛋白。

如果你沒辦法經常吃這些東西，則可以吃純膠原蛋白或明膠粉來獲得甘胺酸。這兩種產品都可以拌和到食物裡，例如熱飲、湯或果昔。唯一的差別是明膠冷卻後會使液體凝固（像果凍一樣），膠原蛋白不會。營養價值上，這兩種東西沒有差別。你可以在早上的熱茶或咖啡裡加一湯匙膠原蛋白粉，或是把它拌入優格裡，加進湯裡也可以。如果你喜歡明膠做的甜點，可將無糖明膠粉與一○○％純果汁混在一起自己製作（可參考附錄食譜的酸櫻桃果凍）。一如所有的動物性食物，來源很重要。請選擇草飼或放牧動物製作的明膠與膠原蛋白。

奇亞籽

奇亞籽是食物，我把它放在補充劑的章節裡，是因為它經常被當成補充劑使用。奇亞籽富含多種營養素，包括鈣、鎂、鐵與鉀等礦物質，而且纖維含量很高。（雖然含有 omega-3 脂肪酸，但是無法提供 DHA，這一點本章稍早曾有說明。）

奇亞籽有個特色，那就是可溶性與不可溶性纖維的比例很完美，無論你是便祕還是腹瀉，奇亞籽都有助於調節腸道蠕動。奇亞籽的纖維本身也是益生元，能幫助腸道細菌維持健康平衡。奇亞籽碰到水會釋出一種透明膠質，包圍住種子。這種膠質經過腸道時仍可持續涵水，所以能維持正常的消化過程與糞便硬度。奇亞籽「膠」也能減緩醣類的消化與吸收速度，進而調節血糖。有些孕婦會為了降低餐後血糖，在餐前先吃一些奇亞籽。

若你打算吃奇亞籽，先從少量開始嘗試，例如一天一茶匙，然後慢慢增加到一天一至二湯匙。奇亞籽跟亞麻籽不一樣，不需要磨成粉也很好消化，所以吃完整的顆粒即可。如果你想要磨成粉，當然也可以。但一定要用密封容器保存，放在冰箱的冷藏或冷凍室裡，因為奇亞籽含有容易變質的不飽和脂肪。

奇亞籽怎麼吃

- 奇亞籽膠：一湯匙奇亞籽與二三六毫升的水混合，靜置至少五分鐘後喝下
- 奇亞籽布丁：一湯匙奇亞籽與八十五毫升無糖杏仁奶混合，可加其他調味料增添風味（例如楓糖漿或甜菊糖、肉桂、可可粉或香草精），靜置五分鐘即可食用
- 將奇亞籽加入高蛋白奶昔、果昔或任何飲料中
- 將奇亞籽拌入優格或蘋果醬

草藥

幾乎每一個懷孕的客戶都會問我關於草藥的問題。我原本不打算在這本書裡討論草藥，因為身為科學迷妹，我發現與草藥有關的研究少得可憐，令人失望。有一位評論家說：「嘗試各種草藥療法的孕婦多達半數，但草藥的療效與安全性卻資訊有限。」[71]

許多傳統民族鼓勵孕婦使用草藥舒緩孕期常見的不適，但許多草藥仍欠缺可靠的科學數據。因為如此，醫生只能提醒孕婦不要使用草藥，但這不是因為草藥被證實有害，而是草藥沒有被證實無害。不過，有幾種草藥在孕期的使用歷史悠久，而且安全性也已獲科學證實。

紅覆盆子葉

紅覆盆子葉（不是覆盆子風味茶，也不是覆盆子）是歷史悠久、孕婦適用的草藥。覆盆子葉就是覆盆子的葉子，風味宜人，味道跟覆盆子大不相同。覆盆子葉通常用來泡茶，但也可以磨成粉末、做成膠囊或酊劑。許多草藥專家和助產士都建議孕婦在第二或第三孕期服用紅覆盆子葉，可幫助「強健子宮、軟化子宮頸，讓它們做好分娩的準備，並且有催產和順產的效果」。[72] 早在一九四一年就有主流醫學文獻記載了紅覆盆子葉茶的好處，稱其可以放鬆子宮肌肉。[73] 第一孕期能否服用尚存爭議，但有些孕婦維他命含有少量紅覆盆子葉。

在營養價值上，紅覆盆子葉富含礦物質、維生素 C 與幾種抗氧化劑，包括具有消炎功效的蘆丁（rutin，又稱芸香苷）。[74] 動物實驗發現，「有些成分，例如類黃酮，已經過多次測試證實具有放鬆平滑肌的效果。」[75] 雖然相關研究並未發現紅覆盆子葉有助於縮短或舒緩分娩過程，但它們也沒發現紅覆盆子葉對孕婦有任何負面影響。[76] 我自己覺得紅覆盆子葉氣味溫和，而且潛在的益處（雖然只是坊間傳聞）值得一試。至少這是一種既能抗氧化又富含礦物質的飲料。

薑

孕婦使用的草藥之中，薑的科學研究數量最多。薑已證實可用來治療噁心與嘔吐。[77] 人類用薑減緩噁心感已長達數世紀。薑也是唯一可在孕期安心使用的草藥，這一點以常規營養學的標準來說，幾乎毫無異議。[78] 若要舒緩噁心感，你可以喝薑茶，吃薑糖（加糖的脫水薑片），或是每六小時吃一次薑補充劑（劑量最高二五〇毫克）。[79] 請特別注意，薑汁汽水的薑含量通常很低，無法發揮效用。舒緩孕吐的其他方法，請見第七章。

洋甘菊

洋甘菊經常用來泡茶，有放鬆心情和舒眠的效果。雖然缺乏安全性的證據，但洋甘菊是孕婦最常使用的草藥，有研究發現，它或許會刺激子宮收縮。[80] 最近有一項研究發現，洋甘菊補充劑（每日劑量高達三千毫克）可有效催產懷孕四十週以上的孕婦。「開始服用膠囊一週之後，洋甘菊組的孕婦有九十二‧五％進入分娩，安慰劑組則是六十二‧五％。」[81] 值得注意的是，偶爾喝一杯洋甘菊茶，劑量應不足以刺激子宮收縮。話雖如此，孕婦仍應注意不要攝取大量洋甘菊，出現早產跡象時也應小心。我不會鼓勵你狂喝洋甘菊茶，不過有研究者提到，「目前沒有可靠的報告說這種常見的茶飲會引發中毒。」[82] 產後服用洋甘菊或許能催乳（增加泌乳量）、改善睡眠品質，以及紓解產後憂鬱。[83,84]

其他草藥與一般考量

　　其他對孕期來說應可安全服用的草藥包括紫錐花（短期增強免疫力，例如感冒和流感）、蔓越莓（改善尿道感染）、聖約翰草（抗憂鬱）與南非醉茄（ashwagandha，改善一般壓力，支援腎上腺）。[85,86,87] 世界各地都有孕期使用的傳統草藥，每個地區種類不同。草藥安全性的研究數據不但很少，而且莫衷一是。因此除了這裡特別提到的草藥之外，我很難保證哪些草藥可安心使用，哪些草藥絕對不能使用。基於臨床研究的方式和孕婦實驗的道德考量，我們很可能永遠不會知道哪些草藥「絕對安全」。即使正確使用草藥，草藥如何搭配、劑量多少都因人而異。對這個人有效，對另一個人可能無效或甚至有害。許多人認為草藥是純天然的，所以非常安全，其實不然。有些草藥可能會導致先天缺陷或其他發育問題。[88]

　　用來做菜的草藥應不成問題，所以不要擔心，你最愛吃的菜裡要加多少牛至或歐芹都沒問題。你應該注意的是草藥補充劑，尤其是長期服用以及／或是高劑量的補充劑。草藥萃取物或精油之類的濃縮配方，須格外當心。特別是懷孕初期（第一孕期），這時候胚胎最容易受傷。例如有一項研究讓老鼠胚胎接觸五種常見精油（鼠尾草、牛至、百里香、肉桂、丁香），發現除了百里香之外，另外四種都對胚胎發育有負面影響。[89] 但是對人類孕期是否會有影響仍屬未知。

選擇草藥補充劑時，品質也是重要考量。食品類補充劑的規定很寬鬆，所以有遭到其他物質汙染的風險，例如藥物或重金屬。[90] 服用摻假或標示錯誤的草藥，與妊娠結局不良之間存在著關聯性。[91] 因此，服用草藥時不但要謹慎，也要確定草藥來自聲譽良好的供應商。我的原則是：只要有疑慮就不買。我建議你在選擇草藥補充劑之前，先請教可信賴的專業醫療人員或（對孕期有研究的）草藥專家。

ᕯ᠎᠎ 其他補充劑

如前所述，這裡提供的補充劑清單並不詳盡，只列舉最基本的補充劑。你可以依據自己的健康情況，考慮增加其他補充劑。舉例來說，如果你有胃酸不足等健康問題，導致你無法吸收維生素 B12，或是你明確知道自己缺乏維生素 B12，你可以考慮吃維生素 B12 舌下錠。如果你的飲食無法提供足夠的膽鹼，或許你應該吃膽鹼補充劑（例如重酒石酸膽鹼或向日葵卵磷脂，見第三章）。如果你經常感到噁心，或許可考慮補充維生素 B6，可單吃，也可搭配薑補充劑（見第七章）。綠藻或螺旋藻這兩種藻類，都對接觸毒素有某些保護作用（見第十章）。如果你的孕婦維他命裡沒有硒，而且你有甲狀腺問題或是接觸了重金屬，補充硒或許會有好處（見第九章與第十章）。補充劑的清單無窮無盡，建議你先找非常了解孕期營養的專業醫護人員討論。

❦ 總結

　　補充劑顯然不是一個非黑即白的主題。選擇補充劑要考慮的因素很多，例如膳食營養素的攝取量與個人健康問題（遺傳或妊娠併發症等等）。我希望這一章能帶領你了解最常見的補充劑，以及營養標示上該注意哪些地方。在決定吃哪些補充劑以及該吃多少劑量之前，請教醫護人員會有幫助。

　　別忘了，若你在選擇孕婦維他命時需要協助，我將我的建議分享於此：www.realfoodforpregnancy.com/pnv/

7

常見症狀

懷孕會使身體產生結構上、生理機制上與生化上的改變，目的是幫助胎兒生長發育。這些改變從卵子受精的那一刻就已開始，一路持續到妊娠結束。這些驚人的適應作用，一方面是為了回應胎兒帶來的生理刺激，一方面是回應重大的荷爾蒙變化。雖然生理變化是孕期演進的一部分，卻經常被誤解為疾病或折損。

——啟子‧托格森上校（Keiko Togersen）
美國空軍護士兵團

　　懷孕是一段充滿起伏的過程。有時候你覺得充滿活力，隨時可以戰勝全世界；有時候你覺得……沒那麼舒服。雖然每個孕婦的體驗都不一樣，但面對身上不斷出現的各種新症狀，你應該有很多問題想問。

　　例如你可能會問：我的體重是否增加太多？胃灼熱是正常的嗎？噁心感和食慾不振會消失嗎？怎麼控制血壓與血糖？我的消化為什麼不太正常？

　　跟營養相關的症狀（至少在某種程度上），我想深入談一下它們為什麼會出現，以及如何處理這些症狀。我發現不少孕婦都很常聽到別人說「到時候你就知道了」這樣的話，使他們對接下來的孕期充滿恐懼（我自己懷孕時就是如此）。當時我對孕期的下一個階段會碰到怎樣的麻煩充滿焦慮。為了不讓你變得**像我一樣**，我決定以各種症狀為主題來寫這一章，而不是告訴讀者哪一個階段最容易碰到哪些症狀。這樣的好處是，你可以直接查閱你想了解的症狀，而不是去擔心自己到了第三孕期會有「每個孕婦」都應該會有的胃灼熱跟便祕問題（因為說不定你很幸運，根本沒有這些問題。）

事實上，有很多症狀或許會、也**或許不會**發生在你身上，而且沒有明確的時間表。我記得我剛投入孕期營養的臨床工作時，是在一個高風險產科單位服務（意思是大部分的病患都有妊娠併發症），我必須謹慎回答與各種孕期症狀有關的問題。當營養師的有趣之處在於，你不像醫生那樣令人望之生畏，孕婦會對你敞開心胸，大聊各種症狀。因為我不是醫生，所以我經常請教醫生哪些症狀是正常的、哪些不是。畢竟我需要知道什麼時候可以請孕婦不要擔心，並提供應對方法；什麼時候需要建議他們接受醫療協助。在工作崗位上服務了幾年之後，我發現大部分的症狀都很正常，通常都是暫時的，可用簡單的方法處理，沒什麼好擔心的。

我並不是鼓勵你無視那些症狀，或是不要把自己的症狀告訴醫生。我只是想請你在看到體重上升或是食慾不振的時候，不要那麼恐慌。也要相信自己的直覺，在碰到異常或奇怪的症狀時，務必尋求醫療協助。

輪到我自己懷孕的時候，我親身感受到孕育寶寶的身心起伏，而我唯一的心理預期是：懷孕不是一件「尋常」的事。當時我吃高營養密度食物已超過十年，所以我以為自己的身體能輕鬆處理孕期的各種壓力。大致上，確實是如此。不過在經歷孕吐和胃灼熱的不適感時，我也會告訴自己，這些都是暫時的，我要順勢而為，不要逆流而上。

我將在本章探索幾個孕期常見的情況與症狀，提供我的看法、有科學實證的研究結果以及簡單的解決方法，幫助你維持順利而舒適的懷孕過程。

✑ 孕吐

噁心感與嘔吐經常被稱為晨吐（morning sickness），這種說法大錯特錯。很多孕婦**一整天隨時都想吐**。噁心感可能會持續幾個星期、幾個月，甚至（很遺憾地）持續到生產之前。通常孕吐是短暫的症狀，出現在剛懷孕的頭幾個月，然後漸漸消失。孕吐持續到第一孕期結束前（十三週）的孕婦約佔六〇％，就算沒有消失，請記得，持續到二十週以上的孕婦僅佔九％。[1]

當你想盡可能為寶寶提供營養時，你的身體卻一直排斥食物，這種感覺非常難熬。請努力撐下去。

若你想有效處理這個問題，第一步是觀察哪些東西使你想吐。強烈的氣味？時段？特定的食物？動作？起床速度太快？餓過頭？吃太多？吃太少？營養不均衡？吃太快？吃飯時喝太多液體？

對大多數孕婦來說，在孕吐最嚴重的時候少量多餐會有幫助，不要吃大份量的正餐。少量多餐能防止你餓過頭或吃太飽，也能預防血糖驟降，這些都是常見的孕吐原因。感到噁心或是覺得自己快吐了，這種時候很難有食慾。醣類是最好消化的食物，通常會在你**嘔吐之前**就已完成消化，所以至少能使你獲得**些許熱量**。我知道這跟前面幾章的建議相反，但若是你實在**什麼**都吃不下，可以吃水果、煮熟的番薯、果昔或米飯。（請參考後方討論「厭食或貪食」的段落，裡面有說明第一孕期嗜吃醣類的生理學原因。）要注意血糖突然升降也會造成噁心，所以當你吃得下少量醣類時，試著吃完醣類後再吃一點含有蛋白質或脂肪的食物來穩定血糖，例如堅果、乳酪、酪梨、希臘優格、炒蛋或牛肉乾。你確實可以暫時多吃一些醣類，這沒有關係。只是要盡量選擇加工程度較低的醣類，並且留意成分表上沒有危險的添加物。含糖穀片和糖果都非常容易上癮。選擇醣類時，請盡力「保持真實」。

這段時期很適合喝高蛋白奶昔，不過別忘了確認奶昔粉的原料。我個人喜歡無糖的奶昔粉，例如草飼乳清蛋白粉或有機米蛋白粉（或是米蛋白搭配其他植物性蛋白質的綜合奶昔粉。當然，不能含大豆分離蛋白），跟優格、克非爾發酵乳、椰奶或杏仁奶混合，再加半杯至一杯水果調味。若要在你目前嘔吐情況的允許之下增加「抑嘔力」，可以再加一些健康脂肪，例如一湯匙堅果醬或椰子油，甚至可以多吃半顆酪梨。你也可以「偷渡」綠葉蔬菜跟膠原蛋白粉進去，為奶昔添加營養素。我的客戶甚至會打開孕婦維他命的膠囊，把粉末倒進奶昔裡，因為他們第一孕期連吃維他命都會吐。拿出果汁機實驗一下吧。

有些孕婦早上一起床就想吐（或許這就是「晨吐」一詞的由來），所以床頭放些點心會有幫助。蘇打餅是孕期的經典點心，但是吃蘇打餅導致血糖驟升反而令我更想吐。我床頭放的點心是加鹽的烤腰果。我早上睜開眼睛、起身之前就會先吃個幾顆，幫助抑制噁心感（大部分的時候很有效）。如果你發現起身太快會加劇噁心感，起床時可以慢慢起身。

　　早餐吃蛋白質對維持一整天的血糖平衡特別有用，這也對減輕孕吐有幫助。就算只能勉強喝下一口蛋白質奶昔，或是吃兩口雞蛋、幾顆杏仁，整體而言仍有助益。

　　如果吃太飽會使你想吐，試著細嚼慢嚥、用心吃飯。理想狀態是吃到有舒適的飽足感就停止進食，不要吃到過飽。關於正念飲食，請參考第二章。還有，不要一邊吃飯，一邊喝大量的水或其他飲料。補充水分是一整天都要做的事，而且要小口小口地喝。

　　有些孕婦覺得吃酸的或鹹的食物能抑制孕吐，或許因為如此，酸黃瓜是很多孕婦愛吃的東西。在印度和墨西哥，酸酸甜甜的東西（例如羅望子）是舒緩孕吐的傳統食物。其他選擇包括檸檬水、酸味冰棒（可用柑橘類水果的果汁自製）、酪梨灑鹽和檸檬汁、無糖櫻桃乾（酸與甜完美平衡，是天然的酸糖）。也可以試試附錄食譜裡的酸櫻桃果凍，那是比市售軟糖更健康的選擇。

　　如果氣味是誘發孕吐的因素，你或許可以請別人幫你做菜，或是不要去氣味強烈的地方（例如海鮮餐廳或是百貨公司的香水區）。我懷孕時煮某些食物時特別想吐，但是換我老公煮飯、我不用靠近廚房的時候，就能正常吃完一餐。冰的食物通常比較容易下嚥，可能是因為熱的熟食氣味比較強烈。你或許會發現冷飲、冰棒、冷凍莓果或冷凍優格，能幫助你渡過孕吐嚴重的日子。你應該知道這些建議都無法用科學解釋，你必須自己實驗看看哪種作法對你最有用。這種時候請不要責怪自己吃得不夠好，或是營養不均衡。只要不把吃進肚子裡的東西吐出來就很棒了！

　　臭味令人作嘔，但有些氣味或許能減緩噁心感。使用純薰衣草與薄荷精油的芳香療法，可安全有效地減輕孕吐。有一項研究將這兩種精油混合後（四滴薰衣草＋一滴薄荷）擴香，以大約一百位孕婦測試效果，發現能夠大幅減輕多數受試者的孕吐症狀。[2]

除了以上的偏方，有些補充劑或許也對孕吐有用。最常見的是維生素 B6，通常是每八小時服用十到二十五毫克。[3]我發現對我的客戶來說，「磷酸吡哆醛」（pyridoxal 5'-phosphate）這種活性維生素 B6 最有效，多數補充劑裡常見的「吡哆醇」（pyridoxine）效果較差。除此之外，你也可以試試多吃富含維生素 B6 的食物，例如酪梨、香蕉、開心果和葵瓜子。肉類、魚類和禽類也是維生素 B6 的良好來源，只是孕吐嚴重的話可能吃不下（若你吃得下，請盡量吃！）。薑用來舒緩孕吐已有數世紀的歷史，並且經過臨床證實對孕婦來說既安全又有效。[4]有幾種形態的薑可供選擇：薑茶、薑糖（加糖的脫水薑片）、薑補充劑（通常是膠囊）等等。若你選擇補充劑，安全劑量是每六小時不超過二五〇毫克。[5]薑汁汽水的薑含量通常很低，無法發揮效用。有些孕婦覺得鎂能舒緩孕吐，不過相關的臨床研究尚未出現。你可以吃鎂補充劑（見第六章），也可以選擇外用的鎂噴劑，或是用硫酸鎂鹽（瀉鹽）泡澡或泡腳來補充鎂。

穴位按摩或針灸對某些孕婦有用。最常按壓的穴位在手腕上，叫做內關穴（編號 P6）。[6]內關穴位在手腕內側，距離手腕橫紋約三指處。有家公司甚至生產了一款腕帶叫「Sea-Band」，專門用來按壓內關穴。按壓穴位沒有任何副作用，值得一試！

嘔吐後，一定要補充流失的水分與電解質，可以喝自製肉骨湯、稀釋果汁、椰子水或含鹽飲料（也可試試我的自製電解質補水飲料，見後方）。這時候吃含鉀的食物特別好，例如酪梨、香蕉、馬鈴薯、番薯、冬南瓜跟柳橙。含鎂的食物也很有用，請見第六章。如果你吃什麼就吐什麼（無論是固體還是液體），一定要諮詢醫生，孕期脫水可能會有危險。極少數的孕婦會有妊娠劇吐的症狀，這可能需要藥物治療或醫療干預。如果你孕吐得很嚴重，盡快諮詢醫生或是去掛急診。

莉莉的電解質補水飲料

- 1 夸脫（約 946 毫升）無糖椰子水
- ¼ 茶匙海鹽（或是喜馬拉雅玫瑰鹽）
- ½ 杯果汁（例如 100% 純鳳梨汁、柳橙汁或蘋果汁）
- 1 顆檸檬汁
- 10 滴微量礦物質濃縮液（可省略）

電解質補充飲料一整天都能喝，隨時喝幾口，尤其是在嘔吐後更要喝。喝不完的可存放冰箱。

總結

雖然孕吐沒有「療法」，但是有很多作法不妨一試，或許能舒緩症狀：

- ❖ 少量多餐／點心（不要餓過頭，也不要吃太飽）
- ❖ 平衡血糖。正餐和點心都要包括蛋白質跟脂肪，份量小一點也可以（早餐吃蛋白質特別有用）
- ❖ 喝高蛋白奶昔
- ❖ 細嚼慢嚥，用心吃飯

❖ 吃鹹的、酸的或冰的食物

❖ 用餐時間不要喝太多水或飲料

❖ 床頭準備點心，起床時動作放慢

❖ 避開強烈氣味，請別人幫你做飯！

❖ 精油擴香（4滴薰衣草＋1滴薄荷）

❖ 吃薑、維生素B6與／或鎂補充劑

❖ 試試穴位按摩或針灸

❖ 嘔吐後，補充水分與電解質

最後，別忘了這是暫時的症狀，你的身體是一台神奇的機器。如果人體複雜的系統無法承受短暫的營養缺乏，從古至今就不會有那麼多人捱過大饑荒。我記得我孕吐最嚴重的那段時間，完全吃不下對寶寶發育最重要的營養食物。但我必須相信身體能夠暫時徵用我的營養儲備，以便應付寶寶的需求。我的身體確實做到了。後來孕吐漸漸消退，雖然我沒在第一孕期攝取太多營養，但最後依然生下健康的寶寶。（真心話：孕吐厲害的那幾天，我只吃鹽醋口味洋芋片。營養嗎？當然不。但絕對比餓肚子來得好。）如果你正在跟孕吐奮戰，要相信自己**一定可以**撐過去，孕吐結束後**一定可以**恢復均衡飲食。

研究者仍在試著找出孕吐為什麼如此普遍。目前的假設包括荷爾蒙（可能是胎盤荷爾蒙）、缺乏維生素B、身體不讓你吃腐壞或有害食物的保護機制（例如腐肉或有毒的野生植物），甚至可能與甲狀腺的健康有關。目前最有說服力的假設，是甲狀腺荷爾蒙的代謝物會引發孕吐，這只是甲狀腺健康運作的一種跡象。基本上就是你的身體忙著運送碘和甲狀腺荷爾蒙，幫助寶寶發育。[7]如果你**沒有**

孕吐，或許應該檢查一下甲狀腺荷爾蒙。雖然孕吐很惱人，但知道孕吐與妊娠結局的順利有關，或許能讓人安心一些。[8]（**沒有孕吐也別驚慌，很多女性沒有孕吐也生下健康寶寶。請好好享受當個沒有孕吐的孕婦！**）

厭食與貪食

說到孕婦貪食的東西，多數人會想到酸黃瓜和冰淇淋。高達九〇％的女性會在懷孕時對某些食物產生強烈渴望。[9]食慾不振跟孕吐是一體兩面。不是「我不想吃那個」或是「我想吃別的」，而是「只要聞到、吃到、看到或甚至**想到**那樣東西，我就想吐」。沒人知道懷孕為什麼會讓人特別喜歡或討厭某種食物，相關的假設很多，例如新陳代謝與荷爾蒙的變化、營養不足，甚至有人說是文化與心理社會因素。

對注重健康的母親來說，厭食跟貪食都會引發自我批判跟罪惡感。「我真的**很希望**自己現在想吃雞蛋，可是我全身上下都在吶喊我要吃蘇打餅！」我食慾不振最嚴重的時候，心中也充滿類似的想法。對我自己和我的客戶來說，稍微了解厭食與貪食**為什麼**會發生，能幫助我們接受自己當下的狀態並維持正面心態。我將在這個章節討論厭食與貪食、可能的原因以及處理方法。

最重要的是，不用對渴望食物或食慾不振感到恐懼，這不代表你的健康有問題。除非你想吃的東西不是食物（那叫做「異食癖」），否則孕期貪食不一定是壞事，在合理的情況下，我完全支持你順從身體的渴望。

雖然你對身體裡正在發生的代謝變化一無所知，但它們可能就是讓你厭食和貪食的原因。很多孕婦會在第一孕期特別想吃醣類，儘管他們在懷孕之前一直都吃低醣飲食。這或許是身體想要囤積脂肪，供給接下來的孕期與產後哺乳使用。懷孕初期，胰臟會發生劇烈變化，為孕期後半到來的胰島素抗性做好準備。製造胰島素的 β 細胞數量變多，胰島素的分泌量也會變多。[10] 懷孕期間的胰島素分泌量可多達平常的三倍。[11] 通常在懷孕十一週之前，胰島素抗性會暫時達到最低點，你的血糖值會隨之降低。這段時期對醣類的強烈渴望，應是低血糖造成的生理反應，也就是身體為了適應這個階段的孕期所做的調整。只要你注意飲食種類的多樣化以及營養均衡（可等到不再排斥蛋白質食物或孕吐消退之後），並且選擇未經加工的醣類，就沒什麼好擔心的。這句話的意思是，與其吃水果口味的糖果，不如直接吃天然的水果；不要吃加糖的穀片，要吃全穀物蘇打餅。以我的經驗來說，大部分的孕婦都能在第二孕期慢慢恢復到低醣飲食。

　　有些貪食的渴望可能是營養缺乏的跡象。最極端的情況是想吃不是食物的東西（異食癖），例如漿衣精跟泥土。異食癖較容易發生在缺乏礦物質的孕婦身上，例如鐵、鋅和鈣。特別愛吃冰塊也可能是缺鐵的跡象。[12] 如果你想吃奇怪的東西，請告訴你的醫生，並考慮做貧血和其他營養素缺乏症的檢查。

　　異食癖除外，貪食可能是缺少特定營養素的假設頗有道理。例如特別想吃生魚片或壽司，可能是身體需要更多碘或 omega-3 脂肪酸。孕婦的碘需求是平常的兩倍，而碘和 omega-3 都是寶寶腦部發育需要的營養素。有數據顯示，生魚肉的 omega-3 比煮熟的魚肉更容易吸收。[13] 魚肉煮熟之後，碘含量會減少高達五十八％。[14] 除此之外，魚類含有能化解汞毒性的硒，生魚肉的硒同樣比熟魚肉容易吸收。[15] 這種「奇怪」的渴望或許是因為身體想要確定你能為寶寶快速發育的腦部提供原料，同時又能保護你不受汞的毒害。（請見第四章的〈食物安全預防措施〉。）

乳製品也是常見的食物渴望，甚至連懷孕前不吃乳製品的孕婦，懷孕後也會非常想吃乳製品。許多有乳糖不耐症的女性表示，懷孕後這種症狀「消失了」。你或許認為這種渴望是出於鈣需求，但我懷疑更有可能的原因是碘。在較少吃海鮮與海藻的地方（例如美國），乳製品是碘的主要來源。[16] 如果你平常不愛吃乳製品，懷孕時卻莫名想吃優格或茅屋乳酪當早餐，很可能是因為身體需要碘。

想吃鹽可能也是身體照顧你的一種方式。我在第二章說明過（本章討論高血壓的部分會有更多細節），懷孕時，身體對鹽的需求會上升。[17] 這種渴望不容忽視。

有些厭食或貪食的情況雖然是保護機制，卻跟營養需求無關。例如第一孕期最常出現的食慾不振（伴隨著孕吐），正好是胎兒對外來毒素最脆弱的時期。[18] 第一孕期令人厭惡的食物大多是蔬菜，尤其是帶苦味的蔬菜。幾乎所有的植物性食物都含有「次級化合物」（secondary compounds），能用來抵禦真菌、昆蟲與其他害蟲的侵害。許多次級化合物也是抗氧化劑，少量攝取對身體有益，攝取過量卻有危害。有一項研究指出：「味覺與嗅覺變得更加敏感，或許是為了阻止孕婦攝取可能有毒的食物，這可能是孕婦改變食物偏好與飲食習慣的原因。」[19] 話雖如此，現在大部分的蔬菜都跟人類祖先當年的蔬菜大不相同，而且有毒化合物的含量也遠低於野生植物，所以就算你**不討厭**蔬菜也無須擔心，吃蔬菜絕對有好處。[20]

肉類、魚類和雞蛋也是第一孕期常見的嫌惡食物。有些研究推測，在衛生又安全的現代食物儲存方式（例如冰箱）出現之前，這些食物都是病原體和感染的常見來源，會對母親跟胎兒造成危害。[21,22] 這表示對肉類的厭惡源自千萬年前，早已刻在我們的基因裡。時至今日，這種機制反而對我們不利，因為不吃肉類通常代表你會攝取更多加工食品，而加工食品幾乎不含微量營養素，卻含有過多的糖與熱量。一不小心，原本為了保護身體的厭食症狀，反而會讓你吃進更多沒有營養的熱量、少吃充滿營養的食物，造成其他健康問題，例如體重過重與妊娠糖尿病。目前美國約有半數孕婦體重的增加幅度超標，許多孕婦都說「孕期貪食」是體重增加的主因。[23]

有些厭食或貪食症狀，或許跟荷爾蒙使你對氣味的敏感程度產生變化有關。有項研究發現，六十五％的女性表示懷孕時對氣味的感受會變得不一樣。[24] 由於嗅覺會影響味覺，孕婦覺得某些食物變得沒那麼好吃實屬合理。舉例來說，有些孕婦討厭咖啡的味道或氣味所以不再喝咖啡，研究者認為這跟他們對苦味變得更加敏感有關（可能是避免孕婦攝取過多咖啡因的保護機制）。[25] 第一孕期的味覺變化經常與貪食的渴望同時發生，但研究者尚未確知原因。[26] 我有很多客戶在第一孕期特別愛吃冰的，例如果昔跟冰棒，或許是因為氣味沒那麼強烈。

有些食物本身就會引發貪食的渴望。有多項研究發現，高升糖食物（例如糖）會觸發腦部的神經傳導物質產生改變，模擬類似藥物成癮的反應。有一項實驗讓老鼠定期吃糖長達數週，接著一週不供應糖之後，在老鼠身上發現「糖的成癮、戒斷和復發效應，都跟毒癮很類似」。[27] 另一項研究認為：「糖會刺激類鴉片與多巴胺的分泌，可能會導致上癮。」[28] 如果你非常想吃高含糖及高升糖食物，例如糖果、穀片、烘焙食品和麵包（尤其是第一孕期的孕吐結束後），有可能原因不在於懷孕，而是你的身體習慣渴望吃糖帶來的「快感」。

打破這個循環很難，但不是做不到。研究顯示，營養豐富的飲食可減少貪食渴望，有助於調節飢餓訊號。[29] 跟吃高升糖食物的女性相比，吃低升糖食物的女性飢餓程度顯著較低，飽足感顯著較高。[30] 即使是適度增加餐點中的醣類份量，也會造成「飯後血糖濃度提早升降，提早想吃東西」。[31] 也就是說，本書建議的真食物低醣飲食能降低你對糖的渴望，減少飢餓感。吃足夠的蛋白質、脂肪與高纖蔬菜、少吃加工醣類，是穩定血糖的不二法門。早餐吃足夠的蛋白質與脂肪似乎特別重要，不但能為一整天的血糖調節奠定基礎，午餐和晚餐也不會吃得太多（這也是本書的飲食範例所遵循的原則）。[32]

我在討論孕吐時提過，對醣類的渴望很常見，尤其是在第一孕期。我發現，只要沒有使你過度攝取經過**高度加工**的醣類，造成營養失衡、血糖升高或體重增加過多，就無須擔心。等孕吐與厭食的情況減輕後，盡量將高醣飲食改變成營養較均衡的飲食就好（見第二章）。飲食習慣無法立刻改變，在過渡期不用對自己太嚴格，聆聽身體的聲音，別忘了醣類需求是因人而異的。

以上的假設為厭食和貪食症狀提供了生理學解釋，但有些研究者認為這些症狀其實源自文化或心理社會因素。在許多西方國家，貪食是懷孕的特徵。英文裡形容貪食的單字「craving」（強烈渴望）在許多語言中沒有直接對應的詞，在某些地區貪食也不被視為懷孕的副作用，[33] 知道這些事令我感到既震撼又安心。我記得我懷孕時不斷有人問我特別愛吃什麼，問到後來我乾脆隨便回答應付過去（我懷孕時厭食的情況比「渴望」食物的情況嚴重）。當時我在想，自己沒有特別想吃什麼，難道是我不「正常」嗎？或許我們對何謂「正常」的看法受到了扭曲。

在這個深受媒體影響的年代，纖瘦與飲食限制都被過度美化，有研究發現，懷孕是「女性受到社會許可的暴飲暴食時期」，尤其孕婦會用較為功能化的角度看待自己的身體，也被鼓勵「一人吃兩人補」。[34] 心理上，懷孕會讓你覺得自己好不容易無須擔心體重，可以輕鬆宣稱自己因為「懷孕特別愛吃」。另外有研究發現，「懷孕期間，女性會無視過往限制飲食的態度與意圖，正大光明地過度飲食。」[35] 這句話有些冒犯女性，也有點歧視意味，但確實會令人深思。我的看法是，對自己的飲食渴望與飲食行為多點了解是值得的，以免不小心落入這些心理陷阱裡。

如你所見，無論是貪食、厭食還是兩種情況皆無，都有許多可能的原因。希望這個章節至少在某種程度上已說明得夠清楚。如果你正在苦苦掙扎，請記住大部分的貪食跟厭食都是暫時的。只要不是危險物品（有毒或非食物），你想吃什麼就吃，不想吃什麼就別吃，應該不會對身體造成傷害。我鼓勵你帶著正念吃東西，帶著好奇心看待你對食物的渴望與厭惡，尤其是當你認為這些渴望與厭惡會對日常生活或健康造成負面影響的時候。正念飲食能讓你在吃東西的時候放下批判與罪惡感。有時候你會吃得沒那麼健康，沒有關係。無論今天你處於怎樣的情況，都要了解並接受自己，這樣你會更容易回到以真食物為主的飲食。我的許多客戶都發現，飢餓覺察（正念飲食）搭配良好的血糖平衡（真食物飲食），對處理厭食和減輕貪食的情況大有幫助。

最後複習

想想你為什麼渴望或討厭某些食物，原因或許是：

❖ 幫助你充分攝取有益處的營養素（或是缺乏營養素的跡象）

❖ 幫助你預防毒素或食物中毒

❖ 撐過孕吐階段的一種方式（貪食醣類）

❖ 幫助你避開強烈氣味

❖ 飲食不均衡的徵兆（攝取太多糖、精製醣類或加工食品）

❖ 預防低血糖

❖ 符合社會文化對孕婦貪食的期待

❖ 提醒你帶著正念吃東西，尊重飢餓／飽足訊號

⁓ 胃灼熱

懷孕的任何時期都可能發生胃灼熱與胃酸逆流，但最常發生在第二與第三孕期。許多孕婦的症狀是胸骨後方、胸部上方或喉嚨有灼熱感。孕婦容易胃灼熱與胃酸逆流有好幾個原因，都是你無法掌控的：寶寶把你的胃往上推（增加腹腔壓力）、孕酮（又叫黃體酮）濃度上升（放鬆下食道括約肌）、腸道運動變慢等等。[37] 此外，胎盤會製造一種叫做胃泌激素的荷爾蒙，刺激胃部分泌更多胃

酸。難怪有五〇至八〇％的孕婦表示自己曾在懷孕期間感受到胃灼熱。[38]

你一定很想吃制酸劑來緩解症狀，但是請盡量忍住。胃酸有幾個重要作用：殺死有害的細菌、病毒與真菌，幫助吸收礦物質（例如鐵和鈣），消化蛋白質，吸收維生素 B12 等等。減少胃裡的胃酸，會使你面臨食物中毒、消化不良與缺乏營養素的風險。此外，有時胃灼熱其實是因為胃酸太少，而不是太多。正因如此，稀釋蘋果醋是常見胃灼熱家庭偏方。

制酸劑成藥可能會使你接觸到過多的鋁，這是已知的神經毒素。有位研究者說：「以劑量來說，制酸劑成藥是人類接觸鋁最重要的來源。然而，鋁是毒性很強的神經毒素，動物與人類在妊娠期接觸到鋁，可能會使胚胎與胎兒產生中毒反應。」[39] 關於孕期鋁中毒的風險，請見第十章。

所幸只要改變生活習慣，通常就能有效控制胃灼熱。飲食過量造成的胃脹，是引發胃灼熱的已知原因之一。[40] 你可以將正餐與點心都改成小份量，飲料改成少量攝取一整天，而不是用餐時大量飲用。還有，要考慮飲食的成分。高血糖會使下食道括約肌放鬆，讓胃酸更容易進入食道。[41] 醣類吃得愈多，血糖就愈高，也愈有可能發生胃灼熱。這也是另一個需注意醣類攝取量的原因，尤其是精製醣類與一般糖類。臨床實驗已發現，低醣飲食能有效控制胃灼熱與胃酸逆流。[42] 如果你的胃灼熱晚上比較嚴重，晚餐可以吃得早一點、少一點，睡覺時把頭墊高一些。

對食物敏感或是吃到刺激的食物，也會引發胃灼熱。[43] 我在實務經驗上最常碰到的此類食物是含糖食物、辣的食物、咖啡因（咖啡和茶）、巧克力、酸性食物（柑橘類或番茄）、乳製品與麩質。話雖如此，每個人對食物的反應都不一樣，如果你懷疑你的胃灼熱是食物引起的，可以寫飲食日誌揪出可能的禍首。

若上述的作法都沒用，你可以試試穴位按摩或針灸。按壓內關穴（P6），也就是前面提過舒緩嘔吐的穴位。有些人覺得這麼做對減輕胃灼熱有效。[44]

最後，考慮一下變換姿勢。隨著孕期週數增加，你的體腔空間會愈來愈小，彎腰駝背會變成問題。如果你的坐姿是彎腰駝背、壓迫到腹部，會怎麼樣呢？被寶寶擠壓的內臟會**更沒有空間**，包括你可憐的胃。坐下時盡量挺直，把重量直接放在坐骨上（髖骨不要前傾），想像有一條繩子從你的頭頂輕輕往上拉。聽起來也許有點可笑，但簡單的姿勢調整對緩解胃灼熱其實很有幫助。

最後複習

如果你有胃灼熱，可試試以下的方法：

❖ 盡量不要吃制酸劑（別忘了你的胃酸有可能是**太少**）
❖ 盡量不要吃太多（練習正念飲食）
❖ 在**正餐之間**攝取大部分的水分
❖ 用少量的水稀釋少許蘋果醋，餐前飲用
❖ 減少攝取醣類，尤其是糖與精製醣類
❖ 夜晚發生的胃灼熱，可試試晚餐吃得早一點、少一點，睡覺時把頭墊高
❖ 寫飲食日記，幫助自己找出哪些食物會引發胃灼熱
❖ 穴位按摩或針灸

❖ 保持良好姿勢

我的許多客戶都是靠改變生活習慣成功控制胃灼熱。有時寶寶就是佔據了太多體腔空間，使你無法擺脫胃灼熱。若你是懷孕後才有胃灼熱的症狀，至少你知道這個症狀何時會消失。

便祕與痔瘡

如果你有排泄方面的毛病，你並不孤單。據估計，一〇％到四〇％的孕婦有便祕問題。[45] 可能的原因包括荷爾蒙增加、子宮抵到結腸、活動量下降、腸動素分泌量變少（一種控制腸道運動的胃部荷爾蒙）、結腸對水和電解質的吸收率變高、鐵或鈣補充劑等等。[46]

便祕經常導致痔瘡，也就是直腸底部與肛門的靜脈腫脹，可能會在排便時造成疼痛或出血。研究者對痔瘡的描述是：「痔瘡的形成或加劇，無疑與子宮變大阻撓靜脈回流導致直腸靜脈受到壓迫有關，與懷孕有關的便祕也會使直腸靜脈受迫。」[47] 如你所見，便祕和痔瘡的成因大多是你無法掌控的，但這並不表示你毫無選擇。以下的建議對便祕和痔瘡都有幫助。

這個建議我相信你一定聽過，攝取適量的纖維跟水分非常重要。攝取纖維的同時，要循系漸進地同時攝取水分，否則便祕可能會更加嚴重。膳食纖維有兩種形態：可溶性與不可溶性。理想的狀態是兩種纖維均衡攝取。許多纖維補充劑是可溶性纖維（溶解於水），但光靠可溶性纖維無法有效改善便祕。請以全天然食物做為纖維的來源，因為全天然食物含有比例均衡的可溶性與不可溶性纖維，例如扁豆、豆子、莓果、非澱粉類蔬菜、椰絲或椰子粉、杏仁與酪梨。蔬菜對改善便祕特別有用，通常只要每餐多吃一至二杯蔬菜就相當有效。

雖然多數人把奇亞籽和亞麻籽當成纖維補充劑，其實它們也是全天然食物。以我一對一幫助過數百名孕婦的經驗來說，我會推薦奇亞籽，因為有些人吃亞麻籽可能會適得其反。奇亞籽跟亞麻籽不一樣，不必先磨成粉。每吃一湯匙奇亞籽，最好搭配至少二三六毫升的水一起吃。關於奇亞籽的介紹，請見第六章。

很多人認為穀物是良好的纖維來源，但穀物絕非最佳選擇。全穀物的纖維含量比醣類含量少很多，我稱之為纖醣比。舉例來說，一杯糙米含四十五公克醣類，但纖維只有三・五公克；一杯扁豆的醣類含量跟糙米差不多，但纖維含量高達十六公克。孕婦的每日纖維攝取量至少要有二十八公克（本書的飲食範例是三十五到四十五公克）。如果所有的纖維都來自全穀物，你的飲食會含有非常大量的醣類，營養密度也會比較低。請考慮以下的高纖食物較為明智。

高纖食物（高纖醣比）

- ½ 顆酪梨：7 公克纖維（總醣量 8 公克）
- ½ 杯扁豆：8 公克纖維（總醣量 20 公克）
- 1 杯黑莓：8 公克纖維（總醣量 14 公克）
- 1 杯覆盆子：7 公克纖維（總醣量 12 公克）
- 2 湯匙椰子粉：5 公克纖維（總醣量 8 公克）
- 1 湯匙奇亞籽：5 公克纖維（總醣量 5.5 公克）
- 1 杯白花椰菜：5 公克纖維（總醣量 6 公克）
- 1 杯熟高麗菜：4 公克纖維（總醣量 9 公克）
- 12 根蘆筍：3 公克纖維（總醣量 3.5 公克）

- ¼ 杯杏仁：4 公克纖維（總醣量 8 公克）
- 2 湯匙無糖可可粉：4 公克纖維（總醣量 6 公克）

除了補充纖維與水分，也要考慮脂肪的攝取量。充分攝取脂肪是規律且輕鬆排便的關鍵，有幾個原因。首先，膳食脂肪與油脂可以（姑且稱之為）潤滑腸道，防止糞便變得太乾、太硬。其次，脂肪會刺激膽囊分泌膽汁，這個過程會自然而然刺激腸道蠕動，並促進結腸的「推進性收縮」。[48] 簡言之，**脂肪能幫助排便**。如果你有按照我的建議攝取營養，應能從飲食中攝取到充足脂肪，但是有許多女性一輩子都被告誡「脂肪很可怕」，即使在邁向真食物飲食的過程中，也會下意識限制脂肪的攝取量。

如果你做菜時不敢放太多油，喝湯前會先把油撈乾淨，或是吃生菜沙拉時只敢淋一點點油，**可是你有便祕**，顯然你必須多攝取一些脂肪才對。請放心大膽地在飲食中加入更多脂肪，例如用奶油搭配蔬菜，喝咖啡或紅茶時加全脂鮮奶油，吃更多酪梨，吃雞翅時連脆皮一起吃，煮完肉之後**不要**把油脂濾掉，**也不要**把煎培根上的肥油都吸乾。早餐可以試著加一匙椰子油，很多人發現這能刺激早晨排便。

除了改變飲食習慣，改變姿勢跟多活動也有幫助。運動有助於刺激腸道。每天散步或許就有效果，但是和緩轉動身體的運動（瑜伽和皮拉提斯都有這些動作）就像溫柔地按摩腸道一樣，可幫助糞便推進。請注意我說的是「和緩」轉動身體。謹慎、專注的轉動伸展很安全，懷孕時盡量不要突然轉動身體，以免關節受傷。孕期運動的相關討論，請見第八章。

　　另一個考量是如廁的姿勢。傳統民族不是坐在馬桶上，而是蹲著排便。蹲姿能使結腸與骨盆底肌對齊，有助於輕鬆排便。有研究者這麼說：「跟蹲姿相比，坐姿排便必須更加費勁才能達到令人滿意的排便效果。」[49] 蹲姿排便也有助於預防和緩解痔瘡。[50] 市面上有不少腳凳能幫助你在馬桶上模擬蹲姿，例如 Squatty Potty®。把腳凳靠在馬桶旁，就能達到理想的排便姿勢。排便時要避免用力過度，以免造成壓力。急著上大號時，盡快進入廁所，先等身體開始把糞便往下推，**然後**再施力。順道一提，這也是練習分娩的好機會。你可以學會放鬆骨盆底肌，方便血液流到那個區域，兩者都可減少會陰撕裂的機率。

　　最後，觀察一下你的補充劑。有些補充劑會加劇便祕，有些可舒緩便祕。鎂是常見的補充劑。雖然甘胺酸鎂吸收力強，是我推薦的鎂補充劑，但是它對便祕沒有幫助。若想要紓解便祕，最好選擇吸收效率**比較差**的鎂補充劑，例如檸檬酸鎂。這是因為留在腸道裡的鎂會把水分吸引到腸道裡，使糞便變軟（也就是滲透性瀉藥）。有些形態的鎂吸收效率**非常低**，對消化不利，經常造成腹部絞痛與腹瀉（例如氧化鎂與硫酸鎂）。除非依照醫囑，否則不要吃這幾種鎂劑。

　　益生菌對改善便祕通常有幫助。維持腸道細菌的良好平衡，不但有助於消化食物，也能讓食物以適當的速度穿過體內。常吃前面幾章提過的發酵食物很有用，不亞於吃益生菌。有項研究發現，每天吃含有乳酸桿菌與比菲德氏菌的益生菌，不但可有效治療孕期便祕，也出乎意料地可減少胃酸逆流。[51]

不過，有些補充劑會讓便祕更嚴重。鐵質補充劑和孕期便祕之間存在著顯著相關性。這是我強烈建議從食物攝取大部分鐵質的原因之一。若需要吃補充劑，請選擇沒有便祕副作用且好吸收的鐵質形態。[52] 鐵質補充劑的討論請見第六章。鈣補充劑也可能導致便祕，尤其是沒有跟鎂一起吃的話。[53] 即使不是直接吃鈣，也有可能因為吃制酸劑而攝取到鈣（例如 Tums®抗胃酸鈣片）。

最後複習

如果你有便祕，可試試以下的方法：

❖ 水分充足（每天至少三千毫升）
❖ 多吃富含纖維的食物（高纖醣比）
❖ 吃奇亞籽
❖ 多吃脂肪
❖ 多運動
❖ 蹲姿排便
❖ 吃檸檬酸鎂和益生菌
❖ 不要吃鈣和鐵質補充劑，除非是遵循醫囑

✍ 體重增加

孕期體重增加多少才算「正常」與「健康」，彈性很大。我盡量不談體重的數字，但有點概念會比較有幫助。研究發現，若你獲得孕期增重目標的正確資訊，較有可能把體重控制在目標以內。[54] 閱讀這個章節時請牢記這一點，也請理解我的目的不是批判你的體

重，而是為了提供資訊、幫助你維持孕期健康，無論你的體重是多少。我最不希望看到的就是你對磅秤上的數字斤斤計較。

孕期體重增加太少或太多，都可能造成問題。例如寶寶太小或太大、罹患妊娠糖尿病、子癇前症以及分娩時出現併發症。[55] 過去五十年來，孕期體重增加的重點一直放在營養不足與出生體重過低上，但近來有研究指出，現在相反的情況更加普遍。

美國約有半數女性孕期的體重上升幅度超過建議值。從一九九〇至二〇〇三年，孕期體重上升十八公斤以上的女性增加了二〇至二十五％。[56] 這已漸漸成為一大隱憂，因為各項研究「持續發現孕婦體重過重與肥胖，是出生體重過高、新生兒肥胖、兒童肥胖症與長大後代謝失調的重大風險因子」。[57] 因此，儘管我很想說「體重只是數字」，研究卻告訴我們這件事不容忽視。

為什麼現在孕婦的增重幅度比以前更大？

研究認為，西方國家的孕婦體重增幅上升，罪魁禍首可能是他們攝取了更多高升糖的醣類（寶寶也隨之變胖）。比較美國一九七〇年代與這十年來的飲食調查結果，會發現醣類攝取量穩定上升的同時，脂肪與蛋白質攝取量逐步下降。[58] 有項研究發現，吃低升糖飲食的孕婦產前平均增重十・四公斤，吃高升糖飲食的孕婦則是十八・五公斤。[59] 此外，吃高升糖飲食的孕婦生下的寶寶，體重和脂肪質量也都顯著較高。

增重幅度超標的孕婦之中，有些人產後也無法擺脫新增的體重。有位研究者說：「懷孕或許是導致產後十五至二十年體重上升的因素。」[60] 這意味著懷孕時增加的體重，可能會影響你未來的體重及代謝出問題的機率。

我應該增加多少體重？

　　懷孕時的增重幅度，沒有一體適用的標準答案。懷孕前的體重，是決定孕期「理想」增重幅度的重要因素。你可以用線上計算機（例如 https://www.bmi-calculator.net/）算出自己的身體質量指數（BMI），看看自己屬於體重過輕、正常、過重還是肥胖。

　　雖然 BMI 不是完美指標（主要因為它無法區分瘦肉組織與脂肪組織），卻是評估增重目標最方便的工具。當然如果你骨架很大或是肌肉很多，詮釋 BMI 與增重目標時可善用自己的判斷力。有些女性肌肉發達，雖然體脂肪比例很健康，但 BMI 仍會落在「肥胖」範圍。把身高納入考量也有幫助。身高一五○公分的女性 BMI 增重幅度可能不宜太大，身高一八○公分的女性則可以高估一些。

　　美國國家醫學院建議的孕期增重幅度如下（請用**懷孕前**的體重計算 BMI）：

❖ 體重過輕（BMI < 18.5）：12.7 至 18.1 公斤
❖ 體重正常（BMI 18.5-25）：11.3 至 15.8 公斤
❖ 體重過重（BMI 25-30）：6.8 至 11.3 公斤
❖ 肥胖（BMI > 30）：4.9 至 9 公斤

　　有趣的是，產前的增重目標並非全球一致。在西歐、印度、非洲、菲律賓和智利，增重目標都跟美國國家醫學院的建議低標差不多，體重正常的女性增重目標為八‧一到十四‧九公斤。[61] 孕期的「正常」體重增幅，顯然是一個浮動的目標。

懷孕會變胖這件事，使許多女性感到焦慮。其實這件事沒什麼好怕的。你的身體正在孕育另一個人類，正在製造全新的器官（胎盤），你的乳房正在為了泌乳而產生變化，你製造出**好幾公斤**的液體，而且你的身體（自然地）囤積脂肪。你的體重不會直線上升。如果你有孕吐或厭食症狀，可能會有段期間停止增重，或甚至減輕體重。但也會有一週內突然增加幾公斤的時期（通常是懷孕後期）。有時候是你身體裡的荷爾蒙變化在影響體重，就算你沒有刻意增加食量也會變胖。別擔心。到最後都會穩定下來。

話雖如此，如果你的體重急速上升（一週超過一·八公斤），尤其是伴隨著腫脹或水腫，請聯絡醫生排除妊娠併發症的可能性，例如子癇前症或高血壓。

許多女性以為體重在孕期後半才會開始增加，所以第一孕期看到自己變胖變腫覺得很驚訝或擔心。我向你保證，這很正常。孕期前半你的身體處於合成代謝狀態，這表示它正在努力儲存能量（囤積脂肪）備用。你的身體也正在趕工製造胎盤（可重達幾百公克）。雖然這個階段胎兒還很小，在你增加的體重或「浮腫」裡佔比不高，但你的身體正在進行其他（非常重要的）任務：為寶寶打造一個健康的家。普通體型的孕婦，通常會在第一孕期增加一至三公斤。

到了孕期後半，身體會轉而進入分解代謝狀態，此時它會努力把營養素運送給發育中的胎兒。[62] 在這個階段，身體會利用之前囤積的脂肪為寶寶提供能量。雖然肚子變得很大，但你或許會覺得其他部位瘦了一些。這很正常。（如果你覺得**全身上下都變肥了**，這也很正常！）

如果受孕時，你的體重落在體重過重或肥胖的範圍（美國有六〇％的孕婦是如此），不要增加太多體重或甚至完全不增重，對你或許有好處。[63] 雖然美國國家醫學院提供的增重高低標確實有幫助，但有些研究發現，這些標準可以再微調一下。一項有超過十二萬名肥胖女性參與的大型研究發現，妊娠結局最順利的孕婦，是增重幅度**低於**美國國家醫學院標準的孕婦，並特別指出子癇前症、剖腹產與胎兒過大的機率都比較低。研究者建議，BMI > 35 的孕婦可在懷孕過程中增重〇至四公斤，而 BMI > 40 的孕婦則不應增重或**應減去**四公斤。[64] 聽起來或許很極端或不可能做到，但是以我的經驗來說，我看過幾百位落在上述 BMI 範圍的孕婦，他們分娩時幾乎沒有增重或甚至減輕體重，但他們懷孕時都很健康。我認為主因是他們改變了飲食習慣。他們改吃營養密度較高的食物，用正念飲食法吃東西，而且孕期的代謝效率也幫了他們一把。我從不鼓勵孕婦計算熱量或節食，所以他們絕對不是因為「挨餓」才沒有變胖（相信我，當我知道客戶體重變輕時，我會確認他們都有確實回應飢餓訊號，沒有刻意減少飲食）。他們的身體只是把過去囤積的能量重新分配給寶寶了。

我在這個章節提及的某些研究，聽起來或許很嚇人。但是你無須擔心，因為有些研究發現，胎兒在妊娠期間體型過大或累積過多脂肪，是與母親懷孕時飲食品質不佳有關，跟懷孕前的體重，甚至也與你攝取的總熱量沒有關係。[65] 也就是說，我們不能把一切都怪罪於體重。

無論你懷孕之前跟之後的體重是多少，請把重點放在高品質、高營養密度的食物上，帶著正念吃東西，用你感到舒適的方式活動你的身體，不要對磅秤上的數字鑽牛角尖，也不要懊悔自己過去為什麼沒有好好控制體重。記住，孕婦應增加多少體重沒有硬性規定。體重也不是妊娠結局的唯一決定因素，只是諸多因素的其中之一。

❧ 高血壓

約有十％的孕婦受到高血壓影響。[66] 懷孕初期的血壓通常會比較低，然後臨近分娩時會逐漸回升到孕前的程度。[67] 如果你有高血壓（收縮壓高於一四〇 mmHg，舒張壓高於九〇 mmHg），某些併發症的發生機率會比較高，例如寶寶出生體重過低、早產等等。妊娠高血壓也可能演變成子癇前症。

子癇前症的前兆除了高血壓，也包括尿液高蛋白和水腫。這些症狀都是血管壁功能異常的跡象，在某些個案身上甚至會造成器官損傷。[68] 高血壓與子癇前症的相關研究非常多，但研究者仍未找到預防和治療的明確答案。高血壓的原因很多，若想釐清原因，可向經驗豐富的醫生尋求協助。這個章節的目標是，說明改變營養與生活習慣也有助於調節血壓。別忘了，雖然有些高血壓與子癇前症的個案能藉由生活習慣獲得改善，但並非所有個案都是如此。以下簡短列舉幾個以自然手段控制高血壓的研究。

許多孕婦得到的控制高血壓建議，都是減少鹽的攝取量。不過，這個建議既過時又欠缺證據。我在第二章說明過，鹽是維持體內許多功能的重要元素，對孕婦來說尤其重要。無論你聽說過哪些說法，鹽其實通常對血壓沒什麼影響。事實上，只有二十五％的人口對鹽敏感（也就是只有二十五％的人會因為少吃鹽而血壓下降，多吃鹽而血壓上升）。此外，有十五％的人會因為**低鹽飲食讓血壓上升**。[69]

懷孕引發的高血壓似乎跟鹽的攝取量無關。孕婦研究顯示，低鹽飲食無法預防也無法控制子癇前症。[70] 事實上，低鹽飲食反而會使情況變糟。鹽攝取不足可能會造成負面影響，例如脫水；若你有子癇前症，這只會讓你的身體承受更多壓力。有項研究說：「低鹽飲食不但無效，還會使子癇前症患者加速體液流失。」[71] 低鹽飲食也會干擾血糖平衡。[72] 更令人擔心的是，限制鹽的攝取量可能會阻礙寶寶生長，甚至影響寶寶長大後的患病風險。有位研究者說：「鹽是胎兒正常生長的關鍵要素之一。孕婦的鹽攝取不足，與胎兒生長遲滯或死亡、出生體重過低、器官發育不全及成年後器官功能異常之間，存在著關聯性，有可能是透過基因介導機制。」[73] 此外，「在關鍵發育期限制鹽的攝取量，可能會影響胎兒的荷爾蒙、血管與腎臟系統，以便調節胎兒體內的液體平衡。」[74] 考科藍（Cochrane）是一個注重實證分析、聲譽卓著的醫學資訊提供單位，他們在一篇文獻回顧中指出，不應建議孕婦減少鹽的攝取量。[75]

簡而言之，孕婦吃低鹽飲食不是個好主意，有子癇前症的孕婦更是萬萬不可。子癇前症與胎兒的生長遲滯有關，這不禁令人懷疑，胎兒的生長遲滯究竟有多少比例該歸因於子癇前症，多少比例該歸因於醫生建議的低鹽飲食。

多吃鹽（而**不是少吃**）或許能改善血壓。早在一九五八年，一項以兩千多名女性為對象的研究就已發現，鹽攝取量較高的女性，罹患子癇前症的比例較低。[76] 除此之外，他們也觀察到飲食中增加鹽的份量之後，受試者的血壓降低、水腫減輕。有鑑於此，這群研究者建議，有子癇前症跡象的女性「每天早上準備好四茶匙食鹽，晚上要確定當天已將這些食鹽吃完」。這種作法可使子癇前症（當時叫做毒血症）「自然痊癒」。他們指出：「額外補充的鹽必須一路攝取到分娩之前，否則毒血症的症狀會再度出現。」這代表，鹽確實是在子癇前症的治療上扮演關鍵角色。近來有研究複製了這項實驗，發現孕婦的鹽攝取量愈高，血壓就愈低，子癇前症的嚴重程度也會減輕。[77,78] 二〇一四年的一項研究發現，「飲食中多加鹽似乎是孕婦健康、胎兒健康、胎盤發育和正常功能的必備要素。」[79]

如果你剛好屬於少數對鹽敏感的族群（攝取太多鹽會使血壓上升），請注意，有研究發現鹽敏感性很常受到飲食的影響，其中一個影響的因素是過度攝取果糖。[80] 在你大幅減少鹽的攝取量之前，不如先停止攝取含糖飲料與其他濃縮果糖來源（尤其是高果糖玉米糖漿和果汁）。有一項研究調查了將近三萬三千名孕婦，發現攝取最多添加糖（例如含糖飲料）的孕婦，罹患子癇前症的機率最高。[81] 還有一個你應該少吃果糖的原因：果糖是導致三酸甘油酯上升的主因，三酸甘油酯是存在於血液裡的脂肪，也是一種發炎指標。有子癇前症的孕婦，通常三酸甘油酯的指數也比較高。[82]

但是，果糖不是唯一對健康有害的糖。高血壓與**高血糖**經常伴隨發生，吃過量的糖（或是醣類也一樣，因為醣類會在體內分解成糖）並不明智。我們知道第一孕期若出現胰島素抗性（血糖失衡的徵兆），孕期後半可能會發生子癇前症。[83] 此外，有妊娠糖尿病的孕婦罹患子癇前症的機率是普通孕婦的一・五倍。[84] 幸好血糖可以透過飲食控制。研究發現，低醣飲食通常可減輕高血壓的嚴重程度。[85] 現在就是注重食物的最佳時機，改吃低醣、低升糖飲食。

除了減少糖與加工醣類的攝取量，你也可以吃某些食物和營養素來幫助調節血壓。例如，有消炎作用的食物通常也有降血壓的功效。罹患子癇前症的孕婦通常健康的 omega-3 脂肪酸攝取較少，omega-6 脂肪酸的攝取量卻過高。[86] 如果你還沒丟掉加工蔬菜油（omega-6 脂肪酸的主要來源），現在就趕緊丟掉。多吃富含 omega-3 的食物，例如鮭魚、沙丁魚、放牧雞蛋和放牧肉類。關於健康脂肪的資訊，請複習第二章。另外也要注意飲食裡的反式脂肪，因為反式脂肪跟孕期的血管併發症之間存在著關聯性。就算只是攝取少量反式脂肪，也跟出生體重過低、胎盤過輕、罹患子癇前症機率上升有關。[87] 反式脂肪的資訊請參考第四章。

若要維持血壓正常，攝取蛋白質非常重要。孕婦的心血管系統承受巨大壓力，因為它必須處理更多的血流量、荷爾蒙變化以及擴張的血管。富含蛋白質的食物為身體提供滿足上述需求的原料，因此，蛋白質攝取量太低是子癇前症的風險因素，這一點並不令人驚訝。[88] 有一種胺基酸叫甘胺酸，對調節血壓特別有幫助。你或許還記得前面幾章提過，孕婦對甘胺酸的需求量會大幅上升。甘胺酸的其中一個功能是製造彈性蛋白，一種能使血管擴張和收縮的結構性蛋白質。甘胺酸也能抵禦氧化壓力，這是子癇前症的特徵；有多項研究發現，甘胺酸能降低血壓與血糖。[89] 有子癇前症的孕婦尿液中甘胺酸濃度較低，意思是甘胺酸需求上升，以及／或是母體的甘胺酸儲量不足。[90] 甘胺酸最好的來源是動物性食物的結締組織、皮和骨頭。你可以從肉骨湯、燉肉（例如滷牛肉或燜肉）、帶皮雞肉、炸豬皮、膠原蛋白或明膠粉裡攝取甘胺酸。關於富含甘胺酸的食物，請參考第三章。

膽鹼也是可以幫助你對抗子癇前症的營養素。膽鹼似乎對胎盤功能有益，可加強營養素運送至胎兒的過程；而子癇前症會阻撓營養素的運送。[91] 老鼠實驗發現，補充膽鹼可預防子癇前症，並減少胎盤發炎的情況。[92,93] 人類胎盤細胞實驗證實了上述結果，並指出：「膽鹼不足可能會導致胎盤功能異常，進而導致與胎盤功能不全有關的病症。」[94] 孕婦在第二與第三孕期補充大量膽鹼（九三〇毫克，約為目前建議攝取量的兩倍），已證實能改善胎盤血管功能，並「減輕子癇前症的部分病理前兆」。[95] 理論上，這相當合理。胎盤與肝臟有許多相似功能，而膽鹼對肝臟功能特別具有保護力。吃富含膽鹼的食物（尤其是蛋黃與肝臟）也能攝取到多種抗發炎的微量營養素。如果你的飲食裡沒有蛋黃與肝臟，請趕緊加入這兩種營養豐富的食物。蛋黃與肝臟的營養益處請參考第三章。

有助於降低血壓的食物還包括，富含鉀與抗氧化劑的新鮮蔬果，例如綠葉蔬菜、番茄、球芽甘藍、香菇、冬南瓜、酪梨、柳橙與花椰菜。莓果的抗氧化劑含量特別高，研究顯示莓果或許也有助於降低血壓。[96] 你或許考慮過吃抗氧化補充劑，但此類補充劑（例如維生素 C 和 E）的相關研究尚無明確結果。[97] 因此，我建議吃真食物來補充抗氧化劑。

不過，有些情況下吃補充劑有好處。增加鎂、鈣和維生素 D 的攝取量，有助於控制高血壓。有許多研究發現，缺乏維生素 D 和子癇前症之間存在著關聯性，請務必檢查你的維生素 D 濃度，並視需要補充維生素 D。[98] 懷孕初期補充維生素 D 似乎特別有幫助。[99] 有子癇前症的孕婦，通常鈣與鎂的攝取量都偏低，因此不妨多多補充這兩種營養素。[100] 子癇前症嚴重的孕婦，會被安排住院接受硫酸鎂靜脈注射。有趣的是，從第二孕期開始補充鎂，可降低罹患高血壓的機率。[101] 雖然我一般不支持孕婦吃鈣補充劑，但子癇前症患者是例外。有些研究發現，補充鈣（就算每日劑量只有五百毫克）有助於緩解孕婦高血壓，減少相關併發症。[102] 有項研究發現，同時補充鈣、鎂、鋅與維生素 D，可使子癇前症高風險孕婦的血壓顯著降低。[103] 由於鈣的利用需要搭配其他營養素，我的建議是吃綜合補充劑（如前所述），而不是單吃鈣補充劑。碘也是影響子癇前症發生率的礦物質，有研究者認為碘可用來幫助治療子癇前症。[104,105] 關於補充劑的資訊，請見第六章；維生素 D 的檢查，請見第九章。

最後，除了食物與補充劑，生活習慣也是影響高血壓的因素。運動對降血壓特別有用，適度運動亦可預防子癇前症。[106] 有項研究發現，跟每週運動三天、每次運動約一小時的孕婦相比，不運動的孕婦罹患高血壓的機率高達三倍。[107]

壓力與焦慮是導致高血壓與子癇前症的已知因素。[108] 當然，我相信你能體會懷孕是一件讓人充滿擔心的事。每天適時放鬆有助於減輕壓力。研究顯示，正念練習能有效減少半數（或更多）焦慮症狀。[109] 正念練習可以很簡單，例如專注呼吸、有意識地覺察體內的感受，或是刻意放鬆全身上下肌肉，從頭頂一路放鬆到腳趾。減壓的方式沒有對錯，請找到最適合自己的練習方式。壓力管理與自我照顧的深入討論，請見第十一章。

最後複習

如果你有高血壓，可試試以下的方法：

❖ 不要過度限制鹽的攝取量。用優質的未精製海鹽調味

❖ 充分補水

❖ 少吃添加糖，尤其是果糖

❖ 吃低醣、低升糖飲食。不要吃精製穀物

❖ 少用蔬菜油與反式脂肪。多吃 omega-3 脂肪酸

❖ 攝取充足蛋白質，尤其是富含甘胺酸的蛋白質來源

❖ 攝取充足膽鹼

❖ 吃更多富含抗氧化劑的新鮮農產品

❖ 考慮補充鎂、鈣與維生素 D

❖ 規律運動

❖ 找到管理壓力與焦慮的方式

如你所見，孕期高血壓與生活中的許多面向有關，包括食物、補充劑、運動和壓力管理等等。雖然你可以嘗試改變生活習慣，但別忘了有些高血壓需要醫療協助，這很正常。諮詢有經驗的醫生很有幫助，他們能幫你判斷高血壓的根源，找到自然療法與醫療控制之間的正確平衡。

高血糖

妊娠糖尿病（或是懷孕期間出現或首次確診的高血糖）是個複雜的主題，也是我專業營養師生涯的重點工作。過去幾十年來的研究已釐清幾件事：孕婦的血糖本來就**比較低**；許多女性懷孕前，並不知道自己有高血糖的問題（糖尿病前期）；就算是輕微的高血糖，也會對母親和胎兒造成威脅。我將在此盡量討論最重要的部分，如果你想要了解更多，可參考我的另一本書《妊娠糖尿病飲食指南》。如果你確診妊娠糖尿病，那本書是不錯的參考資料。

你體內會影響血糖的代謝變化很多，尤其是在第二孕期。胎盤荷爾蒙加上體重增加都會導致胰島素抗性上升，以便傳送更多營養素給快速生長的胎兒。正常情況下這並不會導致高血糖，因為你的身體早已做好刺激胰臟製造更多胰島素的準備（平常的三倍）。[110] 事實上，孕期血糖會**下降**二〇％左右。[111] 但妊娠糖尿病的情況是，身體跟不上胰島素的製造速度，以及／或是胰島素抗性太高，以至於身體無法維持正常血糖，除非飲食、運動或吃補充劑的習慣做出重大改變（有些孕婦需要藥物或胰島素的協助）。

研究者發現，有許多妊娠糖尿病個案其實是未確診的糖尿病前期或第二型糖尿病患。這表示我們不能直接說胎盤荷爾蒙或孕期體重增加就是罪魁禍首。糖化血色素（hemoglobin A1c）可以反映長達數月的平均血糖值，第一孕期糖化血色素偏高的孕婦，罹患妊娠糖尿病的預測準確度達九十八‧四％。[112] 換句話說，有些女性懷孕**之前**血糖值就已偏高。這或許能解釋為什麼隨著第二型糖尿病患的增加，妊娠糖尿病的病患也增加了。目前第二型糖尿病影響的孕婦高達十八％，[113] 是最常見的妊娠併發症。

血糖為什麼那麼重要？

說得簡單一點，你的身體**非常執著**壓低孕期血糖值。高血糖是先天缺陷的已知成因，可能會影響胎兒的生長、發育以及一輩子的代謝健康。[114] 寶寶的血糖值直接反映母親的血糖值。

血糖升高時，胎兒的胰臟必須分泌更多胰島素，而高胰島素與高血糖的副作用之一是高體脂。正因如此，妊娠糖尿病控制不佳的孕婦經常生下過胖的寶寶；這可不是因為寶寶長得頭好壯壯，而是因為他們累積了太多體脂肪。他們也可能在出生後血糖過低（低血糖症）。臍帶切斷後，母體不再持續供應糖，但寶寶的胰臟仍持續製造大量胰島素。他們可能因此面臨足以致命的低血糖症。

雖然這些問題看似只會影響生產當下或剛生產完的時候，但我們現在知道，這些寶寶的代謝功能被改變了，而這種改變會持續終生。接觸高血糖可能會「開啟」寶寶的肥胖症、糖尿病與心臟病體質，一輩子不會改變。我在第一章提過，這種影響叫做「先天設定」。妊娠糖尿病孕婦生下的寶寶進入青春期之際，有血糖問題與肥胖症的機率是其他孩子的六倍。[115]

這些統計數字可用生理學來解釋。胎兒對高血糖的反應是製造胰島素，從羊水可驗出胎兒製造的胰島素濃度。羊水中的胰島素濃度高，與青春期肥胖症之間存在著關聯性。[116] 我不想嚇你，但我認為你必須了解血糖如何以及為何影響孕期與寶寶。在我深入說明之前，請你明白，就算是「正式」確診妊娠糖尿病的孕婦也能避免上述結果，擁有健康的懷孕過程，**前提是維持正常血糖濃度**。血糖濃度遠比確診與否更加重要。

儘管如此，無論是否「正式」確診妊娠糖尿病，每個孕婦都必須為了自己與寶寶好好控制血糖。研究告訴我們，孕婦的血糖就算只是稍微偏高也有可能帶來嚴重問題。具指標性的研究〈高血糖與不良妊娠結局〉（Hyperglycemia and Adverse Pregnancy Outcomes，簡稱 HAPO）以兩萬三千三百一十六名妊娠糖尿病患和寶寶為研究對象，發現空腹血糖（早晨空腹時的血糖值）稍微偏高，與新生兒胰島素濃度過高以及巨嬰症（新生兒體型異常過大）之間有關。這項研究發現，空腹平均血糖低於九〇 mg/dl[⑦] 的孕婦產下胖寶寶的比例是十％，空腹平均血糖高於一百 mg/dl 的孕婦，產下胖寶寶的比例是二十五至三十五％。[117] 血糖濃度只相差十個單位，結果卻有如此巨大的差異。史丹佛大學最近的一項研究發現，血糖稍高的孕婦產下先天心臟病寶寶的機率顯著較高（他們都未達妊娠糖尿病的確診門檻）。[118]

重點是：你的孕期血糖非常重要。導致妊娠糖尿病的有害「先天設定」，顯然也會影響血糖稍微偏高的孕婦。正因如此，我認為**每一個**孕婦都應該時時考慮自己的血糖，並藉由飲食自然調節血糖、維持健康。這麼做，能幫辛勞的胰臟省點力氣。

如何防止血糖飆升？

生活習慣的改變，能對血糖產生立即影響。降血糖最重要的第一步，是知道只有一種營養素會讓血糖直接飆升：醣類。若你有妊娠糖尿病，除了必須注意醣類的總攝取量，也要注意醣類的品質與份量。這種作法很合理，畢竟妊娠糖尿病就是「孕期醣類耐受不良」。

要妊娠糖尿病患注意醣類似乎是不言自明的建議，但遺憾的是，常規營養建議忽視這個基本事實，甚至還推薦高醣飲食（每日不超過一七五公克）。仔細想想，就會發現這建議很蠢。若你被診斷出「醣類耐受不良」，為什麼還建議你吃一大堆醣類？再想想妊娠糖尿病最常見的檢查方式：讓孕婦吃五十公克以上的葡萄糖，觀察他們的葡萄糖耐受度。如果你幾乎每餐都攝取五十公克以上的醣類（在你體內變成葡萄糖），你要如何維持正常血糖？

[⑦] 譯註：mg/dl（毫克／分升）是血液生化檢查常用的單位，一分升等於一百毫升。

難怪約有四〇％的妊娠糖尿病患需要靠胰島素與／或藥物來降血糖，因為他們一直往醣類耐受不良的身體裡塞醣類。[119] 這不是他們的錯，因為這是臨床專家出於善意提供的錯誤訊息。管理妊娠糖尿病，是我發展「真食物飲食法」的一大原因。不是孕婦「沒有控制飲食」，而是「飲食沒有幫助他們」。孕期吃低醣、高營養密度飲食的安全性與效用顯而易見，不但對調節血糖有幫助，也能確保胎兒擁有最佳的發育機會。

有項研究發現，吃低升糖飲食的孕婦需要胰島素治療的機率下降五〇％。[120] 另外一項研究發現，低升糖飲食「可使孕婦全日血糖值減少一半並降低血糖變異度，進一步證實孕婦吃低升糖飲食的效用」。[121] 飲食對血糖值影響甚鉅，戒吃加工醣類對控制血糖大有幫助。

不過，對妊娠糖尿病患來說，你要做的可能不只是戒吃加工醣類而已。你也必須注意醣類的各種來源。最好每天早上一起床就用血糖儀測量血糖（空腹血糖），每餐飯後一到兩小時再測一次。如此一來，你就會知道自己的血糖是否過高並採取相應措施。（孕期血糖目標值不同於平時，詳情請見第九章。）

舉例來說，若你的飯後血糖總是很高，這是攝取太多醣類的跡象。就算是來自全天然食物的醣類，例如水果、優格或番薯，依然會使血糖升高。此外，適合你的份量不一定適合別人。正餐與點心中的食物組合，會影響飯後血糖上升得多快以及／或是上升到多高。通常少量醣類搭配適量蛋白質與脂肪（以及非澱粉類蔬菜），能給你最理想的血糖值。雖然一開始可遵循大原則，但血糖對食物的反應因人而異，有時血糖反應只能用血糖儀測過才知道。關於醣類、食物組合與正念飲食的討論，請見第二章。這些觀念都對血糖管理極有助益。

　　飲食絕對是調節血糖最重要的因素，第二重要的因素是運動。規律運動有助於降低整體血糖（空腹與飯後），減輕胰島素抗性，減少藥物治療的需求。[122] 大致而言，有運動習慣的女性孕期增重幅度較小，這也對減輕胰島素抗性有幫助。

如何預防妊娠糖尿病？

　　大哉問。有些人罹患妊娠糖尿病是出於自己無法控制的原因，但你可以做些努力來影響患病風險。如果你已經確診，請不要糾結於「為什麼」太久。如果你有糖尿病家族病史，或你懷疑自己處於糖尿病前期只是尚未確診，或你是高齡產婦，或是懷孕時體重過重，這些情況都是妊娠糖尿病（更精確地說，應是胰島素抗性）的高危險群。你無法讓時間倒轉，先減重再懷孕，也無法改變家族病史。最重要的是，你應該把注意力放在你能「控制」的事情上，也就是**現在**你應該如何調整飲食和照顧自己。

　　若你尚未確診，想預防罹患妊娠糖尿病，有些研究發現生活習慣可以降低患病機率，至少對**某些女性**來說是如此。例如，一定要充分攝取蛋白質。這是因為分泌胰島素的胰臟在懷孕初期經歷了劇烈變化，也就是準備將胰島素的製造量提高三倍（目的是克服懷孕後期本就會發生的胰島素抗性，**以及**把血糖值維持在比平時低二〇％的狀態）。為了達成這個目標，胰臟需要足量的幾種胺基酸，因此蛋白質攝取不足（尤其是第一孕期）是妊娠糖尿病的風險因子。[123]

　　其次，你應該小心醣類的攝取量，尤其是精製醣類。喝果汁或吃太多穀片、餅乾與酥皮點心的孕婦，罹患妊娠糖尿病的機率較高

（經常吃堅果的孕婦罹患妊娠糖尿病的機率較低）。[124] 孕期吃太多水果也跟妊娠糖尿病的高風險有關，尤其是高升糖水果。[125] 這很合理，因為升糖指數高的醣類會令血糖飆升，而且對某些孕婦來說，這可能超過他們胰臟分泌胰島素的負荷。

高升糖醣類是雙重打擊，不但會使血糖飆升，也和增重幅度過大有關。增加太多體重會使胰島素抗性上升，陷入惡性循環。

有位研究者說：「不一樣的醣類（高升糖 vs 低升糖）會造成不一樣的飯後血糖值與胰島素反應，孕婦和非孕婦都是如此。孕期攝取的醣類種類，不但會影響胎兒胎盤的生長速度，也會影響母親的體重增幅。飲食若以高升糖醣類為主，會使胎兒胎盤過度生長、母親體重增幅過大；若以低升糖醣類為主，新生兒體重會落在二十五與五十百分位之間，母親體重也增幅也很正常。」[126]

別忘了，運動也對調節血糖極有幫助。孕婦規律運動，可將罹患妊娠糖尿病的機率降低七十八％。[127] 如果這麼好的效果還無法鼓勵你運動，我實在想不出更好的動機了。

營養不足也會影響血糖代謝。缺乏維生素 D 與胰島素抗性，和罹患妊娠糖尿病的高風險之間存在著關聯性。[128] 鎂也會影響胰島素抗性，缺鎂的孕婦更容易罹患妊娠糖尿病。[129] 確診妊娠糖尿病的孕婦補充鎂（每日二五〇毫克），已證實可大幅降低血糖，並改善新生兒結局。[130]

撇開嚴肅的科學研究不談，其實只要遵循這本書裡的營養建議，就能降低罹患妊娠糖尿病的機率。請容我不再贅述細節，除了前面提過的微量營養素之外，許多微量營養素都對調節血糖有幫助，因此攝取含有這些維生素、礦物質與抗氧化劑的高營養密度飲食極為重要。

若你懷疑自己有血糖問題，或是已確診妊娠糖尿病，可參考我的另一本書《妊娠糖尿病飲食指南》。那本書將帶領你按部就班控制妊娠糖尿病，除了深入討論調節血糖的最佳飲食計畫，也包括降血糖藥物的必要知識等等。

本章節的重點是控制血糖的實際步驟，但我相信你對妊娠糖尿病的檢查充滿疑問。別擔心，我將在第九章處理這個眾說紛紜、令人困惑的主題。

∽ 總結

希望本章能幫助你了解幾個孕期的常見症狀，也讓你對懷孕有更多省思。人們對這些主題經常充滿恐懼、困惑和錯誤資訊，若你身上出現這些症狀，有時候你會感到無能為力。了解症狀或不適**為什麼**會出現，通常能幫助你找到解決方法。掌握這些資訊就能拿回主導權，你可以選擇走較慢的顛簸小道，也可以乾脆另闢蹊徑。

現在你知道，許多孕期不適至少**在某種程度上**是你可以控制的。通常只要改變一些生活習慣，就能夠處理它們。若可能的原因不只一個，制定策略或列出各種選項就能找到答案。所以先別急著看下一章，拿枝筆寫下重點與心得，下定決心為自己（和寶寶）採取新的行動。

說到行動，下一章要說的是運動對孕期的影響。有關孕期運動的影響，說不定跟你從朋友那兒聽說的不一樣。以我的經驗來說，孕婦除非獲得正確資訊，否則通常會較少（而不是較常）運動。因此我迫不及待想要花點時間，告訴你孕期運動的各種資訊。

8

運動

> 孕婦活動身體已不再是禁忌，反而被視為調整行為的契機。大部分的運動無論是持續做還是開始做，都很安全……

——伊娃‧楚爾‧拉格羅斯博士（Ylva Trolle Lagerros）
卡羅林斯卡醫學院

　　大家都知道運動有益健康，但說到孕婦能否運動卻莫衷一是。幾個世紀前，女性懷孕之後從事的活動跟孕前相差無幾。時至今日，人們卻對孕婦運動充滿各種恐懼。其實除了最後幾個月需要多些考量與調整，運動對你和寶寶都大有益處。

　　美國婦產科醫學會為全美產科醫生提供執業方針，他們建議，孕婦除非有醫療上的禁忌，否則「應盡量每天適度運動三十分鐘以上」。儘管醫學會如此建議，卻只有半數醫生建議孕婦運動。沒有任何有力的證據顯示，運動對孕婦或胎兒有害。[1]

　　這或許能說明為什麼多數女性會在懷孕時縮短運動時間、降低運動強度。[2]二〇一七年有一項研究發現，只有十五％的孕婦做到美國婦產科醫學會的運動建議。[3]本章的目的是提供正確的、以證據為基礎的孕期運動資訊，另外也提供，幫助你在孕期運動得既舒適又安全的實用建議。

你可能懷疑，我是營養師，怎麼會知道運動的事？我除了受過營養學訓練，也是領有證照的皮拉提斯教練。我教過許多孕婦和產後的皮拉提斯課，也曾接受婦女健康物理治療師（專門處理骨盆器官脫垂與腹直肌分離）的指導，所以我能分享的運動知識可不少。

✍ 運動的益處

有許多研究證實，孕期運動對妊娠結局有正面影響。有位研究者表示，「這種科學證據無庸置疑。」[4] 經常運動的孕婦體重增加幅度較小，罹患妊娠糖尿病與子癇前症的機率較低，產後恢復的速度也比較快。[5,6]

有一項大型研究調查了兩萬一千多位女性，發現不運動的女性罹患妊娠糖尿病的機率高出二・三倍。[7] 另一項研究發現，跟每週運動三天的孕婦相比，不運動的孕婦罹患高血壓的機率高出三倍，增重幅度超標的機率高出一・五倍，產下巨嬰的機率高出二・五倍。[8] 運動可強化骨盆底肌、加強心肺功能，兩者都對分娩有幫助。[9] 有運動習慣的孕婦，剖腹產的需求也比較低。[10] 若運動是一種藥，每個孕婦都應服用。

除了身體上的好處，運動也對心理和情緒有益，可幫助紓解壓力、焦慮和憂鬱。[4] 運動能幫助你在孕期過程中隨時了解自己的身體狀況。身心覺察讓你知道哪些運動能預防腰痛、減少彎腰駝背和降低受傷機率。孕婦瑜伽已證實有助於減輕焦慮、憂鬱、睡眠障礙和腰痛。[11]

規律運動的孕婦，產後更有可能恢復正常運動，也更容易甩掉孕期增加的體重。

運動對寶寶也有好處

　　孕婦不敢運動的一大主因是怕傷到胎兒。但是，大部分的研究者都認為，孕期保持運動的好處大於風險。搶了本應流向寶寶的血液、增加流產風險或是心跳加速傷害寶寶，這些擔心已證實是無稽之談。

　　我們現在知道，運動時子宮的血流量**確實**會稍微變少，但於此同時，身體會透過複雜的代謝變化讓輸送給胎兒的氧維持不變。[12]你的身體比你以為的聰明許多。除此之外，研究還發現，孕期規律運動會增加胎兒的心律變異性，對腦部與神經系統的發育有益。[13]許多研究證實，運動可促進腦部發育。有一項研究指出：「跟不運動的媽媽產下的新生兒相比，運動的媽媽產下的新生兒腦部發育較成熟。[14]」這樣的正面影響不止步於嬰兒期，這些孩子到了童年期，在口說技巧與學業表現上也都更加出色。[15]

　　孕期運動除了對寶寶腦部發育有幫助，孩子將來罹患肥胖症、第二型糖尿病與代謝症候群的機率也比較低。[16]有一位研究者總結得很好：「有愈來愈多證據支持孕期運動對胎兒的健康及身心有益，而且會持續到童年期。此外也觀察到與體重和身體組成、心血管健康及神經系統發育有關的好處。孕期運動可能會引發一種體質設定的效應，在胎兒器官發育的關鍵時刻，將子宮打造成健康的生長環境。」[17]

　　如果你還是覺得難以接受，試著這麼想：運動時增加的血液循環，會把新的血液、營養素和氧運送到胎兒身上。別忘了，寶寶只能藉由**你的**血液來獲得營養、排出廢物，所以血液流動得愈順暢愈好！

✑ 開始運動

最適合你的孕期運動，取決於你的能力、喜好與體適能程度。大致上，請以每天運動三十分鐘（每週至少一五〇分鐘）為目標，肌力／阻力運動和有氧運動都要做。[18]

如果你沒有運動習慣，可以慢慢來，先從午飯後走路十分鐘開始。可以輕鬆駕馭之後，再慢慢增加運動強度，直到你可以一天累積三十分鐘的運動量為止。記住，若你覺得運動很舒服，可以延長運動時間。有些孕婦把運動時間切分成好幾段，例如一天走路數次，而不是一次完成一天的運動量。有些孕婦喜歡一次運動久一點，一週運動三、四次。你可以自己決定，配合身體的感覺。你可以花點時間思考自己喜歡哪些類型的運動，因為運動是為了讓懷孕的過程更輕鬆、更健康，不是為了懲罰自己。所以我喜歡用「活動」這個詞，而不是「運動」。

如果你沒有運動習慣，一定要先諮詢醫生，排除特定的禁忌或應該避免運動的情況。如果你有妊娠糖尿病，也可以跟醫生討論一下治療目標，例如血糖值。

✑ 孕期運動的注意事項

為了確定自己選擇的運動既安全又有效，有些事是孕婦應該納入考慮的。在取得醫生的許可之後，運動時必須記住幾個注意事項。

首先，要知道你的身體為了孕育生長中的寶寶，此刻正在經歷許多神奇、必要的變化。懷孕會增加血流量、心輸出量 [8] 與呼吸率，給人一種喘不過氣的感覺。到了第三孕期寶寶體型更大，會壓迫孕婦的胸腔、限制肺容量（以及攝氧量），這種感覺會更明顯。仔細感受身體狀態，用以下的「說話測試」來評估自己的運動量和體能極限。

說話測試

說話測試是一種相當簡單的體力評估測驗。如果你感到呼吸困難、喘不過氣，或是無法完整說完一個短句，這表示你運動過度，請放慢速度，調整呼吸。心跳和呼吸加速都很正常，但吸不到足夠的氧或是覺得頭暈，就表示超過極限。適當的程度是在明顯感受到心跳加速的情況下，還能同時輕鬆交談。我知道這樣的建議很模糊，不過對孕婦來說，「說話測試」比其他方法更能反映體力狀態。[19] 物理治療師玫莉卡‧哈特（Marika Hart）說：「你應該有辦法說話，但是沒辦法唱歌。」

心跳速率

許多孕婦想在運動時監測自己的心跳。但有件事你或許會很驚訝：孕婦的心跳速率跟體力無關，孕婦的心跳速率也沒有一個理想值（或是跳太快）。[4]

---

⑧ 譯註：cardiac output，每分鐘左心室或右心室射入主動脈或肺動脈的血量。

通常孕婦對運動過度的擔憂，是身體會讓血流從胎盤轉往運動中的肌肉，導致胎兒心率變化。這種說法毫無科學證據。研究顯示，健康孕婦做適度的運動不會造成胎兒窘迫[9]，也不會降低胎兒的心律。[20]話雖如此，如果你運動強度很高或本身就是運動員，最好諮詢合格的醫療與體適能專家。至於大部分的普通人，孕期做溫和的有氧運動完全無須擔憂。

避免過度拉筋

懷孕時，身體會分泌一種叫做鬆弛素的荷爾蒙，看名字應可猜出它能幫助韌帶「鬆弛」。少了鬆弛素，骨盆就沒辦法打開，讓寶寶順利穿過產道！仔細想想，這套系統真是厲害！

唯一的缺點是，有些孕婦會覺得自己的關節有一點**太鬆**。孕婦感到關節不穩和不適相當常見，尤其是恥骨聯合（恥骨左右上支之間的軟骨關節）與薦髂關節（腰臀部位）。[21]這可能會令跳躍、扭轉或驟然旋轉等動作成為問題。有些孕婦做深蹲會對髖部／薦骨造成太大壓力，導致疼痛。伸展和做瑜伽時務必小心，尤其是進入第三孕期後，因為這時候寶寶更重了（當然還有胎盤、羊水等等）。掌握自己的身體極限，不要過度伸展。孕婦很容易不小心過度伸展，拉傷肌肉。

此外也要記住，衝擊力較高的運動，例如跑步，可能會造成不適。孕期增加的體重會對膝蓋和髖部造成壓力，尤其是在做跑步等運動的時候。如果你懷孕前有跑步的習慣，懷孕時持續跑步一般認為是安全的，但請**務必**要注意身體的情況。如果跑步造成不適，可

---

⑨ 譯註：fetal distress，是一種綜合症狀，胎兒宮內缺氧的醫學統稱。

改做衝擊力較小的運動，例如走路、游泳、和緩的爬山或是改踩滑步機。低衝擊有氧運動能舒解關節壓力，也能放鬆骨盆底肌（進而幫助預防失禁與骨盆器官脫垂）。運動時一旦有任何不適，**絕對不要「忍痛撐完」**。

姿勢、平衡與背痛

　　唯有用好的姿勢做運動，才能運動得既安全又健康。對孕婦來說尤其如此，因為你的身體必須適應重心的改變，以及承受更多重量。隨著腹部隆起，肚子會把你往前拉。許多孕婦會把髖部往前推、身體往後傾，或是收起尾椎骨，藉此抵銷胎兒的重量。這可能會讓你的身體失去平衡，加劇背部或臀部疼痛。

　　不要讓寶寶的重量把你往前拉，要有意識地想像你的頭頂有一條繩子正在把你往上拉，使你站得更直。身體處於平衡狀態時，頭部應位於肩膀正上方（耳朵對齊肩膀），雙肩與肋骨、髖部、肩膀、腳踝都位在同一條中心線上，重量平均分布在雙腳腳掌與腳跟上。這可沒那麼容易！

　　若你的胸部變大，或是沒有注意自己的姿勢，上背部很容易疼痛。這是因為你的肩膀往前傾，含胸駝背。若要抵銷前傾的力量，請經常伸展胸肌，並鍛鍊上背部的肌肉（肩胛骨之間的肌肉）。想像鎖骨往上提，遠離腹部，慢慢往身體兩側擴張。生產後，駝背的情況只會變得更嚴重，因為你經常得哺乳和抱孩子，所以長期而言，養成姿勢良好的習慣非常有幫助。

正確的身體平衡

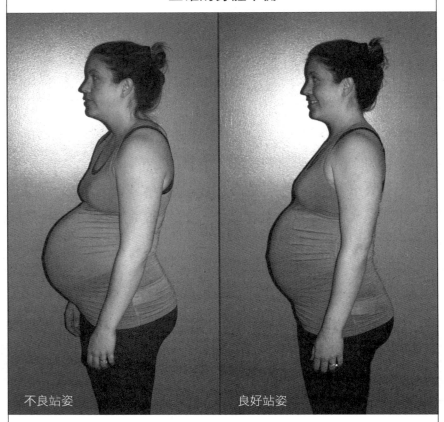

不良站姿　　　　　　　　　良好站姿

這兩張照片的拍攝時間僅相差幾分鐘，照片中的孕婦懷孕四十週。請先看「不良站姿」的照片，寶寶的重量把他往前拉，所以他拱腰、恥骨傾斜。他的肩膀跟上背部往前縮，導致頭部前傾，脖子承受壓力。

在「良好站姿」的照片中，他用腹肌和背肌的力量撐起寶寶，使寶寶靠近脊椎。這使他的脊椎維持平衡，減輕下背部和頸部的壓力與疼痛。他伸長脊椎、抬高肋骨，為肚子裡的寶寶創造更多空間。請注意他脖子挺直、胸腔開闊，以及頭部位在肩膀正上方。

腹肌沒力會令背痛更加嚴重，因為腹肌能幫助身體保持端正、「拉提」脊椎。核心穩定與／或使用健身球的運動，可有效減輕孕婦身上常見的下背痛與骨盆帶疼痛。[22] 以下列舉幾個對此有幫助的運動。

✿ 腹肌、背肌與骨盆底肌運動

懷孕時，你的核心肌肉承受許多壓力，包括腹肌、背肌和骨盆底肌。身為皮拉提斯教練，我親眼看見規律、適當的核心運動幫助許多孕婦提高力量、穩定度與靈活度。孕婦很適合做皮拉提斯，因為這是結合有氧與肌力的運動。皮拉提斯能在關節的正常活動範圍內強化穩定身體的小肌肉，專注於身體的平衡，衝擊力也很低，所以過度伸展韌帶或傷害關節的風險極小。

皮拉提斯著重腹肌、背肌與骨盆底肌的鍛鍊，這些肌肉很容易在孕期變得無力，但它們卻是維持健康姿勢與順利自然生產的關鍵。

尤其是骨盆底肌的鍛鍊，可幫助改善孕期和產後都讓人羞於啟齒的症狀：尿失禁。有研究發現，孕婦做了為期六週的骨盆底肌運動之後，壓力性尿失禁的情況大幅改善。[23] 說得白話一點，這些女性在大笑、打噴嚏或咳嗽時，比較不會不小心漏尿。除了「往內拉提」的靜態骨盆底肌運動（例如凱格爾），功能性的運動（例如深蹲）也有助於加強骨盆底肌。生物力學家凱蒂·波曼（Katy Bowman）表示，凱格爾運動不是做得愈多愈好。你的目標不是讓骨盆底肌變得緊繃，而是讓骨盆底肌**發揮功能**。意思是骨盆底肌應在有需要的時候繃緊，沒需要的時候**放鬆**。換句話說，不可以一**直**處於緊繃狀態。

　　無論是懷孕還是生產，骨盆底肌都承受很多重量。骨盆底肌在孕期必須拉伸才能容納寶寶（畢竟腹部空間不大），生產時則是必須放鬆，這實屬正常。生產後，骨盆底肌得花好幾個月（通常是一整年）才有可能恢復到孕前的力量與功能。[24] 如果你知道如何適當繃緊和**放鬆**骨盆底肌，產後恢復會更輕鬆一些。如果你不知道怎麼鍛鍊骨盆底肌，我強烈建議你去找專攻婦女健康的物理治療師。他們專門幫助女性處理骨盆疼痛、骨盆器官脫垂（會有一種器官往下掉的感覺）、失禁等疑難雜症。

　　有些國家，例如法國，每個孕婦產後都會接受骨盆底肌物理治療。這應該是全球常態才對，但很遺憾，事實並非如此。如果你懷疑自己的骨盆不太「正常」，無論是現在還是生產之後，請你現在的醫生幫你轉介。關於產後復原和產後運動，請見第十二章。

關於腹肌運動

　　很多醫生對孕婦做腹肌運動提出警告，因為導致腹直肌分離的風險較高。腹直肌分離指的是腹直肌（從肋骨下方延伸到恥骨的「六塊」腹肌）從中央線分開，形成一道溝。不過，懷孕時腹直肌本來就會稍微分離。腹部中央會出現一道溝，因為腹白線（連接六塊腹肌兩側的結締組織）必須延伸才能容納生長中的寶寶。研究顯示六十六至一百％的孕婦，在第三孕期會有某種程度的腹直肌分離。[25] 有趣的是，研究也發現，經常運動的孕婦發生腹直肌分離的機率較低，就算真的發生了，產後復原的速度也比較快。[26] 還有一項研究發現，不運動的孕婦有九〇％會發生腹直肌分離，定期做特定核心運動的孕婦只有十二‧五％。[27]

　　這代表，做腹肌運動時鍛鍊正確的肌肉，或許真的可以**預防**腹直肌分離。無論是否懷孕（或甚至只是從床上起身），在你開始做任何一種以及**每一種**腹肌運動之前，都應該先把肚臍輕輕推向脊椎，然後把肚臍往上推向肋骨。這個動作會用到腹橫肌（也就是「馬甲」肌）、下背部的深層肌肉以及骨盆底肌，幫腹直肌分擔一些工作。基本上就是用肌肉支撐腹部和下背部。

　　有一項研究如此描述這種作法為何有效：「啟動腹橫肌可保護腹白線，也可幫助預防或減輕腹直肌分離並加速修復，使婦女產後更快回到日常的身體活動與社交活動。」[28]

　　鍛鍊腹橫肌與骨盆底肌的孕婦，背痛與骨盆痛的情況都比較少見。[29]腹橫肌是維持下背部與骨盆穩定的主要肌肉，跟骨盆底肌一起幫助軀幹保持平衡。[30]

　　儘管如此，並非所有的腹肌運動都適合孕婦，尤其是在孕期後半。仰臥起坐、皮拉提斯的「卷腹」和未經調整的平板式，都可能對腹肌與骨盆底肌造成過多壓力。如果運動時發現妊娠中線鼓起，這表示你的身體不適合這個動作。你可以試著讓腹橫肌多用力（出力前，先支撐腹肌），調整運動強度，或是乾脆不要做這個動作。我記得我自己在第三孕期做運動的時候，必須隨時注意腹肌的狀態。如果看起來好像有一根木柱要從肚子裡衝出來，就表示我必須調整動作，而我也這麼做了。以下我分享了幾個溫和的核心肌肉運動。

核心肌肉要一直用力嗎?

簡單回答:不要。肌肉只有在需要用力的時候才用力,不應該時時用力。肌肉也需要有放鬆的機會。你會一整天繃緊二頭肌嗎?當然不會!如果某一個肌群一直處於緊繃狀態,當你真的需要它的時候,它會無法正確施力。因為老是處於用力狀態,肌肉會很累。你應在日常生活中注意肌肉的「平衡」,肚子施力前先支撐腹肌(把肚臍輕輕朝脊椎「往內並往上推」),例如在你購物完要提起一袋日常用品之前、在你蹲下抬起地上的物品之前,在你扭轉身體或轉身之前(比如拿出洗碗機裡的碗盤),或是在上皮拉提斯課之前。除此之外,要記住腹肌用力不是「收小腹」,而是將腹部繃緊、提供支撐。核心適當出力時,你應該可以輕鬆呼吸。這個動作溫和輕柔,不應有穿上馬甲那種束緊的不適感。

❧ 運動範例

髖部穩定運動

身體平躺。如果你懷孕的週數較大,平躺會感到頭昏,可以稍微把上半身墊高(可用幾條毛巾或厚毯子墊在上背部底下)。

雙手放在髖骨上。想像兩側髖骨之間束著一條橡皮筋,從身體內部收緊這條橡皮筋,讓它把兩側髖骨拉近;用肌肉把兩側髖骨輕輕拉向身體中線。停留十秒鐘。深呼吸數次,一邊深呼吸一邊放鬆肌肉。重複五到十次。

腹部運動

腹部運動可預防或舒緩背部疼痛。我提供的所有範例運動都會用到腹肌，但這個簡單的腹部運動除了鍛鍊腹肌，也會鍛鍊到下背部。簡單不等於好做！如果你沒有做到發抖，就表示動作沒有做對。

屈膝坐在軟墊上，腳掌踩地。上半身盡量挺直，肚臍往脊椎的方向收起，肋骨下緣稍微向內縮（但姿勢不變，下背部保持自然弧度）。雙手向前平伸，上半身向後傾斜約三十度，脊椎保持直線。下背部不要「沉」下去。撐住十到十五秒，再回到最初的姿勢。重複三到五次。

這個動作的進階版本包括雙臂高舉、雙臂張開或是雙臂畫圓（可以一一嘗試，挑戰不同強度）。當成玩遊戲一樣，心情放輕鬆。當你可以輕鬆做到上半身挺直向後傾斜三十度，試試增加傾斜角度。要注意做這個運動時，肚子不能「隆起」或「突起」一塊。發生這種情況表示傾斜角度太大。

深蹲

雙腿站立，雙腳距離略大於髖距。腳尖朝前使雙腳平行，如果腳尖朝外站立比較舒服，也可以微微外八。繃緊核心，膝蓋彎曲下蹲，屁股往後翹。脊椎保持直線（勿拱背、勿塌腰）。起身回到站姿。重複十到二十次。下蹲時，在膝蓋能承受的範圍內盡量蹲低。可一邊深蹲一邊平舉雙臂，幫助保持平衡。若想增加鍛鍊強度，可手握啞鈴，也可改變手臂動作。

貓牛式

　　雙膝跪地，與髖同寬。雙手撐地，與肩同寬。髖骨位在膝蓋正上方，雙肩位在手腕正上方，不要聳肩。背部保持平坦。深吸一口氣，呼氣時背部拱起，肚臍往脊椎的方向收起，肋骨推向天花板，頭部自然下垂。吸氣時脊椎往下推，肚子放鬆，胸口張開。視線微微向上，不要用力抬高脖子。重複五到十次。

嬰兒式

　　雙膝跪地，屁股坐在腳跟上。膝蓋打開。雙手向前平伸放在地面上，身體慢慢前傾，將肚子放在雙膝中間。雙手可以輕輕推地（同時肩膀下壓，不要聳肩），幫助伸展背部。也可以放在地面上就好，讓肌肉徹底放鬆。

側臥開胸

　　早上醒來，可以先做這組伸展運動再起床。

　　屈膝側臥，雙手放在頭後。手掌貼著頭，手肘夾緊、觸碰彼此。吸氣時，位在「上面」的手肘先高舉向天花板，再轉到身後，胸口整個張開。稍做停留，感受肌肉伸展。呼氣慢慢回到原本的姿勢。若要提高強度，張開胸口時可把膝蓋夾緊、不要分開。左右兩側各做五到十次。

側抬腿系列：畫圓、抬高、腳尖下壓勾起

　　側臥張開雙腿成四十五度角（稍微比身體前面一點點）。貼地的手臂撐住頭部。另一隻手臂可以放在地上，幫助平衡。髖部與地面保持垂直，兩側髖骨呈一直線。腹肌用力，穩定身體。想像位在

上方的腿比底下的腿略長一些。

這個系列兩側都要做。

畫圓

上方的腿抬至與髖骨同高，往前畫圓十下，往後畫圓十下。只有畫圓的腿在動，身體其他部位完全不動。做這個動作時，腹肌與斜肌都要用力。

抬高

上方的腿抬高約六十公分，數三秒，放下。重複五次。

腳尖下壓／勾起

動作跟剛才的「抬高」一模一樣，但是抬腿時腳尖下壓，放下時腳尖勾起。重複三到五次。然後反過來再做一次。抬腿時腳尖下壓，放下時腳尖下壓。

扶牆挺身

這個運動有兩個版本：一般版與三頭肌版。如果你習慣做伏地挺身，這兩個版本都可以在地面做，也可以用跪姿做（而不是在牆面做）。隨著懷孕週數增加，這個運動改用跪姿或用牆面做會比較好，能減輕腹肌與骨盆底肌的壓力。

一般版

雙腿張開，雙腳平行與髖同寬，站在離牆面三十到六十公分的地方。腳跟抬高，離地約五公分。雙手撐住肩膀前方的牆面，調整手的位置，雙手之間距離約六十公分。做十次扶牆挺身，身體保持一直線。

三頭肌版

雙手撐住肩膀前方的牆面，調整手的位置，雙手之間距離約三十公分。手肘靠著身體，彎曲手肘時，身體貼近牆面。重複十次。

∾ 隨著孕期調整運動

第一孕期

大致上無須改變平常的運動習慣，但是要避免猛然拉扯、跳躍或可能使腹肌受傷的運動。此外也要注意體溫，避免運動時身體過熱，尤其是住在熱帶氣候的孕婦。如果你懷孕前常做「熱瑜伽」，懷孕後建議改做普通瑜伽。懷孕時經常體溫過高，會導致某幾種先天性畸形與神經管缺陷的風險上升。[31]

第一孕期的疲憊感和孕吐可能比較明顯，如果身體狀態不適合運動，別擔心。許多孕婦在懷孕初期運動量較低，但是到了第二與第三孕期體力會變好。[32] 你可以試試走路五到十五分鐘，說不定會覺得舒服一點。阻力運動（例如溫和重訓或彈力帶）已證實能幫助孕婦消除疲勞、提振精神。[33] 溫和的瑜伽或時間較短的皮拉提斯（例如側臥抬腿），也是偷做一些阻力運動的好方法。

第二孕期

仰臥姿勢的運動可能不太舒服，這取決於你增加了多少體重以及寶寶在體內的位置。因為到了這個階段，寶寶的重量會壓在腔靜脈上；腔靜脈是一條粗大的血管，把血液從下肢送回心臟。這或許會阻礙血液循環與氧的輸送，使你有點頭暈。暫時出現這種感覺並不會造成長期傷害。只要坐起來慢慢呼吸即可，從這時候開始，要盡量避免長期仰臥平躺。

基於同樣的原因，懷孕十六週之後，任何會讓屁股位置高於心臟的動作都要避免，例如瑜伽的橋式、皮拉提斯的臥姿抬臀或是任何頭下腳上的姿勢。別忘了，確切的時機取決於你增加了多少體重、寶寶的位置和其他因素，請仔細留意你的症狀與身體狀態，根據舒適程度調整動作。有些孕婦繼續做一樣的運動也沒有出現不良症狀。先聆聽身體的聲音，再決定怎樣的作法對自己最好。

基本上，短暫的臥姿爆發力運動沒有問題，例如腹肌運動，但實際情況視個人症狀而定。有些孕婦做這種運動時，會用手肘、抱枕、毯子或長條枕把上半身墊高。

第三孕期

到了第三孕期，關節鬆弛的感覺會變得更加明顯，因為現在你承受更多來自生長中的寶寶與子宮的重量。請小心，不要伸展過度。穩定關節的運動能幫助你渡過這個時期，例如皮拉提斯或是使用彈力帶。髖部與下背部疼痛更常出現。弓箭步下蹲（deep lunge）之類的動作比之前更容易帶來疼痛，或是讓你覺得髖部歪掉。視需要調整動作，以舒適為最高指導原則。

維持良好姿勢最重要。經常評估自己的姿勢，坐姿抬頭挺胸，肩膀微微向後，胸部張開。

生長中的寶寶可能也會往上頂到你的肺部，使你有喘不過氣的感覺。視需要調整運動強度，一定不可以運動到上氣不接下氣（記得用「說話測試」）。寶寶也會壓迫你的胃，所以盡量不要在吃飽之後立刻運動。

這個階段比較容易體溫過高，運動完務必好好休息，讓身體冷卻並充分補水。天氣炎熱或潮濕的時候，避免戶外運動。

第三孕期也是最容易出現子宮假性收縮的時期，許多醫生相信這種無痛的收縮是一種「練習」，幫助子宮做好分娩的準備。假性收縮發生時，子宮大約會收縮三十至六十秒，或甚至更久，然後慢慢恢復。假性收縮通常沒有規律、強度不一。如果你在運動時感到子宮微微收縮（尤其是離預產期還很久的時候），可能只是假性收縮。請先暫停運動，等收縮結束後再繼續。如果收縮持續不停或是愈來愈痛，立刻打電話給醫生。身體缺水時較容易出現假性收縮，所以運動時一定要把水準備好（也別忘了補充鹽跟電解質）。

總結

孕期做運動安全、有效而且對健康有益。如果你跟我一樣，很可能會在孕期的不同階段做不一樣的運動。懷孕初期，疲累和孕吐可能會使運動變得艱難。到了後期，因為肚子愈來愈大、關節愈來愈鬆，你必須發揮一些創意找到舒適的姿勢。不想做運動的人，總是能找到各種藉口。別忘了孕期做運動不是為了向任何人證明自己，而是為了促進血液循環、到戶外走走、堅強心智，以及跟正在孕育新生命的身體建立連結感。

孕期運動攻略

每天至少運動 30 分鐘
包括每週 2-3 次肌力訓練

有氧：走路、慢跑、爬樓梯、滑步機、跳舞、游泳、健身車、低衝擊有氧運動、
　　　和緩的爬山
肌力：手臂與腿部運動，輕量重訓、皮拉提斯、孕婦瑜伽、阻力訓練
柔軟度：皮拉提斯、孕婦瑜伽、伸展
腹部／骨盆底肌：每天做可紓解下背部疼痛，也可為分娩做準備。用肌肉「把
　　　　　　　寶寶拉向身體」。深蹲最適合。

好處
- 預防併發症：降低血糖與血壓，防止過度增重，防止胎兒體型過大。緩解
  脹氣、下背部疼痛、便祕、靜脈曲張、腿部與腳部腫脹。
- 增強肌力：改善姿勢、肌肉張力和耐力。
- 心理健康：提振心情，舒緩壓力、焦慮和憂鬱，改善睡眠。
- 產後：幫助產後減重，降低腹直肌分離的機率。

大原則
- 增加休息頻率，以免體溫過高。不要在炎熱天氣運動。
- 補充大量水分，防止脫水。
- 運動前要吃東西。
- 穿舒適、有支撐力的衣服（運動內衣）跟鞋子。
- 16 週之後，或是臥姿會造成不適時，盡量不要做臥姿運動。

應避免的運動
不要做會跟別人身體接觸的運動。避免做猛然拉扯、跳躍或可能使腹肌受傷
的運動：足球、美式足球、棒球、曲棍球、籃球、踢拳、高山滑雪、體操等等。

預防措施
運動前，先向醫師確定你是否能夠運動。可以的話，找個夥伴一起運動。如
果你正在服用胰島素或血糖藥物，請先諮詢醫療團隊，因為你的飲食或藥物
可能需要調整。

何時該停止運動
碰到以下情況，請聯絡醫生：
- 子宮收縮
- 胎動減少
- 頭暈、胸痛、頭痛或呼吸急促
- 陰道出血或羊水滲漏

9

醫學檢驗

胎兒的代謝需求在第三孕期到達頂峰，這是生長最快速
的階段。因此，母體在妊娠初期的代謝主要是合成代謝，
本質上就是在囤積營養素，為即將到來的需求做準備。
到了妊娠後期，母體的代謝變成以分解代謝為主，將營
養素輸送到快速生長的胎兒身上。

——佐特・亞然尼博士（Zolt Arany）
賓州大學

　　有些研究者形容懷孕是身體的「壓力測試」。許多器官和身體
系統都備受考驗，例如甲狀腺、心血管系統和胰臟。你懷孕前與懷
孕期間的營養狀態，也會影響身體對這些需求的適應能力。可惜的
是，常規的孕期照顧並未採取積極手段，而是等到功能失常的臨床
病徵出現後才處理。這使孕婦白白承受妊娠併發症的風險，因為這
些併發症可以預防。

　　我記得自己第一次去產檢時，我問醫生第一孕期的初步血液
檢查包括哪些項目。檢查清單上**沒有**自動包括的項目，令我大感震
驚。例如維生素 D 濃度、平均血糖（糖化血色素）和甲狀腺值都未
包括在內，這些數值若失衡，都會影響胎兒發育或是妊娠併發症的
發生機率。我必須特別要求加入這些檢查項目。我想知道自己有沒

有哪些地方「不太好」，這樣我才能**立刻**處理，而不是等到幾個月後才處理（或是糟到不能處理），導致營養素不足，產後健康出現問題。

有了那次經驗我才知道，只有〇·〇五％的孕婦具備足夠的醫療知識，會提出正確的問題並要求正確的檢查。看了第一次的孕期檢查報告，我知道自己的維生素 D 濃度在及格邊緣，所以我決定增加維生素 D 補充劑的劑量（以我居住的緯度和時節來說，當時無法增加日照機會）。我永遠不會知道，是不是因為攝取充足的維生素 D 所以我的懷孕過程相當順利，也避免了併發症，但我當然不想冒險嘗試不補充維生素 D。我提出自己的經驗，是為了說明許多孕婦面對醫學檢驗的實況：可治療或可預防的病症並未納入篩檢範圍。因此本章的目的是填補孕婦、醫生和研究之間的知識落差。

我將在本章說明幾個你應該主動要求的孕期檢查，並且解釋原因。有些醫生已獲知最新的研究結果，而有些還沒跟上。主動請醫生加入這些檢查，對你並無損失。此外，倘若醫生對你的要求置之不理，這表示他們不像你這麼注重預防性醫療。

我在這裡討論的每一個檢查項目，都適合在第一次產檢時提出要求。如果檢查結果有異常，週數大一點之後，可請醫療團隊判斷是否需要再次檢查，以便調整你的飲食與／或補充劑。我討論的檢查項目都與營養有關，在一般醫生的權限範圍內。有些額外的檢查可以透過功能醫學（functional medicine）的醫生來做，這部分將在本章最後討論。請注意，本章討論的孕期醫學檢驗**都是**與營養相關的項目。

✺◞ 維生素D

　　缺乏維生素 D 的情況相當常見，尤其是孕婦。在某些國家，受維生素 D 缺乏問題影響的孕婦高達九十八％。[1]只要補充這種營養素就能有效改善缺乏的情況，而且成本極為低廉。檢查與處理維生素 D 缺乏問題居然不是常規作法，這實在令我匪夷所思，因為維生素 D 不足會增加子癇前症、出生體重過低與妊娠糖尿病的發生機率（根據兩項統合分析）。[2,3]更不用說，維生素 D 是寶寶發育的必需營養素，可能對寶寶的健康產生永遠的影響，例如骨骼發育和免疫功能。[4,5]

　　如果每一個孕婦都適用相同劑量的補充劑，只要吃了就能確定不會缺乏維生素 D，那就太棒了。遺憾的是，現況並非如此（但先從四千 IU 開始吃是個好選擇）。[6]我在第六章提過，你體內的維生素 D 濃度會受到膚色、日照時間、防曬乳與衣物、緯度、飲食、補充劑等多重因素影響。只有透過檢查血液維生素濃度，才能確定你是否獲得足夠的維生素 D，或是需要吃劑量更高的補充劑。

　　理想的情況是整個懷孕過程中檢查維生素 D 濃度數次，以第一孕期（或孕前）的檢查結果做為基準值。這個檢查項目叫做「25-OH-Vitamin D」。大部分的醫檢實驗室建議的維生素 D 正常低標是每毫升三十奈克（ng/ml），但許多維生素 D 專家都認為，最佳濃度應調整為每毫升五十奈克。[7]有趣的是，現代漁獵採集部落的維生素 D 濃度約為每毫升四十六奈克，也就是說，維生素 D 的正常值應該調高一些才對。[8]

　　解讀檢查結果時，要注意維生素 D 有好幾種濃度單位，通常是

ng/ml（奈克／毫升）或 nmol/l（奈莫耳／公升）。看看你的檢查報告，確認單位以免解讀錯誤（30 ng/ml 相當於 75 noml/l，50 ng/ml 相當於 125 nmol/l）。

說說我個人的經驗，我懷孕時每一個孕期都驗了維生素 D，令我驚訝的是，我必須補充很多維生素 D（超過四千 IU）才能維持正常值。當時我住在高緯度地區，氣候寒冷，沒機會獲得充分日曬。所以我調整了補充劑的劑量，這使我感到心安，因為我知道自己為寶寶做了最大的努力。第三孕期的檢查結果顯示，我的維生素 D 濃度上升了，證明增加劑量是正確的決定。產後我知道自己需要補充多少維生素 D，才能藉由母乳使寶寶獲得這種營養素。你在為產後做準備的時候，請注意哺乳媽媽每天至少要攝取六千四百 IU 的維生素 D，寶寶才能獲得足夠的量（此處指的是全母乳寶寶）。[9]

༄ 鐵

我在第六章說明過，孕婦的鐵質需求是平常的一‧五倍。儘管如此，孕婦缺鐵相當常見，有可能會導致貧血，也就是紅血球與／或攜鐵蛋白質（血紅素）數量不足。這可能會削弱你輸送氧給身體組織的能力，帶來疲憊、虛弱或難以專注等症狀。[10] 可是，許多孕婦即使貧血也沒有明顯症狀。

從胎兒的正常發育到妊娠併發症的預防，鐵質的角色至關重要，因此鐵質是產檢的常規檢查項目。通常第一次產檢就會篩檢貧血，到了懷孕中期再驗一次。第一與第二孕期的缺鐵性貧血，與早產機率變為兩倍以及新生兒體重過低機率變為三倍有關。[11] 鐵質不足也會損害甲狀腺功能，進而導致胎兒神經發育遲緩。[12]

你至少應該檢查血紅素、血球容積比與鐵蛋白，才能準確評估自己的鐵質情況。[13] 有些醫生會檢查貧血的其他指標，例如平均紅血球容積（MCV），這有助於區分缺鐵性貧血與缺乏葉酸或維生素B12 導致的貧血；還有血清運鐵蛋白受體（sTfr），這能反映身體組織的儲鐵量。[14] 孕婦體內本來就容易儲存水分（叫做「血液稀釋」〔hemodilution〕），所以檢查數值也會受到影響，包括血紅素。解讀檢查報告時，務必要把這一點納入考量。

～ 甲狀腺

甲狀腺是位在脖子前方的小腺體，負責製造幾種荷爾蒙。大家都知道甲狀腺荷爾蒙會影響新陳代謝，其實它們也影響著其他生理系統。懷孕時，甲狀腺必須增加五〇％以上的荷爾蒙分泌量，才能滿足你和胎兒的需求。[15] 懷孕中期以前，胎兒全仰賴你提供甲狀腺荷爾蒙（要等到十六至二十週，胎兒的甲狀腺才會發育成熟，自己製造荷爾蒙）。[16] 但即使在那之後，母親的甲狀腺荷爾蒙仍會經由胎盤傳給寶寶，持續整個孕期，對寶寶的正常發育至關重要。

最近有一份研究報告以簡要的方式彙整了甲狀腺荷爾蒙的孕期變化：

> 「伴隨正常懷孕狀態的各種生理變化，增加了對母體甲狀腺的需求。在雌激素的刺激下，運輸蛋白 TBG（甲狀腺素結合球蛋白）分泌量上升，因此在孕期前半，T3（三碘甲狀腺素）與 T4（甲狀腺素）的總分泌量也隨之上升，

直到達到新的穩定狀態。此外在第一孕期，血液中的 TSH（促甲狀腺素）會暫時減少，而於此同時 hCG（人絨毛膜促性腺激素）的分泌量會達到高峰。hCG 與 TSH 在結構上具有同源性，hCG 會與 TSH 受器結合，產生刺激作用：分泌量上升的 FT4（游離甲狀腺素），經由負回饋系統降低 TSH 濃度。在妊娠第六至第十週，FT4 分泌量一開始會上升，原因是胎盤在這段期間製造大量的 hCG，但接下來 FT4 的分泌量會隨著孕期推進慢慢減少。」[17]

我有沒有說過甲狀腺很複雜？看了前面這段引述就知道，找一個了解懷孕對甲狀腺功能有何影響的醫生真的很重要，尤其是在決定檢查項目和解讀檢查報告的時候。

找到並治療甲狀腺問題的重要性不容低估，甲狀腺功能衰退（甲狀腺機能低下）是最常見的徵狀。有一項研究指出：「甲狀腺機能低下可能與流產、出生體重過低、貧血、妊娠高血壓、子癇前症、胎盤早期剝離、產後出血、先天血液循環缺陷、胎兒窘迫、早產及胎兒視覺發育不良存在著關聯性，此外也很可能跟寶寶的神經心理缺陷有關。」[18]另一項研究發現，孕婦明顯甲狀腺機能低下卻未接受治療，胎死腹中的比例高達六〇％。[19]如果你有流產的經驗，一定要檢查甲狀腺，這很重要。

胎兒的腦部發育高度仰賴母親的甲狀腺荷爾蒙。輕度至中度的甲狀腺功能不良，可能會造成神經發育問題，例如智能低下、語言發展遲緩、動作障礙、自閉症與注意力不足過動症（ADHD）。[20]

確定這個小小的腺體功能正常顯然很重要，**非常重要**。那麼，為什麼甲狀腺檢查沒有納入常規產檢？許多內分泌學家一直在鼓吹孕婦必須全面篩檢甲狀腺問題，可是目前尚未受到廣泛接受。至少美國甲狀腺協會（American Thyroid Association）的建議是，三十歲以上的婦女若有流產、早產、不孕、免疫疾病、肥胖症、家族甲狀腺病史，或是住在容易缺碘的地區，都應定期檢查甲狀腺。[21] 我敢打賭，正在看這本書的女性之中，有不少人至少符合其中一種風險因子。

困難在於甲狀腺功能的評估很複雜。有好幾種荷爾蒙必須檢測，它們相互之間都有關聯。除此之外，荷爾蒙的濃度本來就會隨著孕期起伏變化，而且用不同的方式量化甲狀腺荷爾蒙可能會造成結果偏差。當你接受甲狀腺檢查時，要注意有些醫生只驗一、兩種荷爾蒙（例如 TSH 或 T4），但你最好做完整的檢查（懷孕後愈早做愈好）才能全面評估，例如包含以下項目：

❖ TSH（促甲狀腺素）
❖ FT4（游離甲狀腺素）
❖ FT3（游離三碘甲狀腺素）
❖ rT3（逆位三碘甲狀腺素）
❖ TPOAb（甲狀腺過氧化酶抗體）
❖ TgAb（甲狀腺球蛋白抗體）

目前甲狀腺荷爾蒙的「正常」範圍與最佳範圍之間有落差。如果你懷疑或知道自己有甲狀腺病史，不妨諮詢有經驗的內分泌醫生，或是了解懷孕對甲狀腺荷爾蒙造成哪些複雜影響的功能醫學醫生。前面列出的幾種荷爾蒙，正常範圍在孕期以及孕期的各個階段都會浮動變化。舉例來說，TSH 會在第一孕期降低，但 T3 與 T4 會升高。有項研究指出，正常範圍的參考值若不隨著孕期調整，誤判甲狀腺檢驗結果的機率可能會高達十八％。[22]

甲狀腺抗體的檢測尤其重要（特別是 TSH 上升的時候），因為這是一種自體免疫甲狀腺疾病的跡象，專家認為，它「或許會成為妊娠結局不良的最大風險因子」。[23] 自體免疫甲狀腺疾病的出現，表示你的身體正在攻擊甲狀腺。孕婦的甲狀腺原本就運作得比平時吃力，因此這種症狀在孕期**以及**產後都需要臨床處理。美國甲狀腺協會的〈孕期指南〉建議，「若非碘的攝取量不足，甲狀腺機能低下最常見的原因是自體免疫疾病（橋本氏甲狀腺炎）。毫無意外地，TSH 濃度較高的孕婦中，約有三〇至六〇％驗出甲狀腺抗體。」[24] 換言之，甲狀腺機能低下的孕婦中，有自體免疫症狀的人高達六〇％。

跟許多疾病一樣，預防勝於治療。如果你正在備孕，請在受孕前接受甲狀腺檢查。如果你已經懷孕，請盡快檢查甲狀腺。七〇％甲狀腺機能低下的孕婦沒有任何明顯症狀。[25] 有研究發現，第一孕期沒有噁心感和孕吐可能就是甲狀腺功能衰退的跡象。[26]

維持甲狀腺健康的營養素

飲食與生活習慣都會影響甲狀腺功能。充分攝取碘是最明顯也最具臨床重要性的作法，因為少了碘，身體無法製造甲狀腺荷爾蒙。美國缺碘的孕婦多達五十七％。[27] 孕婦的膳食碘需求會近乎加倍，每天需要二五〇微克（世界衛生組織的建議），但這個預估數字相當保守，缺碘的人可能需要補充更高劑量。[28] 日本人的碘攝取量一直高於其他國家，原因是他們常吃海藻。日本人的碘平均攝取量是每日一千至三千微克（有些使用海藻的湯，每二三六毫升就含碘高達七七五〇微克）。目前尚未觀察到碘的高攝取量會對妊娠結局帶來負面影響。[29,30] 對多數人來說，應該擔心的不是攝取太多碘，攝取不足才是問題。

遺憾的是，約有半數孕婦維他命完全不含碘（根據一項針對美國二二三款市售孕婦維他命所做的調查）。[31] 為了確保自己有充分攝取碘，請選擇含有碘的孕婦維他命，並且經常吃富含碘的食物，例如第三章介紹過的魚類、海鮮跟海藻。對不吃海鮮的孕婦來說，乳製品和蛋是碘最重要的膳食來源。[32] 其他含碘的食物包括蘆筍、甜菜、蔓越莓，別忘了還有碘鹽。[33] 但碘鹽裡的碘會隨著時間減少，尤其是濕度較高的地區，所以不是那麼可靠的來源。[34]

有件事要特別注意：有些食物含有致甲狀腺腫物質，這種化合物會阻撓甲狀腺吸收碘。基於這個理由，以及第四章說明過的其他原因，黃豆製品要少吃。如果你原本就有甲狀腺問題，最好少吃**未煮熟的**十字花科蔬菜（例如高麗菜、羽衣甘藍和花椰菜），因為它們含有致甲狀腺腫物質。不過，煮熟或發酵過的十字花科植物沒有這個問題。[35]

其他對甲狀腺功能有益的營養素包括鐵、硒、鋅和維生素 D。鐵是製造甲狀腺荷爾蒙的輔助因子。研究發現，孕婦缺鐵是甲狀腺機能低下的預兆。[36] 硒和鋅能輔助 T4 轉換成生理活性較強的 T3。[37] 硒也有助於減少甲狀腺抗體，孕婦補充硒也可預防產後甲狀腺機能低下。[38] 攝取充足的維生素 D，或許能預防或治療自體免疫甲狀腺疾病。[39] 肉類跟海鮮都富含鐵和鋅；巴西堅果、魚類和海鮮、肝臟與內臟、牛肉、羊肉、禽肉、香菇和雞蛋都富含硒。對甲狀腺有益的營養素不只前述幾種，因此高營養密度的真食物飲食（例如這本書裡介紹的飲食）對甲狀腺的健康至關重要。甲狀腺抗體檢查結果為陽性的孕婦（也就是有自體免疫甲狀腺問題），飲食避開麩質應有幫助。[40]

除了飲食，接觸化學物質也可能破壞甲狀腺功能。甲狀腺對許多環境毒素很敏感，例如塑膠製品（塑膠瓶、食物容器和食品罐頭裡的雙酚A）、二手菸、阻燃劑（衣物、家具與家庭用品）、溴（許多食品都有添加，例如加工過的麵包和某些飲料）、氯（飲用水、家用清潔劑、抗菌肥皂／凝膠裡的三氯沙）、氟（牙膏、牙醫治療、自來水）以及滲入食物裡的防沾黏化學物質（例如市售食品包材與鐵氟龍不沾鍋）。以上列舉的化學物質僅是冰山一角。努力減少接觸非必要的化學物質能保護你的甲狀腺功能，也對孕期的整體健康有幫助。第十章會有更詳細的探討。

如果你已確診甲狀腺疾病，可能的治療包括補充甲狀腺荷爾蒙與／或補充營養素。很多不願吃藥的孕婦想選擇「自然」的方式，這通常也是我對健康問題的處理方式，可是甲狀腺問題（尤其是**懷孕期間**的甲狀腺問題）需要藥物治療，無須為此感到羞愧。無論你有多排斥吃藥，現在接受治療能維護甲狀腺的長期健康（見第十二章），也能確保胎兒的腦部正常發育。甲狀腺就是這麼重要。

✑ 妊娠糖尿病

妊娠糖尿病的篩檢頗具爭議，目前的幾種篩檢方式都有缺點。

我曾參與加州政府的妊娠糖尿病公共政策制定，也曾從事妊娠糖尿病的臨床工作，所以親眼見識過這個問題的複雜程度。我們都知道血糖居高不下對母親和寶寶都很危險，但有些篩檢方法會驗出「偽陽性」和「偽陰性」的結果。

很多孕婦不想做傳統的葡萄糖耐量試驗，也就是先喝下超甜的葡萄糖水，再檢查血糖反應。如果你也討厭這種檢查方式，我能理解。這種糖水味道很噁心，含糖量高得嚇人，而且經常充滿防腐劑跟食用色素。儘管如此，這一直是多數研究用來區分孕期血糖值是否正常的方式，而且至今仍廣泛使用。這種檢查方式不壞，但不是每個孕婦都適用。

幸運的是，過去二十年來，妊娠糖尿病的研究已有長足進展。本節要討論幾種不一樣的檢查方式，以及它們各自的優缺點。

糖化血色素

妊娠糖尿病的篩檢通常是在第二孕期結束前（二十四至二十八週），此時胰島素抗性可能達到頂峰，最容易出現血糖問題。現在我們知道，所謂的妊娠糖尿病確診病患之中，有很多其實是「未確診的糖尿病前期」病患，意思是胰島素抗性在懷孕前就已存在。這是相當重要的差異，因為胰島素抗性會使身體無法對胰島素做出適當回應，降低你調節血糖的能力。懷孕初期檢查糖化血色素（簡稱A1c）來取得平均血糖值，有助於理解過去三個月的血糖情況。這項檢查顯示血紅素（血液裡的一種蛋白質）受到葡萄糖多少影響，也就是有多少紅血球被糖入侵。

在美國 A1c 的數值以百分比呈現 *。平均而言，百分比愈高表示血糖愈高。第一孕期的 A1c 高於五‧七％即為糖尿病前期，治療方式與妊娠糖尿病相同。[42] 研究發現，第一孕期驗出高 A1c 的孕婦有九十八‧四％後來確診妊娠糖尿病（也就是那些孕婦之中有九十八‧四％未通過葡萄糖耐量試驗）。[43] 若你屬於這種情況，可以跳過葡萄糖耐量試驗，剩餘的孕期直接開始自行在家監控血糖。如果第一孕期的 A1c 很正常（五‧六％以下），這表示剛懷孕的你胰島素敏感性良好。但因為懷孕會改變胰島素抗性，請繼續把本節看完，再決定當你的胰島素抗性飆升時（通常是二十四至二十八週），應接受何種檢查。

檢查 A1c 的好處是可在**剛懷孕的時候**揪出血糖問題，積極處理，而不是等到孕期已超過三分之二的時候才發現自己有血糖問題。我認為每個孕婦在第一孕期做血液檢查時，都應該加入 A1c 檢查。這項檢查費用低廉、非侵入性，且提供了可讓你立即採取行動的資訊。

用 A1c 做為診斷依據唯一的風險，是到了懷孕後期它不再可靠，原因是自然發生的血液稀釋與較高的紅血球轉換率。[44] 當你的血液比較稀且紅血球「停留」的時間比較短，它們跟葡萄糖接觸的時間也會變短，所以 A1c 驗起來很低，無法反映實況。（如果你在懷孕後期重驗 A1c，結果 A1c **沒有**變低，情況可能不妙。）若你現在已是第二或第三孕期，可考慮後續講的其他篩檢方式。

---

* 編按：台灣也是。

葡萄糖耐量試驗

不只是我，大家應該都很討厭葡萄糖耐量試驗吧（又叫 GTT 或 OGTT）？這種檢查有幾種方式，每一種都要求孕婦喝特定濃度的葡萄糖飲，然後再測量血糖反應。

美國很多醫生用兩階段的妊娠糖尿病篩檢法，也就是先用少量葡萄糖**篩檢**，再用大量葡萄糖**診斷**。第一個階段讓孕婦喝五十公克葡萄糖，一小時後抽血（非空腹）。「沒通過」篩檢的人才做第二階段的檢查，醫生會請他們空腹前來，喝一百公克葡萄糖。檢驗空腹、喝糖後一小時、兩小時與三小時的血糖值。這種方法的問題包括，沒通過第一階段的健康孕婦相當多，還有胰島素分泌過多的某些孕婦會通過第一階段篩檢，導致他們沒機會被診斷出有問題。第二階段的三小時檢查無論診斷還是治療都得等上好幾個星期，原因是收到結果與／或安排看診都很花時間。最後，不同的醫生有不同的診斷標準（每個醫生對於明確的「正常值」是什麼，或是超標數值要有幾個才算是確診看法不一）。

國際糖尿病暨妊娠研究群協會（International Association of Diabetes and Pregnancy Study Group）、世衛組織與幾乎每一個已開發國家（美國除外），都建議更可靠也更準確的單一階段篩檢法：讓孕婦喝七十五公克葡萄糖，檢驗空腹、喝糖一小時與兩小時的血糖值。只要有一個數值太高就算確診。由於這是空腹檢查（跟喝五十公克的檢查不一樣），所以結果更加準確。除了有明確的診斷標準（空腹低於 92 mg/dl，一小時低於 180 mg/dl，兩小時低於 153 mg/dl），這種方法也能更準確找出哪些孕婦面臨與妊娠糖尿病有關的「妊娠結局不良」風險。[45] 而且，只需要做一**次**檢查。這種篩檢法的主要反對聲音是診斷標準嚴格，所以確診病患會比較多，可能致使醫療成本上升。不過，考慮到介入手段其實成本很低（像我的真食物飲食），而且對母親與寶寶有長期的健康益處，這些反對原因都微不足道，說不定還能節省成本。如果你要做葡萄糖耐量試驗，我強烈推薦單一階段篩檢法（七十五公克，兩小時），而不是過時的兩階段篩檢法。

雷根糖、果汁或正餐試驗呢？

無論是哪一種葡萄糖耐量試驗法，很多孕婦就是不想喝糖水。有些醫生會給孕婦吃雷根糖取代糖水。這種作法的問題是它並未標準化。有項研究發現，雷根糖確實可取代葡萄糖水，他們將某一個品牌的雷根糖送去做營養分析，算出提供五十公克簡單醣類需要幾顆雷根糖，藉以確定受檢的孕婦真的攝取了五十公克葡萄糖（若你想知道，答案是二十八顆）。[46]

多數人都以為只要看過營養標示，就能知道幾顆雷根糖可提供五十公克的糖分或五十公克的醣類，但是以上一段提到的品牌來說，提供五十公克簡單糖的雷根糖提供了**七十二公克**的總醣量。而且因為各家品牌的成分配方不同，糖粒大小也不同，你很難確知自己是否吃進了五十公克的簡單糖。這項研究的作者雖然認為五十公克葡萄糖篩檢可使用雷根糖，但也不贊成用雷根糖進行其他篩檢法：「因為雷根糖是固體，且含有其他複合醣類，所以雷根糖在幾個小時內製造的血清葡萄糖反應可能不太一樣。因此我們不建議一百公克葡萄糖耐量試驗用『雙倍』雷根糖取代葡萄糖水。」至於七十五公克葡萄糖耐量試驗是否可用雷根糖取代，目前尚無相關研究。

果汁也常用來取代葡萄糖水，但是也跟雷根糖有類似的問題。果汁不是純葡萄糖水，裡面除了葡萄糖也有果糖、蔗糖及其他成分（而且每種水果的成分比例不同）。[47]這幾種糖的升糖指數不一，我們不能期待果汁引發的血糖反應跟純葡萄糖是一樣的。

第三種替代作法是吃含有五十至一百公克（或更多）醣類的正餐。同樣地，含有五十至一百公克多種醣類的一餐，升糖作用不等同於五十至一百公克的純葡萄糖。不是所有的醣類都會分解成葡萄糖（例如纖維），有些醣類不易消化（抗性澱粉），有些醣類的升糖指數較低（例如果糖）。身體對正餐裡的醣類反應是快是慢，也取決於這一餐裡的蛋白質、脂肪、纖維、液體和其他營養素的含量。

用正餐、雷根糖或果汁複製葡萄糖耐量試驗，是不可靠的作法。標準化是使用葡萄糖水的意義所在。葡萄糖耐量試驗的「正常標準」，是基於攝取純葡萄糖的平均反應以及血糖上升的峰值制定出來的。正餐的成分複雜，各品牌雷根糖的大小與組成不盡相同，各種果汁的含糖種類也都不一樣，因此它們都無法取代葡萄糖水。

若你還是決定選擇正餐、雷根糖或果汁試驗，請確認你的血糖值是以正確的方式測量。在檢驗單位做葡萄糖耐量試驗時，血液採樣一定是靜脈抽血，而不是刺破手指取血（微血管血糖）。有研究比較過這兩種血糖，發現差異高達 25mg/dl。[48]對孕婦來說，這是**極大**的差異，可能會造成偽陽性或偽陰性的檢查結果。

我認為既然你都願意去做葡萄糖耐量試驗了，就一定要好好抽出靜脈血，取得可靠的血糖值。如果你不喝葡萄糖水的原因是食用色素，也有無色素的檸檬萊姆口味糖水。若你依然無法接受，我知道有些孕婦會在醫生的同意下，自己用二三六毫升純水加入葡萄糖（有些市售成分會標示為右旋糖〔dextrose〕）調製純葡萄糖水，無調味、無色素、無防腐劑。你必須用以公克為單位的秤精準測量葡萄糖，才能取得正確的驗血結果。

我該不該做葡萄糖耐量試驗？

我在前面稍微提過，我不認為每個孕婦都適合葡萄糖耐量試驗。我在臨床上看過「未通過」GTT 的健康孕婦，他們後來自己在家驗血糖都完全正常（偽陽性），這是我對 GTT 信度產生質疑的原因。

這些偽陽性個案有什麼共通點？他們都是體重正常、吃適度的低醣飲食、沒有妊娠併發症的孕婦。也就是說，他們都很健康！我們必須質疑的是：血液能夠快速清除五十至一百公克葡萄糖才算正常（或理想），這件事是誰決定的呢？

有趣的是，我是在動物研究裡找到了答案。該研究以吃天然的「纖維與脂肪」飼料（牧草）的母馬，與吃添加「糖與澱粉」飼料（每日餵食兩次穀物）的母馬為對象，讓牠們在懷孕間接受 GTT 試驗，得到的檢查結果截然不同。[49] 牧草組全數未通過 GTT 試驗（高血糖），穀物組的檢查結果卻很完美（正常血糖）。但獸醫並不認為牧草組葡萄糖耐受異常，反而認為穀物組呈現的是異常代謝反應：「一天吃兩次富含『糖與澱粉』的穀物影響了牠們的葡萄糖代謝作用，導致葡萄糖代謝對妊娠的自然適應受到改變。富含『纖維與脂肪』的飼料更貼近自然放牧狀態，葡萄糖代謝會配合妊娠與泌乳做出調整。」換句話說，穀物組已習慣分泌更多胰島素以便盡快降低飆升的血糖。牧草組長期避開不自然的高醣飲食，所以（還）來不及適應一下子攝取那麼多糖。

母馬的 GTT 結果跟人類一樣。你的身體清除血糖的速度，與你吃高醣或高糖食物的頻率有關。若你在接受 GTT 試驗之前吃低醣飲食，試驗結果會失準，這一點眾所周知。至少從一九六〇年代開始，就已有科學研究發現這件事。[50] 如果你沒有經常攝取大量醣類，胰臟就不會一次釋放大量胰島素，因為它不需要這麼做。

有項研究說明得非常清楚：三二五位日本孕婦接受五十公克葡萄糖耐量試驗，吃高醣飲食的受試者通過試驗的機率顯著較高。[51] 這項研究結果的有趣之處在於，（在全體受試者中）妊娠糖尿病的罹患率非常低，這些受試者都偏瘦（平均 BMI 十九・六，有三分之一的受試者體重過輕），空腹血糖都很正常（平均 70mg/dl）。在這種情況下，「輕微異常的葡萄糖耐受性」其實是反映身體已適應低醣飲食，而不是血糖問題的徵兆。

幾十年前的建議是，接受 GTT 試驗之前先增加醣類攝取量，以便獲得正確的檢查結果。這項建議後來不再適用，因為多數美國人的醣類攝取量原本就很高。如果你不打算限制醣類攝取量，而且經常吃穀物、馬鈴薯或其他澱粉，偶爾喝果汁、果昔或含糖飲料，或是愛吃甜食，你的 GTT 結果應該會相當正確。如果你的身體已完全適應高醣飲食，GTT 結果應該會在正常範圍內。美國大多數的孕婦都符合上述情況，所以他們接受 GTT 試驗很合理。

可是，如果你習慣低升糖飲食或低醣飲食（例如這本書裡建議的飲食），你或許可以考慮其他選擇。你有三種選擇：

一、接受 GTT 試驗，但是要有「偽陽性」的心理準備。

二、接受試驗之前，吃高醣飲食（每天至少一五〇公克）一個
　　星期（讓胰臟提前適應）。

三、不要做 GTT 試驗，選擇在家自主監測血糖。

有些醫生也接受以禁食血糖（抽取靜脈血）做為血糖正常的佐
證，但這可能會導致十五％的妊娠糖尿病患錯失確診機會。[52] 一般
而言，空腹血糖較適合用來「排除」妊娠糖尿病的可能性，而不是
「揪出」漏網之魚。[53] 若你的空腹血糖低於 80mg/dl，你有妊娠糖尿
病的機率微乎其微。[54]

有些孕婦還是寧願選擇 GTT 試驗，因為他們想要明確的診
斷，或是不敢拒絕一項「必須做」的檢查。別忘了，「以知情為前
提的同意」這句話的意思是，你對**任何**檢測都有選擇權利，無論是
否懷孕。不管你如何決定，都要事先了解檢測方式的優缺點。

我自己懷孕的時候決定做五十公克的葡萄糖耐量試驗，原因是
我對檢查結果感到好奇（我為科學犧牲！）。我懷孕時體重健康，
增重幅度也在預期範圍內，第一孕期的 A1c 很正常，吃適度的低醣
飲食（跟這本書裡的飲食範例差不多）。遺憾的是我的產科診所不
做單一階段的七十五公克葡萄糖試驗，而是使用兩階段試驗：第一
階段五十公克，第二階段一百公克。我沒有在第一階段的檢查之前
吃一週的高醣飲食，所以毫無意外地沒有通過（沒有超過很多，但
超過〇·一也是超過）。跟醫生討論過之後，我決定不做第二階段
的檢查，而是在家自主監測血糖，觀察我是否有妊娠糖尿病。我一
天驗血糖四次，持續兩個星期。我的血糖一直都在正常範圍內，就

算我吃高醣飲食也一樣。這表示我對五十公克葡萄糖的反應是偽陽性，這在吃低醣飲食的人身上很常見。

無論你想跟我一樣雙管齊下，還是打算在家自主監測血糖，一定要在決定前先了解以下列出的優缺點。

自主血糖監測

妊娠糖尿病篩檢的最後一種方式是自主血糖監測，這無疑也是最具爭議的作法。你需要使用血糖儀和血糖試紙，一天驗血糖四次：早上進食前（空腹），以及三餐飯後一至兩小時。收集兩個星期的數據之後，你跟醫生可以用你的血糖值去比對孕期平均血糖值與妊娠糖尿病的確診標準。通常你是在二十四到二十八週之間做這件事（一般妊娠糖尿病的篩檢時機，這個時期胰島素抗性會達到高峰），但其實孕期的任何時候都可以篩檢。自主監測血糖有好處也有壞處，整體而言，我認為有高度健康意識的孕婦比較適合，尤其是吃低醣飲食的孕婦。

關於自主監測血糖，你必須幾項考量幾件事：

首先，你的飲食會影響血糖值。這有好處，也有壞處。好處是你可以知道哪些食物能在不讓血糖飆升的情況下，使你維持好體力；哪些食物的效果相反。你可以親眼看見吃完含七十五公克醣類的一餐與含二十公克的一餐，身體會有怎樣的反應；或是含有大量蔬菜的一餐跟不含蔬菜的一餐有何差別。壞處是你可以「作弊」。我知道有些孕婦會為了「通過」檢查故意挨餓，或暫時改吃醣類極少的飲食。通過檢查後又回到原本的飲食習慣，吃早餐穀片、喝果昔，吃大量澱粉或甜食。

別忘了自主監測血糖的目的，是獲得身體對**日常飲食**的正確血糖反應。如果你的血糖很高，你必須知道。如果你只是暫時改吃低醣飲食，平常都是吃垃圾食物且血糖很高，這對你自己跟寶寶都會造成傷害。另一方面，如果你平常吃低醣飲食，或是高醣、低醣飲食交錯著吃，我建議你吃幾次高醣飲食以便了解高醣飲食對你的影響。多數人都不是「完美的」飲食模範生，知道日常飲食與你心目中不太健康的飲食對血糖造成的影響，對你會有幫助。

第二，你必須有強烈的動機這麼做。連續數週一天驗血糖四次很繁瑣，而且需要規劃。設定鬧鐘、隨身帶著檢測裝備、記錄自己的飲食與刺破手指都很惱人，試紙也很貴。有些人覺得雖然不便但是值得，因為能獲得更有用、更真實的資訊。也有些人覺得做葡萄糖耐量試驗比較簡單省事。

第三，診斷標準定義不明確。血糖值要高到多高、要出現幾次高血糖值才能確診？這需要臨床判斷，而且這種判斷高度依賴醫生對妊娠糖尿病的熟悉程度。因此自主監測血糖很適合用來「排除」妊娠糖尿病，但若想正式診斷還有灰色地帶。孕期血糖的嚴重程度確實像一個光譜。以目前的研究結果來說，我建議盡量將血糖維持在正常（最佳）範圍內。

幾十年來的研究顯示，沒有糖尿病的健康孕婦血糖值界於 60-120 mg/dl 之間（亦即這是孕婦的**正常**血糖範圍）。[55] 除了飯後之外，大部分的時間血糖應維持在 100 mg/dl 以下。健康孕婦的二十四小時平均血糖應為 88 mg/dl。以下這張表是正常血糖與妊娠糖尿病患的現行血糖目標。

孕期血糖值		
	正常值（非糖尿病患）	妊娠糖尿病患的目標＊
空腹	70.9 ± 7.8 mg/dl	低於 90 mg/dl
飯後 1 小時	108.9 ± 12.9 mg/dl	低於 120-130 mg/dl
飯後 2 小時	99.3 ± 10.2 mg/dl	低於 120 mg/dl
	美國以外的地區可能使用不同的單位，例如 mmol/L，而不是 mg/dl。將 mg/dl 的數值除以 18，就能轉換成 mmol/L。例如 90 mg/dl ÷ 18 = 5.0 mmol/L。	

　　你會發現正常值與目標值之間有差異。糖尿病患的「目標」血糖比非糖尿病患的血糖值高出十到三十個單位。基於這個原因，我認為妊娠糖尿病的確診標準應以「正常」血糖值為準。

　　如果你的血糖值位於（或低於）**正常**範圍內，極有可能沒有妊娠糖尿病。但如果你的血糖值高於或接近妊娠糖尿病的目標值，在接下來的孕期應密切觀察血糖。輕微的妊娠糖尿病，通常可以藉由飲食與生活習慣的改變來控制。

　　如果你的血糖值在正常邊緣遊走，持續監測血糖對你沒有壞處。胰島素抗性每週都可能變化，所以了解自己的血糖是否正在上升對你有好處。維持正常血糖完全無風險，但血糖值太高卻存在著已知風險。別忘了，如果你選擇其他篩檢方式並確診妊娠糖尿病，你還是得做相同的事：自主監測血糖。

＊編按：在台灣，妊娠糖尿病患的血糖目標是，空腹時低於 95mg/dl，飯後一小時低於 140mg/dl，兩小時低於 120mg/dl。

重點訊息

　　無論你選擇用哪種方式篩檢妊娠糖尿病，都應該了解每一種篩檢方式背後的概念（與禁忌）。畢竟，維持正常血糖對你和寶寶才是上策。如果檢查結果異常（無論是哪一種篩檢方式），釐清飲食與生活習慣如何影響血糖最有用的方法仍是自主監測，並且積極採取行動。就算你被正式貼上妊娠糖尿病的「標籤」，請記得，只要維持正常血糖，你面臨不良妊娠結局的風險未必高於其他孕婦。請回顧第七章並參考我的另一本書《妊娠糖尿病飲食指南》，裡面有孕婦如何管理高血糖的完整指引。

❧ 精密檢測

　　前面介紹的幾項檢查，都能做為幫助你調整孕期飲食的起點，一般醫生應該都對這些檢查很熟悉。這些檢查當然不是全部的檢查，其他檢查包括綜合營養分析，例如微量營養素分析或必需脂肪酸（如 DHA）濃度。

　　另外還有基因檢測，或許能揭露你的身體能否正常處理營養素。例如 MTHFR 基因檢測能告訴你，你的身體能否處理合成葉酸。如果檢測結果是陽性，你可以特別注意不要吃添加葉酸的食物（例如穀片和麵包），以及孕婦維他命要含有活性葉酸，而不是合成葉酸。[56] 這也代表你應該多吃對甲基化有幫助的營養素，例如膽鹼、甘胺酸與維生素 B12。不過，無論是否知道自己有 MTHFR 基因變異，我建議每個孕婦都要多多攝取這些營養素。關於基因如何影響營養素需求的研究（營養基因組學〔nutrigenomics〕）仍在萌芽階段。隨著這個領域的研究慢慢發展，未來我們將更能掌握如何依據個人基因調整補充劑與／或膳食建議。

除了基因檢測，市場上還有功能醫學常使用的特殊檢測項目。在你被數量繁多的檢測項目搞得頭暈腦脹之前，可以先問問自己（和醫生）幾個問題：

❖ 這項檢測有沒有定義明確的孕期（以及孕期各階段）正常值範圍？

❖ 若檢測結果為異常，會造成怎樣的改變？也就是說，你能否依據檢測結果採取行動？

❖ 若可以，那些治療方式是否適合孕婦或哺乳媽媽？

孕期發生的代謝變化多不勝數，該做哪些檢測頗具爭議。許多參考範圍對孕婦來說並不適用，血脂和膽固醇是最好的例子。幾乎每個孕婦的血脂，都是從懷孕初期、後期到產後持續大幅改變。總膽固醇可能上升二十五至五〇％，三酸甘油酯經常變成兩倍，原因是到了懷孕後期，身體會優先燃燒更多脂肪做為燃料。[57] 要是你驗出「高」血脂，你是否必須做出改變？或者這只是變異版的正常值？（提示：這通常是變異版的正常值，除了健康飲食和運動之外，正規治療的他汀類降血脂藥物〔statins〕是孕婦禁用的。）

如果你身上出現奇怪症狀，檢測結果顯示為重金屬中毒該怎麼辦？平常使用的許多療法，用在孕婦身上都不安全。在這種情況下就算發現問題，或許也只能等到寶寶出生後才能治療（或是結束哺乳後）。最重要的是你必須回到基本面：飲食、生活習慣和運動。無論檢測結果是好是壞，這些都是每一個孕婦該做到的基本要求。

這類的例子很多，你應該找功能醫學的醫生／營養師進行個別討論。如果你是基於某種健康狀況或擔憂想做額外檢測，一定要先確定你打算拿檢測結果怎麼辦，以及知道檢測結果會如何影響你的飲食與生活習慣。若非如此，在沒有治療選擇的情況下，知道檢測結果只是徒增焦慮。

懷孕不是一個你可以全面掌控的過程，有時候用最好的營養為身體打好基礎，勝過對一個不確定的目標鑽牛角尖。因為缺乏孕期數據而誤把正常狀態當成異常，這種風險永遠都存在。

✑✐ 酮檢測

孕婦每次產檢時，大多都會提供尿液樣本。醫生查看的眾多標記中，可能包括酮。酮是脂肪代謝的副產品，會進入血液並隨著尿液排出。許多臨床醫生接受的訓練告訴他們，尿酮是壞事。我將在後面說明**高尿酮**不等於**高血酮**。超標的高血酮可能表示你的身體處於一種叫做糖尿病酮酸中毒（diabetic ketoacidosis，簡稱 DKA）的緊急狀態；或是因為沒有充分攝取食物（飢餓性酮症），身體只好利用之前儲存的脂肪提供能量。兩個問題都值得擔心。糖尿病酮酸中毒與胎兒腦部發育受損有關。[58] 飢餓性酮症也不妙，因為這表示孕婦沒有為寶寶攝取足夠的能量或必需營養素。

可是，如果你**不是**依賴胰島素的糖尿病患、血糖值正常，也**沒有**讓自己挨餓，尿液裡有酮通常無須擔心。懷孕時，身體很容易進入一種叫做**營養性酮症**的狀態，亦即身體會優先燃燒脂肪做為燃料。這在懷孕後期更加明顯，此時你的細胞「幾乎完全依靠燃燒脂肪」來取得能量。[59] 營養性酮症在低醣飲食的孕婦身上更為常見，此外若是空腹（早上進食前）或距離上次進食已過了很久，尿液裡也極可能含酮。在禁食一夜之後，孕婦的尿酮本來就會是非孕婦的三倍。[60]

美國國家醫學院將酮症視為孕期的正常現象，他們表示：「為了適應妊娠狀態，母體的血糖濃度下降，胰島素抗性上升，而且容易出現酮症。」[61]

自然發生的生理狀態怎麼可能有害？簡短版的答案是：它確實無害。尿液裡有酮**不等於**血酮很高。事實上，孕婦的尿酮上升五十至一百倍時，血酮很可能只會上升兩倍，並維持在未達酮血症的程度（低於 1 mmol/L）。也就是說，「大量」尿酮幾乎不能做為**高血酮**的指標。低熱量、低醣飲食一般認為會造成高血酮，其實跟吃這種飲食的孕婦相比，糖尿病酮酸中毒患者的血酮濃度高達三十倍。[62] 血酮（**而非尿酮**）是檢測糖尿病酮酸中毒的唯一可靠方式。

在正常、健康的孕婦身上觀察到的輕微酮症不會對孕婦造成問題，也沒有證據顯示這會損害胎兒發育。飢餓性酮症（營養極度匱乏）與酮酸中毒（血酮濃度、血液酸度與血糖濃度都極高）都已證實會造成傷害。但是處於生理濃度的酮，例如營養性酮症，其實為胎兒腦部提供三〇％的能量需求，也被用來合成必要的腦脂質。[63] 臍帶血（為胎兒供應的血液）的採樣結果發現，此處的酮濃度**遠高於**第二與第三孕期的健康孕婦。[64] 這代表你的身體**想要**把酮傳送給胎兒。二〇一六年有項以健康、無糖尿病的孕婦與寶寶為對象的研究，發現胎盤組織的酮濃度很高（平均 2.2 mmol/L，遠高於母親的血酮濃度），而且健康的新生兒在出生的**第一個月**依然維持高血酮。[65] 這告訴我們，輕微的酮症對胎兒發育來說不但很正常，說不定還是必要的。

若你遵循本書的飲食建議，你的尿液偶爾會含酮。請做好心理準備，你的醫生可能會認為這是個問題。但除非你的**血酮**濃度上升，而且**血糖**也很高（這可能是糖尿病酮酸中毒的徵兆），否則無須擔心。許多了解這種情況的醫生甚至不再幫孕婦驗尿酮，因為尿酮幾乎毫無臨床意義。

想要深入了解酮症的人，可參考我的另一本書《妊娠糖尿病飲食指南》，第十一章提供了孕期酮症研究的完整分析與相關爭議。

✌️ 總結

希望本章沒有使你陷入資訊超載的窘境。我來總結一下，初步的抽血檢查（通常是第一孕期）最好包括幾個項目：維生素 D、鐵、甲狀腺荷爾蒙與糖化血色素。這幾個項目若有異常，你可以設法改善，並且／或是過一段時間再驗一次。如果可以，我建議第二與／或第三孕期重驗維生素 D，確定攝取量是否充足。別忘了，如果第一孕期的糖化血色素檢查正常，第二十四到二十八週之間仍要篩檢妊娠糖尿病，因為這個時期胰島素抗性會自然上升。最後，如果你考慮要做其他檢測，一定要請教相關知識豐富的醫生，做對你有幫助、而且可針對檢測結果採取相應行動的檢查。

10

毒素

接觸各種環境汙染物質，會對胎兒的產前發育、妊娠結
局和新生兒健康造成協同負面作用以及劑量相加累積的
負面作用。

——凱斯·艾爾-古柏里博士（Kaïs Al-Gubory）
法國國家農業研究所

　　眾所周知，孕婦接觸化學物質可能對健康有害。這件事你大概
用腳趾頭想也知道，但你或許不知道日常生活裡的毒素多不勝數。
孕婦老是被告誡哪些食物不能吃，例如半熟荷包蛋或軟質乳酪，卻
沒人提到用塑膠瓶裝飲用水或是某些化妝品都比這些食物危險許
多。我真心希望這些出於善意卻有誤導之嫌的公衛宣傳，能用來教
導孕婦認識日常生活中的毒素。

　　無論你喜不喜歡，多數人都被潛在的毒素包圍。從煮飯的鍋碗
瓢盆，到裝水或剩菜的容器，有害化學物質會從很多地方進入你的
身體。但光是注意飲食方面的化學物質還不夠。

　　會與皮膚接觸的產品也可能累積毒素，例如清潔用品、肥皂、
洗髮精、化妝品、美髮產品、香水和乳液。很多人以為毒素只能經
由嘴巴或鼻子進入體內，其實不然。別忘了有些藥物可經由貼布發
揮效用，這是因為塗在皮膚上的物質大多會被直接吸收，進入血液

之中。

　　確實有些毒素避無可避，例如城市的空氣汙染，但或許有很多可避免的毒素在你不知情的情況下，悄悄進入你的日常生活。本章要討論的正是你可以稍微控制的毒素接觸，例如煮飯與儲存食物的方式，裝修居家的產品，清潔用品，個人身體用品等等。在說明完研究結果之後，我將提供實用的訣竅，幫助你減少接觸毒素的機會。

　　幾句警語（以及保證）先說在前頭：本章提供的許多資訊可能令人難以接受。你的第一個反應或許是憤怒：「為什麼這些化學物質仍在使用？」或是恐懼：「我自己和寶寶都已經接觸到毒素了？！」在你陷入恐慌之前，請記住：你已根據當下擁有的資訊，做了最大的努力。你的身體知道如何製造一個健康寶寶。隨著科學研究揭露更多資訊，生活中的許多面向也持續改進當中，避免接觸毒素只是其中一個面向。不要悔恨過去。把注意力放在**此時此刻**你能夠做些什麼。

塑膠裡的化學物質（雙酚A與鄰苯二甲酸酯）

　　懷孕期間，為了幫助胎兒正常生長，荷爾蒙濃度受到身體的嚴格調控。模擬雌激素作用的化學物質（一般稱為環境雌激素）可能會妨礙胎兒發育，這樣的化學物質多達數千種。列舉幾種環境雌激素：塑膠原料（雙酚 A 與鄰苯二甲酸酯）、殺蟲劑與除草劑（尤其是有機氯化物）、對羥基苯甲酸酯、聚苯乙烯（保麗龍）、多氯聯苯、香精等等，數量繁多。[1]我想暫時把焦點放在塑膠上。

塑膠裡有幾種會干擾荷爾蒙作用的化合物，其中一種叫雙酚A，簡稱 BPA。接觸荷爾蒙干擾素對胎兒的生殖系統發育（例如生殖器與乳房）特別不利。舉例來說，老鼠胎兒在子宮裡接觸與人類攝取量相當的雙酚A，改變了牠的生殖系統發育。[2] 懷孕的老鼠接觸雙酚A會導致乳房組織異常，乳汁分泌功能也因此受損。[3] 雙酚A也會干擾正常胰島素信號，進而影響血糖代謝；還會造成胰臟 β 細胞（製造胰島素的細胞）功能異常。[4] 或許這能夠解釋為什麼接觸雙酚A的老鼠生下的後代，都會表現出糖尿病的早期警訊。[5]

人類接觸雙酚A可能是流產、早產與其他「周產期[⑩]不良結局」的風險因子。[6] 有研究發現，接觸雙酚A跟兒童過動及其他行為問題之間，存在著關聯性。[7] 相關研究很多，這只是其中一小部分，正因如此，科學家才會將周產期視為「雙酚A脆弱期」。[9]

雙酚A無所不在，是全球產量最大的化學物質之一。雙酚A用於聚碳酸酯塑膠製品（例如硬塑膠瓶和食物儲存容器）、食品罐頭內層的樹脂塗料、水管、電子用品和各式塑膠消費性產品，包括玩具。九十二％以上的美國居民尿液裡驗出雙酚A，羊水、胎盤組織、臍帶血和母乳中也有雙酚A的蹤跡。[10] 有研究比較了尿液與羊水的雙酚A濃度，發現羊水的雙酚A濃度是尿液的**五倍之多**，顯示胎兒與雙酚A的接觸比我們過去所想的更多。[11] 雙酚A的主要來源顯然是食物。[12] 當容器／罐頭加熱時，雙酚A更容易滲入食物和飲料，例如用塑膠容器裝食物放進微波爐加熱，或是把塑膠水瓶放在酷熱的車子裡。[13]

---

⑩ 譯註：周產期（perinatal period）。世衛組織將周產期定義為開始於妊娠滿 22 週，結束於產後滿七日。

這些資訊或許有些你早已熟知，並刻意選擇不含雙酚A的產品，但這樣可能會給你一種錯誤的安全感。理論上，不含雙酚A的塑膠製品應該很棒，但是取代雙酚A的化學物質不一定比較安全。雙酚A惡名昭彰之後，化學公司紛紛研發替代產品，其中一個叫做雙酚S（BPS）。雙酚S的相關研究沒有雙酚A那麼多，但目前為止，雙酚S的安全性研究無法令人放心。接觸少量雙酚S已證實會干擾實驗動物的荷爾蒙濃度、胚胎發育和神經發育，跟雙酚A很像。[14,15]

除了塑膠加工，雙酚A也用於感熱紙的外膜（例如超市收據或機場的登機證）。雙酚A很容易轉移到其他表面，例如你的皮膚。就算只是觸摸收據幾秒鐘，血液裡的雙酚A濃度就會飆升。大致而言，收據在手裡拿得愈久，經由皮膚吸收至血液裡的雙酚A就愈多。此外，先使用乾洗手再觸摸收據會加強雙酚A的吸收，因為乾洗手產品都含有「促透劑」（dermal pentration enhancers）。[16] 知道這一點很重要，因為許多人購物或旅行時都會使用乾洗手。

另一種用於塑膠的潛在有害物質是鄰苯二甲酸酯，它能使塑膠製品有彈性、透明而且耐用，很多塑膠製品都含有鄰苯二甲酸酯，例如塑膠地板、浴簾、保鮮膜、塑膠瓶和塑膠袋。非塑膠製品也使用鄰苯二甲酸酯，例如乳液、髮膠、指甲油（鄰苯二甲酸酯可防止指甲油硬化龜裂）、密封劑、驅蟲劑跟芳香劑（例如香水、香氛蠟燭、空氣清新劑）。有些化妝品跟香水的鄰苯二甲酸酯含量甚至高達五〇％。[17]

我們接觸鄰苯二甲酸酯的主要途徑是食品（從包材上滲入食物），但鄰苯二甲酸酯氣體（吸入）與皮膚直接吸收也是可觀的接觸途徑。[18] 有一項鄰苯二甲酸酯接觸研究以兩組孕婦為受試者（紐約與波蘭），他們全數都驗出鄰苯二甲酸酯。[19] 這個結果值得深思。

老鼠研究發現，接觸鄰苯二甲酸酯會導致荷爾蒙變化與先天缺陷。[20] 在實驗動物與人類受試者身上都發現，鄰苯二甲酸酯會抑制雄性激素，意思是鄰苯二甲酸酯會抑制某些荷爾蒙的作用，例如睪固酮。這對男寶寶的生殖器發育特別不利。有位研究者指出：「老鼠研究發現，胎兒接觸鄰苯二甲酸酯可能會干擾正常男性生殖道發育，造成會陰距離縮短（肛門與陰莖之間的距離）、隱睪症和影響功能的睪丸異常。」[22] 出生前接觸鄰苯二甲酸酯也可能影響腦部發育，尤其是男寶寶。[23] 有項研究發現，鄰苯二甲酸酯造成的心理與智力負面影響會持續到童年期（甚至到七歲）。[24] 接觸鄰苯二甲酸酯也和較高的早產風險有關。[25]

我們顯然很常接觸到雙酚A與鄰苯二甲酸酯，這樣的接觸對健康有害。以下提供幾個小撇步，幫助你減少非必要的接觸，保護自己。

如何減少接觸雙酚A與鄰苯二甲酸酯

❖ 不要用塑膠容器盛裝或加熱食物。用玻璃、瓷器或不鏽鋼容器裝剩菜。

❖ 微波食物時，不要用塑膠容器，也不要覆蓋保鮮膜。加熱時，塑膠裡的化學物質可能會直接滲入食物，或是散發氣體。

❖ 不要讓保鮮膜直接接觸食物。改用蠟紙或烘焙紙。（鋁箔紙也不好，請見本章後面的說明。）

❖ 用玻璃或不鏽鋼水瓶（要確定內層沒有塑膠塗料，塗料通常含有雙酚 A 或雙酚 A 的替代品）。

❖ 可能的話，買咖啡／茶時自備可重複使用的玻璃杯或不鏽鋼杯（紙杯內層也有塑膠塗料，而且杯蓋通常是塑膠）。

❖ 少吃罐頭食品。盡量吃新鮮或冷凍的生鮮食品，或是以玻璃罐存放的熟食。

❖ 盡量不要觸碰收據（超市、登機證、提款機收據等等）。

❖ 少喝金屬罐或塑膠瓶裝的包裝飲料（鋁罐內層有雙酚 A 塗料，這也是你該戒喝汽水的重要原因！）

❖ 注意化妝品和身體用品的成分表，不要買含有鄰苯二甲酸酯的產品。鄰苯二甲酸酯的成分通常會有「phthalate」這個字，例如「diethyl phthalate」（鄰苯二甲酸二乙酯）。

❖ 不要用香水與芳香產品（空氣清新劑、家用香氛劑、洗衣劑、烘衣紙、香氛蠟燭等等）。不要用含有「香精」成分的身體產品。如果你不確定成分是否有香精，可選擇標明「無合成香精」或「無鄰苯二甲酸酯」的產品。

❖ 不要擦指甲油，少去美甲沙龍。

對羥基苯甲酸酯

跟鄰苯二甲酸酯一樣，對羥基苯甲酸酯（paraben）在身體用品與化妝品中也很常見。對羥基苯甲酸酯是一種合成化合物，經常添加在乳液、化妝品、牙膏、洗髮精、除臭劑、藥物甚至食品中，用來抑制細菌、真菌與其他微生物孳生。在產品標示上，含對羥基苯甲酸酯的成分包括對羥基苯甲酸甲酯（methylparaben）、對羥基苯甲酸乙酯（ethylparaben）、對羥基苯甲酸丙酯（propylparaben）、對羥基苯甲酸丁酯（butylparaben）與對羥基苯甲酸異丁酯（isobutylparaben）。對羥基苯甲酸酯在產品裡的含量通常都很低，但長期接觸的累積劑量可能造成問題。女性比男性更常使用身體用品，因此我們接觸到的劑量較高，對懷孕影響甚鉅：「以女性為主要使用者的化妝品與身體用品普遍含有干擾內分泌的化合物，會增加新生兒接觸這些化合物的機率。」[26]

對羥基苯甲酸酯已證實會模擬雌激素的作用，進而干擾荷爾蒙代謝。[27] 有研究發現，對羥基苯甲酸酯與生殖問題之間存在關聯性，因此歐盟已於二〇一四年禁用某幾種對羥基苯甲酸酯。[28] 但是在美國和許多國家，對羥基苯甲酸酯仍受到廣泛應用。

評估對羥基苯甲酸酯接觸量的其中一種方式是驗尿。使用乳液的孕婦，尿液的對羥基苯甲酸酯濃度比不使用乳液的孕婦高出二一六％。[29] 洗髮精、潤髮乳與化妝品的使用，都與較高濃度的對羥基苯甲酸酯有關。[30] 令人不安的是，對羥基苯甲酸酯可能穿過胎盤。有一項研究在孕期中分三次檢驗尿液和羊水，發現九十九％的尿液樣本含有對羥基苯甲酸酯。[31] 雖然羊水驗出對羥基苯甲酸酯的頻率低於尿液，但有幾種對羥基苯甲酸酯很容易穿過胎盤。有五十八％的羊水樣本驗出對羥基苯甲酸丙酯，這表示胎兒與這種對羥基苯甲酸酯直接接觸。令人擔憂的是，另一種對羥基苯甲酸酯（對羥基苯甲酸丁酯）的羊水濃度**高於**尿液濃度。

人類胎兒接觸對羥基苯甲酸酯，與早產和生長遲滯（出生體重過低、身長過短）機率較高之間存在著關聯性。[32] 對羥基苯甲酸酯還會影響孕婦的性荷爾蒙濃度（例如雌激素）與甲狀腺荷爾蒙濃度。[33] 這使人擔心胎兒的腦部發育，因為孕婦的甲狀腺健康對胎兒的神經系統發育至關重要。接觸對羥基苯甲酸酯對孩子的長期發育有何影響，目前研究有限。不過有一項研究檢視胎兒出生前（經由超音波）與出生後接觸各種化學物質以及生長率的情況，追蹤至三歲生日為止。出生前與嬰兒期接觸對羥基苯甲酸酯，和幼年體重較高之間存在著關聯性（即使研究者已根據熱量攝取做了調整），這表示，對羥基苯甲酸酯的雌激素作用，可能會長期影響孩子的新陳代謝與身體組成。[34]

對羥基苯甲酸酯的荷爾蒙作用對母親和寶寶都有影響（孕期與產後），我們顯然必須認真減少接觸它。幸運的是，少用含有對羥基苯甲酸酯的身體用品可有效降低影響。有項研究請一百位女性停止使用含有對羥基苯甲酸酯的產品，然後驗尿觀察變化。短短三天後，受試者的尿液對羥基苯甲酸酯濃度就下降了四十四％。[35] 以下是幾個減少接觸對羥基苯甲酸酯的建議。

如何減少接觸對羥基苯甲酸酯

❖ 注意化妝品與身體用品的成分表。避開含有對羥基苯甲酸酯的成分，包括對羥基苯甲酸甲酯、對羥基苯甲酸乙酯、對羥基苯甲酸丙酯、對羥基苯甲酸丁酯與對羥基苯甲酸異丁酯的產品。你可以去環境工作組織（Environmental Working Group，簡稱 EWG）的 Skin Deep®資料庫查詢安全的替代成分。

❖ 停止使用除臭劑，或改用天然除臭劑（去你家附近的健康食品店找找）。

❖ 用天然油脂當乳液，例如椰子油、乳油木果油、獸脂膏等。

❖ 少用化妝品，或是用不含防腐劑的化妝品，例如礦物製作的粉底。

❖ 使用不含防腐劑的產品。

⁍ 農藥

　　一般人以為農藥只用於農業或是用來除草，其實農藥涵蓋多種化學藥劑，包括除蟲劑（殺昆蟲）、除霉劑（殺真菌）、除草劑（殺雜草）還有殺鼠劑（殺老鼠）。農藥的主要種類包括有機氯化物、有機磷、胺基甲酸鹽、除蟲菊精和三嗪。農藥是解決常見害蟲的方便選擇，但是對孕婦來說具有危險性。整體而言，「農藥已證實會破壞多種生殖組織與功能，損害女性生育力」。[36] 有位研究者指出：「在實驗動物與人類受試者身上，每一種農藥都至少含有一種影響生殖或發育端點的化學藥劑，包括有機磷、胺基甲酸鹽、除蟲菊精、除草劑、除霉劑、燻蒸劑，尤其是有機氯化物。」[37]

　　很多農藥會干擾身體裡的荷爾蒙濃度，它們也像塑膠裡的化學物質一樣，可能會影響胎兒的生殖系統發育。（人類）孕婦接觸農藥，與以下幾個胎兒問題之間存在著關聯性：泌尿生殖器官畸形、不孕、精液品質受損，以及睪丸、攝護腺、卵巢和乳房癌症。[38] 數十年來，人們早就知道「父母參與農業工作以及／或是接觸農藥，與多種先天畸形風險較高之間存在著關聯性」。[39] 近年來的研究持續發現農藥有害的證據。有項研究發現，人類男嬰的性器官異常（例如尿道口位在陰莖下方而不是末端，或是隱睪症）與出生前接觸環境雌激素有關，檢查這些男嬰母親的胎盤後發現農藥濃度較高（尤其是有機氯化物）。[40] 另一項研究則是發現，孕婦若曾接觸農藥，產下的男嬰「統計上陰莖明顯較短，睪丸體積較小，血清睪固酮濃度也比較低」。[41]

除了影響生殖器官，胎兒出生前接觸農藥也會傷害發育中的大腦。有研究者說：「無論是出生前還是童年期，接觸過有機磷農藥的孩子可能在執行需要短期記憶的任務時碰到困難；他們可能會反應時間較長、心智發展受損或是有廣泛性發展問題。」[42] 或許部分原因是農藥對甲狀腺功能有負面影響。有一篇文獻回顧論文指出六十三種干擾甲狀腺系統的農藥，這著實令人憂心，因為甲狀腺荷爾蒙會影響腦部發育、智商和行為。[43] 但是，「美國環保局從未以干擾甲狀腺這個原因，針對任何農藥採取行動。」[44]

雖然毒性最強的幾種農藥已遭禁用，但是很多禁用農藥仍存在環境裡影響著食物鏈。最典型的例子是 DDT，瑞秋・卡森（Rachel Carson）⑪ 在他一九六二年的經典著作《寂靜的春天》（*Silent Spring*）中揭露 DDT 對鳥類生育能力有負面影響。遺憾的是，這些化學物質不但降解得很緩慢而且毒性強烈，至今仍存在於環境和食物供應鏈裡。[45]DDT 與相關農藥（有機氯化物）與胎死腹中之間存在著關聯性，即使接觸劑量非常低仍有影響力。[46]

你或許以為現在農藥比以前安全，其實不然。有時候，科學

---

⑪ 譯註：美國海洋生物學家，亦是自然文學作家。

家得花上好幾十年才能完全了解這些化學物質的健康影響。嘉磷塞就是這樣的例子。最初化學產業盛讚嘉磷塞的毒性很低，但經過數十年的研究之後，現在科學家告訴我們，嘉磷塞「可能致使人類罹癌」。[47] 年年春是使用最廣泛的農藥，而它的有效成分正是嘉磷塞。從一九七〇年代到現在，年年春的用量增加了一百倍。[48] 慣行農業經常使用年年春，尤其是以承受大量嘉磷塞為目標設計出來的基因改造作物。這種作物被稱為「抗嘉磷塞」作物，因為它們跟正常作物不一樣，嘉磷塞殺不死它們（例如「抗嘉磷塞」玉米、黃豆和油菜）。嘉磷塞也被當成「作物乾燥劑」，因為噴灑了嘉磷塞的作物會變得乾燥而方便採收，尤其是小麥和穀物。可是，這兩種作法都會導致嘉磷塞在作物裡殘留累積。[49]

肝臟裡有一種重要的酶叫穀胱甘肽（glutathione），與解毒作用有關；而嘉磷塞的毒性研究發現，嘉磷塞會破壞穀胱甘肽發揮作用。[50] 嘉磷塞也會傷害腸道益菌，促使腸道裡的病原菌過度孳長。[51] 孕婦都希望自己的肝臟和腸道能處於最佳狀態，這樣才能一方面從食物中攝取最多營養，一方面有效率地排除廢物跟毒素。嘉磷塞顯然會同時阻撓這兩種功能。嘉磷塞引發的腸道細菌變化，可能也會降低身體吸收膳食營養素的能力，尤其是礦物質，例如鈣、鐵、鎂和鋅。[52]

在子宮裡接觸嘉磷塞的老鼠寶寶，除了有子宮異常發育的跡象，還容易長出腫瘤。[53] 更令人擔心的是，無論是單獨試驗還是用年年春試驗，嘉磷塞濃度比農業建議用量**低一百倍**對人類的胎盤細胞來說仍有毒性。事實上，年年春的毒性比嘉磷塞**高出許多**。研究者表示，「年年春的佐劑會強化嘉磷塞的生物利用度與／或生物累積」。[54] 經常吃噴灑過年年春的食物（**非有機**的黃豆、玉米、油菜、穀物和豆類），或是用年年春給庭院除草的人，都因此更值得擔憂。

黃豆是必須特別小心的食物，因為它含有的植物雌激素可能會因為年年春的存在更加有害。一位研究者如此解釋：「〔年年春〕廣泛使用於基因改造黃豆已引發擔憂，因為同時接觸嘉磷塞與植物雌激素『金雀異黃酮』可能會產生協同雌激素效應；金雀異黃酮是黃豆和黃豆製品中常見的異黃酮。」[55] 我不建議孕婦攝取太多黃豆，原因已在第四章說明，但如果你選擇偶爾吃黃豆，不要懶惰，一定要買**有機黃豆**（有機作物禁用嘉磷塞）。

你可以做些什麼？

不管你喜不喜歡，農藥廣泛使用已成定局。你無法完全逃離農藥，但你可以盡量減少接觸農藥。首先，選擇有機種植而且／或是未使用有害農藥的食物。有一項文獻回顧研究檢視了三四三篇論文，發現跟有機種植的作物相比，以慣行農法種植的作物被殘餘農藥汙染的機率高出四倍。[56] 此外，他們發現，有機作物通常含有較多有益的抗氧化劑。追蹤人體農藥濃度的研究發現，吃有機食物為主的人，體內農藥濃度較低。[57,58] 可以的話，請盡量向在地小農購買食材，因為他們通常不使用農藥（或是用得沒有大型農場那麼多）。就算不是有機認證的農場，但因為農藥很貴，所以小農通常會試著少用農藥。跟當地的農夫聊一聊，了解他們使用農藥的情況。

知道哪些食材的農藥用量較多也有幫助，這樣你就知道哪些食材最好買有機的。環境工作組織每年都會分析暢銷蔬果的殘餘農藥，並公布「最髒名單」（Dirty Dozen），也就是殘餘農藥最多的蔬果，以及殘餘量最低的「最乾淨名單」。很多人相信殘餘農藥可以用水沖掉，可惜沒那麼容易，因為農藥大多是系統性地發揮作用，意思是被吸收到植物內部，而不是只留在表面。清洗蔬果當然不是個壞主意，只不過在大部分的情況下，殘餘農藥不會因此被洗掉。[59]

這本書出版的此時，美國並未定期監控嘉磷塞的殘餘情況。因此減少接觸嘉磷塞最好的作法是，少吃噴灑農藥的食材，並且／或是用有機食材取而代之。這些食材包括穀物（小麥、燕麥、稻米等等）、玉米、豆類和種子（葵瓜子、油菜籽、棉籽等等）。[60] 有一項政府補助的加拿大研究測量了三千種食物樣本的嘉磷塞殘餘量，有三分之一呈陽性。[61] 穀物和豆類的汙染比例最高（三十六‧六％的穀物樣本和四十七‧七％的豆類樣本受到嘉磷塞汙染）。此外，其他研究亦顯示，吃基改或慣行農法種植的黃豆／玉米的動物，體內嘉磷塞濃度高於有機或放牧動物，所以購買動物性食品時務必要挑剔一點。[62]

這件事你真的要多靠自己。環境工作組織指出：「美國環保局的態度太過寬鬆，無法保護公眾健康。他們有提供標準讓環保局人員判斷農夫是否正確使用農藥，但這些標準是多年前制訂的，沒有考慮到新研究已發現有毒化學物質即使劑量很少也有危害，尤其是同時接觸多種化學物質。」舉例來說，草莓農使用的農藥「多達七十四種，以各種方式組合使用」。[63] 農藥研究的問題在於，它們通常一次只檢視一種農藥。但是「只判斷接觸單一農藥的『安全』

濃度，可能會低估農藥對健康的真實影響。」[64]

如何減少接觸農藥

❖ 購買有機農作物，或直接向不用農藥的在地農夫購買（至少「最髒名單」上的蔬果或是你常吃、大量吃的蔬果要買有機／無農藥）。如果你沒有管道或無法負擔有機或小農蔬果，從營養的角度來說，吃慣行農法種植的蔬果還是**比完全不吃蔬果好**。

❖ 在地小農就算沒有有機認證，通常使用的農藥依然比大型農場少。有問題不妨直接詢問農夫。

❖ 少吃基改食物，它們通常含有更多殘餘農藥，尤其是嘉磷塞（玉米、黃豆和油菜最嚴重）。

❖ 吃放牧的肉類、雞蛋和乳製品（市售動物飼料的殘餘農藥會累積在吃玉米／黃豆的動物脂肪組織裡）。

❖ 若你喝咖啡，請購買 USDA 認證的有機咖啡或雨林聯盟認證的咖啡。許多美國立法禁用的有毒農藥，其他種植咖啡的國家仍在使用。

❖ 購買有機穀物和豆類。

❖ 少吃黃豆，黃豆的嘉磷塞允許殘餘量最高。

❖ 不要吃蔬菜油。關於食用油的說明，請見第四章。

❖ 不要在家裡／庭院噴灑農藥。

❖ 避免使用化學驅蟲劑和殺蟲劑。

🌱 不沾鍋與全氟化合物

　　不沾鍋是便利的現代產品，幾乎人人家裡都有。不沾鍋爆紅的時候，正是低脂飲食建議問世的時候，因為就算不用油，不沾鍋也幾乎完全不會沾黏食物。遺憾的是，大部分不沾鍋使用的塗料都毒性強烈。這些塗料都含有一種叫做聚四氟乙烯（PTFE，又稱鐵氟龍）的化學物質，加熱至攝氏一六二度或是被刮破時，會釋放另一種叫做全氟辛酸（PFOA）的化學物質。[65] 煎牛排時，鍋子很容易超過攝氏二六〇度。就算你的不沾鍋狀態很好，也幾乎必定會有化學物質滲進你的食物裡，並且飄散到你呼吸的空氣裡。PFOA 與 PTFE 都是全氟化合物（PFC），此類化合物全數都是人造的。自然界裡沒有氟與碳鍵結在一起的物質。這種化學物質極難分解。一旦進入體內，它們就會長時間停留。據估計，你的身體得花四到五年才能代謝並排出全氟化合物。[66]

　　研究者發現，幾乎每一個孕婦的血液裡都能驗出全氟化合物。[67] 跟許多化學物質一樣，接觸高劑量全氟化合物會增加某些妊娠併發症的機率。血液全氟化合物濃度很高的孕婦，新生兒體重過低的機率較高。[68,69] 全氟化合物也會影響胎兒的器官與骨骼，使寶寶的腹圍、出生體重和頭圍都比較小。[70] 大量接觸全氟化合物的孕婦，罹患子癇前症的機率比較高。[71] 這類化學物質被稱為內分泌干擾物，會影響生殖荷爾蒙與甲狀腺荷爾蒙。[72,73,74] 來自因紐特人與中國人的數據顯示，全氟化合物會抑制孕婦的甲狀腺荷爾蒙分泌。[75,76] 更可怕的是，出生前接觸全氟化合物可能會擾亂新生兒的甲狀腺功能。[77] 這句話前面已提過數次，但絕對值得重複：甲狀腺健康受損，會干擾胎兒的腦部發育。

　　若你已很少用不沾鍋，或許會以為自己很安全，但其實全氟化合物的應用很廣泛，例如抗汙防水的塗層（地毯、衣物、家飾布料等等）、油漆，甚至食品包裝（以免食物沾黏在容器上）。想當然耳，我們與全氟化合物的接觸很頻繁，大多來自食物、受汙染的水和消費性產品。研究者指出：「根據各國一般民眾的人體生物監測數據，全氟化合物除了普遍存在於血液裡，也存在於母乳、肝臟、精液和臍帶血裡。」[78] 在所有的食品中，微波爆米花的全氟化合物含量最高，因為它們會在加熱時從包裝袋的塗層上轉移到爆米花上。其他常見的食物包括肉類罐頭、熱狗、雞塊、薯條和薯片。[79]

　　孕婦顯然要減少接觸全氟化合物才是明智之舉，以下提供幾個實用的作法。

如何減少接觸全氟化合物

❖ 少用不沾鍋和防沾黏的廚房用具（選擇鑄鐵、不鏽鋼、玻璃和陶瓷等材質）。烘焙用具也要檢查，例如餅乾和瑪芬蛋糕烤盤。絕對不可使用鐵氟龍鍋具（Teflon®）。

❖ 少吃微波爆米花、包裝食品、微波食品跟速食，因為包裝上的全氟化合物會滲入食物。

❖ 少用抗汙或防水噴劑（買新地毯和家具時，若可選擇是否做抗汙處理，請拒絕）。

❖ 不要買有 Teflon®、Scotchgard™ 或 Gore-Tex® 標示的衣服。（若你住在經常下雨的地方，這一點可能很難做到。你可以自己決定。）

❖ 不要用含有氟（fluoro）、全氟（perfluoro）或 PTFE 成分的家用化學品或身體用品。電腦清潔劑經常含有這些化學物質（常見成分是 1,1- 二氟乙烷，又稱 1,1-DFE）。

❖ 確認你家的供水來源，詢問全氟化合物的汙染情況。有些濾水器（例如伯基〔Berkey®〕）可濾掉全氟化合物。

✨ 氟化物

　　氟化物是一種非必需礦物質，意思對你的身體沒有營養價值。這或許令人感到驚訝，因為飲用水和牙齒保健產品添加氟已有幾十年，目的是預防蛀牙。可是二〇一五年考科蘭的一篇文獻回顧論文檢視了一五五個飲用水加氟的研究，發現沒有足夠的證據支持這種作法能有效預防蛀牙。[80] 不過，預防不是本節的討論重點。我想把焦點放在氟化物對妊娠結局的影響。

　　人體有幾個系統對氟化物高度敏感，包括骨骼、甲狀腺、腎臟和大腦。對孕婦來說是個隱憂，因為氟化物會穿過胎盤，這表示若你接觸了氟化物，你的胎兒也一定會接觸到氟化物。[81] 有幾項研究調查了胎兒藉由飲用水接觸氟化物對健康有何影響。在飲用水含有低濃度氟化物的地區受精和成長的孩子，智商顯著高於飲用水含有高濃度氟化物地區的孩子。[82,83] 墨西哥的研究也有類似的結果，母親在孕期接觸高濃度氟化物的孩子認知測驗的成績一直到十二歲都比較低。這項研究的發現令人驚心，因為即使氟化物濃度「大致未超過其他孕婦與非孕婦接觸的濃度範圍」，這些影響依然可見。[84] 另一項研究則是發現「孕婦接觸氟化物，孩子的認知變化可能在出生前的早期階段就已開始」。[85]

除了影響童年期，有明確證據顯示氟化物也會影響胎兒發育。中國過去實施一胎化政策，所以有數量龐大的人類未出生胎兒數據，這些孕婦居住的地區飲用水含氟濃度都不同。數據顯示氟化物直接影響胎兒組織。總的來說，這些研究發現，若母親住在飲用水含氟的地區，胎兒的骨骼和腦部組織裡都有高濃度氟化物，並在多處細胞觀察到「重大病理性損傷」。[86,87,88,89,90] 其中一項研究認為，「氟化物在腦部組織累積，可能會擾亂特定神經傳導物質與神經細胞受器的合成，導致神經發育不良或其他損傷。」[91]

此外，有項以原本應「很健康」的寶寶為對象的研究發現，母親懷孕時飲用水的氟化物濃度與新生兒神經學檢查結果存在著相關性。高氟地區的新生兒，神經、行為、視覺與聽覺測試的分數都顯著較低，因此研究者認為「氟化物會毒害神經發育，孕期氟化物攝取過量可能會對新生兒的神經行為發展有負面影響」。[92] 氟化物的化學特性跟碘很相似，因此有人懷疑，氟化物之所以會影響腦部發育跟甲狀腺荷爾蒙紊亂有關。老鼠研究發現，缺碘並**同時**接觸氟化物的母親生下的寶寶，腦部發育、學習和記憶受到的影響特別明顯。[93]

最後，氟化物也可能影響骨骼發育：「孕婦吸收過量氟化物，可能會毒害並改變胎兒的酶與荷爾蒙系統，進而阻礙類骨質的形成與礦化。孩子開始走路後，會出現膝外翻、O形腿和軍刀狀脛骨（saber shin）的情況。」[94]

最常見的氟化物接觸源是加氟飲用水和牙齒保健產品，例如牙膏、漱口水、去牙科塗氟等等。九十五％的牙膏含氟，「長度與兒童牙刷相等的一條牙膏，含氟量約〇‧七五至一‧五公克」，這含量超過許多牙醫處方的氟化物。[95] 懷孕期間定期找牙醫洗牙依然重要，因為荷爾蒙變化可能會增加齒垢累積，但最好確定看牙的過程中不會接觸到氟化物。記得直接請牙醫或牙科保健師不要使用含氟產品幫你洗牙。

另外兩種常見的接觸源可能有點出人意料。一個是非有機葡萄，原因是一種叫冰晶石（cryolite）的含氟農藥；另一個是茶葉。紅茶、綠茶、白茶跟烏龍茶都來自茶樹，茶樹從土壤吸收了氟化物之後，會集結在葉子裡。研究發現，用老葉製作的劣質茶氟化物濃度較高，如果你有喝茶的習慣，請在能力範圍內買品質最好的茶。[96]高品質的茶通常使用嫩葉，氟化物濃度顯著較低。研究文獻中有經年累月、每天都喝大量的茶（一天超過三‧七公升）導致氟化物中毒的案例，不過沒有適量飲茶對身體有害的案例。[97] 在所有的茶葉之中，白茶的氟化物濃度最低（咖啡因也最低）。順道一提，南非國寶茶並非來自茶樹，氟化物濃度非常低，而且不含咖啡因。[98]

如何減少接觸氟化物

- ❖ 用不含氟化物的牙膏、漱口水與牙齒保健產品。
- ❖ 避免使用氟化物的牙醫療程（氟膠、氟漆與含氟漱口水）。孕期仍需持續看牙醫，但可請牙醫使用無氟產品幫你洗牙。
- ❖ 用可濾掉氟化物的濾水器過濾自來水，例如伯基濾水器。
- ❖ 買有機種植的葡萄，因為很多葡萄園會用一種叫冰晶石的含氟農藥。
- ❖ 若你有喝茶習慣（紅茶、綠茶、白茶或烏龍茶），盡量買品質最好的茶。可考慮改喝白茶，因為白茶氟化物濃度最低；亦可改喝南非國寶茶。

✎ 鋁

你或許覺得鋁也是孕婦應注意的毒素有點奇怪，但由於我們很常接觸到鋁，而且鋁的影響很重要，所以我必須討論一下跟鋁有關的研究。對許多人來說，鋁在生活中隨處可見，習以為常。鋁箔、鋁鍋、止汗劑、制酸劑，甚至連發粉裡也含有鋁。鋁可能是你每天都會接觸或吸收的物質。

這不一定是好事，因為「鋁在人體裡沒有任何已知的生理作用」。[99] 鋁會穿過胎盤，老鼠研究發現，鋁對胎盤和子宮細胞具有毒性。[100] 數十年來的研究已證實，鋁可能會在腦部累積，並造成多種神經問題（例如成年人阿茲海默症）。[101] 你腹中的胎兒正在建構大腦，在這個敏感的發育期間接觸鋁可能特別有害。「鋁可能是強烈的神經毒素，動物與人類在妊娠期間接觸鋁，可能會引發胚胎與胎兒的中毒反應。」[102] 簡言之，你的身體**不需要**鋁，你也**不會希望**身體裡有鋁。

基於道德考量，刻意讓孕婦接觸鋁的人體實驗並不存在，但如前所述，曾有研究者做過老鼠實驗。懷孕和哺乳的老鼠接觸鋁之後，研究者發現鼠寶寶的「神經傳導物質的濃度受到顯著干擾，且干擾程度隨劑量而異」，包括血清素與多巴胺在內。鼠寶寶的感覺動作反射與動作行為都有缺陷，而且體重上升。研究者的結論是：「孕期接觸鋁會對子宮內的胎兒腦部發育帶來潛在的神經毒性危害。」[103]

　　另一項研究回顧了孕婦接觸鋁的相關數據，推斷「孕期經口腔接觸鋁可能顯著改變多種必需微量元素的組織分布，亦有可能對胎兒的新陳代謝造成負面影響」。[104] 在各個年齡層之中，尚未出生的胎兒最容易受到重金屬毒性的影響，包括鋁。[105] 研究者指出：「人類胚胎與胎兒體內累積鋁的風險較高，尤其是正在發育的骨組織與神經組織（大腦）。」[106]

鋁的主要接觸源有哪些？

　　有研究者認為，止汗劑「可說是造成鋁負擔的最重要來源，因為每天使用止汗劑會讓皮膚接觸兩公克的鋁」。[107] 但也有研究者說：「從量化的角度而言，制酸劑成藥是人類接觸鋁的主要來源。」[108] 有一位研究者則是警告：「孕婦服用常見的含鋁胃酸逆流藥物和其他如制酸劑等含鋁藥物時應特別謹慎，以免新生兒在孕期接觸到過量的鋁，造成危害。」[109] 無論如何，含鋁的止汗劑與制酸劑都應避免。

　　有些疫苗也含鋁，「多達一毫克的鋁會跟著抗原或過敏原一起注射」。[110] 隨著藥廠逐漸停止在疫苗中使用汞，鋁佐劑的使用量愈來愈多。[111] 外用和注射是身體接觸鋁的主要來源，這兩種方式都未經過消化道；通常消化道能防止身體吸收大量的鋁，但這兩種方式卻是直接進入血液。事實上，「只有〇・二五％的膳食鋁會被身體吸收，但注射進身體的氫氧化鋁（疫苗最常用的佐劑）卻可能隨著時間的推移，被身體百分之百吸收。」[112]

　　雖然很多人都說疫苗裡的鋁是惰性成分，但愈來愈多人對它感到憂心，因為它被發現「在某些人的免疫細胞內，具有出乎意料的長期生物持久性」。[113] 在那之後，已有老鼠實驗測試了鋁佐劑的作用，希望能慢慢了解為什麼有些人會對疫苗有不良反應。有趣的是，檢驗過多種劑量的鋁之後，**最低**劑量反而毒性最強，實驗老鼠身上出現活動力降低、類似焦慮行為，而且注射後一八〇天鋁依然累積在大腦部分區域。[114] 研究者指出，鋁輔劑的神經毒性不符合典型的「劑量高，毒性強」化學原則。另一項鋁輔劑安全性老鼠研究也做出類似結論：「一般假設疫苗的鋁佐劑是安全的，但來自人類與動物實驗的有力數據卻都顯示，這種使用最廣泛的佐劑與致殘性神經免疫發炎疾病的發病機制有關。」[115] 目前為止，針對疫苗鋁佐劑影響孕婦（以及對胎兒的潛在影響）的安全性研究尚未完成。

　　我動筆寫這一章的時候，並未打算討論疫苗。但我在調查重金屬來源的過程中發現疫苗也是一種來源，若只是為了避免爭議就刻意不談疫苗，我覺得不太對。許多醫生覺得為了降低染病風險，可忽視接觸重金屬的風險。我不反對這種想法，但是了解疫苗的成分（包括重金屬），才能「以知情為前提同意」。

　　食物在烹煮、儲存和處理的過程中受到鋁汙染，也是你可能接觸到鋁的方式。鋁製的鍋子、廚房用具跟鋁箔都會造成大量接觸，因為鋁很容易滲入食物。例如用鋁箔紙包裹魚肉，加熱後鋁的含量會增加二至六十八倍（沒錯，是多達六十八倍的鋁）。[116] 這項研究發現酸性食材與較長的烹煮時間，都會使魚肉裡累積的鋁顯著增加。其他研究也發現類似結果：「用鋁箔紙烹煮食物，是每日藉由食物攝取到鋁的重要原因。」[117] 這項研究裡的某些食物樣本，鋁含量超過世衛組織的攝取上限。

最後，黃豆製品的鋁含量可能很高，據信是從酸洗／處理黃豆的鋁槽滲出，或是添加礦物鹽（通常是氯化鋁）導致。此外，大部分的市售豆腐都是用鋁箱壓製（而非傳統的木箱），所以會有鋁滲入最後完成的豆腐裡。鋁的接觸來源很多，所幸通常都在你能控制的範圍內。

如何減少接觸鋁

❖ 別再用鋁箔，烹煮或裝剩菜都不行。如果煮飯時就是會用到，可以墊一張烘焙紙，不要讓鋁箔直接接觸食物。尤其是酸性食材（例如番茄、檸檬、醋、優格等等），它們會讓更多鋁滲入食物。

❖ 不要用鋁鍋，包括可愛的鋁製濃縮咖啡壺。鋁製的餅乾跟蛋糕烤盤很多。二手店裡賣的材質不明二手金屬鍋可能有很高的鋁含量。

❖ 檢查除臭劑／止汗劑、緩衝型阿斯匹靈、防曬乳、化妝品（尤其是飾底乳）和去角質霜的成分表。關鍵字是「鋁」（alum）或「鋁鹽」（aluminum salts）。

❖ 不要吃含鋁的制酸劑（關於如何紓解胃灼熱，請見第七章）。

❖ 少吃黃豆製品。

❖ 如果鋁會影響你注射產前疫苗的決定，請檢查疫苗包裝，確認哪些疫苗含鋁。

汞

汞是眾所周知的神經毒素，幾乎我遇過的每一個孕婦都知道應避免接觸汞。汞很容易穿過胎盤，如果你接觸這種重金屬，胎兒也一定會接觸到。有些研究發現汞會「累積在胎兒的組織裡，導致胎兒血液汞濃度超越母親」。[118] 這是一大公衛擔憂，因為孕婦接觸汞，和寶寶的神經發育問題及童年期的認知表現不佳有關。[119]

數十年來的工業應用，致使汞汙染遍及全球。海洋與河川受到汞汙染，食物鏈的每一個環節都有汞的蹤跡，並累積在幾種魚類和海鮮體內。

不過在你發誓再也不吃魚之前，別忘了：一、只有幾種魚類含汞量很高，絕對不能吃（也就是劍旗魚、鯊魚、大耳馬鮫和馬頭魚）；二、魚類雖然含汞，但吃魚不一定會吸收到汞。這是因為大部分的魚肉都含有大量的硒，第三章討論過，硒能幫助抵銷汞的毒性。除此之外，魚類富含 omega-3、鐵、維生素 B12 與碘，這或許能解釋為什麼吃較多魚的孕婦生下的寶寶，三歲時接受認知測驗表現較佳。[120] 這些益處會延續到幼年期之後。有一項研究以將近一萬兩千組母嬰為對象，並發現孕婦每週攝取海鮮三四〇公克以上（不得少於），孩子從出生到八歲都有較佳的認知表現，[121] 研究者認為，「缺乏營養素的風險，高於每週吃三四〇公克海鮮接觸到微量汙染物質的風險」。簡言之：雖然此時此刻你對海洋的汞汙染無能為力，但是大部分的魚類都可食用，且好處大於風險。

有件事很有趣，大家都擔心魚肉含汞，但研究發現孕婦體內的汞更可能來自補牙用的汞齊（俗稱銀粉），而不是魚類。[122] 這是因為銀粉約有五〇％的成分是汞。你嘴裡的銀粉愈多，你的血液裡與臍帶血裡的汞濃度就愈高。[123] 孕婦處理牙齒問題時，一定要小心再小心。奧地利、德國、芬蘭、挪威、英國和瑞典的牙醫所受的訓練是，避免用銀粉為孕婦補牙。[124] 可惜，並非每個國家、每位牙醫都遵從這項建議。若你在懷孕期間需要補牙，請堅持拒用銀粉。如果你有銀粉補過的牙齒，在孕期或甚至哺乳期移除銀粉並不是個好主意，那樣反而會增加汞的接觸量，至少短期而言是如此。請等到哺乳結束後再考慮移除銀粉（而且必須找經驗豐富、具備專業知識的全人醫療或生物學牙醫）。

最後一個可能接觸到汞的來源是使用硫柳汞的疫苗，有些研究者正在推動疫苗禁用硫柳汞。有位研究者說：「硫柳汞的問題在於，若以重量計算，含汞達四十九·六％，而這有可能對人體造成神經中毒，尤其是腦部正在發育的胎兒、新生兒與嬰兒。」[125] 有些科學家特別擔心孕婦接觸汞的問題，因為「對胎兒的神經發育有負面影響之虞」。[126] 若你決定在孕期接種疫苗，請要求施打不含汞的疫苗，施打前也要先確認包裝上的成分。

如何減少接觸汞

❖ 避免吃劍旗魚、鯊魚、大耳馬鮫和馬頭魚（汞含量高，硒含量低）。但是其他魚類和海鮮可以繼續享用。鮪魚每週限量一七〇公克。

❖ 若懷孕期間需要處理牙齒問題，不要用汞齊填料或牙冠。

❖ 若你選擇在孕期接種疫苗，請選擇不含汞的疫苗（也別忘了複習前一節關於鋁的說明）。

❖ 既然在某種程度上接觸汞無法避免，請務必考慮本章末尾的
生活習慣建議，盡量減少汞對你和寶寶的影響。

其他應注意的化學物質

除了前面說明過的幾種化學物質，還有其他可能對孕期有害
的化學物質，但它們都能透過生活習慣的選擇來減少接觸。也就是
說，你**可以**稍微控制接觸的程度。

有許多化學物質與生殖系統的問題有關，基於環境汙染和其他
因素，要減少與它們接觸沒那麼容易。這些化學物質包括重金屬、
持久性有機汙染物（例如多氯聯苯和戴奧辛）、溴、甲醛、阻燃
劑、抗菌劑等等。[127]

以阻燃劑來說，接觸阻燃劑「與生殖毒性、孕婦與新生兒甲狀
腺荷爾蒙紊亂，以及心智與心理動作發育有關，包括寶寶的智商衰
減與注意力不集中」。[128] 抗菌劑（尤其是三氯沙）與實驗動物的荷
爾蒙紊亂及腸道細菌失衡有關，也跟人類的新生兒結局不良有關，
例如胎兒發育生長遲緩及頭圍較小。[129,130,131,132]

以下的建議或許不適用在你身上，也或許不容易做到，但我還
是想要提出幾個能減少孕期接觸化學物質的關鍵作法。

如何減少接觸其他化學物質

❖ 可以的話，縮短在高汙染地區停留的時間。
❖ 不要抽菸，也要避免接觸二手菸。
❖ 用高品質的濾水器濾掉烹煮和飲用水裡的汙染物質，例如伯

基濾水器。

❖ 購買家具時，選擇未使用阻燃劑的家具。

❖ 經常洗手，尤其是用餐前。家中灰塵或受汙染的土壤經由手口傳播，是多種化學物質與重金屬的主要接觸途徑。

❖ 經常使用配備高效濾網（HEPA）的吸塵器清潔家裡，高效濾網過濾微小顆粒與灰塵的效率超越普通濾網。

❖ 盡量不要接觸油漆、亮光漆、環氧樹脂、密封劑、工業膠水、溶劑，以及其他建築和木工常用的產品。這些產品都會散發有害化學氣體。

❖ 用天然清潔劑取代家用清潔產品。例如將白醋放在噴罐裡，在擦拭流理臺或拖地時使用，可取代漂白水或抗菌產品。

❖ 若天氣和你居住的地區空氣品質允許，盡可能多開窗通風。許多建材和家具都會花好幾年的時間散發氣體。有研究指出，這正是室內空氣汙染可能比室外嚴重的原因。

❖ 在室內種植物。NASA 乾淨空氣研究（NASA Clean Air Study）發現多種室內植物可消除空氣裡常見的化學物質，例如波士頓蕨、白鶴芋、吊蘭、蘆薈等等。

❖ 吃草藥補充劑之前，務必先了解補充劑的品質（當然也要查詢孕期吃是否安全）。不少草藥有重金屬汙染的問題。

❖ 少用含有抗菌劑（尤其是三氯沙）的產品，例如肥皂、濕紙巾、乾洗手和牙膏。有些砧板和塑膠也含有抗菌劑。為了保護你的腸道微生物，洗手用肥皂跟清水已足夠。

❖ 用高品質的鍋具煮飯。劣質鍋具，尤其是回收金屬材質，可能會有重金屬滲入食物裡（例如鉛和鋁）。

❖ 用瓷器／陶器烹煮或儲存食物要小心，有些釉料含鉛。FDA
建議，使用鉛含量測試工具來確認陶瓷烹飪器具及碗盤的安
全性（網路商店和五金行均有販售）。[134]

❖ 不要自行焚燒垃圾。燃燒塑膠跟金屬會釋放化學物質，許多
化學物質燃燒後毒性更強。

❖ 若你從事工業、機械相關、農業或是會接觸化學物質的工
作，跟雇主討論如何盡量減少你與化學物質的接觸。

如何溫和且安全地幫身體排毒

除了減少接觸，另一個避免受到化學物質毒害的方法是加強
身體的天然排毒力。我先鄭重聲明：我絕對不建議孕婦進行徹底的
「排毒」。所謂「排毒」，是將儲存在體內的毒素釋放到血液裡，
送至肝臟與腎臟處理。由於孕婦的血液也用來供應胎兒血液所需，
而且許多毒素會穿過胎盤，因此孕期「排毒」反而會**增加**胎兒接觸
的毒素。此外，坊間常見的排毒法對孕婦來說並不安全。舉例來
說，果汁禁食法會導致身體攝取不到多種必需營養素，或是吃一大
堆促進腹瀉的草藥，這些作法都跟孕婦的需求背道而馳（說真的，
就算**沒有懷孕**，這些方法也不適宜）。

不過，只要每天都做幾件事，就可以溫和且安全地幫身體排除
毒素。攝取最佳營養，並將特定的食物／營養素列為優先選項，有
助於促進肝臟的正常功能。功能正常的健康肝臟，會以更有效率的
方式將化學品變成毒性較弱的物質，然後經由消化系統（糞便）與
腎臟（尿液）排出體外。以下幾個生活習慣，能既溫和又安全地提
升身體的天然排毒機制。

一、喝大量的過濾水

身體會自然藉由尿液、汗水與腸道運動排出化學物質。充足補水（每天三千毫升以上），幫助這些系統發揮效率。

二、吃更多蔬菜，尤其是綠葉蔬菜

聽起來簡單得不可思議。但研究發現，吃綠葉蔬菜能加強身體排出各種持久性有機汙染物的能力。[135] 原因可能是綠葉蔬菜同時富含纖維、葉綠素、維生素 C、鎂和抗氧化劑。此外，要多吃十字花科蔬菜，例如綠花椰菜、白花椰菜、羽衣甘藍、高麗菜跟球芽甘藍。十字花科蔬菜已證實能提升肝臟的排毒功能。[136] 蒜頭與芫荽也證實有助於排毒。[137]

三、考慮吃綠球藻或螺旋藻補充劑

這兩種食用藻類富含舉凡植物都有的綠色色素：葉綠素，此外亦含有碘、硒、鐵和其他微量營養素。老鼠實驗證實，葉綠素能阻止消化道吸收一種叫戴奧辛的常見汙染物。[138] 在人類身上也觀察到了這種作用。孕婦在第二與第三孕期吃綠球藻補充劑（每天三次共六公克，分成三餐飯後各吃兩公克），母乳的戴奧辛濃度顯著下降（下降幅度達四〇％）。[139] 在前述的這項研究中，母親和寶寶身上都沒有觀察到綠球藻補充劑的負面影響。綠球藻或許也有助於降低體內的汞濃度。[140] 容易被戴奧辛和汞汙染的食物（例如魚肉）可考慮搭配綠球藻（或富含葉綠素的綠色蔬菜）一起吃，可達到「雙管齊下」之效：一方面吸收魚類的營養素，一方面降低接觸毒素的風險。另一種藻類叫螺旋藻，也有助於排毒，尤其是氟化物的毒性。有一項以懷孕的老鼠為對象，一組吃螺旋藻補充劑，另一組沒吃，兩組都接觸了氟化物。沒吃螺旋藻的老鼠產下的寶寶有腦部損傷、甲狀腺功能不良和行為問題；螺旋藻組的老鼠產下的寶寶沒有受到這些影響，也沒有發生「氟化物誘發的甲狀腺荷爾蒙缺乏」。[141] 研究者認為，孕婦若住在飲用水氟化物濃度較高的地區，補充螺旋藻可降低神經發育障礙的風險。螺旋藻也可抵禦鉛中毒，並阻擋鉛從母體傳遞到胎兒身上。[142] 若你對螺旋藻補充劑有興趣，請注意，孕婦每天吃一千五百毫克是安全劑量（也有助於降低貧血機率）。[143]

四、攝取大量的硒

你的肝臟與甲狀腺需要這種微量礦物質維持最佳功能，硒也會幫助身體抓住並安全排除重金屬，包括汞、鎘與鉈。[144] 富含硒的食物包括巴西堅果、魚類和海鮮（尤其是牡蠣）、肝臟與內臟、豬肉、牛肉、羊肉、禽肉、香菇和雞蛋。野生鮭魚的硒含量高於養殖鮭魚。[145] 請檢查你的孕婦維他命是否含硒（六十至二〇〇微克），如果沒有，可考慮另外補充硒。

五、充分攝取甘胺酸

第三章介紹過，肝臟主要的排毒酶叫穀胱甘肽，甘胺酸是製造穀胱甘肽的必備原料。孕期的甘胺酸需求會大幅上升，這表示你或許得費點心思才能攝取到足夠的量。富含甘胺酸的食物包括肉骨湯、燉煮的肉類（尤其是帶很多結締組織的堅硬部位）、雞皮和豬皮（或任何動物的皮），以及膠原蛋白或明膠補充劑。

六、吃更多富含纖維的食物

纖維能透過幾種方式減輕化學物質的危害：與毒素結合，讓毒素跟著糞便排出；刺激腸道運動，廢物就不會有機會被腸道重複吸收；餵養腸道益菌，腸道益菌本身就能解除有害化學物質的毒性。纖維的最佳來源包括奇亞籽或亞麻籽、非澱粉類蔬菜、莓果、椰絲、豆類與堅果／種子。

七、吃更多維生素C

維生素 C 是強大的抗氧化劑，可阻止許多化學物質造成傷害，例如氟化物、多氯聯苯和汞的有害作用。[146,147,148] 富含維生素 C 的食物包括甜椒、花椰菜、球芽甘藍、草莓、鳳梨、柳橙與柑橘類水果、奇異果、羽衣甘藍等等。

八、多運動

運動和伸展不只可以促進血液循環，也能刺激淋巴系統。淋巴系統在循環與免疫系統中扮演關鍵角色。若要排除體內毒素與廢物，淋巴系統至關重要。簡單地說，活動量愈大，身體排毒的效率就愈高。請養成固定的運動習慣，就算時間不長也可以。關於孕婦適合做哪些運動，請見第八章。

∼ 總結

閱讀本章可能會讓你覺得有點「悲觀絕望」。我在調查與書寫的過程中也有相同感受。看到化學物質可能對寶寶造成哪些影響，令人既沮喪又害怕。有很多化學物質是你原本毫不知情的，或是無法直接控制的。我的挫折感來自沒有人警告過孕婦這些事。

我在這裡完整討論了毒素，原因是雖然飲食跟運動是孕期健康的兩大基石，卻無法解決所有問題。你當然可以盡量吃有機食物、買最昂貴的孕婦維他命，但如果你用不沾鍋煮菜、每天使用香水，你的努力都會功虧一簣。我們都對一件事有共識：你想為寶寶盡最大的努力。

本章討論的化學物質裡，有許多是你多少**可以**控制接觸量的。你無法控制自己外出時呼吸的空氣，但你**可以**控制飲食與身體用品。每一個細微的生活習慣改變都能發揮聚沙成塔的效用。若你注意到你接觸化學物質的方式很多，本週就開始改變一、兩種習慣。例如改用無香精洗衣劑，並開始用玻璃保鮮盒裝剩菜（不再用塑膠容器或鋁箔紙）。

在大部分的情況下，長期接觸有毒物質是一大憂患。先從一次改變一件事開始。慢慢更換家裡的清潔用品、改善食物品質、關心塗抹在皮膚上的身體用品，每一個小小的改變都在保護你的寶寶。**完全不接觸**是不可能的，但至少可以**減少接觸**，這才是努力的重點。此外，這些作法不只對孕婦來說很重要。嬰兒與幼兒很容易被化學物質影響，現在就清除家裡的毒素接觸源可為家人提供長達數年的保護。

11
壓力與心理健康

人類的神經發育需要將神經元組織成複雜的結構與功能網絡，稱為『連接組』（connectome）。愈來愈多證據顯示胎兒若接觸來自母體的壓力，會影響連接組的線路連接或錯接。

——達斯汀・薛諾斯特博士（Dustin Scheinost）
耶魯大學醫學院

　　我們都感受過壓力，孕期的壓力更是平常的好幾倍。忽然之間，你做的每一個決定都會影響寶寶的健康。有那麼多的問題，那麼多的未知數和恐懼。

寶寶今天動得夠頻繁嗎？（或是太頻繁？）
生產過程會如何？
我的檢查報告有沒有異常？
萬一出現併發症怎麼辦？
我們**真的**養得起孩子嗎？
我的工作／事業會不會受影響？
我的另一半還會愛我嗎？
我的寶寶有正常發育嗎？

我是否已為產後做好準備？

我能夠親餵母乳嗎？

萬一出了問題怎麼辦？

我會是個好母親嗎？

這些問題只是**冰山一角**而已！至少在某種程度上，孕婦會冒出這些恐懼和焦慮都很正常。有位研究者這麼說：「雖然懷孕經常被描繪成充滿喜悅的過程，但並非每個孕婦都是如此……孕期焦慮可能會把懷孕變成一段既痛苦又難過的人生經驗。」[1]

孕婦憂鬱症也很常見，約有二十五％的孕婦受其影響。[2] 近年來產後憂鬱症的討論備受關注，但是**產前**憂鬱症卻鮮少有人討論。

沒有神奇的藥丸能幫你消除這些擔憂，但你可以設法管理自己的情緒，維持這段時期的心理健康。懷孕**可以是**個愉快的過程，就算得處理妊娠併發症也一樣。找到方法處理負面情緒和焦慮，對你的健康、妊娠結局和寶寶的長期健康都至關重要。雖然這本書的主題是孕期營養，但營養不是影響胎兒發育的唯一因素。

研究發現無數案例顯示，孕期的情緒與心理健康和妊娠結局之間存在著強烈關聯。我提供以下的資訊不是為了用嚇人的數據淹沒你，而是想要說明孕期健康仰賴的不只是飲食跟運動，你需要**全方位**照顧自己。

✑ 壓力的副作用

說到孕婦的壓力副作用，最廣為人知的是早產。即使將其他已知風險納入考量，承受高壓的孕婦的早產機率仍高出二十五％至六〇％。[3]壓力、焦慮和憂鬱可能會直接或間接影響血壓，在某些情況下導致子癇前症。[4]你腹中胎兒的生長和發育，也會被壓力影響。長期焦慮可能「導致流向胎兒的血流出現變化，致使氧與重要營養素難以送達胎兒發育中的器官」，或許正因如此，高度焦慮的孕婦會生下體型較小的寶寶。[5]壓力荷爾蒙濃度高，也與胎盤生長緩慢有關，研究顯示這或許會影響孩子將來處理壓力的能力。[6]

此外，孕期壓力也會影響腦部發育以及出現神經行為障礙的機率。[7]最有可能的原因是接觸到皮質醇，皮質醇是人在承受壓力時身體釋放的荷爾蒙。皮質醇會穿過胎盤，壓力過大的孕婦，羊水裡的皮質醇濃度也很高。在少數幾個檢測皮質醇濃度與妊娠結局的研究中，有一個研究發現，若羊水的皮質醇濃度很高，新生兒會有出生體重過低，以及在三個月大時出現嬰兒期恐懼與心理痛苦等症狀。[8]另一項研究則是發現，孕婦的高濃度皮質醇，與寶寶出生後頭六個月的大腦發育衰減有關。[9]說自己懷孕期間憂鬱的孕婦，通常皮質醇濃度較高。[10]這表示我們必須思考孕期壓力如何影響胎兒心理健康，也顯示孕期的壓力管理與心理健康值得重視。

壓力過大或憂鬱的孕婦很可能沒有時間或心思讓自己吃得健康、經常運動或規律睡眠。問題不完全出在壓力本身，而是當我們被心理狀態擊垮或吞噬時，根本無力照顧自己。你可以想一想，能撫慰你的「暖心食物」是什麼？通常是能讓多巴胺飆升的精製澱粉或甜食，這能使你暫時忘卻令人沮喪的事情。人在極度焦慮的時候，幾乎不可能關掉腦海裡的碎唸安然入睡（或睡得安穩）。睡眠不足導致皮質醇濃度上升，進而對暖心食物產生渴望。這是一個惡性循環。

✑ 孕期紓壓

怎麼做才能紓解壓力？我在前面說過，懷孕勢必會帶來一些壓力與焦慮，這很正常。但是當壓力揮之不去，甚至妨礙你照顧自己的時候，壓力就成了問題。

想找到最適合你的紓壓方式，第一步是意識到自己正在承受壓力。留意生活中的哪些事給你最多壓力。是行程太緊湊嗎？跟另一半或親友之間感情不夠緊密？對生產感到憂心？對育嬰感到焦慮？你擔心自己的身體健康：併發症、疼痛或因為懷孕而改變的身體？

任何事都有可能。就算那件事說出口有點愚蠢，也要試試。只有知道怎麼描述壓力來源，才能擁有更多能力去解除它。例如，能不能將行程簡化，減少工作時數？能不能在一週裡排出更多「屬於自己的放鬆時刻」？能不能對另一半或親友傾訴自己的擔憂？能不能找諮商師幫忙？心理諮商的好處在於有人為你提供客觀看法，幫助你處理思緒。

好奇心很重要。無論發生什麼事，都要保持開放心態。要記住管理壓力和紓解焦慮的方式多得不得了。有時候，你可以直接處理這些情緒。有時候，壓力是同時處理太多事情的反應，有意識地**少做一點事**就能減壓，不需要另外找方法。

雖然每個人對焦慮、憂鬱跟壓力的感受都不一樣，但是能有效減壓的生活習慣卻是共通的。有項研究只給孕婦一個建議：「消除給你壓力的事，並且／或是參與使你放鬆的事。」儘管這個建議不甚明確，卻依然能夠有效降低憂鬱、壓力和皮質醇濃度。[11] 這表示你不需要花大錢，也能減輕壓力與自我照顧。

正念練習

我想特別介紹正念練習。正念指的是覺察自己當下的情緒、想法與身體感受，接受它們，不帶任何批判。很多人以為正念是只有在冥想或放鬆的時候才做的事，其實正念練習可用在生活的方方面面：吃飯、走路、洗碗、與人交談。正念不是放鬆、摒除雜念、擺脫負面思緒，而是覺察並接受此時此刻的自己。我經常聽到孕婦說自己**應該**有怎樣的感受，而不是肯定自己當下的真實感受。這種隱含批判的想法會放大原本的擔憂跟壓力源，解方則是正念練習與無條件的接納。當你全面接納對「負面」情緒，告訴自己它們只是生命中的過客，就像天空飄過的雲朵一樣，這種「負面」的力量就會減輕許多。

有研究發現，孕期正念練習可大幅減輕跟懷孕相關的焦慮、擔心和憂鬱。[12] 只要專注感受心跳、呼吸或寶寶在肚子裡踢腿，就能使你更加平靜、與寶寶更加親近，真的很神奇。正念練習對生產過程也有幫助，自然產時母親自主用力絕對需要專注的正念，而自主用力與減少會陰撕裂、減輕產婦疲勞，以及較高的阿普伽新生兒評分之間存在著關聯性。[13,14]

自我照顧

無論你選擇正念練習還是其他方式，以下的作法應能幫助你釐清壓力管理與自我照顧時應注意哪些重點。很多孕婦都覺得這些作法有用，你可以只選一個進行，也可多管齊下：

❖ 多到戶外走走。去公園散步，爬山，在河邊坐坐，照顧花花草草。

❖ 練習深呼吸。深呼吸的方法非常多種，只要一邊有意識地慢慢呼吸，一邊在心裡說「吸氣，呼氣」就已足夠。

❖ 正念練習。吃飯，走路，與人溝通和日常生活中的一舉一動，都是正念練習的機會。專注覺察自己在各種情況裡的感受，允許自己去體驗這些感受，觀察自己的反應，不帶任何批判。

❖ 打電話給朋友或信賴的家人。請他們提供新的角度看事情，或是向願意聆聽的人用力傾訴。

❖ 找諮商師、心理學家或合格的心理健康專家。孕婦心理健康是高度專業的領域。可以的話，請找受過孕婦心理健康訓練、有經驗的專業人士。國際產後支援服務（Postpartum Support International）的網站有提供諮商師名單（www.postpartum.net/）。

❖ 冥想。如果冥想對你來說很陌生，可以從簡短的引導冥想開始。有不少免費的手機 app、影片和錄音。一到五分鐘就很有用。不需要特別的坐墊或服裝，甚至不需要規定時間有多長，只要冥想就有益處。

❖ 想像。我知道這聽起來有點荒誕，但是想像最理想的結果已然發生，這麼做的效果出奇地好，例如寶寶發育得很好或是生產過程一切順利。雖然這一切都「發生在你的腦袋裡」，但安慰劑效應已證實確實有用。

❖ 催眠治療。我認為催眠跟引導冥想和想像很類似。有幾種催眠治療的方式專門針對孕期跟分娩，通常包括錄音（可能有好幾段）。睡前打開錄音聽著入睡，或是坐在沙發上一邊放鬆一邊聽。

❖ 睡眠瑜伽。不需要做任何動作，只要靜靜躺著，專注呼吸，將注意力輪流集中在不同的身體部位上。

❖ 睡覺。充分休息對整體心理健康來說很重要，也可能影響神經傳導物質的濃度。懷孕週數愈大，愈難獲得充足睡眠，原因包括荷爾蒙變化、舒服的睡姿難找、頻尿等等。有幾種作法或許有幫助：每晚固定時間上床，睡前一至兩小時不要使用電子產品，臥室用全遮光窗簾（微光就有可能干擾褪黑激素的濃度，這是一種幫助睡眠的荷爾蒙），用孕婦枕幫助睡眠。前面提過的睡眠瑜伽也很適合成為一種睡前習慣。

❖ 敲打法／情緒釋放技巧。情緒釋放技巧（Emotioanl Freedom Technique，簡稱 EFT）能幫助減輕痛苦的記憶或事件造成的情緒衝擊，只要用手指輕敲穴位就行了。研究發現，這確實能有效減輕壓力，降低皮質醇濃度。[15] 網路上有非常多教學影片。你也可以一邊敲打穴位，一邊用「意識流」的方式說出令你苦惱的事。

❖ 按摩。請確認你的按摩師知道你是孕婦，而且知道如何適當地為孕婦按摩。懷孕後期可以側臥按摩，或是趴在特殊的孕婦枕上按摩（好幾個月無法趴臥的你，趴在孕婦枕上會感覺很讚！）。按摩治療已證實有助於舒緩產前憂鬱，就算是請你（未受過按摩訓練）的另一半幫你按摩也有用。[16]

❖ 針灸。研究發現針灸能有效紓解壓力與焦慮。[17] 有明確的證據顯示，針灸可減輕產前憂鬱。[18]

❖ 哈哈大笑。看一部喜劇電影。

❖ 寫日記。有些人發現跟訴苦比起來，書寫更容易消化情緒。允許自己想到什麼就「自由地寫下來」，不要批判自己寫了什麼，或是擔心文法錯誤。這是一個釋放自己的練習。

❖ 參加靈修或信仰團體。

❖ 活動身體。任何運動都會讓身體釋放更多令你開心的腦內啡。選一種你喜歡的運動。

❖ 聽音樂。彈奏樂器。跳舞。唱歌。釋放自己。

❖ 心懷感恩。此刻你對什麼事心懷感恩？當你被情緒淹沒時，先從最基本的句子開始練習：「感謝我正在呼吸的空氣……感謝明亮的陽光或洗淨一切的雨水……感謝自己此刻尊重身體慢下步調的需求……」心懷感恩很適合當成每天都要做的一種習慣，可以每天早上寫下你要感恩的事情，也可以晚上寫（或是早晚都寫！）。你會發現生命裡的「好事」居然這麼多，就算在你心情很糟的日子也一樣。

有沒有其他方式能讓你更加放鬆、感覺與寶寶更加親近、更加自在呢？**有的話，就做。**

我列出的方法只是其中幾種，你可以盡量探索其他自我照顧與壓力管理的方式。別忘了我在前面提過的研究：就算是最簡單的「避開壓力源，多多放鬆」這樣的建議，也有幫助。你必須有意識地多方嘗試。如果你已盡最大的努力嘗試，卻還是無法擺脫負面情緒，請尋求專業人士協助。

專業協助

尋求外在協助來梳理自己的思緒與情緒，尤其是身處荷爾蒙變化頻繁的懷孕時期，一點都不需要感到羞恥。就算你原本認為你的心理和情緒狀態都在掌控之中，懷孕就是會經常觸發既複雜又難以理解的情緒反應。

你的醫生或許不會特別留意產前憂鬱、焦慮和其他心理問題，你必須主動提出心理健康評估或是請醫生轉介。你需要的協助在某些醫療系統裡可能很難取得，所以你必須重複提出要求，為自己發聲，突破一層又一層的關卡。這並不容易，但若是你覺得自己有心理方面的問題，（不幸的是）或許得堅持到底才能得到適當的協助。前面提過，最好是找受過孕婦心理健康訓練而且經常協助孕婦的專業人士。國際產後支援服務的網站有提供諮商師名單（www.postpartum.net/）。

營養紓壓

最後也最重要的是，營養豐富的飲食能為身體提供維持腦部健康的原料。（是的，我必須把話題帶回到食物上。）這並不代表自我照顧與處理壓力的其他方式沒有用，而是飲食確實是心理健康經常被忽略的重要因素。研究者發現，「孕婦的心情特別容易受到營養不良的影響，因為懷孕跟泌乳都需要更多營養。」[19] 研究顯示鐵、鋅、葉酸、維生素 B6、維生素 B12、鈣、硒、膽鹼、維生素 D

和 omega-3 脂肪酸（DHA）等微量營養素，都會影響孕婦的身心健康。[20,21]

　　這或許能解釋為什麼有些孕婦會在吃了特定食物之後，明顯感受到情緒變化。例如，貧血的孕婦補充鐵質之後，憂鬱症狀獲得改善。[22] 此外，有產前憂鬱症（和產後憂鬱症）的女性血液 omega-3 脂肪酸（例如 DHA）濃度通常較低，omega-6 脂肪酸的濃度會比較高。[23] 如果你沒有吃海鮮（例如野生鮭魚）或吃魚油的習慣，現在就把它當成重要的習慣。最後，體內微生物失衡也會影響心理健康（經由所謂的「腸腦軸」）。有愈來愈多研究指出，益生菌可能有助於減輕憂鬱和焦慮。[24,25] 發酵過的食物對心理健康有益，例如優格、克非爾發酵乳、酸菜和益生菌補充劑。關於孕期營養和高營養密度的食物，請複習第二章與第三章。懷孕是充滿壓力和情緒起伏的過程，有時候很難吃得健康，但偏偏飲食在這時候尤為重要。請使用第二章討論過的正念飲食技巧，特別注意自己吃東西之後的感受。有些孕婦吃了特定的食物之後，幾乎立刻就會出現正面或負面的情緒反應，這可做為選擇食物時的參考。

✐ 總結

　　別忘了，管理壓力和你每天做的每一個生活習慣選擇同樣重要，例如吃營養的食物跟運動。找對方法照顧心理和情緒健康至關重要。方法不只有一種，但我個人認為，無論是何種形式的正念練習都很有效。

　　正念練習能使你充分活在當下，感受懷孕的起起伏伏、生產的挑戰與收穫，以及照顧新生兒的忙亂。當你覺察並接受自己的感受時，會更能夠享受特殊時刻與里程碑的喜悅，也更能夠一鼓作氣挺過難關。如果你覺得本章的自我照顧建議幫不了你，請立刻諮詢醫生，請醫生提供其他選擇。例如將你轉介給孕婦心理健康專家，或是其他方法。

12
第四孕期

產後對女性和他的新家庭來說是一個轉變期,身、心與
社交生活都必須調整。

——伊莉莎白‧蕭博士(Elizabeth Shaw)
麥克馬斯特大學,漢彌爾敦校區

在這忙碌的現代社會,人們似乎覺得生產完就萬事大吉。大家
都對孕婦百般呵護,但是產後呢?大家似乎都期待生產過後幾個星
期,你就能恢復如常。

這些不切實際的期待,導致許多女性忽視了產後的頭幾個月
是休息跟調養的關鍵期。這段時期是情緒健康、身體恢復的重要時
期,當然也要好好跟寶寶培養感情。我知道有很多媽媽為了盡快
回到產前的狀態把自己逼得太緊,最後反而因此筋疲力竭、心情憂
鬱,身體也吃不消。這件事若搞砸可不得了。傳統民族對產後的頭
幾週該做什麼、不該做什麼都有明確指示,而且世界各地的作法相
似得驚人,稍後我會詳細介紹。重點是,你必須調養、休息、好好
吃東西(吃**專門為你**準備的食物),以及餵養寶寶。

現在有很多女性覺得自己必須「面面俱到」,當個超級媽媽:
親自哺乳、快速復工、立刻恢復產前的身材。理論上,這些都是可
以做到的,但實際上很少有人做到,或是就算做到了也必須付出代

價。帶孩子的生活充滿未知數。寶寶出生後，你的生活將進入「第四孕期」，也就是適應寶寶近乎永無止盡的日夜需求，這段時間長達數月。有人說，新生兒的大腦尚未發育到能夠理解自己已跟母親分開。有時候，能享有不被打斷的五分鐘做自己想做的事都像個奇蹟。作家奧莉維亞‧坎伯（Olivia Campbell）在一篇散文裡精準描述產後恢復期：「『寶寶出生之後，我就能立刻回復到原本的狀態』這個迷思把我殺得措手不及，因為產後我依然覺得自己跟寶寶同為一體。」[1]這種感覺不會永遠持續下去，但是在你「最忙亂的時期」，這可不是開玩笑的。你加諸在自己身上的任務愈少，情況會愈好。你的身體和你的寶寶**都需要**你好好休息跟調養。

因此本章節**不打算**叫你去報名「產後瘦身特訓班」，或是做任何不切實際（且可能有害）的練習。重點不是快速「回復」或是趕快穿上原本的牛仔褲。重點是如何放慢腳步，好好照顧自己，療癒懷孕跟生產造成的傷害，補充營養儲量（為了自己的健康，若你打算再生一胎也有幫助），提升餵母乳的成功率，並藉由安全的溫和運動恢復身材。我會特別強調世界各地傳統民族的產後調養作法，以及你可以如何採取這些作法來加強恢復。希望你能充滿力量並做好準備，順利扮演好「母親」這個新角色。

◈ 以傳統方法進行產後調養

說到產後調養，傳統民族有很多值得學習之處。雖然各有奇特之處，但每個國家的產後調養方式都有許多共通點。例如休養數週、親自哺乳、吃特別的食物補充營養、不做耗費體力的活動等等。本章節整理的資訊除了來自直接訪談,也包括研究與這些習俗和觀念相關的已發表論文。

許多文化認為生產後的女性相當虛弱,「限制活動」休養四十天是常見的作法。限制活動聽起來有點負面,但亞馬遜河流域使用的字是「resguardo」,源自葡萄牙語的動詞「resguardar」,意思是「保護」。我認為這個字更貼近產後數週的目標:保護母親與寶寶。雖然確切的天數/週數稍有不同,但這段休養期在約旦、黎巴嫩、埃及、巴勒斯坦、墨西哥、中國、東南亞、東亞馬遜流域和許多其他地區都差不多,實在很奇妙。[2,3] 甚至連西方醫學都認為,產後休養似乎應持續六週為宜。

中國的產後休養叫「坐月子」或「做月子」,這個月由女性親戚幫忙做家事和煮飯。他們會煮「補陽」的食物來「益氣」(氣就是生命力或活力)。坐月子的人盡量不要閱讀和看電影(避免眼睛勞累,鼓勵休息),也不能洗澡洗頭(避免感冒;但是可以用熱毛巾擦澡)。[4] 韓國跟泰國也有類似坐月子的習俗。

韓國的產婦只需要「吃跟睡來恢復健康」,產婦的母親(寶寶的外婆)會照料他的一應需求。[5] 日本某些地區的習俗是女性「懷孕第三十二到三十五週左右回娘家居住,接受娘家母親照顧至產後八週」。同樣地,納米比亞的辛巴族女性(Himba)會在最後一個孕期回到母親居住的村子,生產後繼續住幾個月。[6] 這種支援產後婦女的作法是許多國家的習俗,例如約旦、奈及利亞、瓜地馬拉、印度等等。[7]

柬埔寨婦女產後會在竹片床上至少待三天,床底下用小火爐加熱,這叫做「ang pleung」。據信這可以促進子宮血液循環、防止血凝塊的形成，是產後調養的重要步驟。[8]烤火步驟結束後，最好臥床滿一個月。這段時間要避免搬重物、久站、接觸低溫和雨露。

墨西哥的婦女產後恢復期叫做「la cuarentena」[12]，這段時間會搬回娘家居住，或是請母親／婆婆來家裡陪伴四十天左右。請上一代來家裡同住，這樣一來就有人能幫忙做飯、產後調養和照顧日常需求。經常按摩並且用「束腰帶」綑綁腹部，據信都能預防子宮脫垂，支撐「鬆動」或「張開」的骨骼，幫助腹內臟器回歸原位，還能禦寒擋風。[9]

阿育吠陀是一種歷史悠久的印度傳統醫學，鼓勵女性產後在家休養六週，每天按摩，吃「溫熱」的食物（當然是由其他人準備），包括大量刺激乳汁分泌的熱飲。此外，訪客數量愈少愈好，母親和寶寶也要盡量待在室內，避免接觸強光或強風。[10]

坦尚尼亞的馬賽族婦女產後會留在房舍裡（bomas）三個月，一邊進行產後調養，一邊照顧剛出生的寶寶。[11]亞馬遜河流域的婦女產後四十至四十一天會盡量不離家太遠，或完全待在家裡，並遵守特殊的規定。尤其是「產後第一週身體特別虛弱，幾乎一整天都應斜躺在吊床上」。[12]

將傳統智慧融入現代生活

有些傳統作法現在看來確實有些極端，但了解它們的起源與相應措施可能很有幫助理解。例如有好幾個傳統民族產後一段時間禁止沐浴或洗頭，這可能是因為擔心水質不佳或沐浴後身體太冷。限制沐浴可能是為了防止母親跟寶寶受到感染。擔心母親或寶寶太

---

⑫ 譯註：字面意思是 40 天，也有「檢疫」之意，跟英語的「quarantine」同源。

冷或接觸惡劣天氣（風雨霜雪）是常見的事。開發中國家的母嬰死亡率較高，尤其是缺乏現代醫療的地區，所以保暖和預防生病都是合理作法。已開發國家水質乾淨、房屋堅固、衣物保暖，室內有空調，所以不需要擔心這些問題。

此外，我們大多不住在村子裡，也不是多代同堂的家庭，所以無法獲得二十四小時的支援。這種傳統作法必須調整一下才適用於我們的生活。若原生家庭住得很遠，請母親或婆婆來同住通常不太可行（或是就算他們住在附近，你也根本不想這麼做）。

重點是，傳統民族的女性顯然不需要做得「面面俱到」，而且產後幾週會被極力勸阻親力親為。這與現代社會的期待完全相反。有項研究檢視了二十幾個國家的產後習俗，發現一個共通點：他們都「允許剛生產完的母親『像孩子一樣』被照料一段時間」。[13]

相反地，西方國家似乎期待女性生產完就快速恢復正常活動。有位嫁入美國家庭的韓國女性分享了自己的困惑：[14]

> 「我生完女兒差不多七天後，夫家的人聚在一起慶祝。我覺得他們只關心寶寶，不關心我這個剛生完孩子的媽媽。韓國人對產後婦女悉心照顧、關懷備至。做為韓國人，我也期待自己能在完全恢復之前享有病人般的照料，通常是一個月的時間……他的家人把我當成健康的正常人對待，好像我幾乎立刻就能恢復正常活動。我生完孩子才七天，我老公就覺得我可以開車帶女兒去兒科診所做第一次身體檢查。」

以我個人和許多美國友人的經驗看來，我敢說，大部分女性都希望產後數週或甚至數月能放慢腳步。美國人似乎喜歡鼓勵媽媽盡快活動如常，恢復產前的正常活動。產後第一週出門散步、跟另一半約會，或是生完才幾週就去健身房，都是會被稱讚的行為。名人在雜誌封面抱著寶寶展現「面面俱到」的人生，更加深了這種觀念。許多媽媽還要面對事業上的要求，想要好好休息根本難上加難。美國的母親（和父親）缺乏足夠的育嬰假，突顯出這一嚴重疏忽。

當個超級媽媽，至少在產後的頭幾個月，將來可能會反撲你的健康。許多國家認為，產後休養不足（或是沒有遵守傳統作法）是老年健康問題的根源。雖然這聽起來像迷信，卻不是完全沒有道理。以我的營養師經驗來說，那些產後把自己逼得太緊、太急、沒有花時間好好休養的女性，較容易哺乳困難、腎上腺疲勞、甲狀腺出問題。

如何好好休息、復原、獲得支援

我要請你想像一下生完孩子後，你會獲得怎樣的支援？如果這是你的第一胎，你會很難想像怎麼會沒辦法照顧自己。生完的頭幾天，你可能會發現走向浴室的十步路竟變得如此艱難，餵寶寶喝奶竟如此花時間，總是無法同時空出兩隻手來吃飯如此令人沮喪（我還沒搞懂為什麼寶寶總是在你準備吃飯時剛好肚子餓）。

你可以事先規劃產後的支援包括：

❖ 這幾個星期／月會很忙亂，誰可以來幫你？

❖ 如果沒有親友能幫忙，能否雇用產後保姆或月嫂（或是兩個都請）？

❖ 有沒有人能安排親友連續數週每天輪流送餐？

❖ 懷孕的最後幾個月，你能否將食物冰在冷凍庫裡，讓自己之後容易取得既方便又營養的餐點？

❖ 如果你有其他孩子，能否安排一段時間的托兒服務？

我知道請求和接受協助不是那麼容易。我們都被教導成自立自強的女性，但我向你保證，請求協助或預先安排支援不會讓你變得軟弱無能。**這表示你很聰明。**這也代表產後復原以及照顧新生兒都會更順利。我們花了很多精神準備生產，卻幾乎沒有考慮到產後的照顧（我自己也是一樣）。這種思維亟需改變。

下一個章節將從全球各地的產後習俗中找出值得學習的作法，搭配現代科學的研究結果。就從滋養身體的食物開始說起。

❧ 真食物與產後調養

許多女性認為孕期營養最重要，寶寶出生後就無所謂了，想吃什麼都可以。別驚訝，其實哺乳中的媽媽營養需求**高於**孕婦。因為你依然在孕育一個寶寶，只是現在寶寶不在子宮裡了。所以，補充營養仍是最重要的事。

此外，分娩和生產的過程可能會讓你覺得自己剛跑完一場馬拉松（或兩場）。你絕對需要補充能量，多多攝取營養來彌補失去的血液跟修復傷口（尤其是會陰撕裂傷或剖腹產）。就算是不複雜的順產，你的身體也會承受劇烈變化，因為子宮要慢慢收縮回產前的大小，結締組織慢慢調整，乳房開始泌乳（無論你是否選擇餵母乳），皮膚也在恢復彈性中。

　　無一例外，傳統民族都非常重視產後營養。雖然菜色有地區性的差異，但是有一個明顯的共通點：動物性食物是主角。從濃郁的肉骨湯到內臟，從海鮮到雞蛋，我們的老祖宗清楚知道這些食物裡的營養素對療癒和泌乳極為重要。第二個共通點是「溫熱」的食物。是的，這包括熱騰騰的肉骨湯、草藥茶跟熱粥，也包括溫性的香料，例如肉桂跟薑。各地對哪些食物是溫性、哪些是涼性看法不一（跟溫度或辣度無關），但我會盡力說明共通之處。

　　中國人認為「補陽」的食物可祛寒，「滋陰」的食物可降火。女性生產之後處於「陰虛」狀態，必須吃更多「補陽」的食物來恢復體內平衡。用豬腳或雞肉熬煮濃郁的肉骨湯，加入海藻、薑和醋，都很適合產後調養。[15] 除了清湯和濃湯，刺激泌乳和幫助療癒的食物還包括豬肉、雞肉、內臟、米飯、雞蛋、麻油、薑、人參、草藥茶跟米酒。[16] 動物性食物是主角：「每天都要吃肉，通常是雞肉、豬肉、豬肝和腰子交替著吃。」[17] 據稱中國西南方的女性產後每天要吃八到十顆蛋，一方面刺激泌乳，一方面加強寶寶的腦部發育。[18] 產後不宜吃「滋陰降火」的食物，尤其是生菜跟水果、冷飲，甚至連白開水也最好別喝（只喝溫熱的草藥茶）。有些蔬菜若煮熟可以吃，例如芥藍、香菇、胡蘿蔔跟菜豆（這部分說法不一）。[19]

　　印度人也把重點放在溫熱的食物上，包括全脂牛奶（加熱後飲用）、無水奶油、堅果、薑、片糖（未精製蔗糖）。[20] 祖先來自南印度的馬來西亞印度人產後會吃鯊魚、魟魚、雞肉、鹹魚跟辣味咖哩。生冷的食物則是盡量避免，例如番茄跟小黃瓜。[21]

墨西哥人產後也喝濃湯跟熱飲。濃濃的雞湯加入洋蔥、大蒜跟芫荽，是常見的產後調養食物。另外，熱巧克力加玉米糊（atole，用玉米、牛奶和肉桂做成的甜飲品）有催乳的功效。[22]

在亞馬遜河流域的帕拉州（Pará），產後第一個星期的理想食物是燉雞。接下來可以吃的食物種類繁多，包括野味肉類、特定的魚類、巴西莓（acai）、木薯（manioc）、米飯跟豆類。[23] 除了巴西莓之外，產後四十天嚴禁吃水果。

韓國人產後常喝一種特別的海帶湯（miyuk-kuk）。[24] 柬埔寨人產後會吃一種營養豐富的熱粥（khaw），原料是燉牛肉、豬肉或魚肉，加鹽、胡椒跟棕櫚糖調味。他們也喝溫熱的飲料（草藥茶與自家釀的酒），不吃冷的、酸的跟生的食物。[25]

奈及利亞北部的婦女產後會吃一種花生粉跟米做的粥，加入當地產的鹽增加養分。辣的食物也是重點。[26] 南非人產後會吃高蛋白食物，不吃生冷的食物，因為他們相信這些食物會抑制母乳分泌。[27]

傳統療癒食物背後的營養觀念

從許多方面來說，傳統民族的產後飲食非常合理。懷孕跟生產之後，你的體內經歷巨大的變化。被拉伸、撕裂或切開的組織正在療癒，需要大量蛋白質，尤其是甘胺酸和脯胺酸這兩種胺基酸，身體需要用它們來製造膠原蛋白。動物性食物的結締組織、骨頭和皮膚都富含甘胺酸與脯胺酸。分娩會流失電解質跟水分，所以也需要補充。肉骨湯以及用動物性食物慢火燜煮的燉菜、濃湯和咖哩裡，都有上述的這幾種營養素。

如果你曾大出血，吃紅肉跟內臟可獲得大量容易吸收的鐵質跟維生素 B12，尤其是肝臟與心臟。雞蛋跟海鮮除了蛋白質，也能提供碘、維生素 B 群、鋅、膽鹼、DHA 及多種營養素，一方面加速療癒，一方面為母乳增添營養。

除此之外，產後恢復需要更多體力。刻意準備好消化的食物非常合理，例如煮熟的蔬菜、燉肉跟粥。跟生食比起來，你的身體更容易從熟食中取得熱量。最後，傳統民族通常使用在地食材（所以有地區性的差異），這些食物能提供產後復原需要的熱量，通常也屬於所謂的暖心食物。從營養跟情緒的角度來說，這些都是你的身體在這個虛弱的時期想要**也需要**的食物。

你應該吃什麼？

大致而言，你可以維持孕期的飲食方式，不過要針對產後做些調整。前面提過你需要更多熱量，所以飲食的份量要增加。尤其是剛開始哺乳的前幾週，你會覺得飢餓感如潮水般兇猛。據估計，哺乳中的母親在產後的頭六個月每天會多消耗五百大卡熱量。只要順從身體的飢餓訊號（而且有幫手在你需要時提供食物）就不會有問題。

我記得生完孩子的那個早上，我老公帶早餐給我吃，份量跟我懷孕時吃的早餐一樣，卻遠遠不及我身體需要的份量。那幾週我的胃像個無底洞。我記得我告訴他：「溫馨提示你，從現在開始，我需要的食物份量是過去的三倍！」當時我飢餓的程度簡直人神共憤！

如果這段時期沒有人幫你張羅吃的，你很容易不小心吃得太少（我應該有說過，照顧新生兒有多麼花費時間跟精神吧？），所以我必須再三強調請人幫忙準備食物，冰箱裡要冰著預先做好的食物，在你會餵寶寶跟休息的地方擺放點心，這些事非常重要。

適合產後調養的食物有：

❖ 以肉骨湯為底熬煮的濃湯、濃郁的燉菜和咖哩。這些熱騰騰的暖心食物能提供製造膠原蛋白需要的胺基酸、電解質和許多微量營養素。肉骨湯、雞肉蔬菜湯、椰汁雞肉咖哩和墨西哥燉豬肉絲的作法，請參考附錄食譜。

❖ 富含鐵質的食物，例如燉肉（燉牛肉或手撕烤豬肉）跟肝臟、腰子和心臟等內臟。別忘了有很多作法能把肝臟「藏起來」，例如我做的辣肉醬、烘牛肉卷、牧羊人派跟肉丸裡都摻了肝臟。這幾道菜和美味牛肝醬的作法請參考附錄食譜。

❖ 高脂食物，例如豬肉、奶油／無水奶油、富含脂肪的魚類、堅果／種子等等。附錄食譜裡的堅果「果麥」棒、菠菜泥跟楓糖烤蛋黃布丁，都是很適合產後的點心。

❖ 富含 omega-3 的食物，例如海鮮、雞蛋和草飼牛肉。試試附錄食譜裡的烤鮭魚、鮭魚餅和菠菜鹹派。

❖ 富含碘的食物，例如海鮮或加了海藻的清湯（只要在肉骨湯裡加一片乾昆布就成了）。烤海苔是很方便的點心選擇。

❖ 煮軟的蔬菜（而不是生菜或沙拉）。附錄食譜裡的蔬菜都很適合，包括濃湯跟燉菜裡的蔬菜。

❖ 煮透的穀物／澱粉，例如燕麥、米飯和番薯（搭配大量脂肪跟蛋白質，既能提供能量也能穩定血糖）。我在下一個章節有關於醣類的說明。

❖ 溫熱的液體多多益善，例如清湯跟熱茶（比如說催乳的草藥茶）。有個好用的基本原則是，體重每一公斤喝四十八到六十四毫升液體（體重六十八公斤每天應喝三‧三至四‧四公升液體）。* 哺乳中的母親每次餵完奶之後，應補充一杯水或茶。

關於醣類

我在前面提過，產後可繼續吃孕期營養豐富的飲食，但份量要加大，而且不要忽視身體的飢餓訊號。這本書裡（第五章）的飲食範例營養豐富又均衡，很適合產後調養。有些人可能會急著想要減掉懷孕時增加的體重，所以減少飲食範例中的醣類份量，但這種作法必須謹慎。

大家都知道我支持低醣飲食，但**若是正在哺乳的媽媽**，剛生產完的階段不宜大幅減少醣類攝取量。這幾週的重點應放在與寶寶建立感情和催乳上。有些媽媽（當然不是所有的媽媽）突然改吃低醣飲食之後，泌乳量會下降。這種情況的原因尚不明確，相關研究非常稀少，不過有幾個可能的解釋：

一、低醣飲食會降低飢餓感，導致吃得太少。熱量攝取不足會減少泌乳量，這是已知的事實。

二、低醣飲食會造成水分流失，使脫水更加常見。製造母乳需要水分，所以這會是個問題。

---

* 按編：此建議的科學研究根據如下：
　‧ Bardosono, Saptawati, et al. "Fluid intake of pregnant and breastfeeding women in Indonesia: a cross-sectional survey with a seven-day fluid specific record." *Nutrients* 8.11 (2016): 651.
　‧ Bentley, G. R. "Hydration as a limiting factor in lactation." *American Journal of Human Biology: The Official Journal of the Human Biology Association* 10.2 (1998): 151-161.

三、低醣飲食可能會導致電解質不足，因為電解質也會隨著母乳排出體外。

　　雖然這些假設尚未在**人類**母親身上積極驗證，但是從乳牛研究裡或許能看出端倪。乳製品工業增加乳汁產量的動機顯而易見，他們發現乳牛攝取熱量不足時，產量會下降，並進入燃燒脂肪的酮症狀態。[28] 因此，牧場都會設法讓泌乳的乳牛**脫離酮症狀態**，這樣才能維持高產量。低醣飲食容易引發酮症，熱量攝取不足也是。許多女性選擇以低醣飲食減重，自然會吃得太少，而酮症在醣類攝取量很低的人身上較常見。

　　很難確知原因是熱量不足還是醣類不足，或是兩者都有，但我們必須知道，哺乳需要熱量，而且你的身體正為了泌乳快速消耗血糖。從代謝上來說，多數女性產後可以短期增加醣類攝取量也不會有事，或至少維持跟孕期相同的攝取量並從中獲益。就連（不會自行製造胰島素的）第一型糖尿病患，產後第一週的胰島素需求亦會驟降，身體的胰島素敏感度上升。[29] 胎盤排出後，你不再受胎盤荷爾蒙的影響，這時胰島素抗性會急遽下降。這是一種天生的生存機制，有利於快速取得葡萄糖，以便滿足二十四小時的泌乳需求。這段時期壓低醣類攝取量既沒有必要，也不太恰當。

　　這並不代表哺乳期的醣類攝取量**絕對不能**慢慢減少，但我建議大幅度的改變要等到泌乳量穩定下來之後再說（通常需要幾個月）。改變最好循序漸進，而且要時刻記住，你必須攝取充足熱量才能維持相同的泌乳量。此外，補充水分和大方使用鹽調味食物（別忘了鹽是電解質）有利尿的效果，這一點也必須納入考量。有項研究比較了熱量相同的低醣飲食與高醣飲食哺乳媽媽（產後八至十二週），發現兩組受試者的泌乳量沒有差別。低醣組每日攝取一三七公克醣類，高醣組攝取二六五公克。[30] 也就是說，他們吃**適度**的低醣飲食，跟這本書裡的建議差不多，不是生酮或低醣高脂飲食。哺乳會增加熱量需求，所以你可以攝取更多醣類（公克數更高），但醣類的比例（醣類提供的熱量佔比）維持不變。很多女性認為這種觀念大有幫助。

以我的執業經驗來說，大部分泌乳量充足的哺乳媽媽每天至少需要五十公克醣類才能維持泌乳量。當然會有例外，所以你要自己實驗看看，慢慢找出最適合你的醣類攝取量。

有些民族本來就吃低醣飲食，例如阿拉斯加、加拿大與格陵蘭的因紐特人。但他們顯然能夠順利哺乳，他們的身體也很適應醣類份量極低的飲食。這才是關鍵。他們的身體**已經適應**這樣的飲食方式。若降低或**大幅**降低醣類攝取量對你來說是突然的改變，你需要多花點時間讓身體適應。舉例來說，如果你一下子從每天兩百公克降低成不到二十公克，泌乳量就不可能維持不變。事先做好規劃，追蹤一週或更長期的飲食情況，先找出醣類與熱量攝取的基準值，再逐步減少醣類攝取量。

✽ 哺乳

你把這本書看到這裡，我敢說你早已把母乳的好處研究得滾瓜爛熟。餵母乳有無數好處，例如免疫、消化、認知和代謝等等（對你和寶寶都是），不過本章節要說的不是這些。母乳的好處早有許多作者與研究者談過。我想分享的是經常被忽略的主題，例如哺乳的實際情況、如何順利哺乳，以及哺乳的營養需求等等。

如果你的目標是世衛組織建議的產後頭六個月只餵母乳，並且「餵母乳與適當的副食品直到寶寶兩歲或超過兩歲」，最好事先做好準備。

學習哺乳跟學習一種新的語言一樣，尤其是碰到困難的時候。有很多專有名詞：泌乳反射、橄欖球抱法、側躺哺餵、母乳安眠、催乳劑、唇繫帶、舌繫帶、前乳、後乳、含乳、鵝口瘡、雙邊輪流哺餵、間歇式擠乳、密集哺餵、母乳墊、哺乳內衣、哺乳枕、吸乳器、乳頭霜……

請注意我用了「學習」這個詞。餵母乳看似自然，卻不一定能自然地順利進行。你和寶寶都必須花時間學習哺乳，就算是有哺乳經驗的媽媽也一樣。頭幾週最難，因為你正在適應新的作息、實驗最好的哺乳姿勢、幫助寶寶正確含乳，還要習慣每天在沙發上一坐就是好幾個小時，懷裡還抱著一個寶寶。

雖然政府的公衛宣導讓大眾知道喝母乳的好處，卻沒有告訴大家哺乳媽媽的日常生活有多辛苦。大部分的媽媽會參加哺乳課程，別誤會，我完全支持你在懷孕期間參加哺乳課程，只是我發現，最好的學習方式其實是觀察剛生產完的媽媽。為什麼？因為你可以親眼看見寶寶怎麼喝奶。哺乳很辛苦。這絕對是一份二十四小時的工作（至少在生產完的頭幾個月）。

你很容易不知所措、懷疑自己的泌乳量（「寶寶怎麼可能又餓了？他才剛喝過奶耶！」），對哺乳消耗的時間感到沮喪。正因如此，這段時期有人支援非常重要。當你在哺乳上碰到困難時，你會需要能夠求助的可靠資源（可能不只一個）。至少要有一位可以諮詢的泌乳顧問，最好是國際認證泌乳顧問（International Board Certified Lactation Consultant，簡稱 IBCLC），和一位正在哺乳的媽媽當你的「同儕顧問」。

我自己餵母乳的時候有被龐雜的細節嚇到。例如乳頭疼痛的原因可能有幾十個，而且這件事不能等，一發生就要立刻處理，不可以等到一週後再說。我很幸運，我隨時都能打電話給一位優秀的泌乳顧問求助。光是能夠確定自己的問題到底是正常情況，還是需要立刻找出原因的異狀，就是很大的助益。剛開始餵奶時，就算只有一、兩次含乳不順，也可能把原本沒問題的作法變成災難。我必須再次強調，碰到困難時，能找到受過優良訓練的泌乳顧問真的很重要。此外，KellyMom.com 網站也很好用，提供以證據為基礎的泌乳資訊。國際母乳會（La Leche League）的各地分會也能提供珍貴的協助。打聽一下，說不定你家附近就有可用資源。

哺乳期的營養需求

哺乳期的營養需求很高。我剛開始寫跟哺乳有關的草稿時，我寫下的是「大吃特吃，吃個不停。喝很多水，喝個不停」。哺乳媽媽會進入全新的「餓到發怒」（hangry）境界。剛開始哺乳的頭幾週，我給你的建議是：「記得吃東西。」只要能做到這一點，你已經很厲害。

攝取**夠多**的食物跟水分，這是製造跟維持泌乳量的關鍵。有些人會覺得這句話的意思是「吃什麼食物不會影響母乳」，這種想法半對半錯。我想先解釋一下，長久以來，人們一直忌諱討論飲食對母乳品質的影響，原因是餵母乳這件事本身就困難重重。寫作的此時我剛好也是一個哺乳媽媽，所以我完全明白這種忌諱。

請容我先把話說清楚：就算媽媽的飲食不夠營養，母乳仍是寶寶最好的食物。母乳本身就是超級食物，富含促進免疫力的抗體，以及好消化的蛋白質、脂肪與醣類。本章節的資訊不是要勸那些「母乳不夠好」的媽媽別餵母乳，或是暗指哺乳媽媽必須吃「完美」飲食才有營養的母乳。我想做的是鼓勵生產完的媽媽多吃營養的食物，最好是真食物，既能為產後的身體補充營養，又能為飢腸轆轆、快速生長的寶寶製造最營養的母乳。重點是自我照顧，以及為你跟寶寶攝取營養；一方面能夠兼顧產後調養和育嬰壓力，不會因此筋疲力盡，一方面能讓寶寶獲得發育和生長需要的最佳營養。

為什麼哺乳媽媽需要營養豐富的飲食

請記住，母乳是寶寶最好的食物，在這個前提之下，讓我們一起來看看科學怎麼說。哺乳是一個充滿奇蹟的過程，就算母親極度缺乏營養，寶寶仍可藉由母乳安然存活。這種生存機制意味著某些營養素比較不受母親的飲食和營養儲量影響，即使母親營養不良，母乳仍可提供充足的熱量、蛋白質、葉酸和大部分的微量礦物質。但是，攝取充足營養來補充你自己的營養儲量也很重要。以葉酸為例，有位研究者說：「為了維持母乳中的葉酸濃度，葉酸攝取量過低的女性自身的葉酸儲量會隨著哺乳而逐漸匱乏。」[31]

母親的飲食確實會影響母乳中某些營養素的濃度，包括維生素 B1、B2、B3、B6 與 B12、維生素 A、D、K、膽鹼、脂肪酸（例如 DHA）與某些微量礦物質（例如硒和碘）。[32,33,34,35] 這些營養素之中，有許多都對腦部發育很重要。寶寶出生時，腦部僅發育二十五％左右。出生後的第一年，大腦體積會成長一倍。[36]

維生素B群

除了葉酸之外，母乳中其餘的維生素 B 含量，都會直接受到飲食的維生素 B 攝取量影響。有研究檢驗了母乳中的維生素 B 含量，再跟寶寶出生頭六個月的需求量做比較，發現母親營養不良的母乳僅提供了寶寶需要的硫胺素六〇％、核黃素五十三％、維生素 B6 八〇％、維生素 B12 十六％及膽鹼五十六％。這項研究的作者表示：「所有營養素的情況都一樣，說明了我們亟需改善與母乳品質有關的資訊。」[37] 前面提過，這個資訊鮮少在學術界以外的領域討論，以免降低女性餵母乳的意願。

有一種維生素 B 特別值得關注，那就是維生素 B12。飲食缺乏動物性食物的女性，缺乏維生素 B12 以及母乳維生素 B12 含量偏低的機率較高。[38] 維生素 B12 攝取量不足的嬰兒，通常會有「易怒、厭食、生長遲滯、發育退化和腦部發育不良」等情況。[39] 有幾個個案突顯出與全素飲食有關的問題（全素指的是完全不吃動物性產品，包括肉、魚、蛋和乳製品，這些都是維生素 B12 的重要來源）。[40,41,42]「總結個案研究發現，症狀出現在四到七個月左右的新生兒身上，包括嚴重生長遲滯（身長、體重與頭圍）與腦部萎縮，以及大量的肌肉、行為與其他發育問題，在有些個案身上，治療後仍無法逆轉某些症狀。」[43] 是的，維生素 B12 攝取不足可能**導致寶寶腦部萎縮**。上述的嬰兒個案都是全母乳寶寶。

有位全素母親的九個月大寶寶身上觀察到維生素 B12 嚴重不足，以及「營養不良、虛弱、肌肉萎縮、無腱反射、心理動作退化、血液功能異常」。[44] 事實上，這個寶寶在六個月大的時候就失去自行翻身的能力。母親吃全素十年，他的血液跟母乳裡的維生素B12 含量都極低。寶寶補充維生素 B12 僅兩天就已恢復翻身能力，並且對周遭環境感到興趣，十天後出現正常的肌肉運動跡象。這個寶寶很幸運，因為如前所述，在這類寶寶身上，有**不可逆**傷害的比例高達五〇％。

雖然全素飲食是維生素 B12 缺乏的最大風險，吃奶蛋素的人（不吃肉跟魚，但會吃蛋和乳製品）血液維生素 B12 含量總是偏低。[45] 顯然無論是吃素還是吃全素的女性，都面臨維生素 B12 缺乏的風險。若要確保維生素 B12 的攝取量（以及母乳含有足夠的維生素 B12），一定要吃動物性食物，並且／或是持續吃補充劑。

膽鹼

哺乳是膽鹼需求最高的時期，因為膽鹼是腦部發育不可或缺的營養素。哺乳媽媽的每日膽鹼需求量是五五〇毫克（孕期則是每日四五〇毫克），高於人生中的任何一個時期。五五〇毫克對多數女性來說已是很難達成的目標，但研究顯示，攝取兩倍以上的量（每日攝取九三〇毫克）可大幅增加母乳中膽鹼和其他有益代謝物的濃度，包括甘胺酸。[46] 發育早期攝取充足膽鹼可「加強青少年時期的記憶能力與準確度，而且似乎能夠預防跟年齡有關的記憶力與注意力衰退」。[47] 膽鹼需求如此之高，或許能解釋為什麼許多傳統民族都很強調產後復原要吃雞蛋、內臟與其他富含膽鹼的食物。此外，許多女性發現，補充富含膽鹼的卵磷脂有助於預防乳腺管阻塞。[48] 不過這與卵磷脂含有膽鹼是否有關尚未可知。

脂肪酸與DHA

脂肪酸濃度也會反映在母乳裡。意思是說，你直接攝取的脂肪品質會影響母乳的脂肪組成。各種脂肪皆然，包括 omega-3、omega-6、反式脂肪、飽和脂肪與單元不飽和脂肪。[49,50] 攝取較多脂肪的媽媽，母乳的脂肪**總含量**也比較高；聽說媽媽改吃富含脂肪的飲食後，寶寶會比較有飽足感，也比較不會腸絞痛，或許正是因為如此。[51] 脂肪的消化速度相對較慢，或許可延長寶寶的飽足感。

促進腦部和視覺發育的 omega-3 脂肪酸 DHA 可能是哺乳期最重要的營養素。研究發現，「人類母親的膳食 DHA 攝取量，可使母乳的 DHA 含量差異高達十倍。」[52] 此外，喝 DHA 含量高的母乳，寶寶的神經與視覺發育會比較好。[53] 吃全素的媽媽母乳 DHA 濃度僅〇‧〇五％，雜食媽媽（每餐平均含一二七公克海鮮）的母乳 DHA 濃度是二‧八％。[54] 這表示哺乳期攝取海鮮、草飼牛肉、雞蛋與／或 DHA 補充劑依然非常重要。別忘了前面幾章討論過，吃植物性 omega-3 補充劑（藻類除外）是不夠的。有研究發現，母親攝取亞麻籽油**無法**增加母乳的 DHA 濃度。[55]

動物性脂肪除了能提升 DHA 濃度，也能改善母乳的脂肪酸整體比例。吃更多動物性脂肪的女性身上，觀察到更多有益的中鏈脂肪。[56] 中鏈脂肪能快速轉換成熱量（它們會「生酮」），而且對大腦有鎮靜作用。這對年幼的嬰兒來說有好處，他們似乎至少在出生的第一個月會處於酮症狀態。[57,58] 有些中鏈脂肪還具有抗菌和增強免疫力的作用，這或許對嬰兒正在發育的消化系統有幫助。[59] 此外，動物性食物的品質也會影響母乳。荷蘭有一項研究發現，吃有機飲食的女性（肉類與乳製品九〇％以上來自有機來源）母乳中 CLA

（共軛亞麻油酸）濃度較高。[60] 這種脂肪對新陳代謝有益，可改善免疫功能，或許還能降低嬰兒過敏與氣喘的機率。[61]

母親吃富含 omega-6 脂肪酸或反式脂肪的飲食，母乳中這些有害脂肪的濃度會比較高。[62,63] 尤其是反式脂肪，研究者指出母親的攝取量與母乳寶寶的血液反式脂肪濃度之間，有「高度顯著的線性關係」。反式脂肪可能會阻礙寶寶的發育，因為它們會干擾必需脂肪酸（例如 DHA）的代謝，還會取代健康脂肪進而阻撓正常細胞膜結構。[64] 老鼠實驗的結果令人憂心，孕期和哺乳期攝取反式脂肪可能對孩子的胰島素信號有長期負面影響，還會導致荷爾蒙紊亂。[65,66] 簡單地說，反式脂肪可能會影響孩子的體質，使他們長大後容易罹患肥胖症與糖尿病。因此，少吃加工蔬菜油和「部分氫化油」製作的食品非常重要，例如人造奶油和酥油。特別注意，烘焙產品、麵包、點心和速食佔反式脂肪總攝取量的六〇％。[67] 當你吃這些食物時，務必再三確認成分表裡沒有「部分氫化油」。

維生素A

跟脂肪一樣，母親的飲食會影響母乳的脂溶性維生素含量。維生素 A 是寶寶生長、免疫系統發育和預防感染的重要營養素。寶寶最初喝的母乳叫初乳，初乳的維生素 A 含量特別高或許不是偶然。根據估計，寶寶出生後第一個月吸收的「維生素 A 是九個月孕期的六〇倍」。[68] 遺憾的是，若母親維生素 A 攝取不足，母乳裡的維生素 A 含量也會偏低。[69] 少吃動物性脂肪的女性特別容易缺乏維生素 A，因為若不吃補充劑，動物性脂肪是既成維生素 A 的唯一膳食來源（請見第三章）。仰賴補充劑滿足維生素 A 需求要特別小心，因為並非所有的補充劑都含使用生理活性最強的成分。有一項研究比較了母乳的維生素 A 含量，吃僅含有 β-胡蘿蔔素（非既成維生素 A）孕婦維他命的媽媽，四〇％母乳缺乏維生素 A；吃含有視黃醇（既成維生素 A）孕婦維他命的媽媽，四％母乳缺乏維生素 A。[70] 這些孕婦維他命的「維生素 A」劑量都相同，只是形態不一樣。維生素 A 對嬰兒的發育來說極為重要，難怪傳統民族如此重視富含維生素 A 的高脂動物性食物。奶油、無水奶油、豬油、牛油、內臟跟魚類，都是產後飲食的聰明選擇。

維生素D

母乳的維生素 D 含量因人而異，沒有（從飲食或補充劑）攝取充足維生素 D 的媽媽，或是沒有經常曬太陽的媽媽，母乳的維生素 D 含量較低。這種情況是常態，因此長久以來，母乳一直被視為「缺乏維生素 D」，建議全母乳寶寶每天另外攝取四百 IU 的維生素 D。事實上，「全母乳寶寶若沒有口服維生素 D 補充劑，幾乎全數缺乏維生素 D。」[71] 不過近年來有研究發現，若母親充分補充維生素 D，母乳裡的維生素 D 亦可滿足寶寶的需求。有一項設計精良的研究追蹤了維生素 D 補充劑對母親的血液、母乳和寶寶體內維生素 D 濃度的影響。有趣的是，母乳維生素 D 的測量項目命名為「抗佝僂病活性」，因為維生素 D 可預防佝僂病。這項研究發現，每天攝取六千四百 IU 維生素 D 的母親不但體內維生素 D 濃度較高，也藉由母乳傳送了充足的維生素 D 來滿足寶寶的需求（不需要讓寶寶另外吃維生素補充劑）。[72] 如果你懷孕的時候有吃維生素 D 補充劑，哺乳時可繼續吃，並確認劑量至少是每天六千四百 IU。

碘

　　跟前面討論過的營養素一樣，你攝取的碘會決定母乳中的碘
含量。在普遍缺碘和甲狀腺腫大盛行的地區，母乳中的碘含量都很
低。此外，在寶寶出生的頭六個月裡，母乳的碘含量會逐步下滑，
原因是母親自己也缺碘（即使每天補充一五〇毫克也一樣）。[73] 研
究發現，住在法國、德國、比利時、瑞典、西班牙、義大利、丹
麥、泰國和薩伊共和國的女性母乳含碘量不足。[74] 這之所以重要，
是因為「新生兒甲狀腺的碘儲量不多，轉換速度快，對膳食碘的攝
取量變化非常敏感」。[75] 用簡單一點的方式來說，你需要可靠又穩
定的碘來源，才能確定寶寶獲得足夠的碘。前幾章也提過，碘對甲
狀腺、大腦和代謝系統的健康不可或缺。研究者指出：「適當的母
乳碘含量對哺乳期嬰兒的神經發育尤為重要。」[76] 令人擔憂的是，
有些干擾碘代謝的環境汙染物似乎在母乳裡搶先佔位，導致碘的需
求高於目前的建議攝取量。[77] 避免接觸第十章提到的毒素，也對充
分攝取碘有幫助。經常吃海鮮、海藻、雞蛋、乳製品和含碘的孕婦
維他命（或另外的碘補充劑），都是哺乳期間的聰明選擇。或許正
因如此，坐月子的母親喝海帶湯是韓國的產後習俗。

飲食營養豐富，母乳營養才會豐富

　　如你所見，飲食**確實**會影響母乳。我們知道，母親的飲食與營
養儲量可以也**確實**會影響母乳裡的營養素，但是敢公開這麼說的人
並不多。當然不是每一種營養素都會受到影響，在可以的情況下，
你的身體當然也會犧牲原本儲存的營養，為寶寶製作最優質的母
乳。但是「哺乳期吃什麼食物不重要」，顯然是毫無根據的說法。

我們必須正視這段時期**你的身體**也需要補充營養。生產之後，身體儲存的營養會達到新低。這是應該補充營養的時候。能夠幫助產後快速復原的食物，也能夠為母乳添加營養，請花點時間看看前面幾頁介紹過的食物。

　　我要再次強調，重點不是「完美」飲食。我完全明白選擇營養密度高的真食物沒那麼容易，照顧新生兒也是。做為母親，產後的身心挑戰將長達數週或數月，尤其是在睡不飽的情況之下。有時候你只能基於方便和現實狀況來選擇飲食。有吃東西總好過不吃，也好過擔心晚餐吃得「夠不夠好」。不需要有罪惡感。重點是**多多益善**，而不是**挑三揀四**。盡可能多吃一些營養密度高的食物。整體的飲食品質才是最重要的，無須糾結每天都要吃得如何。

　　我也想點出，在產後的頭幾個月，哺乳是二十四小時的工作。那段時間我給自己取了幾個綽號，例如「乳牛」和「行動供乳機」（Mobile Milk Unit，縮寫為 MMU，簡稱「哞」）。人類畢竟也是哺乳動物，當我知道大部分的哺乳動物都跟我一樣二十四小時隨時哺餵寶寶時，心中甚感欣慰。那段時間，我在飲食上非常仰賴家人跟朋友。別忘了，剛生產完的媽媽也必須「像孩子一樣」被照顧。

　　做為寶寶唯一的食物來源（至少頭六個月）使人心生謙卑。生活被迫放慢腳步。我記得自己看著幾個月大的兒子，覺得這個小傢伙竟然只靠我的母乳生長實在很神奇。懷孕時，我的身體孕育了他；出生後，在他吃固體食物之前，又完全仰賴**母親**取得營養。這件事既不可思議又責任重大。我提這件事，是想告訴你別對自己太嚴格。你攝取的營養確實會影響母乳，但光是餵母乳就已是一份難以替代的禮物（無論餵母乳的時間有多長，有些人只餵數週，有些人會餵好幾年）。

⁀⁓ 補充劑

你應該知道，說到攝取營養，我是「食物派」，我認為大部分的營養素最好來自食物。但人非聖賢，孰能無過，總有幾天你攝取的營養素會不太夠，更何況產後調養跟哺乳的營養需求都很高。此外，有些營養素靠補充劑更容易獲得，例如維生素 D。所以，我在下面列出幾種你可以納入考慮的補充劑。

孕婦維他命

前面提過，生產後的營養需求會更高，尤其是餵母乳的媽媽。所以大部分的健康專家會鼓勵你在哺乳期間繼續吃孕婦維他命。就算不餵母乳，產後仍建議繼續吃孕婦維他命六個月，為身體補充營養。如果你的孕婦維他命吃光了，可考慮我推薦的幾款完整配方維他命：www.realfoodforpregnancy.com/pnv/。

DHA

DHA 這種 omega-3 脂肪酸在產後依然重要。哺乳媽媽吃 DHA 補充劑，能確保母乳含有足夠的 DHA。不餵母乳的媽媽也要補充 DHA，因為懷孕期間你的身體會把 DHA 優先輸送給寶寶。動物實驗的數據顯示，一次「繁殖週期」結束後，大腦的 DHA 濃度會下降十八％，據信人類身上也有相同的現象。[78] 換句話說，懷孕會消耗大腦的 DHA。由於 DHA 過低和認知功能衰退、憂鬱症及壓力敏感性之間存在著關聯性，再加上我們知道，懷孕跟哺乳都會增加身體對 DHA 的需求，所以孕期和**生產後**都務必要攝取充足的 DHA。如果你想避免「一孕傻三年」，同時藉由營養來預防產後憂鬱症，請繼續吃 DHA 補充劑。

維生素D

哺乳媽媽的維生素 D 需求高於懷孕期間，這樣母乳才能提供充足的維生素 D（上一個章節已有說明）。大部分女性碰到中午的大太陽都會擦防曬乳，有些人則是住在無法終年從日曬獲得維生素 D 的緯度，補充劑是個好選擇。哺乳媽媽的建議劑量是每天六千四百 IU。非哺乳媽媽也應該吃類似劑量的維生素 D。研究者認為，維生素 D 的 RDA 標準應訂在七千至八千 IU 之間，但你可以先請醫生抽血檢驗 25-OH-Vitamin D 後再做調整。[79,80] 雖然孕婦維他命也含有些許維生素 D，但大部分的劑量都太少了，必須另外吃補充劑。選擇維生素 D 補充劑時，請選擇維生素 D3，又叫膽鈣化醇，不要選效價較低的維生素 D2。

碘

跟所有的年齡層相比，產後和哺乳的女性碘需求量最高。碘補充劑除了能提高母乳中的碘含量（上一個章節已有說明），碘對**你自己**的身心健康也至關重要。充分攝取碘有助於預防產後甲狀腺功能不良，這種情況很常見，令人震驚。若你在懷孕期間的甲狀腺抗體檢查呈陽性，產後有甲狀腺問題的機率會超過五〇％。[82] 甲狀腺很重要，因為正常運作的甲狀腺能確保你擁有足夠的體力、應付不可避免的育嬰壓力、減輕體重，並且維護你的生育能力，讓你有機會再生一胎。碘對乳房健康特別有益，有研究發現，乳房吸收和儲存碘的效率超越甲狀腺。[83] 大部分的孕婦維他命都不含碘或是劑量不足，你可以考慮另外吃碘補充劑。先檢查孕婦維他命的成分表。如果每天不到二九〇微克，或如果你沒有經常吃海藻跟海鮮，可考慮另外吃碘補充劑。

益生菌

吃補充劑或是發酵食物都可以，產後攝取益生菌跟孕期同樣好處多多。尤其是生產時、生產後或因為剖腹產而使用了抗生素。眾所周知，抗生素會破壞正常的腸道微生物，增加黴菌過度孳生的機率，進而對你或寶寶造成傷害。產後調養期間，你最不想碰到的問題就是陰道念珠菌感染、長期腹瀉或寶寶長鵝口瘡。腸道微生物會決定寶寶的免疫和消化健康，以及這輩子罹患肥胖症的風險，而寶寶的腸道微生物會受到出生與餵食方式的影響，這已是目前的共識。母乳含有天然益菌（包括乳酸桿菌與比菲德氏菌），但是孕期或哺乳期接受抗生素治療的女性，母乳益菌含量較低。[84]

就算你沒有服用抗生素，益生菌也能提供多一層保障。有項研究讓女性在孕期最後四週以及整個哺乳期吃益生菌補充劑（每天兩百億 CFU 鼠李糖乳桿菌），他們的母乳中含有免疫保護力的化合物濃度高出整整兩倍。此外，他們的寶寶出生後兩年內罹患濕疹的比例較低，這明顯是益生菌的功勞：補充益生菌組的寶寶只有十五％得過濕疹，另一組的比例是四十七％。[85] 另一項研究發現，孕期最後四週以及整個哺乳期都補充高劑量、多菌株的益生菌（每天九千億 CFU，劑量非常高！）能有效預防嬰兒腸絞痛、吐奶及整體消化不適。[86] 參與這項研究的受試者，母乳中的發炎指標濃度較低，或許對寶寶有其他長期益處。關於益生菌補充劑和富含益生菌的食物，請見第六章。

明膠或膠原蛋白

明膠和膠原蛋白的作用是修復結締組織跟皮膚，不難想像為什麼中國人的產後調養食物會有豬腳湯之類的東西。如果你不喜歡肉骨湯、燉肉、雞皮或豬皮之類的食物，可以吃明膠或膠原蛋白補充劑。就算你確實愛吃這些東西，吃補充劑再加強一下也不錯，能幫助肚皮恢復彈性、加速療癒會陰組織，以及幫助子宮恢復原本的大小。我產後每次喝草藥茶，都習慣加一湯匙膠原蛋白粉，確保自己攝取足夠的膠原蛋白。我也隨身攜帶酸櫻桃果凍，做為快速又營養的點心（見附錄食譜）。

其他補充劑

以上列舉的補充劑當然不夠詳盡。補充劑種類繁多，該補充哪些取決於你的生產狀況與健康史。若你想要更客製化的補充劑計劃，我建議你請教你的醫生或營養師。

舉例來說，若是你生產時大出血或是孕期就已驗出貧血，或許可考慮吃鐵質補充劑、螺旋藻、以及／或是肝臟脫水磨碎製成的肝精（此外也要吃大量富含鐵質的食物）。若要幫助會陰撕裂或剖腹產傷口癒合，可補充維生素 C、鋅和維生素 A（搭配膠原蛋白或明膠）加速療癒。若覺得全身痠痛、瘀青、腫脹，順勢療法（homeopathic remedy）有一種用山金車（*Arnica montana*）做的外用藥消炎功效極佳。若你有產後便祕的問題（這在產後第一、第二週相當常見），可以吃鎂補充劑、軟便劑，或甚至短期服用草藥做的瀉藥。（通常我會反對吃草藥做的瀉藥，但是產後頭幾次排便滿嚇人的，因為這些才剛經歷強烈拉伸或撕裂的組織又要再度拉伸。讓糞便軟一些，排便會更輕鬆。）

有些產婦會吃自己的胎盤，因為胎盤富含多種營養素（胎盤跟肝臟很類似），他們認為，吃胎盤有助於舒緩產後的荷爾蒙變化、改善產後情緒，或許還能增加泌乳量。這是個人選擇，雖然正統醫學認為這種作法有爭議，但是吃胎盤的哺乳動物不少。「食胎盤行為」（placentophagy）的相關研究非常少，產婦做這種選擇通常是因為聽其他媽媽說吃胎盤對健康有益。不過，有一項設計精良的小型研究值得一提，這是一個隨機雙盲的安慰劑對照實驗，讓二十七位女性吃下含有自己的脫水胎盤的補充劑，或是含有以脫水牛肉做為安慰劑的補充劑，目的是驗證胎盤能否改善產後的情緒、幫助產後復原。[87] 胎盤樣本也做了營養素的分析。整體而言，胎盤組的「產後憂鬱症狀和疲累都減輕了，安慰劑組則沒有觀察到這種效果」。胎盤膠囊的營養分析發現了「適量的微量營養素與荷爾蒙」。有一項分析顯示，胎盤膠囊能提供女性每日二十四％的鐵質需求量（每日服用脫水胎盤劑量三千兩百毫克）。[88] 若你選擇吃掉自己的胎盤，一定要確定處理胎盤的方式合乎衛生標準，以前發生過胎盤遭受有害細菌汙染的案例。

草藥也是產後調養常見的補充劑，尤其是催乳的綜合草藥，有提升泌乳量的功效。大致而言，你的身體應能承受這些「催乳劑」，但我想提醒你，沒有一種草藥能取代營養豐富的飲食。想要維持充足泌乳量，攝取足夠的熱量與水分才是最重要的作法，草藥催乳劑只是輔助。常見的催乳劑包括洋甘菊、茴香、蕁麻、葫蘆巴、山羊豆、聖薊、乳燕麥等等。[89] 除了刺激泌乳，洋甘菊還能改善睡眠品質，幫助舒緩產後憂鬱。[90,91] 哺乳媽媽也很常吃卵磷脂來預防乳腺管阻塞。卵磷脂富含膽鹼，使用上沒有明顯的禁忌，不妨將卵磷脂加入你的補充劑行列，或是備而不用也行。我建議向日葵卵磷脂，原料是向日葵種子，而不是黃豆。

除了催乳劑，很多國家都強調草藥對荷爾蒙平衡、腎上腺健康與心理健康有幫助。例如具有食補效果的草藥對產後調養極有助益，哺乳期使用也被認為很安全。從「食補」這個詞看得出來，這些草藥能幫助身體適應育嬰在生理、心理和情緒方面的要求。紅景天（*Rhodiola rosea*）是常見的食補草藥，不過每個地區的食補草藥都不一樣，因氣候與草藥傳統而異（例如南非醉茄、聖羅勒、靈芝、印加蘿蔔〔又稱瑪卡〕和刺五加等等，這只是其中幾種）。

舒緩產後情緒常用的草藥是聖約翰草。有個案例研究是一位哺乳媽媽服用聖約翰草，母乳中發現極低的劑量，但寶寶身上沒有觀察到負面影響，但研究者特別聲明長時間的相關研究尚未出現。[92]

這個研究突顯出有些綜合草藥可能會進入母乳的事實，在不確定的情況下，最好先諮詢草藥專家。雖然增加泌乳的草藥不少，但要注意有些草藥可能會抑制泌乳。例如鼠尾草跟薄荷，只要攝取的量夠多，可能會減少泌乳量。可惜的是，如同孕期服用草藥的研究，哺乳媽媽服用草藥的研究也很少，因此我無法提供太多以科學為基礎的資訊。我建議你向受過訓練的草藥專家、助產士或醫生尋求個人化的意見。

醫學檢驗

隨著功能醫學的進展，現在能做的檢查愈來愈多。配合本章節的主題，我想把重點放在幾個可透過醫生或助產士安排的基本檢查。多數醫生會在產後六週安排回診，這是請醫生安排檢查的理想時機（通常這些都不是例行檢查）。

維生素D

前面討論過，維生素 D 是體內許多系統的必需營養素。缺乏維生素 D 在孕婦和產後婦女身上很常見。女性缺乏維生素 D 的比例在美國是六十九％，加拿大是六十五％，德國是七十七％，中國是九十一％，印度是九十六％，伊朗是六十七％。[93] 除了前面提到對母乳寶寶的影響之外，有研究發現，維生素 D 過低與產後憂鬱症有關。[94] 維生素 D 檢查能幫助你調整補充劑的劑量。這項檢查叫做 25-OH-Vitamin D。大部分的實驗室建議的正常濃度是至少 30 ng/ml，但許多維生素 D 專家建議的最佳濃度是 50 ng/ml 以上。[95] 解讀檢查結果時，要注意維生素 D 有好幾種濃度單位，通常是 ng/ml 或 nmol/l（奈莫耳／公升）。看檢查報告時，要確認單位以免解讀錯誤（30 ng/ml 相當於 75 noml/l，50 ng/ml 相當於 125 nmol/l）。

鐵／貧血

生產之後，貧血跟缺鐵相當常見。產前輸送給胎兒的鐵，加上分娩中與分娩後流失的血，都會降低母親體內的鐵儲量。鐵能幫助血液攜氧，為體內的每一個細胞提供能量，因此缺鐵通常會造成疲勞。許多女性會吃很多富含鐵質的食物來預防貧血，但若是你有以下症狀，最好檢查一下：疲勞、皮膚蒼白（尤其是臉）、喘不過氣、頭暈腳軟、心跳加速。至少應該檢查血紅素、血球容積比與鐵蛋白。關於最容易接受也最好吸收的鐵質形態，以及鐵的食物來源，請見第六章。

甲狀腺

身體在產後重新適應的同時，荷爾蒙濃度可能得花點時間才能找回平衡。通常大家會把焦點放在女性荷爾蒙上，其實甲狀腺（以及甲狀腺荷爾蒙）也必須找到新的平衡。有時候，這個過程相當平順；但有時候會出現甲狀腺問題。甲狀腺異常可能會在產後一年內發生，統稱為「產後甲狀腺炎」，這種情況出乎意料地常見。事實上，「多達二十三％的產後婦女曾發生甲狀腺功能不良的情況，高於普通人口的三至四％。」[96] 幾乎有**四分之一**的產後婦女會碰到！

若你在懷孕期間或分娩之後的甲狀腺檢查結果異常，請保持高度警戒。研究者指出：「絕大多數罹患產後甲狀腺炎的女性，懷孕前的甲狀腺抗體都呈陽性。」[97] 換句話說，他們懷孕前就有自體免疫甲狀腺疾病的病徵，懷孕與產後甲狀腺所承受的壓力導致完全發病。據估計，有十至十七％的女性罹患孕期甲狀腺自體免疫疾病（也就是甲狀腺抗體呈陽性，但甲狀腺荷爾蒙濃度正常）。[98] 在這群女性之中，多達**三分之**一將在產後第一年內面臨產後甲狀腺問題。[99]

甲狀腺功能正常可使你精神充沛（照顧寶寶或幼兒顯然需要體力）、支援生育能力（若你想再生一胎，這很重要）、幫助產後正常減重與維持心理健康。產後甲狀腺功能不良是產後憂鬱症的已知風險因子。[100] 簡言之，甲狀腺功能是維持生活品質的關鍵。

產後甲狀腺炎的常見病徵有：

❖ 焦慮、易怒或憂鬱
❖ 心跳快速或心悸
❖ 減重困難（甲狀腺機能低下）或原因不明的體重下降（甲狀腺機能亢進）
❖ 怕熱或怕冷
❖ 疲勞
❖ 發抖
❖ 失眠
❖ 便祕
❖ 皮膚乾燥
❖ 注意力難以集中

令人驚訝的是，只有少部分醫生會安排產後的甲狀腺檢查。即使有，檢查的項目也不夠全面。我無法理解他們為什麼不篩檢甲狀腺的問題。產後回診時，請你的醫生幫你做完整的甲狀腺檢查，包括甲狀腺抗體。完整的檢查項目包括：

❖ TSH（促甲狀腺素）
❖ FT4（游離甲狀腺素）
❖ FT3（游離三碘甲狀腺素）
❖ rT3（逆位三碘甲狀腺素）
❖ TPOAb（甲狀腺過氧化酶抗體）與 TgAb（甲狀腺球蛋白抗體）

請注意，產後甲狀腺炎有「三相」，不同的時間檢查會有不同的結果，可能是甲狀腺機能低下、機能亢進或功能正常。[101] 若你的檢查結果是一切正常，但你還是覺得身體不太舒服，不妨一、兩個月後重新檢查。甲狀腺疾病的治療方式取決於檢查數據跟症狀，但或許會加入營養補充與／或藥物（甲狀腺荷爾蒙）。甲狀腺檢查與營養補充的深入討論請見第九章。與甲狀腺功能相關的營養素很多，不過，產後出現自體免疫甲狀腺問題，通常都是因為缺乏維生素 D；補充維生素 D 已證實可促進甲狀腺功能。[102]

其他檢查

　　如果你原本就有健康問題，或是懷孕期間出現了新的健康狀況（例如高血壓或高血糖），請向醫生請教產後的相關檢查。例如罹患妊娠糖尿病的女性，罹患糖尿病前期或第二型糖尿病的機率較高，這是一輩子的影響，所以建議產後檢查血糖（通常是產後六至十二週）。在理想的情況下，所有的微量營養素都應該檢查一遍，這能幫助你選擇該加強的補充劑（或食物）。功能醫學的醫生／營養師比較願意幫你安排這些檢查。

✍ 運動與恢復

　　扛著額外的重量、挺著大肚子行動不便好幾個月之後，許多女性都急著恢復日常的運動習慣。動機可能是減去懷孕時增加的體重、雕塑肌肉線條，或單純地想要「找回原本的自己」。任何原因都很好，但我要提醒你運動須謹慎。懷孕和分娩造成的生理變化很劇烈，結締組織、腹肌和骨盆底肌都需要時間修復，而且可能比你以為的還要久。產後幾週立刻做高強度的「恢復身材」運動、跑步或重訓，通常不是個好主意。

運動生理學家建議產後至少休息六週，才能做走路與特定復健運動（例如溫和的骨盆底肌或腹肌運動）以外的運動。[103] 也就是說，剛生產完的時候，動不如靜。這是重要的修復期，沒有好好休養可能會造成受傷、骨盆器官脫垂、腹直肌分離、失禁等問題。

放慢腳步

有研究發現，骨盆底肌得花一年的時間才能恢復到產前的正常功能。[104] 產後急著做高衝擊運動會使骨盆底肌承受過大壓力，很容易導致失禁或脫垂。失禁指的是漏尿或漏便。脫垂（也就是骨盆器官脫垂）指的是骨盆腔裡的一個或多個器官往下墜，甚至可能掉出陰道。骨盆有按壓、拖拉、飽脹、突出的感覺，或是有種「坐在一顆球上」的感覺，都是脫垂的常見症狀。

若運動之後幾天內出現以上症狀（或症狀加劇），表示你的身體還沒準備好做這樣的運動、適應這樣的運動強度或長度。你的骨盆底肌需要一點「呵護」才能恢復原本的力量和作用。記住，自然產會使這些肌肉拉伸至兩、三倍的長度，它們不會立刻回到原本的長度。懸吊骨盆器官的韌帶被子宮拉伸，它們同樣不會立刻恢復，自然產和剖腹產都一樣。生產完的頭幾個月，這些肌肉跟韌帶沒辦法承受懷孕前的壓力與負重。

同樣地，腹肌也在孕期被拉伸而變得無力。腹直肌分離是大部分的孕婦都會碰到的情況，也就是腹肌縱向分開（尤其是腹直肌）。有些人的腹直肌分離會自動復原，但許多女性是靠復健運動把腹直肌「合起來」，並（重新）學習鍛鍊腹部肌肉。有些女性選擇穿束腹帶一段時間，為產後數週的軀幹提供穩定度與支撐力。在墨西哥和亞洲的某些地區，都有產後束腹的習俗。[105]

基本上有段時間要避免做卷腹之類的運動，例如仰臥起坐；也不要做給腹壁造成太多壓力的運動，例如全身平板式。做這些以前常做的運動前，**必須先恢復力氣**。產後數週下床時最好先側躺再起身，不要直接坐起來，這樣能減輕腹肌和骨盆底肌的壓力。如果你是剖腹產，還必須等手術切開的層層腹部組織癒合，這也需要時間。

物理治療師玫莉卡・哈特（Marika Hart）說：「你要找到程度最適合自己的運動。」他建議女性產後做運動要把自己當成手術傷患（剖腹產的媽媽確實是手術傷患！）意思是，先從溫和的運動開始，然後循序漸進到強度更大的運動，**每個人需要的時間都不一樣**，取決於復原的情況。

專業協助

確認自己的復原情況，學會重新啟動腹肌和骨盆底肌，然後決定哪些運動安全（以及何時）可行，是一個複雜得驚人的過程。雖然產後六週回診時通常表示你可以恢復運動，但不要忘記醫生或助產士不會檢查你的骨盆底肌功能。這不是他們的專業領域。你需要諮詢婦女健康物理治療師（也叫做骨盆底肌專家，或是女性物理治療師，各地名稱不同）。

因此，我建議你在恢復日常運動之前，**先徵詢**婦女健康物理治療師的意見。就算你不確定自己是否需要找物理治療師，你可能覺得自己的骨盆底肌「沒事」，或是不覺得自己有腹直肌分離，產後回診時還是請醫生幫你轉介物理治療師比較好。至少多一個諮詢的資源也是好的。就算只是確認自己一切沒問題，也能讓你感到心安。產後的這幾個月要特別小心、特別注意，讓身體按照自己的步調復原，可預防許多老年健康問題。

脫垂的症狀可能產後一段時間之後才會出現。全球約有**半數**母親骨盆底肌有某種程度的脫垂，據估計，他們之中有二〇％會在八十歲之前做相關手術。這個比例很高，令人難以理解為什麼脫垂沒有獲得更公開的討論。

我在第八章討論過，有些國家把骨盆底肌的物理治療視為產後復原的一部分，無論產婦是否抱怨骨盆底肌疼痛或功能不良。他們知道生產（以及懷孕）對肌肉骨骼造成的壓力有多大，因此產後需要時間休息、復原，還要做特定的復健運動。遺憾的是，這在美國不是慣行作法。

性行為疼痛、失禁、脫垂、腹肌無力或分離，都是必須找婦女健康物理治療師評估的徵兆。此外，學習（或重新學習）正確使用骨盆底肌與腹肌不是人人都能靠自己輕鬆做到的事。即使是學過骨盆底肌運動（例如凱格爾），還是有二十五％的女性做得不對。[108]找受過專業訓練的物理治療師幫忙，可確保自己不會做錯。研究顯示，在專業物理治療師的指導下做骨盆底肌運動的女性，壓力性尿失禁的症狀（打噴嚏、咳嗽或大笑時漏尿）可改善七〇％。[109]

你難免會想要狂做凱格爾運動，也就是提高和擠壓骨盆底肌，但這麼做不一定足夠，也不明智。骨盆底肌正常發揮功能，指的是在收縮與放鬆之間找到平衡。這也取決於身體各部位的平衡（整體姿勢）。例如，如果你坐下或站立時總是收緊尾骨，長期下來骨盆底肌會變短、變弱。又或者經常繃緊骨盆底肌，不讓它們有機會放鬆到正常長度（例如每天做幾百次凱格爾運動），肌肉會失去彈性而無法支撐身體的重量，尤其是施力的時候。這可能會導致骨盆疼痛、抽筋、脫垂或失禁。請仔細想一想。鍛鍊二頭肌時，你會輪流彎曲跟伸直手肘，而不是彎曲手肘一整天。

因此大部分的物理治療師會在初步治療之後，以全身性的功能運動來加強骨盆底肌。下蹲、臀肌與平衡／穩定之類的動作，都會自動收縮骨盆底肌。這是你的終極目標：不需要刻意啟動骨盆底肌，但是當你需要用到骨盆底肌時（例如打噴嚏或抬重物），它們會自動用力；用不到的時候（例如坐在沙發上或躺下），它們會自動放鬆。別忘了，這可能得花好幾個月的時間。

面對現實

我當過皮拉提斯教練，懷孕期間很活躍，也有豐富的產後復健經驗。儘管如此，剛生產完的療癒期對我仍是震撼教育。我知道自己需要時間休養，但我以為我應該不會有腹直肌分離的問題，骨盆底肌也能比一般人恢復得更快才對。我以為生完寶寶之後，一切都能快速恢復正常。會陰復原、產後出血停止之後，我覺得自己狀態頗佳，應可恢復懷孕前的正常活動。我已經開始散步，感覺一切正常。但是產後兩個月我去爬山，強度算是中等，只走了一公里多就不得不回頭，因為我的骨盆底肌非常不舒服。我只好放棄爬山，走距離較短、坡度較緩和的步道，再過一、兩個月後才終於可以去爬山。當時我深受打擊，因為我天天在家餵奶好幾個星期沒出門，非常想去爬山！

我也很失望自己有腹直肌分離的問題，因為我在孕期明明做了「所有該做的事」（我不知道腹直肌分離如此常見）。我去找婦女健康物理治療師做了完整評估，他說我復原得很好，無須擔心，但我的骨盆底肌跟腹肌可能要花一年才會完全復原。沒錯，**整整一年**。儘管我的骨盆底肌復原正常，沒有失禁的問題，分離的腹直肌正在慢慢歸位當中，該做的復健運動我也都做了，但要回到「正常」狀態我還是得等一等。回想起來，那位物理治療師說得一點也沒錯。產後十個月左右，我在懷孕前做的運動大部分都已能做到，雖然花了**十個月**。我相信我之所以沒有出現失禁、脫垂和腹直肌分離加劇等問題，是因為我聆聽身體的感覺並放慢步調。

我沒參加產後瘦身特訓班，而是以自己的速度走溫和的步道跟散步（有時自己背孩子，有時讓老公背）。我不做高強度運動，而是趁寶寶睡覺或是趴臥的時候，在地上做改良版的皮拉提斯跟瑜伽。我不做重訓，而是把抱兒子當成重訓。我也發現，跟背著寶寶比起來，把寶寶抱在懷裡骨盆底肌和背部承受的壓力較小，額外的好處是手臂練得超強壯。

你的產後復原過程可能跟我不一樣。或許你比我更早開始做高強度運動，或許你覺得應該再等久一點。我們很難知道肌肉和結締組織復原得有多快，但一般估計是將近一年。這部分的討論最重要的一點是：運動期間和運動結束後，一定要細心覺察身體的感受。如果身體感覺變糟，這是明顯的訊號，表示身體**還沒**準備好做這樣的運動。不要有挫折感，或是覺得自己哪裡做錯了。給身體多一點時間療癒，等幾週或幾個月後再次嘗試。

減重與寵愛你的身體

　　寶寶出生後，許多媽媽會急著恢復原本的運動習慣，此外也有很多媽媽覺得自己必須盡快減掉懷孕時增加的體重。不要忘記，你花了九個月孕育一個寶寶，你的身體也花了九個月適應這件事，為什麼我們會認為體重可以快速減掉呢？當然有些媽媽**確實**減重得很快，但是很多媽媽的減重速度比自己期待的更慢。產後的減重速度因人而異。當挫折感浮現時，別忘了那句老話：「增重九個月，減重九個月」（9 months on, 9 months off）。

　　剛生產完的時候，多數女性會立刻減輕四·五公斤，這是寶寶跟羊水的重量，再加上子宮縮小了。孕期增加的其他體重可能會慢慢才消失，也可能消失得很快。影響因素很多，例如孕期總共增加了多少體重、是否餵母奶等等。要記住不是每一個因素都操之在你。荷爾蒙的變化、哺乳引發的食慾、活動量較低、睡眠中斷、甲狀腺或腎上腺問題、沒時間煮飯、產後情緒變化等等，都有可能影響減重。

　　就算減重相對快速，身形與身體功能還是需要長時間調養才能復原。你可能會有妊娠紋、肚臍變形、皮膚鬆弛、胸部變化，關節也感覺怪怪的。這些情況會隨著時間慢慢改變，有些情況不會。我認為有一件事被忽略了：身為女人，我們需要時間去哀悼過去的自己與過去的身體，已不復存在。我們過了二十、三十或幾十年沒有孩子的日子，現在寶寶突然闖進人生，一切都變得不一樣。

這篇一九八五年討論懷孕與產後身體意象的論文總結得很好：

「我們的社會重視理想化的女性身體。然而懷孕造成的身體變化，使女性距離理想身材前所未見地遙遠。生產之後，女性的身材仍像孕婦。對許多女性來說，這是非常令人不滿的經驗。這種對身體的不滿，是產後心理煎熬的諸多因素之一。」[110]

雖然一九八〇年代至今社會已變了許多，但三十幾年後的今日，這段文字依然適用。你有這些感受相當正常。給自己一些空間去體會這些感受，這是愛自己和接受自己的一環。先找出身上幾個你覺得很棒、很欣賞的地方。你的身體居然可以從無到有創造出一個新生命，這件事像個奇蹟，不是嗎？

至於減重，我鼓勵你產後三到六個月先專注於內在療癒，然後再考慮積極減重的事。這對哺乳媽媽來說尤其重要，因為哺乳需要很多營養才能維持泌乳和提供營養豐富的母乳。記住：限制食量也會限制**營養素**的攝取量。

如果你選擇積極減重，請先從食物下手。在限制熱量之前，先檢視食物的**品質**。許多媽媽在育嬰的忙亂中，只能經常點外賣或速食，零食跟甜點也吃得更多。你可能在不知不覺中攝取更多快速提神的食物，例如含糖的咖啡因飲料。用更健康的食物取代不健康的食物是個好的開始，而且或許這樣就已足夠。用更有飽足感、營養密度更高的選擇來取代加工零食會有幫助，例如堅果或牛肉乾。此外，早餐一定要充滿蛋白質，這有助於調節一整天的食慾跟血糖，進而降低你對甜食的渴望。雖然減少攝取醣類也對減重有幫助，但哺乳媽媽要特別注意。請詳閱本章第二節的〈關於醣類〉，裡面有更多相關資訊。

另一個要考慮的重點是正念飲食。產後的頭幾個月很容易不小心大吃大喝，也就是**無覺察**飲食，因為你無法預測，餵愛睏的寶寶喝奶會不會把你困在沙發上三小時。寶寶很小的時候，大吃大喝未必是壞事，因為哺乳非常耗費熱量。但是隨著寶寶長大，身體不再耗費那麼多熱量製造母乳，你可以休息的機會跟時間也會變多。跟產後一個月相比，產後九個月的時候你不一定**需要**吃那麼多東西或是那麼常吃東西（你有可能需要，因為每個人情況不同）。留意自己的飢餓與飽足訊號，減少無覺察飲食的頻率。

這聽起來似乎美好得難以置信，但是跟要求你嚴格秤重、計算和記錄每一口食物的減重法相比，正念飲食已證實是更有效也「更不辛苦」的產後減重方式。[111] 正念飲食更實際也更長期可行，若你準備進行正念飲食，請複習一下第二章。無論你打算用什麼方式減重，請以每週減重四五〇至九百公克為目標。

꩜ 心理健康與情緒

我不知道為什麼產後有情緒和表達情緒會被如此汙名化。產後的照片全都是新生兒睡覺的可愛模樣（可能得感謝社交媒體），但育嬰並非總是那麼溫馨。俗話說：「養一個孩子得靠全村之力。」如果我們住在那樣的村子裡，花很多時間陪伴剛生完孩子的媽媽（不是中午來探訪一到三個小時，而是二十四小時的陪伴），或許能對這段時期有更貼近現實的期待。我們將親身體驗第四孕期，明白嬰兒對母親有多麼依賴（或多麼想依賴）。我們會知道，大部分的嬰兒不會睡過夜，而且這段時期很長、很長。我們會知道哺乳是二十四小時的工作。我們會知道，產後要徹底復原可能得花一段時間。我們會知道，照顧寶寶是那麼神奇、那麼疲累、那麼感動的一件事。而且，我們會有更多幫手協助我們應付每一天的育嬰挑戰。

這段時期照顧自己的情緒健康很難，卻很重要。情緒高低起伏很正常，這叫做「育嬰憂鬱」，尤其是在產後的頭幾個月。荷爾蒙劇烈變化加上睡眠不足，有段時間你會覺得自己忙到分身乏術。可能這一刻看著寶寶流下喜悅的眼淚，幾小時候卻因為沮喪和疲憊而大哭。別擔心，這是適應育嬰生活的正常過程。

儘管如此，若憂鬱或焦慮的感覺揮之不去，以至於干擾日常生活或使你無法照顧寶寶，這絕對需要處理。據估計，在產後的第一年，有三〇％的女性感受到某種程度的產後憂鬱。[112] 這個數據可能是低估，因為很多女性不敢表達自己的感受，或是潛意識裡對產後憂鬱的汙名有戒心。如果你也是這樣，請不要猶豫，立刻尋求協助。

各種方法都試一試：飲食營養，保留時間自我照顧，簡化行程或生活方式，心理諮商，藥物。明確的建議請參考第十一章，包括如何找到產後心理健康的專家。如果你的生產過程不太順利，留下心理創傷，接受創傷後壓力症（PTSD）的諮商或治療特別有幫助。

有研究指出：「孕期營養不足和產後缺少調養，可能會增加母親憂鬱的機率。」[113] 這段時期對心理健康最重要的營養素是膽鹼、維生素 B12、鐵、維生素 D 和 DHA，原因散見於本章。有一篇論文寫道：「孕期最後三個月，胎兒經由胎盤每天平均累積六十七毫克 DHA，出生後又從母乳獲得 DHA。這代表母親很容易缺乏 DHA，進而提高產後憂鬱的機率。」[114] 此外，甲狀腺問題也跟產後憂鬱有關，如果你還沒做過甲狀腺檢查，請盡快跟醫生討論。[115]

我最常聽到剛生產完的媽媽抱怨沒有時間照顧自己。你的全副精神都放在寶寶身上，寶寶隨時會因為要抱抱、要喝奶、要換尿布而大哭，你想溜走幾分鐘（就算是洗澡也好）也很難。若你想找時間做讓自己心情平靜的事，需要發揮一點創意，無論是泡個熱水澡、出門散步、冥想或其他活動都行。我發現，除了請別人幫忙照顧寶寶一下子之外（老實說，那是我幾個月來第一次有辦法好好洗個澡），一邊餵奶或散步（背著寶寶）一邊聽正念冥想是找到**屬於我**的時間，以及消化情緒的好機會。你可以用什麼方法把自我照顧塞進一週行程裡呢？

還有一個產後心理健康因素經常被忽略，那就是育嬰很孤獨。也許是因為寶寶討厭汽座，所以出門不容易。你跟另一半以前很喜歡出門吃晚餐，現在似乎成了不可能的任務。或許你的家人住得很遠，或是朋友都沒有孩子，無法體會你現在的辛苦。這些事情我全都經歷過。我發現最有幫助的作法是找聊得來的媽媽訴苦，發洩情緒。志同道合的媽媽線上論壇是個好的開始。可能的話，可以找個實體聚會的團體。你家附近的圖書館、YMCA、小兒科診所或社區中心，或許都有專為媽媽辦的聚會。你也可以找找母嬰瑜伽教室或親子散步俱樂部。有些媽媽在產前媽媽教室認識到新朋友，生產後也繼續保持聯絡。找到媽媽朋友得花點時間跟精力，但這能讓你把育嬰過程的高低起伏（尤其是心情低落時）視為正常現象。從其他媽媽身上，你會看見這只是人生中的過渡期。月復一月，你會漸漸找回原來的自己。

∽ 懷孕間隔

　　要不要聊懷孕間隔這件事，我遲疑了許久。我是營養師，提供家庭計劃的建議幹嘛？但是我轉念一想，懷孕和哺乳都對身體造成很大的營養負擔，我**怎麼可以**不談這個主題呢？晚生的女性愈來愈多，若想多生幾個孩子，就得縮短懷孕間隔。這不是一個廣泛討論的主題，但只要是想多生幾個的母親，都會面臨這個抉擇。有很多研究以懷孕間隔的時間長短為基礎，檢視母親與孩子的健康情況。也就是說，這不只是個人決定，還可能影響你自己跟孩子的健康。

　　長久以來，醫生觀察到產後快速再度懷孕的女性（懷孕間隔短）較有可能發生妊娠併發症，例如胎兒生長遲滯、早產，或是生下有神經管缺陷、發展遲緩、腦性麻痺或自閉症的寶寶。[116,117] 此外，這些女性更容易發生孕產婦死亡、第三孕期出血跟貧血等情況。[118]

　　為什麼？目前沒有明確答案，但是有一項文獻回顧檢視了五十八個相關研究，發現有證據顯示跟以下的因素有關：母體營養缺乏（尤其是葉酸）、子宮頸機能不全、剖腹產子宮傷口未完全癒合、感染、哺乳期懷孕導致泌乳期縮短、子宮內膜血管癒合異常。[119] 簡言之，懷孕對身體是沉重的負擔，你需要時間復原和重新儲存營養素。當你因為育嬰而缺乏時間、體力或動機攝取營養飲食時，再次懷孕會是一大挑戰。

　　那麼，若想擁有順利的孕期、生下健康的寶寶，你應該等多久才能再次懷孕？何時生下一胎算是懷孕間隔短？

　　根據最新的研究，兩胎之間應至少間隔十八個月，也就是等到寶寶十八個月大之後再懷下一胎。[120] 不是每個人都想等那麼久再生下一胎，尤其是年紀大一點的媽媽，或是想要大家庭的媽媽。無論是什麼原因，如果你等不了十八個月，研究者認為，即使是等到產後十二個月再次懷孕，也和不良妊娠結局較少有關，尤其是發展遲緩跟自閉症。[121] 另一項分析發現，產後十五個月再次懷孕，和最低的胎死腹中機率有關。[122] 對有流產紀錄的人來說，這點非常重要。

有趣的是，傳統民族鼓勵懷孕間隔要長一點。偉斯頓・普萊斯醫生在著作《體質大崩壞》中指出，許多原住民刻意讓孩子的年紀相隔二・五至三歲，例如奈及利亞的伊博族（Ibos）、祕魯和亞馬遜西北部的印第安人、索羅門群島的原住民等等。[123] 理由是這段時間能讓母親「徹底恢復體力」，處於「完全適合再生一個孩子的健康狀態」。據信這也能確保下一胎的健康與生存。巧合的是，這樣的出生間隔與現代科學文獻中記錄的最佳懷孕間隔不謀而合。

若情況允許，我強烈建議你等寶寶十八個月大再嘗試懷孕。事實上，多數人都沒有持續攝取高營養密度的飲食，為身體補充營養素。若你想產後一年繼續餵母乳，提醒你，懷孕會影響哺乳（許多媽媽同時餵不同年齡的孩子喝母奶，但哺乳厭惡和泌乳量降低是常見的障礙）。結締組織的復原很花時間，給自己足夠的時間復原，對提升生活品質很有幫助，尤其是骨盆底肌功能不良、脫垂或腹直肌分離的媽媽。最後，短時間連續生產顯然充滿挑戰（與疲憊），因為你必須同時照顧不只一個幼兒。如果你想縮短懷孕間隔，請特別注重飲食、吃補充劑，並且安排好充足的援手！

∾ 總結

育嬰是人生中最神奇也最富挑戰性的一件事。寶寶出生後，你可能會有一種人生戛然而止的感覺。以前最重要的事情，現在突然不再重要（或是你沒空再去管那些事）。情緒高漲，時間壓縮，筋疲力竭，這些都是育嬰的常態。聽起來可能有點老掉牙，但我想提醒你，這只是比較忙亂的過渡期，但它終究只是過渡期。寶寶不會永遠需要這麼多關注，或是這麼頻繁地需要你。你會找到新的正常生活，並且發現，所謂的「正常生活」會隨著孩子的生長和發展不斷變化。允許自己覺察所有感受，無論是好的感受，還是壞的感受。請人幫忙（托兒、煮飯、打掃等等）和注重健康（營養食物、正念運動、情感支持等等）都是自我照顧的好方法，能幫助你安然撐過這段過渡期。現在，我們來複習一下產後調養和第四孕期最重要的幾件事：

❖ 接受幫助，這樣你才有時間休息、調養、適應新的育嬰生活。事先安排產後四到六週的援助特別有用。

❖ 將「吃得營養」重新定義為自我照顧，而不是「恢復身材」。吃高營養密度的食物既可幫你恢復體力，也可提高母乳的營養價值。

❖ 哺乳或計劃哺乳的媽媽，想一想哪裡能找到專業協助與同伴支持。

❖ 繼續吃孕婦補充劑至少六個月，補充體內的營養素儲量。請教醫生該額外吃哪些補充劑或攝取哪些營養。

❖ 若感到不適，請教醫生你的症狀應做哪些檢查。

❖ 用緩慢、正念的方式恢復運動。請醫生轉介婦女健康物理治療師／骨盆底肌專家，就算不確定自己會不會預約療程也無所謂。

❖ 對自己寬容一點，不要急著減重。記住「增重九個月，減重九個月」。生完孩子之後身體會變得不一樣，這很正常。

❖ 探索有益情緒健康與心理健康的方法。找一群志同道合的媽媽（線上或實體都可以）。如果你察覺自己有產後憂鬱或焦慮的情況，最好盡快尋求專業協助。

❖ 如果你想多生幾胎，再次懷孕前請審慎考慮懷孕間距。

以上雖然是「簡短版」，卻也需要花不少時間才能消化。如果此刻正在看書的你是孕婦，我建議你先暫停規劃理想中的生產過程，快速想一想第四孕期的安排。以上的第一點最為重要。

如果你是抱著寶寶看這本書，請循序漸進。把這張清單再看一次，有沒有對你來說可在下週或接下來兩週嘗試的事？對育嬰的人來說，時間是最珍貴的資源，要一次做到清單上的每一件事根本不可能。可以把它當成「思考的基礎」。

我絕對不認為，忙著育嬰的人能夠輕鬆做到上述的每一件事，但是隨著時間一天天過去，你會找到更多時間照顧自己。記住，媽媽充分攝取營養、保持健康，跟寶寶的健康同樣重要。你一定做得到。

附錄食譜

· 早餐 ·
無派皮菠菜鹹派
非穀物果麥

· 主餐 ·
烤檸檬胡椒鮭魚
鮭魚餅
無豆辣味牛絞肉
肉骨湯
雞肉蔬菜湯
烘牛肉卷（草飼牛）
低醣牧羊人派
烤兩次金絲南瓜佐肉丸
椰汁雞肉咖哩
墨西哥燉豬肉絲

· 蔬菜 ·
白花椰菜米
烤球芽甘藍
炒羽衣甘藍
檸檬烤花椰菜
烤番薯條
咖哩味烤白花椰菜
烤奶油南瓜

· 點心、甜點與其他 ·
菠菜泥
堅果「果麥」棒
草飼牛肝醬
自製莓果雪酪
椰子馬卡龍
楓糖烤蛋黃布丁
酸櫻桃果凍
莉莉的電解質補水飲料

無派皮菠菜鹹派

雞蛋提供蛋白質與膽鹼，乳酪提供鈣質，菠菜提供葉酸。這道鹹派是充滿孕期營養素的超級巨星。一次做兩個，其中一個冷凍存放（先切成適當大小再冰）。

INGREDIENTS

- 1 湯匙椰子油或奶油
- 1 顆洋蔥，切碎
- 10 盎司（約 283 公克）包裝冷凍預切菠菜，解凍後瀝乾
- 6 顆雞蛋，放牧雞蛋為佳
- 3 杯乳酪絲（莫恩斯特〔Muenster〕、切達或傑克）
- ½ 茶匙鹽
- ⅛ 茶匙黑胡椒

DIRECTIONS

1. 取一個大平底鍋，用椰子油或奶油將洋蔥炒軟。
2. 拌入菠菜，直到多餘的水分蒸發。
3. 取一個大碗，將雞蛋、乳酪、鹽和黑胡椒拌均。
4. 煮熟的菠菜與洋蔥倒入大碗，充分攪拌。
5. 倒入預先抹過奶油的 9 英寸塔模裡。
6. 攝氏 176 度烤至蛋液凝固，約需 30 分鐘。出爐後靜置 15 分鐘，即可食用。

NOTES

預先備料並將冷凍菠菜提前一晚放在冷藏室退冰，這道鹹派就能快速完成。只要在菠菜的包裝袋上戳一個洞，把袋內的多餘水分倒掉就行了。也可以用其他剛煮熟的綠色蔬菜取代菠菜，例如羽衣甘藍或牛皮菜。

非穀物果麥

經常有人問我「可以吃什麼取代穀片？」若你遵循我的真食物飲食法，傳統早餐穀片是不能碰的。我的非穀物果麥可提供像「穀片」一樣的爽脆、微甜口感，但是完全不含精製穀物。

INGREDIENTS

- ¼ 杯椰子油或奶油，預先融化
- 3 杯無糖椰絲
- 1 杯杏仁片
- 1 杯碾碎的核桃、胡桃、榛子、夏威夷豆（或綜合堅果）
- 2 湯匙奇亞籽（完整顆粒）
- 2 湯匙純楓糖漿
- 2 茶匙肉桂粉
- ¼ 茶匙肉豆蔻粉
- ½ 茶匙海鹽

DIRECTIONS

1. 用小平底深鍋融化椰子油或奶油。
2. 拌入所有材料。
3. 將拌勻的材料鋪在大烤盤上，用攝氏 135 度烤 25 分鐘，直到材料烤成金黃色並散發香氣。小心不要烤得過焦。冷卻後，果麥會變得脆脆的。
4. 用密封容器室溫存放，保存期限一個月。

NOTES

若喜歡甜味果麥，可用甜菊糖調味

烤檸檬胡椒鮭魚

野生鮭魚是最棒的 omega-3 來源。雖然很多人不擅長做魚類料理，但這道菜非常容易。我通常會買冷凍鮭魚，烹煮的前一天放冷藏退冰，確保魚肉品質（幾乎所有的市售「新鮮」鮭魚都是一捉到就急速冷凍）。優質鮭魚非但不會有腥味，還會有一種清新海風的味道。

INGREDIENTS

- 2 塊 85 至 113 公克野生阿拉斯加鮭魚，帶皮
- ½ 顆檸檬，榨汁
- ¾ 茶匙現磨的檸檬胡椒（若不喜歡檸檬皮，可減量）
- 少許海鹽
- 少許橄欖油

DIRECTIONS

1. 鮭魚塗抹香料和油。
2. 烤架中火預熱。直接將鮭魚放在烤架上，皮朝下（也可用厚底的大平底鍋煎）。烤 3 至 5 分鐘，或是烤到魚肉邊緣不再透明。翻面後再烤 1 至 2 分鐘，或是烤到你喜歡的熟度。

NOTES

吃的時候，魚皮可以剝掉也可以吃掉（畢竟魚皮富含 omega-3 脂肪酸與甘胺酸）。也可以一次烤兩倍或三倍的份量，剩下的魚肉用來做鮭魚餅。

鮭魚餅

如果你不愛吃魚，或是覺得鮭魚有點「太腥」，我推薦你試試鮭魚餅。這個食譜不同於大部分的魚肉餅，我用馬鈴薯泥取代麵包屑，適合不吃穀物或麩質的人。若剩菜有魚肉，用這個食譜做成魚肉餅超讚。

INGREDIENTS

- 900 公克野生阿拉斯加鮭魚，煮熟（罐頭鮭魚也可以）
- 1 茶匙鹽
- ½ 茶匙黑胡椒
- ½ 茶匙蒜粉
- ½ 顆檸檬，榨汁
- 1 大顆褐皮馬鈴薯，去皮切碎
- 1 顆甜椒，切碎（紅色、橙色或黃色都可以）
- 3 支青蔥，切成蔥花（蔥白跟蔥葉都要）
- 3 至 4 片厚切培根，煮熟切碎
- 2 顆雞蛋（放牧雞蛋為佳）
- 椰子油

DIRECTIONS

1. 取一個小湯鍋，裝水後加鹽，加熱至沸騰後放入馬鈴薯，煮至叉子可輕鬆穿過。水倒掉，馬鈴薯壓成滑順的泥狀。靜置冷卻。
2. 馬鈴薯冷卻後，將所有材料放進大碗裡。（若是煮新鮮生鮭魚，一定要反覆確認魚骨已清除乾淨。若使用罐頭魚肉就無此必要，因為製作罐頭的過程中，魚骨已被軟化；這也是絕佳的鈣質來源。）
3. 把手洗乾淨，將材料仔細揉捏拌勻，捏成圓餅狀之後，放置一旁。（如果沒打算立刻烹煮，可先冷藏存放。）
4. 在平底鑄鐵鍋裡以中大火加熱 2 至 3 湯匙椰子油。
5. 兩面各煎 1 至 2 分鐘，直到表面金黃。視需要加入更多椰子油。

NOTES

鮭魚營養豐富，不過這個食譜也可使用其他魚肉。我們家最愛吃的是大比目魚和鱈魚。

無豆辣味牛絞肉

這個「無豆」食譜適合不喜歡辣味絞肉裡有豆子、喜歡低醣辣味絞肉，或是吃豆類會消化不良的人。如果你愛吃豆子，可以自己加豆子，也可以將豆子放在旁邊當配菜。

INGREDIENTS

- 1 條煙燻乾辣椒（chipotle），去蒂頭
- 1 杯滾水
- 1½ 茶匙椰子油
- 1 杯切碎的黃洋蔥
- 1 杯切碎的青椒
- 1 杯切碎的紅甜椒
- 4 瓣蒜頭，切碎
- 453 公克牛絞肉（草飼牛）
- 226 公克辣味豬肉腸，切碎
- 85 公克牛肝，磨成泥或切碎（可省略）
- 1 湯匙辣椒粉
- 1 湯匙孜然
- 1 茶匙乾燥牛至
- 1 茶匙無糖可可粉
- 1 茶匙烏斯特醬（Worcetershire sauce）
- 1 罐番茄泥（約 793 公克）
- 1½ 茶匙海鹽
- ½ 茶匙黑胡椒粉

DIRECTIONS

1. 煙燻乾辣椒用滾水泡軟，約需 10 分鐘。取出後切碎。

2. 取一個大湯鍋，以中火融化椰子油。

3. 加入洋蔥與甜椒，拌炒至變軟，約需 5 到 10 分鐘。

4. 拌入蒜頭和切碎的辣椒，拌炒出香氣，約需 1 分鐘。

5. 加入牛絞肉和豬肉腸，拌炒至微褐、表面略脆，約需 10 到 12 分鐘。

6. 加入剩下的材料，均勻攪拌。沸騰之後轉小火，燉煮至入味，約需 10 分鐘。

7. 淋上全脂酸奶油、酪梨、醃紅洋蔥和其他低醣配料。

NOTES

辣味絞肉通常隔天比較好吃。建議一次做雙份，其中一份冷凍存放，就是可快速上桌的一道菜。

肉骨湯

主餐 │ 約可熬出 3.7 公升的肉骨湯，份量取決於你的湯鍋／燉鍋有多大。

這份食譜的材料是雞骨或火雞骨，但換成牛骨或豬骨也沒問題。我喜歡用煮過的骨頭熬湯，一來是因為方便，二來是因為風味更佳。例如烤了一隻全雞或一批雞翅之後，我會把殘骸（雞骨、雞皮和軟骨）留下來冷凍，下次熬湯時使用。理想狀態是骨頭在鍋子裡放到半滿，熬出風味濃郁的湯。這個食譜可以用燉鍋、壓力鍋或普通湯鍋。熬出來的高湯需要調味（多多加鹽！）。

INGREDIENTS

- 900 至 1360 公克雞骨，例如脖子、背骨、胸骨、雞翅跟雞腳（最好是放牧雞）
- 1 湯匙醋或檸檬汁
- 1 大顆洋蔥，帶皮，切四等分
- 2 根完整的胡蘿蔔
- 2 枝芹菜莖，最好帶著葉子
- 1 片月桂葉
- 1 湯匙碎昆布（可省略。昆布是絕佳的碘來源）
- ½ 茶匙黑胡椒粒（可省略）
- 蔬菜殘渣（可考慮加入羽衣甘藍的梗、歐芹、蒜頭、薑等等）
- 過濾水，蓋過材料

DIRECTIONS

1. 材料放進大湯鍋、燉鍋或壓力鍋。加水淹過材料，水面比材料高出約 2.5 公分。蓋上鍋蓋。
2. 湯鍋或燉鍋：加熱至沸騰後，小火滾煮 12 至 24 小時。
   壓力鍋：高壓悶煮 60 至 90 分鐘。
3. 煮到骨頭變軟，就表示已完成。這時雞骨或火雞骨的末梢會變得易碎。若還沒煮到這個程度，可繼續熬煮，榨乾骨頭裡的礦物質。（牛骨或豬骨可以熬煮兩次，尤其是膝關節與大骨。）
4. 完成後，湯應是濃郁的金色（雞湯和火雞湯的顏色會比較淺）。
5. 把金屬濾杓架在大鍋或大碗上方，用大湯杓把高湯舀入鍋裡或碗裡。丟棄固體殘渣。靜置冷卻後冷藏存放，必須在完成後兩小時內冷藏，因為肉骨湯是細菌生長的絕佳環境。
6. 冷藏可保存三天，冷凍可長期保存。

NOTES

我會一次煮很多，冷凍存放，要用時取出解凍。如果只有你要喝，可以用製冰盒冷凍成湯塊，以便快速解凍成一杯或一小碗肉骨湯。別忘了為產後恢復期多準備一些肉骨湯。

雞肉蔬菜湯

阿嬤煮的雞湯之所以風味濃郁又療癒心靈，就是因為用肉骨湯做基底。只加入蔬菜，就是好喝的雞肉蔬菜湯。你可以試試羽衣甘藍、高麗菜、櫛瓜或甜椒。

INGREDIENTS

- 1 大顆洋蔥，切碎
- 3 根胡蘿蔔，去皮切碎
- 4 枝芹菜，切碎
- 2 湯匙奶油
- 1 茶匙海鹽，可視喜好增減
- ½ 茶匙黑胡椒
- ½ 茶匙乾燥百里香
- 6 杯雞骨高湯
- 453 公克雞肉，可用剝下來的烤雞肉，或是將熟雞腿肉切碎
- ½ 杯全脂鮮奶油
- 1 湯匙檸檬汁
- 2 湯匙新鮮歐芹，裝飾用（可省略）

DIRECTIONS

1. 取一個大湯鍋，加入奶油、鹽、胡椒、百里香，大火拌炒所有蔬菜，炒至金黃並散發香氣。
2. 加入雞骨高湯，滾煮至沸騰。
3. 加入雞肉、全脂鮮奶油、檸檬汁。轉小火滾煮 5 分鐘。視個人喜好調味。用歐芹裝飾，即可上桌。

NOTES

雞肉蔬菜湯富含膠質與礦物質，最適合產後恢復。

烘牛肉卷（草飼牛）

這是可讓人吃得暢快舒心又充滿營養的一道菜。這道烘牛肉卷含有膽鹼、維生素B12、鐵、維生素 A、葉酸、鋅與多種營養素，對你和寶寶的健康都有好處。烘牛肉卷的食譜大多使用麵包屑或燕麥，但我這是肉感更豐富的版本，所以只用了一點杏仁粉或椰子粉。

INGREDIENTS

牛肉卷：
- 1 小顆洋蔥，切細碎
- 226 公克香菇，切細碎
- 2 瓣蒜頭，切細碎
- 2 湯匙椰子油
- 1 條小櫛瓜，刨絲
- 907 公克草飼牛絞肉
- 170 公克草飼牛肝，切細碎或絞碎（可取代牛肝醬）
- 2 顆蛋，最好是放牧雞蛋
- ¼ 杯杏仁粉或椰子粉
- 2 茶匙海鹽
- ½ 茶匙黑胡椒
- 1 茶匙乾燥牛至
- 1 茶匙乾燥百里香

淋醬：
- 170 公克番茄泥（1 小罐）
- 1 湯匙楓糖漿或蜂蜜
- 1 包甜菊糖（可省略。若你喜歡甜一點的淋醬，例如番茄醬，可加甜菊糖）
- 1 茶匙醬油

DIRECTIONS

1. 取一個大平底鍋，加入椰子油，以中大火拌炒洋蔥、香菇和蒜頭，炒到微黃褐色且水分完全蒸發（蔬菜會出水）。靜置一旁冷卻。
2. 取一個大沙拉碗，拌入絞肉、炒熟的蔬菜和所有材料。
3. 用一個 9x13 英寸（約 23x33 公分）的玻璃烤盤，將絞肉做成胖胖的長條狀。
4. 淋醬的材料攪拌均勻後，先嚐嚐看再調味。用湯匙淋在肉卷上。
5. 設定攝氏 176 度烤 45 至 60 分鐘，或是烤至全熟。

NOTES

如果你不愛肝臟的味道，可用這道菜把營養豐富的肝臟藏進牛肉卷裡。

低醣牧羊人派

不含醣類的暖心食物，因為不使用馬鈴薯，改以白花椰菜替代。

INGREDIENTS

內餡：
- 453 公克草飼牛絞肉
- 85 公克草飼牛肝，切細碎（可省略）
- 1 小顆洋蔥，刂細碎
- 3 根胡蘿蔔，去皮切細碎
- 2 枝芹菜，切細碎
- 2 瓣蒜頭，切細碎
- 1 湯匙奶油
- 1 茶匙鹽
- ½ 茶匙黑胡椒
- 2 茶匙乾燥百里香

鋪頂的白花椰菜
- 1 大顆白花椰菜，切塊
- 4 湯匙奶油
- 1 茶匙海鹽，可視喜好增減
- ½ 茶匙黑胡椒

DIRECTIONS

1. 蒸白花椰菜的時候同步準備餡料，約需 10 至 15 分鐘，實際時間取決於白花椰菜切塊的大小。
2. 取一個大平底鍋，用中小火拌炒牛絞肉。如果鍋底太乾，可加一點奶油或椰子油（草飼牛的油脂可能很少）。
3. 用鍋鏟將牛絞肉切成一口大小。炒至微褐色，加入牛肝再煮 1 至 2 分鐘。
4. 關火，將牛絞肉舀入 9x13 英寸（約 23x33 公分）的烤盤裡。不要濾掉油脂。
5. 在同一個平底鍋裡加入奶油、洋蔥、胡蘿蔔、芹菜、蒜頭、鹽、胡椒和百里香。
6. 拌炒 10 分鐘，舀起放入烤盤，記得連同鍋裡的褐色焦香物一起。
7. 白花椰菜蒸好之後，壓成泥，加入奶油、鹽與胡椒，鋪在牛絞肉和蔬菜上。
8. 攝氏 204 度烤 20 分鐘，烤到白花椰菜表面微焦。

NOTES

如果你不愛肝臟的味道，可用這道菜把營養豐富的肝臟藏進牛絞肉裡。

烤兩次金絲南瓜佐肉丸

主餐 | 6人份

金絲南瓜烤兩次可大幅提升金絲南瓜的風味。如果你以前不喜歡金絲南瓜，一定要試試這道菜。

INGREDIENTS

金絲南瓜：
- 1 大顆金絲南瓜
- 2 湯匙冷壓初榨橄欖油
- 1 茶匙鹽
- 1 罐義式番茄醬（marinara），或是 3 至 4 杯自製義式番茄醬
- 170 公克莫札瑞拉乳酪，切碎（最好是草飼乳製品）
- 170 公克帕瑪森乳酪，切碎（最好是草飼乳製品）

肉丸：
- 1 小顆洋蔥，切細碎
- 226 公克香菇，切細碎
- 2 瓣蒜頭，切細碎
- 2 湯匙椰子油
- 453 公克草飼牛絞肉
- 85 公克草飼牛肝，切碎或絞碎（可省略）
- 1 顆雞蛋，放牧雞蛋為佳
- 1 茶匙海鹽
- ¼ 茶匙黑胡椒
- ½ 茶匙乾燥牛至
- ⅛ 茶匙乾燥辣椒片（可省略）

DIRECTIONS

1. 烤箱以攝氏 204 度預熱。
2. 用一把銳利的大刀子將金絲南瓜對半縱切。挖出南瓜子（可將南瓜子保留下來烘乾食用）。
3. 橄欖油塗抹南瓜內部，灑少許鹽。將南瓜切面向下，放置在有邊的大烤盤上，例如烤千層麵的烤盤。倒入 ½ 杯水。烤 30 至 45 分鐘，烤到南瓜變軟。（按壓南瓜外側，若稍微凹陷就表示已經煮熟。）
4. 利用烤南瓜的時間準備肉丸。取一個大的平底鑄鐵鍋，用椰子油以中大火拌炒洋蔥、香菇和蒜頭，炒到微褐色且水分完全蒸發（蔬菜會出水）。放在一旁靜置冷卻。取一個大沙拉碗，把絞肉、煮熟的蔬菜與所有材料放進去，均勻攪拌。應可做 12 至 15 顆肉丸。將肉丸放在抹了油的烤盤上，間距至少 2.5 公分。烤 15 分鐘，或是烤到熟為止。
5. 南瓜烤熟後，從烤箱取出。填入義式番茄醬，鋪上乳酪。送回烤箱，置於上層，烤 20 分鐘，或是烤到乳酪融化／微褐色。靜置 10 分鐘（要有耐心！），讓南瓜吸收湯汁。
6. 上桌後，用大湯匙挖出南瓜肉。南瓜肉應該會分解成像義大利麵一樣的麵條狀態。搭配肉丸一起吃。

椰汁雞肉咖哩

主餐 | 8 人份

咖哩給人一種奇妙的滿足感。香料與濃滑椰奶的結合，吃這道菜是一種享受。

INGREDIENTS

- 1 顆中等大小洋蔥，切細碎
- 1 杯新鮮四季豆，去絲，切成 5 公分
  小段
- 1 顆青椒，切細絲
- 1 顆紅甜椒，切細絲
- 2 瓣蒜頭，切細碎
- 2 湯匙現磨薑泥
- 1 湯匙椰子油
- 2 湯匙溫和口味咖哩粉（例如印度什
  香粉〔garam masala〕）
- 1 茶匙海鹽
- 1 罐 443 毫升全脂椰奶（查看成分，
  確定不含防腐劑與添加劑）
- 473 毫升雞骨高湯（最好是自製的）
- 453 毫升熟雞肉，切碎
- 3 至 4 杯新鮮菠菜
- 2 顆萊姆，榨汁
- 少許醬油，調味用
- 乾燥辣椒片或新鮮辣椒絲（可省略）

DIRECTIONS

1. 取一個中等大小的湯鍋，倒入椰子
   油，以中大火拌炒洋蔥，炒至微褐
   色。
2. 剩下的蔬菜、蒜頭、薑泥、咖哩粉
   跟鹽全部加入鍋內，烹煮 5 分鐘。
3. 倒入椰奶、高湯和雞肉。
4. 小火滾煮 10 分鐘。
5. 加入萊姆汁與醬油調味。
6. 上桌前，倒入新鮮菠菜攪拌至菠菜
   變軟。

NOTES

這道咖哩冷凍完全沒問題。可一次做兩份，其中一份冷凍起來留到產後再吃。

墨西哥燉豬肉絲

手撕烤豬肉（pulled pork）是全世界最好吃的食物之一。善用香料，並且在豬肉烤到邊緣酥脆時快速翻炒一下，手撕烤豬肉就能變身成墨西哥烤豬肉絲。手撕烤豬肉常用的豬肩肉部位含有甘胺酸、鐵、鋅、維生素 B6 和許多營養素，老觀念說豬肩肉不健康，我實難苟同。

INGREDIENTS

- 2 公斤左右的豬肩肉，最好是放養牧場
- 1 顆洋蔥，切細絲
- 2 茶匙海鹽
- 1 茶匙蒜粉
- 1 茶匙辣椒粉
- 1 茶匙孜然
- 1 茶匙牛至
- 2 顆萊姆，榨汁（或是 2 湯匙蘋果醋）
- 2 湯匙椰子糖或楓糖漿（可省略）

DIRECTIONS

1. 洋蔥鋪在燉鍋底部。
2. 香料跟鹽攪拌在一起，塗抹在豬肩肉上，放進燉鍋。
3. 加入萊姆汁或醋。
4. 高溫煮 6 至 8 小時。
5. 完成後，豬肉應可用叉子輕鬆撕開。視需要調整燉煮時間。
6. 取出豬肉後可直接食用，也可瀝除水分後放入平底鑄鐵鍋，用燉煮後浮在表面的豬油煎豬肉，用大火煎至豬肉邊緣變脆。
7. 上桌享用！

NOTES

這道菜冷凍完全沒問題。除非客人很多，否則我會吃一半，剩下的一半分成小份冷凍起來。

白花椰菜米

白花椰菜是用途很廣的蔬菜。我最喜歡把它變成「米粒」。一杯白花椰菜僅含 3 公克醣類（一杯米飯含醣 45 公克以上），營養價值顯而易見。

INGREDIENTS

- 1 大顆白花椰菜
- 1 至 2 湯匙奶油或豬油
- 海鹽，調味用

DIRECTIONS

1. 將白花椰菜切成四大塊。
2. 用中孔或大孔的刨絲器，把白花椰菜刨成粒狀。也可以用食物調理機。
3. 將白花椰菜粒放在乾淨的毛巾或紙巾上，吸收多餘水分。
4. 取一個大平底鍋，倒入 1 至 2 湯匙油（我個人喜歡奶油和豬油），灑一大把鹽，以中大火拌炒白花椰菜粒約 5 至 8 分鐘。如果吃起來口感偏硬，可蓋上鍋蓋蒸軟。
5. 任何你喜歡的菜色中只要有米飯，都可以用白花椰菜米取代。

NOTES

用新鮮食材自製白花椰菜米當然很好，但超市的冷凍區或許也有現成的白花椰菜米。隨著原始人飲食法和低醣飲食法愈來愈受歡迎，很多超市也開始販售冷凍白花椰菜米。無須解凍，直接拌炒，不到五分鐘就能上桌。不用花功夫製作，清理起來也很方便。

烤球芽甘藍

球芽甘藍不一定美味，但是只要烤過——哇！——立刻大不相同。好吃的祕訣是烤的時候切面朝下，放在烤箱的底層，這樣就能均勻烤熟，而且底部焦糖化之後香脆可口。

INGREDIENTS

- 900 公克球芽甘藍
- 1 顆洋蔥，切絲
- 幾湯匙無水奶油、豬油或椰子油
- 1 茶匙海鹽
- ½ 茶匙黑胡椒
- 1 茶匙乾燥百里香
- 1 茶匙蒜粉

DIRECTIONS

1. 烤箱以攝氏 204 度預熱。
2. 球芽甘藍切除尾端，剝除枯葉。將每顆球芽甘藍縱向切半（若太小顆，可直接使用）。
3. 將球芽甘藍跟洋蔥放在大烤盤上。淋上油與調味料，攪拌均勻。單層鋪在烤盤上。（小提示：切面朝下更容易焦糖化，而且熟度更均勻。）
4. 在烤箱底層烤 25 至 35 分鐘，或烤到能用叉子輕鬆穿過、表面微褐色。中途請檢查熟度。如果顏色過焦，把烤盤移至上層繼續烤完剩餘時間。

炒羽衣甘藍

羽衣甘藍富含葉酸、抗氧化劑與礦物質，是名符其實的超級食物。把羽衣甘藍煮得好吃是一門藝術。用美味的脂肪，例如奶油或培根的油脂，灑上足夠的鹽，再加上一點提味的酸，就能帶出羽衣甘藍的美味。若這樣還不夠，不妨灑上些許帕瑪森乳酪。

INGREDIENTS

- 1 把新鮮羽衣甘藍，去梗，葉子切段
- 1 湯匙培根油脂或奶油
- 1 瓣蒜頭，切片
- ¼ 茶匙鹽
- 現擠新鮮檸檬汁

DIRECTIONS

1. 取一個有蓋子的大平底鍋，以中大火加熱。加入油脂，一邊攪拌，一邊加熱至油脂散發香氣。
2. 倒入羽衣甘藍、鹽和 1 湯匙水，立刻蓋上鍋蓋。讓羽衣甘藍煮 1 至 2 分鐘。
3. 打開鍋蓋，攪拌。試吃一小片，若太硬，繼續煮 1 至 2 分鐘。
4. 煮到你喜歡的程度後，擠一點新鮮檸檬汁，然後快速攪拌後即可上桌。

NOTES

羽衣甘藍有許多品種。我個人最喜歡的品種叫恐龍羽衣甘藍（lacinato kale），因為這個品種比較甜，葉子也比較嫩。任何品種的羽衣甘藍或綠葉蔬菜都適用這個食譜。炒綠葉蔬菜的美味關鍵是，高溫搭配上鍋蓋的快速悶煮。這能使甘藍葉色澤翠綠、口感軟嫩。烹調時間視季節而定。春天的羽衣甘藍很嫩，可縮短烹調時間。夏末得反過來。

檸檬烤花椰菜

蔬菜 ｜ 4 人份

若你曾在蒸煮或炙烤花椰菜時討厭家裡充滿難聞的硫磺味，或是逼迫自己以健康之名吃下軟爛的花椰菜，請務必試試這個食譜。

INGREDIENTS

- 453 公克花椰菜
- 1 茶匙鹽
- 1 顆檸檬，榨汁
- 1-3 瓣大蒜頭，切碎（取決於你有多喜歡蒜味！）
- 1 顆小洋蔥，切細絲
- 2 湯匙橄欖油、椰子油或無水奶油

DIRECTIONS

1. 花椰菜切成一朵朵。盡量切得小朵一點，以便均勻煮熟。（莖切段亦適用這個食譜。）
2. 取一個大烤盤，花椰菜灑上鹽、½ 顆檸檬汁（另外半顆待會兒使用）、蒜頭、洋蔥和油。花椰菜不要排得太擠。
3. 以攝氏 218 度烤 25 至 35 分鐘，或是烤到花椰菜變軟，叉子可輕鬆穿過。中途翻面一次。
4. 烤盤出爐，擠上半顆檸檬汁之後即可上桌。

NOTES

若梅爾檸檬（Meyer lemon）當季，請使用梅爾檸檬，味道比一般檸檬香甜，也更加多汁。

烤番薯條

自製番薯條是我最喜歡的暖心食物。番薯條當然是高醣配菜,所以一定要搭配蛋白質豐富的正餐或點心。番薯富含維生素 B6 和鉀,若你經常孕吐,這道菜很適合你。

INGREDIENTS

- 2 顆大番薯
- 3 湯匙豬油、無水奶油或椰子油
- 1 茶匙海鹽
- ½ 茶匙蒜粉
- ½ 茶匙新鮮胡椒

DIRECTIONS

1. 烤箱 204 度預熱。番薯洗淨擦乾(無須削皮)。
2. 番薯切成條狀,厚度約 1 公分。
3. 番薯條單層鋪在大烤盤上,灑上所有調味料。
4. 在烤箱下層烤 25 分鐘。翻面。再烤 10 至 15 分鐘,或烤到微褐色且可用叉子輕鬆穿過。

咖哩味烤白花椰菜

要準備的材料很多，但不要因為這樣就被嚇倒了。這個食譜是我們家最常被點菜的蔬食料理。椰汁跟香料混合成濃郁的醬汁，保證好吃到舔盤子。

INGREDIENTS

- 1 顆白花椰菜（約 900 公克），切成小朵
- 1 顆洋蔥，切絲
- 1 顆甜椒，切絲
- 2.5-5 公分長新鮮薑段，磨成泥；或是 1 茶匙乾薑粉
- 2-3 茶匙滿滿的溫和咖哩粉
- 2 瓣蒜頭，切碎；或是 1 茶匙蒜粉
- 2 茶匙海鹽
- ½ 茶匙現磨胡椒
- 1 罐 450 毫升全脂椰奶
- 1-2 湯匙椰子油或無水奶油
- 1 湯匙巴薩米克醋或石榴糖蜜

DIRECTIONS

1. 蔬菜切成差不多的大小，放入一個深的大烤盤，例如千層麵烤盤。鋪單層即可，若鋪不下，就分成兩盤。蔬菜切得愈小，烤熟的速度愈快。
2. 加入剩餘材料，搖一搖，使材料均勻混合。
3. 攝氏 218 度烤 30 分鐘，或是烤到白花椰菜微褐色變軟，可用叉子輕鬆穿過。熱食冷盤兩相宜。

NOTES

巴薩米克醋或石榴糖蜜聽起來可能有點怪，但若是不加，味道會很平淡。石榴糖蜜在中東商店買得到。這道菜也可加入其他蔬菜，若想增添一些蛋白質，可加入煮熟的鷹嘴豆、雞肉或烤腰果。

烤奶油南瓜

冬南瓜是很棒的配菜，富含鎂與維生素 B6。若你在懷孕初期經常想吐，這道菜是絕佳選擇。雖然帶有天然的甜味，但熱量只有番薯的一半。

INGREDIENTS

- 1 大顆奶油南瓜
- 2 湯匙融化奶油
- 1 茶匙海鹽（或南瓜每 450 公克用 ½ 茶匙海鹽）
- ½ 茶匙胡椒

DIRECTIONS

1. 烤箱以攝氏 218 度預熱。
2. 取一把大刀子，將奶油南瓜小心地縱向切成兩半。
3. 南瓜內側塗抹奶油，灑上海鹽與胡椒。
4. 切面朝下放在大烤盤上，烤 35 分鐘。或是烤到南瓜可用叉子輕鬆穿過。
5. 用大湯匙將烤熟的南瓜肉挖出，即可食用。可在南瓜肉上面再放上一小塊奶油。

菠菜泥

菠菜泥是在飲食裡偷渡綠色蔬菜的好方法。這道菜是我在冬天想出來的，當時我找不到品質較好的綠色蔬菜，只好拿出冷凍菠菜。我喜歡用菠菜泥搭配新鮮切好的蔬菜條一起吃。別忘了，脂肪能幫助吸收蔬菜裡的營養素與抗氧化劑，所以請放心加上一大坨奶油乳酪，無須有罪惡感。

INGREDIENTS

- 280 公克冷凍菠菜，解凍
- 226 公克全脂奶油乳酪
- 1 瓣蒜頭，切碎
- 1 茶匙橄欖油
- ½ 杯帕瑪森乳酪絲
- 海鹽與胡椒，調味用

DIRECTIONS

1. 冷凍菠菜的包裝袋上戳一個洞，在水槽上擠出袋中水分。
2. 取一個小湯鍋，開中火，用橄欖油拌炒蒜頭至蒜頭稍微變軟，散發香氣。
3. 加入菠菜跟奶油乳酪，偶爾用木湯匙攪拌，讓奶油乳酪變軟。
4. 充分加熱與攪拌之後，拌入帕瑪森乳酪。
5. 嚐嚐味道，視需要加鹽跟胡椒。
6. 冷熱皆宜，用來沾切成條狀的胡蘿蔔、芹菜、甜椒或任何新鮮蔬菜。

NOTES

菠菜泥可在冰箱冷藏一週。

堅果「果麥」棒

大部分的果麥棒含糖量都很高，蛋白質卻少得可憐。我這道果麥棒有堅果、種子、雞蛋和膠原蛋白（可省略），給你滿滿的蛋白質與微量營養素。

INGREDIENTS

- 4 湯匙亞麻籽粉或奇亞籽粉
- ½ 杯生蜂蜜
- 2 湯匙滿滿的膠原蛋白粉（可省略）
- 1 顆蛋，最好是放牧雞蛋
- 1 茶匙海鹽
- 1 杯生杏仁碎粒
- 1 杯生核桃碎粒（或其他堅果）
- 1 杯無糖粗椰絲
- 1 杯無糖細椰絲

DIRECTIONS

1. 取一個大碗，拌入亞麻籽粉或奇亞籽粉、蜂蜜和膠原蛋白粉（可省略）。然後加入其他材料，充分攪拌均勻。
2. 烤盤上鋪烤盤紙，將堅果混合物舀到烤盤紙上。
3. 上面再鋪一層烤盤紙，用手將混合物均勻推開，推到烤盤邊緣。
4. 用一個平坦的東西把堅果混合物壓平，例如小湯鍋的鍋底。
5. 上層烤盤紙拿開，烤盤送入攝氏 176 度的烤箱。
6. 烤 24 分鐘，在第 12 分鐘時將烤盤轉向。
7. 出爐後靜置冷卻，切成 24 條。

NOTES

若要長期存放，可用烤盤紙或蠟紙單條包裝，放在密封容器裡冷藏存放。

草飼牛肝醬

老實說，我自己沒有那麼喜歡肝臟的味道。但是在一到十分的營養量表上，肝臟是十一分。既然肝臟是營養界的冠軍，我必須學會把肝臟放進飲食裡，而且我認為你也應該這麼做。

INGREDIENTS

- 453 公克草飼牛肝（或放養雞肝）
- 1 湯匙葛粉（或有機玉米澱粉）
- 4 湯匙（½ 條）奶油（草飼乳牛）
- 1 顆中型洋蔥，切絲
- ½ 茶匙鹽
- ½ 茶匙乾燥百里香
- 少許黑胡椒
- ½ 杯全脂鮮奶油（最好來自草飼乳牛）

DIRECTIONS

1. 用紙巾擦乾肝臟上面的多餘水分。灑上鹽、百里香、黑胡椒跟葛粉（葛粉是麵粉的無麩質替代品）。
2. 平底鑄鐵鍋以中火加熱。加入奶油。
3. 肝臟煎至雙面微焦。放入食物調理機。
4. 於此同時，將洋蔥放入平底鍋。煮到微褐色變軟。
5. 加入全脂鮮奶油，收乾製作醬汁（用金屬鍋鏟鏟起所有褐色焦香物）。
6. 將平底鍋裡的醬汁倒入食物調理機。
7. 打攪成濃郁滑順的牛肝醬。嚐嚐味道，視需要加鹽。
8. 舀入小玻璃罐裡，確認罐中沒有氣泡。一週內食用完畢，或是冷凍儲存。

NOTES

如果你不愛吃肝醬搭配蘇打餅乾或蔬菜，可以把它拌入任何使用絞肉的菜色裡。所以我經常煮一大份肝醬，分裝成小罐冷凍起來（容量 4-8 盎司的玻璃罐，或是直接用製冰盒）。下次要做烘牛肉卷、肉丸、辣味牛絞肉或牧羊人派的時候，只要解凍一小份拌進絞肉裡就行了。

自製莓果雪酪

製作過程不到一分鐘，而且能帶來很大的滿足感。這道自製莓果雪酪好吃到你會一做再做。

INGREDIENTS

- 1 杯冷凍莓果（藍莓、覆盆子、櫻桃或黑莓）
- ½ 杯全脂鮮奶油，最好是來自草飼乳牛
- 1 湯匙膠原蛋白粉（可省略）
- 1 包甜菊糖或 5-10 滴液態甜菊糖精（可省略）

DIRECTIONS

1. 用果汁機、手持攪拌棒或食物調理機將所有材料打碎攪拌。
2. 立即可食。

NOTES

用草飼牛製成的膠原蛋白粉和明膠粉有好幾個牌子，例如 Great Lakes。我喜歡用膠原蛋白粉，因為它能完全溶解，即使在低溫液體裡也一樣。膠原蛋白粉為這道雪酪增添蛋白質與甘胺酸，不過不加也行。愛吃甜的人可以加甜菊糖。

椰子馬卡龍

這種小餅乾充滿椰子的健康脂肪與纖維，以及蛋白提供的蛋白質，是能帶來飽足感的甜點。沾一些融化的黑巧克力更加美味。

INGREDIENTS

- 5 顆蛋白
- ¼ 茶匙海鹽
- ⅓ 杯蜂蜜
- 1 湯匙香草精（或杏仁精）
- 3 杯無糖椰絲

DIRECTIONS

1. 取一個大碗，將蛋白與海鹽混合攪拌，至蛋白變硬。
2. 拌入剩餘材料。
3. 用湯匙舀取，一次一湯匙放在鋪了烤盤紙的烤盤上。
4. 攝氏 176 度烤 10 至 15 分鐘，烤到表面微褐色。

NOTES

這道食譜只使用蛋白，剩下蛋黃的部分可用來做楓糖烤蛋黃布丁、炒蛋、烘牛肉卷、肉丸或其他菜色。蛋黃是好東西，千萬別丟掉！

楓糖烤蛋黃布丁

烤蛋黃布丁就像焦糖烤布蕾的底層一樣，是美味可口的烤布丁，只是少了脆脆的焦糖。這種「奶油烤布丁」或「蛋黃醬烤布丁」源於法國。這是令人食指大動的甜點，含糖量很低，而且充滿寶寶需要的重要營養素（膽鹼、維生素 B12、維生素 A、DHA 等等）。一份就能滿足 60% 的每日膽鹼需求量。

INGREDIENTS

- 1½ 杯全脂鮮奶油，最好來自草飼乳牛
- ¼ 杯楓糖漿
- ¼ 茶匙海鹽
- 4 顆蛋黃，最好來自放養雞
- ½ 茶匙香草精
- ¼ 茶匙楓糖精（可省略）

DIRECTIONS

1. 烤箱以攝氏 148 度預熱。將四個布丁烤皿放在有邊的烤盤上，例如布朗尼烤盤。
2. 奶油、楓糖漿、海鹽倒入小湯鍋。加熱至微微沸騰後，關火。
3. 取一個中碗，將蛋黃跟香草精攪拌在一起（若使用楓糖精，此時拌入）。
4. 製作布丁液：用一把小湯杓攪拌蛋液，一邊攪拌，一邊舀入熱的鮮奶油，一次舀幾湯匙即可（防止蛋黃變熟）。加入 1 杯鮮奶油之後，剩下的鮮奶油全數倒進碗裡，充分攪拌。
5. 用細眼網篩過濾布丁液。
6. 取一把湯杓，將布丁液舀入布丁烤皿（沒有布丁烤皿，也可用容量 8 盎司的寬口玻璃罐）。
7. 小心地將熱水倒入烤盤，水面約到布丁烤皿的一半。
8. 烤至布丁邊緣變硬但中心微微晃動，約需 45 至 50 分鐘。
9. 布丁取出烤盤，冷卻至室溫。
10. 可立即食用，或是冰過再吃。（我喜歡吃冰的。）

NOTES

烤蛋黃布丁可冷藏存放一週。這道食譜只使用蛋黃，蛋白的部分可留著做其他菜，例如義式煎蛋、炒蛋或椰子馬卡龍。

酸櫻桃果凍

如果你小時候自己做過果凍，這種果凍是我改造的健康版本。果凍一點也不健康，充滿精製糖跟食用色素。但是我這個自製果凍使用優質明膠跟果汁，是攝取明膠（與甘胺酸）的好方法。酸櫻桃果凍使用天然酸櫻桃果汁，酸酸甜甜。孕吐時想吃酸的硬糖或軟糖，這是很好的替代品。有些研究發現，酸櫻桃果汁有溫和的助眠效果，對懷孕後期跟剛生產完的媽媽有幫助。

INGREDIENTS

- 1½ 杯有機酸櫻桃果汁
- 4 湯匙明膠粉，最好是來自草飼牛
- 幾滴甜菊糖精，或 1 湯匙蜂蜜（可省略，愛吃甜的人可加）

DIRECTIONS

1. 將材料放入小湯鍋，攪拌均勻。靜置幾分鐘等明膠沉澱（亦有助於溶化）。
2. 湯鍋放在爐子上，以中小火加熱。
3. 一邊加熱，一邊用金屬湯匙攪拌，幫助明膠溶化。
4. 明膠顆粒完全消失後，將湯鍋內的果凍液倒入玻璃盤，例如派盤。
5. 放入冰箱冷藏 30 分鐘，或是冰到果凍凝固。
6. 用刀子切成一口大小（或是用餅乾模切成可愛形狀），放在密封容器裡冷藏存放。

NOTES

如果你覺得酸櫻桃汁不夠甜，可以改用比較甜的果汁，也可以加入甜菊糖或些許蜂蜜。除了鳳梨汁之外，任何果汁都可以（鳳梨含有消化蛋白質的鳳梨酶，明膠無法凝固！）。

莉莉的電解質補水飲料

如果你有脫水的情況，或是孕吐嚴重，這款電解質補水飲料是很好的選擇（對分娩也有幫助！）。孕婦需要快速補充流失的水分與電解質。很多人會買運動飲料來喝，但是裡面有人工色素、香料和防腐劑。不如試試我的自製電解質飲料。

INGREDIENTS

- 1 夸脫（約 946 毫升）無糖椰子水
- ¼ 茶匙海鹽（或是喜馬拉雅玫瑰鹽）
- ½ 杯果汁（例如 100% 純鳳梨汁、柳橙汁、櫻桃汁或蘋果汁）
- 1 顆檸檬汁
- 10 滴微量礦物質濃縮液（可省略）

DIRECTIONS

1. 所有材料放入大水壺裡攪拌均勻，即可享用。剩下的可冷藏存放。

NOTES

若想補充礦物質，可加入礦物質濃縮液，但是不加也無所謂。我喜歡 Trace Mineral Research 公司推出的 ConcenTrace® 礦物質濃縮液，網路與多數健康食品店都買得到。

資料出處

前言

[1] Holder, Tara, et al. "A low disposition index in adolescent offspring of mothers with gestational diabetes: a risk marker for the development of impaired glucose tolerance in youth." *Diabetologia* 57.11 (2014): 2413-2420.

[2] Dabelea, Dana, et al. "Prevalence of type 1 and type 2 diabetes among children and adolescents from 2001 to 2009." *JAMA* 311.17 (2014): 1778-1786.

Ch1 孕婦要吃真正的食物

[1] Godfrey, Keith M., and David JP Barker. "Fetal programming and adult health." *Public Health Nutrition* 4.2b (2001): 611-624.

[2] Ladipo, Oladapo A. "Nutrition in pregnancy: mineral and vitamin supplements." *The American Journal of Clinical Nutrition* 72.1 (2000): 280s-290s.

[3] Price, Weston A. *Nutrition and Physical Degeneration A Comparison of Primitive and Modern Diets and Their Effects*. New York: Hoeber. 1939. Print.

[4] Loche, Elena, and Susan E. Ozanne. "Early nutrition, epigenetics, and cardiovascular disease." *Current Opinion in Lipidology* 27.5 (2016): 449-458.

[5] Denham, Joshua. "Exercise and epigenetic inheritance of disease risk." *Acta Physiologica* (2017).

[6] Hoffman, Jessie B., Michael C. Petriello, and Bernhard Hennig. "Impact of nutrition on pollutant toxicity: an update with new insights into epigenetic regulation." *Reviews on Environmental Health* 32.1-2 (2017): 65-72.

[7] Denhardt, David. "Effect of Stress on Human Biology: Epigenetics, Adaptation, Inheritance and Social Significance." *Journal of Cellular Physiology* (2017).

[8] D'Vaz, Nina, and Rae-Chi Huang. "Nutrition, Epigenetics and the Early Life Origins of Disease: Evidence from Human Studies." *Nutrition, Epigenetics and Health*. 2017. 25-40.

[9] Geraghty, Aisling A., et al. "Nutrition during pregnancy impacts offspring's epigenetic status—Evidence from human and animal studies." *Nutrition and Metabolic Insights* 8.Suppl 1 (2015): 41.

Ch2 真食物飲食

[1] Adams, Kelly M., Martin Kohlmeier, and Steven H. Zeisel. "Nutrition education in US medical schools: latest update of a national survey." *Academic medicine: journal of the Association of American Medical Colleges* 85.9 (2010): 1537.

[2] Dufour, Darna L., and Michelle L. Sauther. "Comparative and evolutionary dimensions of the energetics of human pregnancy and lactation." *American Journal of Human Biology* 14.5 (2002): 584-602.

[3] Dufour, Darna L., and Michelle L. Sauther. "Comparative and evolutionary dimensions of the energetics of human pregnancy and lactation." *American Journal of Human Biology* 14.5 (2002): 584-602.

[4] Ladipo, Oladapo A. "Nutrition in pregnancy: mineral and vitamin supplements." *The American journal of clinical nutrition* 72.1 (2000): 280s-290s.

[5] Priest, James R et al. "Maternal Mid-Pregnancy Glucose Levels and Risk of Congenital Heart Disease in Offspring." *JAMA pediatrics* 169.12 (2015): 1112–1116.

[6] Hendricks, Kate A., et al. "Effects of hyperinsulinemia and obesity on risk of neural tube defects among Mexican Americans." *Epidemiology* 12.6 (2001): 630-635.

[7] Menke, Andy, et al. "Prevalence of and trends in diabetes among adults in the United States, 1988-2012." *JAMA* 314.10 (2015): 1021-1029.

[8] Clapp JF: Maternal carbohydrate intake and pregnancy outcome. Proc Nutr Soc. (2002): 61 (1): 45-50.

[9] Moses RG, Luebcke M, Davis WS, Coleman KJ, Tapsell LC, Petocz P, Brand-Miller JC: Effect of a low-glycemic-index diet during pregnancy on obstetric outcomes. Am J Clin Nutr. 2006, 84 (4): 807-12.

[10] Clapp III, James F. "Maternal carbohydrate intake and pregnancy outcome." *Proceedings of the Nutrition Society* 61.01 (2002): 45-50.

[11] Chen, Ling-Wei, et al. "Associations of maternal macronutrient intake during pregnancy with infant BMI peak characteristics and childhood BMI." *The American Journal of Clinical Nutrition* 105.3 (2017): 705-713.

12 Chen, Ling-Wei, et al. "Associations of maternal macronutrient intake during pregnancy with infant BMI peak characteristics and childhood BMI." *The American Journal of Clinical Nutrition* 105.3 (2017): 705-713.

13 Wong, Alan C., and Cynthia W. Ko. "Carbohydrate Intake as a Risk Factor for Biliary Sludge and Stones during Pregnancy." *Journal of clinical gastroenterology* 47.8 (2013): 700–705.

14 Regnault, T. R., Gentili, S., Sarr, O., Toop, C. R. and Sloboda, D. M. (2013), "Fructose, pregnancy and later life impacts." Clin Exp Pharmacol Physiol, 40: 824–837.

15 Clausen, Torun et al. "High intake of energy, sucrose, and polyunsaturated fatty acids is associated with increased risk of preeclampsia. American Journal of Obstetrics & Gynecology. (2001) Vol 185, Issue 2, 451-458

16 Ferolla FM1, Hijano DR, Acosta PL, et al. "Macronutrients during pregnancy and life-threatening respiratory syncytial virus infections in children." Am J Respir Crit Care Med. (2013); 187(9):983-90.

17 Goletzke, Janina, et al. "Dietary micronutrient intake during pregnancy is a function of carbohydrate quality." *The American Journal of Clinical Nutrition* 102.3 (2015): 626-632.

18 Procter, Sandra B., and Christina G. Campbell. "Position of the Academy of Nutrition and Dietetics: nutrition and lifestyle for a healthy pregnancy outcome." *Journal of the Academy of Nutrition and Dietetics* 114.7 (2014): 1099-1103.

19 Chen, Ling-Wei, et al. "Associations of maternal macronutrient intake during pregnancy with infant BMI peak characteristics and childhood BMI." *The American Journal of Clinical Nutrition* 105.3 (2017): 705-713.

20 Ströhle, Alexander, and Andreas Hahn. "Diets of modern hunter-gatherers vary substantially in their carbohydrate content depending on ecoenvironments: results from an ethnographic analysis." *Nutrition Research* 31.6 (2011): 429-435.

21 Ströhle, Alexander, and Andreas Hahn. "Diets of modern hunter-gatherers vary substantially in their carbohydrate content depending on ecoenvironments: results from an ethnographic analysis." *Nutrition Research* 31.6 (2011): 429-435.

22 Spreadbury, Ian. "Comparison with ancestral diets suggests dense acellular carbohydrates promote an inflammatory microbiota, and may be the primary dietary cause of leptin resistance and obesity." *Diabetes, metabolic syndrome and obesity: targets and therapy* 5 (2012): 175.

23 Brawley, L., et al. "Glycine rectifies vascular dysfunction induced by dietary protein imbalance during pregnancy." *The Journal of physiology* 554.2 (2004): 497-504.

24 Brawley, Lee, et al. "Dietary protein restriction in pregnancy induces hypertension and vascular defects in rat male offspring." *Pediatric Research* 54.1 (2003): 83-90.

25 Kalhan, Satish C. "One-carbon metabolism, fetal growth and long-term consequences." *Maternal and Child Nutrition: The First 1,000 Days*. Vol. 74. Karger Publishers, 2013. 127-138.

26 Cuco, G., et al. "Association of maternal protein intake before conception and throughout pregnancy with birth weight." *Acta obstetricia et gynecologica Scandinavica* 85.4 (2006): 413-421.

27 Moore, Vivienne M., and Michael J. Davies. "Diet during pregnancy, neonatal outcomes and later health." *Reproduction, Fertility and Development* 17.3 (2005): 341-348.

28 Godfrey, Keith, et al. "Maternal nutrition in early and late pregnancy in relation to placental and fetal growth." *Bmj* 312.7028 (1996): 410.

29 Moore, Vivienne M., and Michael J. Davies. "Diet during pregnancy, neonatal outcomes and later health." *Reproduction, Fertility and Development* 17.3 (2005): 341-348.

30 Thone-Reineke, Christa, et al. "High-protein nutrition during pregnancy and lactation programs blood pressure, food efficiency, and body weight of the offspring in a sex-dependent manner." *American Journal of Physiology-Regulatory, Integrative and Comparative Physiology* 291.4 (2006): R1025-R1030.

31 Institute of Medicine Food and Nutrition Board. Dietary reference intakes: energy, carbohydrates, fiber, fat, fatty acids, cholesterol, protein, and amino acids. Washington, DC: The National Academy Press; 2005.

32 Stephens, Trina V., et al. "Protein requirements of healthy pregnant women during early and late gestation are higher than current recommendations." *The Journal of Nutrition* 145.1 (2015) 73-78.

33 Stephens, Trina V., et al. "Healthy pregnant women in Canada are consuming more dietary protein at 16-and 36-week gestation than currently recommended by the Dietary Reference Intakes, primarily from dairy food sources." *Nutrition Research* 34.7 (2014): 569-576.

34 C.A. Daley, et al. "A review of fatty acid profiles and antioxidant content in grass-fed and grain-fed beef." Nutrition Journal 2010, 9:10.

35 Mathews Jr, Kenneth H., and Rachel J. Johnson. "Alternative beef production systems: issues and implications." *US Department of Agriculture, Economic Research Service, LDPM-218-01* (2013).

36 Wallace, Taylor C., and Victor L. Fulgoni III. "Assessment of total choline intakes in the United States." *Journal of the American College of Nutrition* 35.2 (2016): 108-112.

37 Strobel, Manuela, Jana Tinz, and Hans-Konrad Biesalski. "The importance of β-carotene as a source of vitamin A with special regard to pregnant and breastfeeding women." *European journal of nutrition* 46.9 (2007): 1-20.

38 Van den Berg, H., K. F. A. M. Hulshof, and J. P. Deslypere. "Evaluation of the effect of the use of vitamin supplements on vitamin A intake among (potentially) pregnant women in relation to the consumption of liver and liver products." *European Journal of Obstetrics & Gynecology and Reproductive Biology* 66.1 (1996): 17-21.

39 Zeisel, Steven H. "The fetal origins of memory: the role of dietary choline in optimal brain development." *The Journal of pediatrics* 149.5 (2006): S131-S136.

40 Shaw, Gary M., et al. "Choline and risk of neural tube defects in a folate-fortified population." *Epidemiology* 20.5 (2009): 714-719.

41 Strobel, Manuela, Jana Tinz, and Hans-Konrad Biesalski. "The importance of β-carotene as a source of vitamin A with special regard to pregnant and breastfeeding women." *European Journal of Nutrition* 46.9 (2007): 1-20.

42 DeLany JP, Windhauser MM, Champagne CM, Bray GA. Differential oxidation of individual dietary fatty acids in human. Am J Clin Nutr 2000; 72: 905–911.

43 Gimpfl, Martina, et al. "Modification of the fatty acid composition of an obesogenic diet improves the maternal and placental metabolic environment in obese pregnant mice." *Biochimica et Biophysica Acta (BBA)-Molecular Basis of Disease* 1863.6 (2017): 1605-1614.

44 Chang, Chia-Yu, Der-Shin Ke, and Jen-Yin Chen. "Essential fatty acids and human brain." *Acta Neurol Taiwan* 18.4 (2009): 231-41.

45 Chang, Chia-Yu, Der-Shin Ke, and Jen-Yin Chen. "Essential fatty acids and human brain." *Acta Neurol Taiwan* 18.4 (2009): 231-41.

46 Herrera, Emilio. "Lipid metabolism in pregnancy and its consequences in the fetus and newborn." *Endocrine* 19.1 (2002): 43-55.

47 Al, M. D., et al. "Fat intake of women during normal pregnancy: relationship with maternal and neonatal essential fatty acid status." *Journal of the American College of Nutrition* 15.1 (1996): 49-55.

48 Sakayori, Nobuyuki, et al. "Maternal dietary imbalance between omega-6 and omega-3 polyunsaturated fatty acids impairs neocortical development via epoxy metabolites." *Stem Cells* 34.2 (2016): 470-482.

49 Herrera, Emilio. "Lipid metabolism in pregnancy and its consequences in the fetus and newborn." *Endocrine* 19.1 (2002): 43-55.

50 Kim, Hyejin, et al. "Association between maternal intake of n-6 to n-3 fatty acid ratio during pregnancy and infant neurodevelopment at 6 months of age: results of the MOCEH cohort study." *Nutrition journal* 16.1 (2017): 23.

51 Candela, C. Gómez, LMa Bermejo López, and V. Loria Kohen. "Importance of a balanced omega 6/omega 3 ratio for the maintenance of health. Nutritional recommendations." *Nutricion hospitalaria* 26.2 (2011): 323-329.

52 Price, Weston A. *Nutrition and Physical Degeneration A Comparison of Primitive and Modern Diets and Their Effects.* New York: Hoeber. 1939. Print.

53 Daley, Cynthia A., et al. "A review of fatty acid profiles and antioxidant content in grass-fed and grain-fed beef." *Nutrition journal* 9.1 (2010): 10.

54 Chavarro, J. E., et al. "A prospective study of dairy foods intake and anovulatory infertility." *Human Reproduction* 22.5 (2007): 1340-1347.

55 Afeiche, M. C., et al. "Dairy intake in relation to in vitro fertilization outcomes among women from a fertility clinic." *Human Reproduction* 31.3 (2016): 563-571.

56 Siri-Tarino, Patty W., et al. "Meta-analysis of prospective cohort studies evaluating the association of saturated fat with cardiovascular disease." *The American journal of clinical nutrition* (2010): ajcn-27725.

57 Malhotra, Aseem, Rita F. Redberg, and Pascal Meier. "Saturated fat does not clog the arteries: coronary heart disease is a chronic inflammatory condition, the risk of which can be effectively reduced from healthy lifestyle interventions." (2017): bjsports-2016.

58 Veerman, J. Lennert. "Dietary fats: a new look at old data challenges established wisdom." *The BMJ* 353 (2016).

59 Hamley, Steven. "The effect of replacing saturated fat with mostly n-6 polyunsaturated fat on coronary heart disease: a meta-analysis of randomised controlled trials." *Nutrition journal* 16.1 (2017): 30.

60 Brown, Melody J., et al. "Carotenoid bioavailability is higher from salads ingested with full-fat than with fat-reduced salad dressings as measured with electrochemical detection." *The American journal of clinical nutrition* 80.2 (2004): 396-403.

61 Cooke, L., and A. Fildes. "The impact of flavour exposure in utero and during milk feeding on food acceptance at weaning and beyond." *Appetite* 57.3 (2011): 808-811.

62 Montgomery, Kristen S. "Nutrition column an update on water needs during pregnancy and beyond." *The Journal of perinatal education* 11.3 (2002): 40.

63 Popkin, Barry M., Kristen E. D'anci, and Irwin H. Rosenberg. "Water, hydration, and health." *Nutrition reviews* 68.8 (2010): 439-458.

64 Scaife, Paula Juliet, and Markus Georg Mohaupt. "Salt, aldosterone and extrarenal Na+-sensitive responses in pregnancy." *Placenta* (2017).

65 Ingram, M, and AG Kitchell. "Salt as a preservative for foods." *International Journal of Food Science & Technology* 2.1 (1967): 1-15.

66 Gildea, John J et al. "A linear relationship between the ex-vivo sodium mediated expression of two sodium regulatory pathways as a surrogate marker of salt sensitivity of blood pressure in exfoliated human renal proximal tubule cells: the virtual renal biopsy." *Clinica Chimica Acta* 421 (2013): 236-242.

67 Schoenaker, Danielle AJM, Sabita S. Soedamah-Muthu, and Gita D. Mishra. "The association between dietary factors and gestational hypertension and preeclampsia: a systematic review and meta-analysis of observational studies." *BMC medicine* 12.1 (2014): 157.

[68] Sakuyama, Hiroe, et al. "Influence of gestational salt restriction in fetal growth and in development of diseases in adulthood." *Journal of biomedical science* 23.1 (2016): 12.

[69] Guan J, Mao C, Feng X, Zhang H, Xu F, Geng C, et al. Fetal development of regulatory mechanisms for body fluid homeostasis. Brazil J Med Biol Res. 2008;41:446–54.

[70] Iwaoka, T., et al. "The effect of low and high NaCl diets on oral glucose tolerance." *Journal of Molecular Medicine* 66.16 (1988): 724-728.

[71] Klein, Alice Victoria, and Hosen Kiat. "The mechanisms underlying fructose-induced hypertension: a review." *Journal of hypertension* 33.5 (2015): 912-920.

[72] Liebman, Michael. "When and why carbohydrate restriction can be a viable option." *Nutrition* 30.7 (2014): 748-754.

[73] Hutchinson, A. D., et al. "Understanding maternal dietary choices during pregnancy: The role of social norms and mindful eating." *Appetite* 112 (2017): 227-234.

Ch3 孕育健康寶寶

[1] Shaw, Gary M et al. "Periconceptional dietary intake of choline and betaine and neural tube defects in offspring." *American Journal of Epidemiology* 160.2 (2004): 102-109.

[2] Jiang, Xinyin et al. "Maternal choline intake alters the epigenetic state of fetal cortisol-regulating genes in humans." *The FASEB Journal* 26.8 (2012): 3563-3574.

[3] Zeisel, Steven H. "Nutritional importance of choline for brain development." *Journal of the American College of Nutrition* 23.sup6 (2004): 621S-626S.

[4] Wallace, Taylor C., and Victor L. Fulgoni III. "Assessment of total choline intakes in the United States." *Journal of the American College of Nutrition* 35.2 (2016): 108-112.

[5] Cohen, Joshua T., et al. "A quantitative analysis of prenatal intake of n-3 polyunsaturated fatty acids and cognitive development." *American Journal of Preventive Medicine* 29.4 (2005): 366-366.

[6] West, Allyson A et al. "Choline intake influences phosphatidylcholine DHA enrichment in nonpregnant women but not in pregnant women in the third trimester." *The American Journal of Clinical Nutrition* 97.4 (2013): 718-727.

[7] Thomas Rajarethnem, Huban, et al. "Combined Supplementation of Choline and Docosahexaenoic Acid during Pregnancy Enhances Neurodevelopment of Fetal Hippocampus." *Neurology research international* (2017).

[8] Karsten, HD et al. "Vitamins A, E and fatty acid composition of the eggs of caged hens and pastured hens." *Renewable Agriculture and Food Systems* 25.01 (2010): 45-54.

[9] Ratliff, Joseph et al. "Consuming eggs for breakfast influences plasma glucose and ghrelin, while reducing energy intake during the next 24 hours in adult men." *Nutrition Research* 30.2 (2010): 96-103.

[10] Lemos, Bruno S., et al. "Consumption of up to Three Eggs per Day Increases Dietary Cholesterol and Choline while Plasma LDL Cholesterol and Trimethylamine N-oxide Concentrations Are Not Increased in a Young, Healthy Population." *The FASEB Journal* 31.1 Supplement (2017): 447-3.

[11] Geiker, Nina Rica Wium, et al. "Egg consumption, cardiovascular diseases and type 2 diabetes." *European journal of clinical nutrition* (2017).

[12] Kishimoto, Yoshimi, et al. "Additional consumption of one egg per day increases serum lutein plus zeaxanthin concentration and lowers oxidized low-density lipoprotein in moderately hypercholesterolemic males." *Food Research International* (2017).

[13] Fernandez, Maria Luz, and Mariana Calle. "Revisiting dietary cholesterol recommendations: does the evidence support a limit of 300 mg/d?." *Current Atherosclerosis Reports* 12.6 (2010): 377-383.

[14] Volek, Jeff S et al. "Carbohydrate restriction has a more favorable impact on the metabolic syndrome than a low fat diet." *Lipids* 44.4 (2009): 297-309.

[15] Centers for Disease Control and Prevention (CDC). Surveillance for Foodborne Disease Outbreaks, United States, 2012, Annual Report. Atlanta, Georgia: US Department of Health and Human Services, CDC, 2014.

[16] Painter, John A., et al. "Attribution of foodborne illnesses, hospitalizations, and deaths to food commodities by using outbreak data, United States, 1998–2008." *Emerging infectious diseases* 19.3 (2013): 407.

[17] Alali, Walid Q et al. "Prevalence and distribution of Salmonella in organic and conventional broiler poultry farms." *Foodborne pathogens and disease* 7.11 (2010): 1363-1371.

[18] Ebel, Eric, and Wayne Schlosser. "Estimating the annual fraction of eggs contaminated with Salmonella enteritidis in the United States." *International journal of food microbiology* 61.1 (2000): 51-62.

[19] Wallace, Taylor C., and Victor L. Fulgoni. "Usual Choline Intakes Are Associated with Egg and Protein Food Consumption in the United States." *Nutrients* 9.8 (2017): 839.

[20] Breymann, Christian. "Iron deficiency anemia in pregnancy." *Seminars in hematology*. Vol. 52. No. 4. WB Saunders, 2015.

[21] Perez, Eva M., et al. "Mother-infant interactions and infant development are altered by maternal iron deficiency anemia." *The Journal of nutrition* 135.4 (2005): 850-855.

[22] Greenberg, James A., and Stacey J. Bell. "Multivitamin supplementation during pregnancy: emphasis on folic acid and l-methylfolate." *Reviews in Obstetrics and Gynecology* 4.3-4 (2011): 126.

[23] Molloy, Anne M et al. "Effects of folate and vitamin B12 deficiencies during pregnancy on fetal, infant, and child development." *Food & Nutrition Bulletin* 29.Supplement 1 (2008): 101-111.

24 Rogne, Tormod, et al. "Associations of Maternal Vitamin B12 Concentration in Pregnancy With the Risks of Preterm Birth and Low Birth Weight: A Systematic Review and Meta-Analysis of Individual Participant Data." *American journal of epidemiology* (2017).

25 Bae, Sajin, et al. "Vitamin B-12 status differs among pregnant, lactating, and control women with equivalent nutrient intakes." *The Journal of Nutrition* 145.7 (2015): 1507-1514.

26 Masterjohn, Christopher. "Vitamin D toxicity redefined: vitamin K and the molecular mechanism." *Medical Hypotheses* 68.5 (2007): 1026-1034.

27 Buss, NE et al. "The teratogenic metabolites of vitamin A in women following supplements and liver." *Human & Experimental Toxicology* 13.1 (1994): 33-43.

28 Strobel, Manuela, Jana Tinz, and Hans-Konrad Biesalski. "The importance of β-carotene as a source of vitamin A with special regard to pregnant and breastfeeding women." *European Journal of Nutrition* 46.9 (2007): 1-20.

29 National Institutes of Health. "Vitamin A — Health Professional Fact Sheet." (2016) https://ods.od.nih.gov/factsheets/VitaminA-HealthProfessional/. Accessed 6 Oct. 2017.

30 Van den Berg, H., K. F. A. M. Hulshof, and J. P. Deslypere. "Evaluation of the effect of the use of vitamin supplements on vitamin A intake among (potentially) pregnant women in relation to the consumption of liver and liver products." *European Journal of Obstetrics & Gynecology and Reproductive Biology* 66.1 (1996): 17-21.

31 Strobel, Manuela, Jana Tinz, and Hans-Konrad Biesalski. "The importance of β-carotene as a source of vitamin A with special regard to pregnant and breastfeeding women." *European Journal of Nutrition* 46.9 (2007): 1-20.

32 Harrison, Earl H. "Mechanisms involved in the intestinal absorption of dietary vitamin A and provitamin A carotenoids." *Biochimica et Biophysica Acta (BBA)-Molecular and Cell Biology of Lipids* 1821.1 (2012): 70-77.

33 Tang, Guangwen. "Bioconversion of dietary provitamin A carotenoids to vitamin A in humans." *The American Journal of Clinical Nutrition* 91.5 (2010): 1468S-1473S.

34 Novotny, Janet A et al. "β-Carotene conversion to vitamin A decreases as the dietary dose increases in humans." *The Journal of Nutrition* 140.5 (2010): 915-918.

35 van Stuijvenberg, Martha E., et al. "Serum retinol in 1–6-year-old children from a low socio-economic South African community with a high intake of liver: implications for blanket vitamin A supplementation." *Public health nutrition* 15.4 (2012): 716-724.

36 Rodahl, K., and T. Moore. "The vitamin A content and toxicity of bear and seal liver." *Biochemical Journal* 37.2 (1943): 166.

37 Hoffman, Jay R., and Michael J. Falvo. "Protein-Which is best." *Journal of Sports Science and Medicine* 3.3 (2004): 118-130.

38 Foster, Meika, et al. "Zinc status of vegetarians during pregnancy: a systematic review of observational studies and meta-analysis of zinc intake." *Nutrients* 7.6 (2015): 4512-4525.

39 Hunt, Janet R. "Bioavailability of iron, zinc, and other trace minerals from vegetarian diets." *The American Journal of Clinical Nutrition* 78.3 (2003): 633S-639S.

40 Wang, Hua, et al. "Maternal zinc deficiency during pregnancy elevates the risks of fetal growth restriction: a population-based birth cohort study." *Scientific reports* 5 (2015).

41 Morris, M.S.; Picciano, M.F.; Jacques, P.F.; Selhub, J. Plasma pyridoxal 5'-phosphate in the US population: The National Health and Nutrition Examination Survey, 2003–2004. Am. J. Clin. Nutr. 2008, 87, 1446–1454.

42 Ho, Chia-ling, et al. "Prevalence and Predictors of Low Vitamin B6 Status in Healthy Young Adult Women in Metro Vancouver." *Nutrients* 8.9 (2016): 538.

43 Godfrey, Keith, et al. "Maternal nutrition in early and late pregnancy in relation to placental and fetal growth." *Bmj* 312.7028 (1996): 410.

44 Rees, William D, Fiona A Wilson, and Christopher A Maloney. "Sulfur amino acid metabolism in pregnancy: the impact of methionine in the maternal diet." *The Journal of Nutrition* 136.6 (2006): 1701S-1705S.

45 Persaud, Chandarika et al. "The excretion of 5-oxoproline in urine, as an index of glycine status, during normal pregnancy." *BJOG: An International Journal of Obstetrics & Gynaecology* 96.4 (1989): 440-444.

46 Morrione, Thomas G, and Sam Seifter. "Alteration in the collagen content of the human uterus during pregnancy and postpartum involution." *The Journal of Experimental Medicine* 115.2 (1962): 357-365.

47 Aziz, Jazli, et al. "Molecular mechanisms of stress-responsive changes in collagen and elastin networks in skin." *Skin Pharmacology and Physiology* 29.4 (2016): 190-203.

48 Dasarathy, Jaividhya et al. "Methionine metabolism in human pregnancy." *The American Journal of Clinical Nutrition* 91.2 (2010): 357-365.

49 Rees, William D, Fiona A Wilson, and Christopher A Maloney. "Sulfur amino acid metabolism in pregnancy: the impact of methionine in the maternal diet." *The Journal of Nutrition* 136.6 (2006): 1701S-1705S.

50 Jackson, Alan A., Michael C. Marchand, and Simon C. Langley-Evans. "Increased systolic blood pressure in rats induced by a maternal low-protein diet is reversed by dietary supplementation with glycine." *Clinical Science* 103.6 (2002): 633-639.

51 Rees, William D. "Manipulating the sulfur amino acid content of the early diet and its implications for long-term health." *Proceedings of the Nutrition Society* 61.01 (2002): 71-77.

[52] El Hafidi, Mohammed, Israel Perez, and Guadalupe Banos. "Is glycine effective against elevated blood pressure?." (2006): 26-31.

[53] Austdal, Marie, et al. "Metabolomic biomarkers in serum and urine in women with preeclampsia." PloS one 9.3 (2014): e91923.

[54] Friesen, Russell W et al. "Relationship of dimethylglycine, choline, and betaine with oxoproline in plasma of pregnant women and their newborn infants." The Journal of Nutrition 137.12 (2007): 2641-2646.

[55] Kalhan, Satish C. "One-carbon metabolism, fetal growth and long-term consequences." Maternal and Child Nutrition: The First 1,000 Days. Vol. 74. Karger Publishers, 2013. 127-138.

[56] Leite, Isabel Cristina Gonçalves, Francisco José Roma Paumgartten, and Sérgio Koifman. "Chemical exposure during pregnancy and oral clefts in newborns." Cadernos de saude publica 18.1 (2002): 17-31.

[57] Brown, Melody J et al. "Carotenoid bioavailability is higher from salads ingested with full-fat than with fat-reduced salad dressings as measured with electrochemical detection." The American Journal of Clinical Nutrition 80.2 (2004): 396-403.

[58] Fabbri, Adriana DT, and Guy A. Crosby. "A review of the impact of preparation and cooking on the nutritional quality of vegetables and legumes." International Journal of Gastronomy and Food Science 3 (2016): 2-11.

[59] Baker, Brian P., et al. "Pesticide residues in conventional, integrated pest management (IPM)-grown and organic foods: insights from three US data sets." Food Additives & Contaminants 19.5 (2002): 427-446.

[60] Ralston, Nicholas VC, and Laura J Raymond. "Dietary selenium's protective effects against methylmercury toxicity." Toxicology 278.1 (2010): 112-123.

[61] Hibbeln, Joseph R., et al. "Maternal seafood consumption in pregnancy and neurodevelopmental outcomes in childhood (ALSPAC study): an observational cohort study." The Lancet 369.9561 (2007): 578-585.

[62] Burger, Joanna, and Michael Gochfeld. "Mercury and selenium levels in 19 species of saltwater fish from New Jersey as a function of species, size, and season." Science of the Total Environment 409.8 (2011): 1418-1429.

[63] Bodnar, Lisa M et al. "High prevalence of vitamin D insufficiency in black and white pregnant women residing in the northern United States and their neonates." The Journal of Nutrition 137.2 (2007): 447-452.

[64] Zimmermann, Michael B. "The effects of iodine deficiency in pregnancy and infancy." Paediatric and Perinatal Epidemiology 26.s1 (2012): 108-117.

[65] Stagnaro-Green, Alex, Scott Sullivan, and Elizabeth N Pearce. "Iodine supplementation during pregnancy and lactation." JAMA 308.23 (2012): 2463-2464.

[66] Mozaffarian, Dariush, and Eric B Rimm. "Fish intake, contaminants, and human health: evaluating the risks and the benefits." JAMA 296.15 (2006): 1885-1899.

[67] Cabello, Felipe C., et al. "Aquaculture as yet another environmental gateway to the development and globalisation of antimicrobial resistance." The Lancet Infectious Diseases 16.7 (2016): e127-e133.

[68] Conti, Gea Oliveri, et al. "Determination of illegal antimicrobials in aquaculture feed and fish: an ELISA study." Food Control 50 (2015): 937-941.

[69] Hossain, M. A. "Fish as source of n-3 polyunsaturated fatty acids (PUFAs), which one is better-farmed or wild?." Advance Journal of Food Science and Technology 3.6 (2011): 455-466.

[70] Tsuchie, Hiroyuki et al. "Amelioration of pregnancy-associated osteoporosis after treatment with vitamin K2: a report of four patients." Upsala Journal of Medical Sciences 117.3 (2012): 336-341.

[71] Choi, Hyung Jin et al. "Vitamin K2 supplementation improves insulin sensitivity via osteocalcin metabolism: a placebo-controlled trial." Diabetes Care 34.9 (2011): e147-e147.

[72] "Iodine — Health Professional Fact Sheet - Office of Dietary Supplements." National Institutes of Health. 24 Jun. 2011, https://ods.od.nih.gov/factsheets/Iodine-HealthProfessional/. Accessed 13 Jun. 2017.

[73] Bertelsen, Randi J et al. "Probiotic milk consumption in pregnancy and infancy and subsequent childhood allergic diseases." Journal of Allergy and Clinical Immunology 133.1 (2014): 165-171. e8.

[74] Myhre, Ronny et al. "Intake of probiotic food and risk of spontaneous preterm delivery." The American Journal of Clinical Nutrition 93.1 (2011): 151-157.

[75] Cordain, Loren, et al. "Plant-animal subsistence ratios and macronutrient energy estimations in worldwide hunter-gatherer diets." The American journal of clinical nutrition 71.3 (2000): 682-692.

[76] Price, Weston A. Nutrition and Physical Degeneration A Comparison of Primitive and Modern Diets and Their Effects. New York: Hoeber. 1939. Print.

[77] Chmurzynska, Agata. "Fetal programming: link between early nutrition, DNA methylation, and complex diseases." Nutrition Reviews 68.2 (2010): 87-98.

[78] Molloy, Anne M et al. "Effects of folate and vitamin B12 deficiencies during pregnancy on fetal, infant, and child development." Food & Nutrition Bulletin 29.Supplement 1 (2008): 101-111.

[79] Rogne, Tormod, et al. "Associations of Maternal Vitamin B12 Concentration in Pregnancy With the Risks of Preterm Birth and Low Birth Weight: A Systematic Review and Meta-Analysis of Individual Participant Data." American Journal of Epidemiology (2017).

[80] Pawlak, Roman, et al. "How prevalent is vitamin B12 deficiency among vegetarians?." Nutrition reviews 71.2 (2013): 110-117.

[81] Koebnick, Corinna, et al. "Long-term ovo-lacto vegetarian diet impairs vitamin B-12 status in pregnant women." The Journal of nutrition 134.12 (2004): 3319-3326.

[82] Smulders, Y. M., et al. "Cellular folate vitamer distribution during and after correction of vitamin B12 deficiency: a case for the methylfolate trap." *British journal of haematology* 132.5 (2006): 623-629.

[83] Bae, Sajin, et al. "Vitamin B-12 status differs among pregnant, lactating, and control women with equivalent nutrient intakes." *The Journal of Nutrition* 145.7 (2015): 1507-1514.

[84] Black, Maureen M. "Effects of vitamin B12 and folate deficiency on brain development in children." *Food and nutrition bulletin* 29.2_suppl1 (2008): S126-S131.

[85] "The ethical case for eating oysters and mussels | Diana Fleischman." 20 May. 2013, https://sentientist.org/2013/05/20/the-ethical-case-for-eating-oysters-and-mussels/. Accessed 31 Jul. 2017.

[86] Zeisel SH. Nutrition in pregnancy: the argument for including a source of choline. *Int J Womens Health.* 2013;5:193-199.

[87] Wallace, Taylor C., and Victor L. Fulgoni. "Usual Choline Intakes Are Associated with Egg and Protein Food Consumption in the United States." *Nutrients* 9.8 (2017): 839.

[88] Davenport, Crystal, et al. "Choline intakes exceeding recommendations during human lactation improve breast milk choline content by increasing PEMT pathway metabolites." *The Journal of nutritional biochemistry* 26.9 (2015): 903-911.

[89] Jiang, Xinyin, et al. "Maternal choline intake alters the epigenetic state of fetal cortisol-regulating genes in humans." *The FASEB Journal* 26.8 (2012): 3563-3574.

[90] Jiang, Xinyin, et al. "A higher maternal choline intake among third-trimester pregnant women lowers placental and circulating concentrations of the antiangiogenic factor fms-like tyrosine kinase-1 (sFLT1)." *The FASEB Journal* 27.3 (2013): 1245-1253.

[91] Caudill, Marie A., et al. "Maternal choline supplementation during the third trimester of pregnancy improves infant information processing speed: a randomized, double-blind, controlled feeding study." *The FASEB Journal* (2017): fj-201700692RR.

[92] Ganz, Ariel B., et al. "Genetic impairments in folate enzymes increase dependence on dietary choline for phosphatidylcholine production at the expense of betaine synthesis." *The FASEB Journal* 30.10 (2016): 3321-3333.

[93] Meléndez-Hevia, Enrique, et al. "A weak link in metabolism: the metabolic capacity for glycine biosynthesis does not satisfy the need for collagen synthesis." *Journal of biosciences* 34.6 (2009): 853-872.

[94] Lewis, Rohan M., et al. "Low serine hydroxymethyltransferase activity in the human placenta has important implications for fetal glycine supply." *The Journal of Clinical Endocrinology & Metabolism* 90.3 (2005): 1594-1598.

[95] Lewis, Rohan M., et al. "Low serine hydroxymethyltransferase activity in the human placenta has important implications for fetal glycine supply." *The Journal of Clinical Endocrinology & Metabolism* 90.3 (2005): 1594-1598.

[96] Meléndez-Hevia, Enrique, et al. "A weak link in metabolism: the metabolic capacity for glycine biosynthesis does not satisfy the need for collagen synthesis." *Journal of biosciences* 34.6 (2009): 853-872.

[97] Meléndez-Hevia, Enrique, et al. "A weak link in metabolism: the metabolic capacity for glycine biosynthesis does not satisfy the need for collagen synthesis." *Journal of biosciences* 34.6 (2009): 853-872.

[98] Solomons NW. Vitamin A and carotenoids. In: Bowman BA, Russell RM, eds. *Present Knowledge in Nutrition.* Washington, D.C.: ILSI Press; 2001:127-145.

[99] Ross AC. Vitamin A and retinoids. In: Shils ME, Olson JA, Shike M, Ross AC, eds. *Modern Nutrition in Health and Disease.* Baltimore: Lippincott Williams & Wilkins; 1999:305-327.

[100] Novotny, Janet A et al. "β-Carotene conversion to vitamin A decreases as the dietary dose increases in humans." *The Journal of Nutrition* 140.5 (2010): 915-918.

[101] Elder, Sonya J., et al. "Vitamin K contents of meat, dairy, and fast food in the US diet." *Journal of agricultural and food chemistry* 54.2 (2006): 463-467.

[102] Maresz, Katarzyna. "Proper calcium use: vitamin K2 as a promoter of bone and cardiovascular health." *Integrative Medicine: A Clinician's Journal* 14.1 (2015): 34.

[103] Innis, Sheila M. "Dietary (n-3) fatty acids and brain development." *The Journal of Nutrition* 137.4 (2007): 855-859.

[104] Singh, Meharban. "Essential fatty acids, DHA and human brain." *The Indian Journal of Pediatrics* 72.3 (2005): 239-242.

[105] Gerster, H. "Can adults adequately convert alpha-linolenic acid (18: 3n-3) to eicosapentaenoic acid (20: 5n-3) and docosahexaenoic acid (22: 6n-3)?." *International Journal for Vitamin and Nutrition Research.* 68.3 (1997): 159-173.

[106] Creighton, C. "Vegetarian diets in pregnancy: RD resources for consumers." *Vegetarian Nutrition DPG of the Academy of Nutrition and Dietetics* (2010). Available at: https://vegetariannutrition.net/docs/Pregnancy-Vegetarian-Nutrition.pdf

[107] Kim, Hyejin, et al. "Association between maternal intake of n-6 to n-3 fatty acid ratio during pregnancy and infant neurodevelopment at 6 months of age: results of the MOCEH cohort study." *Nutrition journal* 16.1 (2017): 23.

[108] Sakayori, Nobuyuki, et al. "Maternal dietary imbalance between omega-6 and omega-3 polyunsaturated fatty acids impairs neocortical development via epoxy metabolites." *Stem Cells* 34.2 (2016): 470-482.

[109] Sanders, T. A., Frey R. Ellis, and J. W. Dickerson. "Studies of vegans: the fatty acid composition of plasma choline phosphoglycerides, erythrocytes, adipose tissue, and breast milk, and some incicators of susceptibility to ischemic heart disease in vegans and omnivore controls." *The American journal of clinical nutrition* 31.5 (1978): 805-813.

[110] Sanders, Thomas AB. "DHA status of vegetarians." *Prostaglandins, Leukotrienes and Essential Fatty Acids* 81.2 (2009): 137-141.

[111] dos Santos Vaz, Juliana, et al. "Dietary patterns, n-3 fatty acids intake from seafood and high levels of anxiety symptoms during pregnancy: findings from the Avon Longitudinal Study of Parents and Children." *PLoS One* 8.7 (2013): e67671.

[112] da Rocha, Camilla MM, and Gilberto Kac. "High dietary ratio of omega-6 to omega-3 polyunsaturated acids during pregnancy and prevalence of postpartum depression." *Maternal & child nutrition* 8.1 (2012): 36-48.

[113] Marangoni, Franca, et al. "Maternal Diet and Nutrient Requirements in Pregnancy and Breastfeeding. An Italian Consensus Document." *Nutrients* 8.10 (2016): 629.

[114] Hurrell, Richard F., et al. "Degradation of phytic acid in cereal porridges improves iron absorption by human subjects." *The American Journal of Clinical Nutrition* 77.5 (2003): 1213-1219.

[115] Haddad, Ella H., et al. "Dietary intake and biochemical, hematologic, and immune status of vegans compared with nonvegetarians." *The American journal of clinical nutrition* 70.3 (1999): 586s-593s.

[116] Hunt, Janet R. "Bioavailability of iron, zinc, and other trace minerals from vegetarian diets." *The American Journal of Clinical Nutrition* 78.3 (2003): 633S-639S.

[117] Breymann, Christian. "Iron deficiency anemia in pregnancy." *Seminars in hematology*. Vol. 52. No. 4. WB Saunders, 2015.

[118] Breymann, Christian. "Iron deficiency anemia in pregnancy." *Seminars in hematology*. Vol 52. No. 4. WB Saunders, 2015.

[119] Hunt, Janet R. "Bioavailability of iron, zinc, and other trace minerals from vegetarian diets." *The American Journal of Clinical Nutrition* 78.3 (2003): 633S-639S.

[120] Schüpbach, R., et al. "Micronutrient status and intake in omnivores, vegetarians and vegans in Switzerland." *European journal of nutrition* 56.1 (2017): 283-293.

[121] Wang, Hua, et al. "Maternal zinc deficiency during pregnancy elevates the risks of fetal growth restriction: a population-based birth cohort study." *Scientific reports* 5 (2015).

[122] Uriu-Adams, Janet Y., and Carl L. Keen. "Zinc and reproduction: effects of zinc deficiency on prenatal and early postnatal development." *Birth Defects Research Part B: Developmental and Reproductive Toxicology* 89.4 (2010): 313-325.

[123] Hunt, Janet R. "Bioavailability of iron, zinc, and other trace minerals from vegetarian diets." *The American Journal of Clinical Nutrition* 78.3 (2003): 633S-639S.

[124] Gibson, Rosalind S., Leah Perlas, and Christine Hotz. "Improving the bioavailability of nutrients in plant foods at the household level." *Proceedings of the Nutrition Society* 65.2 (2006): 160-168.

[125] Gilani, G. Sarwar, Kevin A. Cockell, and Estatira Sepehr. "Effects of antinutritional factors on protein digestibility and amino acid availability in foods." *Journal of AOAC International* 88.3 (2005): 967-987.

[126] Janelle, K. Christina, and Susan I. Barr. "Nutrient intakes and eating behavior see of vegetarian and nonvegetarian women." *Journal of the American Dietetic Association* 95.2 (1995): 180-189.

[127] Haddad, Ella H., and Jay S. Tanzman. "What do vegetarians in the United States eat?." *The American journal of clinical nutrition* 78.3 (2003): 626S-632S.

[128] "The ethical case for eating oysters and mussels | Diana Fleischman." 20 May. 2013, https://sentientist.org/2013/05/20/the-ethical-case-for-eating-oysters-and-mussels/. Accessed 31 Jul. 2017.

[129] Lopez, Hubert W., et al. "Making bread with sourdough improves mineral bioavailability from reconstituted whole wheat flour in rats." *Nutrition* 19.6 (2003): 524-530.

[130] Hurrell, Richard F., et al. "Degradation of phytic acid in cereal porridges improves iron absorption by human subjects." *The American Journal of Clinical Nutrition* 77.5 (2003): 1213-1219.

Ch4 對胎兒健康無益的食物

[1] Janakiraman, Vanitha. "Listeriosis in pregnancy: diagnosis, treatment, and prevention." *Rev Obstet Gynecol* 1.4 (2008): 179-85.

[2] Pezdirc, Kristine B., et al. "Listeria monocytogenes and diet during pregnancy: balancing nutrient intake adequacy v. adverse pregnancy outcomes." *Public health nutrition* 15.12 (2012): 2202-2209.

[3] Einarson, Adrienne, et al. "Food-borne illnesses during pregnancy." *Canadian Family Physician* 56.9 (2010): 869-870.

[4] Tam, Carolyn, Aida Erebara, and Adrienne Einarson. "Food-borne illnesses during pregnancy Prevention and treatment." *Canadian Family Physician* 56.4 (2010): 341-343.

[5] Ebel, Eric, and Wayne Schlosser. "Estimating the annual fraction of eggs contaminated with Salmonella enteritidis in the United States." *International journal of food microbiology* 61.1 (2000): 51-62.

[6] Alali, Walid Q et al. "Prevalence and distribution of Salmonella in organic and conventional broiler poultry farms." *Foodborne pathogens and disease* 7.11 (2010): 1363-1371.

[7] Bloomingdale, Arienne, et al. "A qualitative study of fish consumption during pregnancy." *The American Journal of Clinical Nutrition* 92.5 (2010): 1234-1240.

[8] Bloomingdale, Arienne, et al. "A qualitative study of fish consumption during pregnancy." *The American Journal of Clinical Nutrition* 92.5 (2010): 1234-1240.

[9] Ito, Misae, and Nancy C. Sharts-Hopko. "Japanese women's experience of childbirth in the United States." *Health care for women International* 23.6-7 (2002): 666-677.

[10] "Is it safe to eat sushi during pregnancy? - Health questions - NHS ...." http://www.nhs.uk/chq/Pages/is-it-safe-to-eat-sushi-during-pregnancy.aspx. Accessed 11 Feb. 2017.

[11] Tam, Carolyn, Aida Erebara, and Adrienne Einarson. "Food-borne illnesses during pregnancy Prevention and treatment." *Canadian Family Physician* 56.4 (2010): 341-343.

[12] Laird, Brian D., and Hing Man Chan. "Bioaccessibility of metals in fish, shellfish, wild game, and seaweed harvested in British Columbia, Canada." *Food and chemical toxicology* 58 (2013): 381-387.

[13] Costa, Sara, et al. "Fatty acids, mercury, and methylmercury bioaccessibility in salmon (Salmo salar) using an in vitro model: effect of culinary treatment." *Food chemistry* 185 (2015): 268-276.

[14] Harrison, Michael, et al. "Nature and availability of iodine in fish." *The American journal of clinical nutrition* 17.2 (1965): 73-77.

[15] Conti, Gea Oliveri, et al. "Determination of illegal antimicrobials in aquaculture feed and fish: an ELISA study." *Food Control* 50 (2015): 937-941.

[16] Iwamoto, Martha, et al. "Epidemiology of seafood-associated infections in the United States." *Clinical Microbiology Reviews* 23.2 (2010): 399-411.

[17] Centers for Disease Control and Prevention (CDC. "Vital signs: Listeria illnesses, deaths, and outbreaks--United States, 2009-2011." *MMWR. Morbidity and mortality weekly report* 62.22 (2013): 448.

[18] "Outbreaks Involving Salmonella | CDC." 28 Nov. 2016, http://www.cdc.gov/salmonella/outbreaks.html.

[19] D'amico, D. J., and C. W. Donnelly. "Microbiological quality of raw milk used for small-scale artisan cheese production in Vermont: effect of farm characteristics and practices." *Journal of dairy science* 93.1 (2010): 134-147.

[20] Painter, John A., et al. "Attribution of foodborne illnesses, hospitalizations, and deaths to food commodities by using outbreak data, United States, 1998–2008." *Emerging infectious diseases* 19.3 (2013): 407.

[21] Painter, John A., et al. "Attribution of foodborne illnesses, hospitalizations, and deaths to food commodities by using outbreak data, United States, 1998–2008." *Emerging infectious diseases* 19.3 (2013): 407.

[22] Sivapalasingam, Sumathi, et al. "Fresh produce: a growing cause of outbreaks of foodborne illness in the United States, 1973 through 1997." *Journal of food protection* 67.10 (2004): 2342-2353.

[23] Tam, Carolyn, Aida Erebara, and Adrienne Einarson. "Food-borne illnesses during pregnancy Prevention and treatment." *Canadian Family Physician* 56.4 (2010): 341-343.

[24] Harris, L. J., et al. "Outbreaks associated with fresh produce: incidence, growth, and survival of pathogens in fresh and fresh-cut produce." *Comprehensive reviews in food science and food safety* 2.s1 (2003): 78-141.

[25] Centers for Disease Control and Prevention (CDC). Surveillance for Foodborne Disease Outbreaks, United States, 2012, Annual Report. Atlanta, Georgia: US Department of Health and Human Services, CDC, 2014.

[26] Schley, P. D., and C. J. Field. "The immune-enhancing effects of dietary fibres and prebiotics." *British Journal of Nutrition* 87.S2 (2002): S221-S230.

[27] Sanchez, Albert, et al. "Role of sugars in human neutrophilic phagocytosis." *The American journal of clinical nutrition* 26.11 (1973): 1180-1184.

[28] Alali, Walid Q et al. "Prevalence and distribution of Salmonella in organic and conventional broiler poultry farms." *Foodborne pathogens and disease* 7.11 (2010): 1363-1371.

[29] Berge, Anna C., et al. "Geographic, farm, and animal factors associated with multiple antimicrobial resistance in fecal Escherichia coli isolates from cattle in the western United States." *Journal of the American Veterinary Medical Association* 236.12 (2010): 1338-1344.

[30] D'amico, D. J., and C. W. Donnelly. "Microbiological quality of raw milk used for small-scale artisan cheese production in Vermont: effect of farm characteristics and practices." *Journal of dairy science* 93.1 (2010): 134-147.

[31] Wilhoit, Lauren F., David A. Scott, and Brooke A. Simecka. "Fetal Alcohol Spectrum Disorders: Characteristics, Complications, and Treatment." *Community Mental Health Journal* (2017): 1-8.

[32] Sood, Beena, et al. "Prenatal alcohol exposure and childhood behavior at age 6 to 7 years: I. dose-response effect." *Pediatrics* 108.2 (2001): e34-e34.

[33] Flak, Audrey L., et al. "The association of mild, moderate, and binge prenatal alcohol exposure and child neuropsychological outcomes: a meta-analysis." *Alcoholism: Clinical and Experimental Research* 38.1 (2014): 214-226.

[34] Robinson, Marc, et al. "Low–moderate prenatal alcohol exposure and risk to child behavioural development: a prospective cohort study." *BJOG: An International Journal of Obstetrics & Gynaecology* 117.9 (2010): 1139-1152.

[35] O'Callaghan, Frances V., et al. "Prenatal alcohol exposure and attention, learning and intellectual ability at 14 years: a prospective longitudinal study." *Early human development* 83.2 (2007): 115-123.

[36] O'Keeffe, Linda M., Richard A. Greene, and Patricia M. Kearney. "The effect of moderate gestational alcohol consumption during pregnancy on speech and language outcomes in children: a systematic review." *Systematic reviews* 3.1 (2014): 1.

[37] O'Keeffe, Linda M., Richard A. Greene, and Patricia M. Kearney. "The effect of moderate gestational alcohol consumption during pregnancy on speech and language outcomes in children: a systematic review." *Systematic Reviews* 3.1 (2014): 1.

[38] Uriu-Adams, Janet Y., and Carl L. Keen. "Zinc and reproduction: effects of zinc deficiency on prenatal and early postnatal development." *Birth Defects Research Part B: Developmental and Reproductive Toxicology* 89.4 (2010): 313-325.

[39] Zeisel, Steven H. "What choline metabolism can tell us about the underlying mechanisms of fetal alcohol spectrum disorders." *Molecular neurobiology* 44.2 (2011): 185-191.

[40] Dudley, Robert. "Ethanol, fruit ripening, and the historical origins of human alcoholism in primate frugivory." *Integrative and Comparative Biology* 44.4 (2004): 315-323.

[41] Chen, Ling-Wei, et al. "Maternal caffeine intake during pregnancy is associated with risk of low birth weight: a systematic review and dose-response meta-analysis." *BMC medicine* 12.1 (2014): 174.

[42] Chen, Ling-Wei, et al. "Maternal caffeine intake during pregnancy is associated with risk of low birth weight: a systematic review and dose-response meta-analysis." *BMC medicine* 12.1 (2014): 174.

[43] American College of Obstetricians and Gynecologists. "Moderate caffeine consumption during pregnancy. ACOG Committee Opinion No. 462." *Obstetrics and Gynecology* 116.2 (2010): 467-468.

[44] Greenwood, Darren C., et al. "Caffeine intake during pregnancy and adverse birth outcomes: a systematic review and dose–response meta-analysis." *European Journal of Epidemiology* 29.10 (2014): 725-734.

[45] Chen, Lei, et al. "Exploring Maternal Patterns Of Dietary Caffeine Consumption Before Conception And During Pregnancy." *Maternal & Child Health Journal* 18.10 (2014): 2446-2455. *CINAHL Plus with Full Text*. Web. 26 Jan. 2017.

[46] Goletzke, Janina, et al. "Dietary micronutrient intake during pregnancy is a function of carbohydrate quality." *The American Journal of Clinical Nutrition* 102.3 (2015): 626-632.

[47] Cordain, Loren, et al. "Origins and evolution of the Western diet: health implications for the 21st century." *The American Journal of Clinical Nutrition* 81.2 (2005): 341-354.

[48] Cordain, Loren, et al. "Origins and evolution of the Western diet: health implications for the 21st century." *The American Journal of Clinical Nutrition* 81.2 (2005): 341-354.

[49] Korem, Tal, et al. "Bread Affects Clinical Parameters and Induces Gut Microbiome-Associated Personal Glycemic Responses." *Cell Metabolism* 25.6 (2017): 1243-1253.

[50] Czaja-Bulsa, Grażyna. "Non coeliac gluten sensitivity–A new disease with gluten intolerance." *Clinical Nutrition* 34.2 (2015): 189-194.

[51] Quero, JC Salazar, et al. "Nutritional assessment of gluten-free diet. Is gluten-free diet deficient in some nutrient?." *Anales de Pediatría (English Edition)* 83.1 (2015): 33-39.

[52] Clapp III, James F. "Maternal carbohydrate intake and pregnancy outcome." *Proceedings of the Nutrition Society* 61.01 (2002): 45-50.

[53] Zhang, Cuilin, and Yi Ning. "Effect of dietary and lifestyle factors on the risk of gestational diabetes: review of epidemiologic evidence." *The American journal of clinical nutrition* 94.6 Suppl (2011): 1975S-1979S.

[54] Bédard, Annabelle, et al. "Maternal intake of sugar during pregnancy and childhood respiratory and atopic outcomes." *European Respiratory Journal* 50.1 (2017): 1700073.

[55] Wiss, David A., et al. "Preclinical evidence for the addiction potential of highly palatable foods: Current developments related to maternal influence." *Appetite* 115 (2017): 19-27.

[56] Choi, Chang Soon, et al. "High sucrose consumption during pregnancy induced ADHD-like behavioral phenotypes in mice offspring." *The Journal of nutritional biochemistry* 26.12 (2015): 1520-1526.

[57] Yang, Qing. "Gain weight by "going diet?" Artificial sweeteners and the neurobiology of sugar cravings: Neuroscience 2010." *The Yale Journal of Biology and Medicine* 83.2 (2010): 101.

[58] Suez, Jotham et al. "Artificial sweeteners induce glucose intolerance by altering the gut microbiota." *Nature* 514.7521 (2014): 181-186.

[59] Abou-Donia, Mohamed B et al. "Splenda alters gut microflora and increases intestinal p-glycoprotein and cytochrome p-450 in male rats." *Journal of Toxicology and Environmental Health, Part A* 71.21 (2008): 1415-1429.

[60] Pałkowska-Goździk, Ewelina, Anna Bigos, and Danuta Rosołowska-Huszcz. "Type of sweet flavour carrier affects thyroid axis activity in male rats." *European journal of nutrition* (2016): 1-10.

[61] Zhu, Yeyi, et al. "Maternal consumption of artificially sweetened beverages during pregnancy, and offspring growth through 7 years of age: a prospective cohort study." *International Journal of Epidemiology* (2017).

[62] Zhu, Yeyi, et al. "Maternal consumption of artificially sweetened beverages during pregnancy, and offspring growth through 7 years of age: a prospective cohort study." *International Journal of Epidemiology* (2017).

[63] Mohd-Radzman, Nabilatul Hani, et al. "Potential roles of Stevia rebaudiana Bertoni in abrogating insulin resistance and diabetes: a review." *Evidence-Based Complementary and Alternative Medicine* 2013 (2013).

[64] Simopoulos, A. P., and J. J. DiNicolantonio. "The importance of a balanced ω-6 to ω-3 ratio in the prevention and management of obesity." *Open Heart* 3.2 (2016): e000385.

[65] Al-Gubory, K. H., P. A. Fowler, and C. Garrel. "The roles of cellular reactive oxygen species, oxidative stress and antioxidants in pregnancy outcomes." *The international journal of biochemistry & cell biology* 42.10 (2010): 1634-1650.

[66] Donahue, S. M. A., et al. "Associations of maternal prenatal dietary intake of n-3 and n-6 fatty acids with maternal and umbilical cord blood levels." *Prostaglandins, Leukotrienes and Essential Fatty Acids* 80.5 (2009): 289-296.

[67] Candela, C. Gómez, LMa Bermejo López, and V. Loria Kohen. "Importance of a balanced omega 6/omega 3 ratio for the maintenance of health. Nutritional recommendations." *Nutricion hospitalaria* 26.2 (2011): 323-329.

[68] Simopoulos, A. P. "Evolutionary aspects of diet, the omega-6/omega-3 ratio and genetic variation: nutritional implications for chronic diseases." *Biomedicine & pharmacotherapy* 60.9 (2006): 502-507.

[69] Coletta, Jaclyn M., Stacey J. Bell, and Ashley S. Roman. "Omega-3 fatty acids and pregnancy." *Reviews in Obstetrics and Gynecology* 3.4 (2010): 163.

[70] Strain, J. J., et al. "Associations of maternal long-chain polyunsaturated fatty acids, methyl mercury, and infant development in the Seychelles Child Development Nutrition Study." *Neurotoxicology* 29.5 (2008): 776-782.

[71] Kim, Hyejin, et al. "Association between maternal intake of n-6 to n-3 fatty acid ratio during pregnancy and infant neurodevelopment at 6 months of age: results of the MOCEH cohort study." *Nutrition journal* 16.1 (2017): 23.

[72] Moon, R. J., et al. "Maternal plasma polyunsaturated fatty acid status in late pregnancy is associated with offspring body composition in childhood." *The Journal of Clinical Endocrinology & Metabolism* 98.1 (2012): 299-307.

[73] Muhlhausler, Beverly S., and Gérard P. Ailhaud. "Omega-6 polyunsaturated fatty acids and the early origins of obesity." *Current Opinion in Endocrinology, Diabetes and Obesity* 20.1 (2013): 56-61.

[74] Innis, Sheila M. "Trans fatty intakes during pregnancy, infancy and early childhood." *Atherosclerosis Supplements* 7.2 (2006): 17-20.

[75] Micha, Renata, and Dariush Mozaffarian. "Trans fatty acids: effects on metabolic syndrome, heart disease and diabetes." *Nature Reviews Endocrinology* 5.6 (2009): 335-344.

[76] Grootendorst-van Mil, Nina H., et al. "Maternal Midpregnancy Plasma trans 18: 1 Fatty Acid Concentrations Are Positively Associated with Risk of Maternal Vascular Complications and Child Low Birth Weight." *The Journal of Nutrition* 147.3 (2017): 398-403.

[77] Morrison, John A, Charles J Glueck, and Ping Wang. "Dietary trans fatty acid intake is associated with increased fetal loss." *Fertility and Sterility* 90.2 (2008): 385-390.

[78] Carlson, Susan E., et al. "trans Fatty acids: infant and fetal development." *The American journal of clinical nutrition* 66.3 (1997): 717S-736S.

[79] Ferlay, Anne, et al. "Production of trans and conjugated fatty acids in dairy ruminants and their putative effects on human health: A review." *Biochimie* (2017).

[80] Daley, Cynthia A., et al. "A review of fatty acid profiles and antioxidant content in grass-fed and grain-fed beef." *Nutrition journal* 9.1 (2010): 10.

[81] Lopez, H. Walter, et al. "Minerals and phytic acid interactions: is it a real problem for human nutrition?." *International Journal of Food Science & Technology* 37.7 (2002): 727-739.

[82] Egounlety, M., and O. C. Aworh. "Effect of soaking, dehulling, cooking and fermentation with Rhizopus oligosporus on the oligosaccharides, trypsin inhibitor, phytic acid and tannins of soybean (Glycine max Merr.), cowpea (Vigna unguiculata L. Walp) and groundbean (Macrotyloma geocarpa Harms)." *Journal of Food Engineering* 56.2 (2003): 249-254.

[83] Anderson, Robert L., and Walter J. Wolf. "Compositional changes in trypsin inhibitors, phytic acid, sa." *The Journal of nutrition* 125.3 (1995): S581.

[84] Pearce, Elizabeth N. "Iodine in Pregnancy: Is Salt Iodization Enough?." *J Clin Endocrinol Metab* 93.7 (2008): 2466-2468.

[85] Korevaar, Tim IM, et al. "Association of maternal thyroid function during early pregnancy with offspring IQ and brain morphology in childhood: a population-based prospective cohort study." *The Lancet Diabetes & Endocrinology* 4.1 (2016): 35-43.

[86] Pearce, Elizabeth N. "Iodine in Pregnancy: Is Salt Iodization Enough?." *J Clin Endocrinol Metab* 93.7 (2008): 2466-2468.

[87] Caldwell KL, Makhmudov A, Ely E, Jones RL, Wang RY. Iodine status of the U.S. population, National Health and Nutrition Examination Survey, 2005-2006 and 2007-2008. *Thyroid* 21 (2011): 419–427.

[88] Pearce, Elizabeth N. "Iodine in Pregnancy: Is Salt Iodization Enough?." *J Clin Endocrinol Metab* 93.7 (2008): 2466-2468.

[89] Korevaar, Tim IM, et al. "Association of maternal thyroid function during early pregnancy with offspring IQ and brain morphology in childhood: a population-based prospective cohort study." *The Lancet Diabetes & Endocrinology* 4.1 (2016): 35-43.

[90] Cederroth, Christopher Robin, Céline Zimmermann, and Serge Nef. "Soy, phytoestrogens and their impact on reproductive health." *Molecular and cellular endocrinology* 355.2 (2012): 192-200.

[91] Jacobsen, Bjarne K., et al. "Soy isoflavone intake and the likelihood of ever becoming a mother: the Adventist Health Study-2." *International journal of women's health* 6 (2014): 377.

[92] "eCFR — Code of Federal Regulations - acamedia.info." 2 Sep 2016, http://www.acamedia.info/sciences/sciliterature/globalw/reference/glyphosate/US_eCFR.pdf. Accessed 24 Feb. 2017.

[93] Bøhn, Thomas, et al. "Compositional differences in soybeans on the market: glyphosate accumulates in Roundup Ready GM soybeans." *Food Chemistry* 153 (2014): 207-215.

[94] Benachour, Nora, et al. "Time-and dose-dependent effects of roundup on human embryonic and placental cells." *Archives of Environmental Contamination and Toxicology* 53.1 (2007): 126-133.

[95] Paganelli, Alejandra, et al. "Glyphosate-based herbicides produce teratogenic effects on vertebrates by impairing retinoic acid signaling." *Chemical research in toxicology* 23.10 (2010): 1586-1595.

[96] Romano, Marco Aurelio, et al. "Glyphosate impairs male offspring reproductive development by disrupting gonadotropin expression." *Archives of toxicology* 86.4 (2012): 663-673.

[97] Saldana, Tina M., et al. "Pesticide exposure and self-reported gestational diabetes mellitus in the Agricultural Health Study." *Diabetes Care* 30.3 (2007): 529-534.

[98] Krüger, Monika, et al. "Detection of glyphosate in malformed piglets." *J Environ Anal Toxicol* 4.230 (2014): 2161-0525.

[99] Richard, Sophie, et al. "Differential effects of glyphosate and roundup on human placental cells and aromatase." *Environmental Health Perspectives* (2005): 716-720.

[100] Nayak, Prasunpriya. "Aluminum: impacts and disease." *Environmental research* 89.2 (2002): 101-115.

[101] Agostoni, Carlo, et al. "Soy protein infant formulae and follow-on formulae: a commentary by the ESPGHAN Committee on Nutrition." *Journal of pediatric gastroenterology and nutrition* 42.4 (2006): 352-361.

[102] Karimour, A., et al. "Toxicity Effects of Aluminum Chloride on Uterus and Placenta of Pregnant Mice." *JBUMS*, (2005): 22-27.

[103] Abu-Taweel, Gasem M., Jamaan S. Ajarem, and Mohammad Ahmad. "Neurobehavioral toxic effects of perinatal oral exposure to aluminum on the developmental motor reflexes, learning, memory and brain neurotransmitters of mice offspring." *Pharmacology Biochemistry and Behavior* 101.1 (2012): 49-56.

[104] Fanni, Daniela, et al. "Aluminum exposure and toxicity in neonates: a practical guide to halt aluminum overload in the prenatal and perinatal periods." *World J Pediatr* 10.2 (2014): 101-107.

[105] Seneff, Stephanie, Nancy Swanson, and Chen Li. "Aluminum and glyphosate can synergistically induce pineal gland pathology: connection to gut dysbiosis and neurological disease." *Agricultural Sciences* 6.1 (2015): 42.

Ch6 補充劑

[1] Giddens, Jacqueline Borah, et al. "Pregnant adolescent and adult women have similarly low intakes of selected nutrients." *Journal of the American Dietetic Association* 100.11 (2000): 1334-1340.

[2] Ladipo, Oladapo A. "Nutrition in pregnancy: mineral and vitamin supplements." *The American Journal of Clinical Nutrition* 72.1 (2000): 280s-290s.

[3] Bae, Sajin, et al. "Vitamin B-12 status differs among pregnant, lactating, and control women with equivalent nutrient intakes." *The Journal of Nutrition* 145.7 (2015): 1507-1514.

[4] Kim, Denise, et al. "Maternal intake of vitamin B6 and maternal and cord plasma levels of pyridoxal 5'phosphate in a cohort of Canadian pregnant women and newborn infants." *The FASEB Journal* 29.1 Supplement (2015): 919-4.

[5] Greenberg, James A, and Stacey J Bell. "Multivitamin supplementation during pregnancy: emphasis on folic acid and L-methylfolate." *Reviews in Obstetrics and Gynecology* 4.3-4 (2011): 126.

[6] Schmid, Alexandra, and Barbara Walther. "Natural vitamin D content in animal products." *Advances in Nutrition: An International Review Journal* 4.4 (2013): 453-462.

[7] Bodnar, Lisa M et al. "High prevalence of vitamin D insufficiency in black and white pregnant women residing in the northern United States and their neonates." *The Journal of Nutrition* 137.2 (2007): 447-452.

[8] Dawodu, Adekunle, and Reginald C Tsang. "Maternal vitamin D status: effect on milk vitamin D content and vitamin D status of breastfeeding infants." *Advances in Nutrition: An International Review Journal* 3.3 (2012): 353-361.

[9] Lee, Joyce M et al. "Vitamin D deficiency in a healthy group of mothers and newborn infants." *Clinical Pediatrics* 46.1 (2007): 42-44.

[10] Viljakainen, HT et al. "Maternal vitamin D status determines bone variables in the newborn." *The Journal of Clinical Endocrinology & Metabolism* 95.4 (2010): 1749-1757.

[11] Wei, Shu-Qin et al. "Maternal vitamin D status and adverse pregnancy outcomes: a systematic review and meta-analysis." *The Journal of Maternal-Fetal & Neonatal Medicine* 26.9 (2013): 889-899.

[12] Aghajafari, Fariba et al. "Association between maternal serum 25-hydroxyvitamin D level and pregnancy and neonatal outcomes: systematic review and meta-analysis of observational studies." *BMJ: British Medical Journal* 346 (2013).

[13] Nozza, Josephine M, and Christine P Rodda. "Vitamin D deficiency in mothers of infants with rickets." *The Medical Journal of Australia* 175.5 (2001): 253-255.

[14] Javaid, MK et al. "Maternal vitamin D status during pregnancy and childhood bone mass at age 9 years: a longitudinal study." *The Lancet* 367.9504 (2006): 36-43.

[15] Litonjua, Augusto A. "Childhood asthma may be a consequence of vitamin D deficiency." *Current Opinion in Allergy and Clinical Immunology* 9.3 (2009): 202.

[16] Brehm, John M et al. "Serum vitamin D levels and markers of severity of childhood asthma in Costa Rica." *American Journal of Respiratory and Critical Care Medicine* 179.9 (2009): 765-771.

[17] Whitehouse, Andrew JO et al. "Maternal serum vitamin D levels during pregnancy and offspring neurocognitive development." *Pediatrics* 129.3 (2012): 485-493.

[18] Kinney, Dennis K et al. "Relation of schizophrenia prevalence to latitude, climate, fish consumption, infant mortality, and skin color: a role for prenatal vitamin d deficiency and infections?." *Schizophrenia Bulletin* (2009): sbp023.

[19] Stene, LC et al. "Use of cod liver oil during pregnancy associated with lower risk of Type I diabetes in the offspring." *Diabetologia* 43.9 (2000): 1093-1098.

[20] Salzer, Jonatan, Anders Svenningsson, and Peter Sundström. "Season of birth and multiple sclerosis in Sweden." *Acta Neurologica Scandinavica* 121.1 (2010): 20-23.

[21] Hollis, Bruce W et al. "Vitamin D supplementation during pregnancy: Double-blind, randomized clinical trial of safety and effectiveness." *Journal of Bone and Mineral Research* 26.10 (2011): 2341-2357.

[22] ACOG Committee on Obstetric Practice. "ACOG Committee Opinion No. 495: Vitamin D: Screening and supplementation during pregnancy." *Obstetrics and Gynecology* 118.1 (2011): 197.

[23] Veugelers, Paul J., and John Paul Ekwaru. "A statistical error in the estimation of the recommended dietary allowance for vitamin D." *Nutrients* 6.10 (2014): 4472-4475.

[24] Papadimitriou, Dimitrios T. "The big Vitamin D mistake." *Journal of Preventive Medicine and Public Health* (2017).

[25] Heaney, Robert P., et al. "Vitamin D3 is more potent than vitamin D2 in humans." *The Journal of Clinical Endocrinology & Metabolism* 96.3 (2011): E447-E452.

[26] Masterjohn, Christopher. "Vitamin D toxicity redefined: vitamin K and the molecular mechanism." *Medical Hypotheses* 68.5 (2007): 1026-1034.

[27] Innis, Sheila M. "Dietary (n-3) fatty acids and brain development." *The Journal of Nutrition* 137.4 (2007): 855-859.

[28] Candela, C. Gómez, LMa Bermejo López, and V. Loria Kohen. "Importance of a balanced omega 6/omega 3 ratio for the maintenance of health. Nutritional recommendations." *Nutricion hospitalaria* 26.2 (2011): 323-329.

[29] Dunstan, J. A., et al. "Cognitive assessment of children at age 2½ years after maternal fish oil supplementation in pregnancy: a randomised controlled trial." *Archives of Disease in Childhood-Fetal and Neonatal Edition* 93.1 (2008): F45-F50.

[30] Helland, Ingrid B., et al. "Maternal supplementation with very-long-chain n-3 fatty acids during pregnancy and lactation augments children's IQ at 4 years of age." *Pediatrics* 111.1 (2003): e39-e44.

[31] Greenberg, James A., Stacey J. Bell, and Wendy Van Ausdal. "Omega-3 fatty acid supplementation during pregnancy." *Reviews in obstetrics and Gynecology* 1.4 (2008): 162.

[32] Dunlop, Anne L., et al. "The maternal microbiome and pregnancy outcomes that impact infant health: A review." *Advances in neonatal care: official journal of the National Association of Neonatal Nurses* 15.6 (2015): 377.

[33] Brantsæter, Anne Lise, et al. "Intake of probiotic food and risk of preeclampsia in primiparous women: the Norwegian Mother and Child Cohort Study." *American journal of epidemiology* 174.7 (2011): 807-815.

[34] Luoto, Raakel et al. "Impact of maternal probiotic-supplemented dietary counselling on pregnancy outcome and prenatal and postnatal growth: a double-blind, placebo-controlled study." *British Journal of Nutrition* 103.12 (2010): 1792-1799.

[35] Luoto, Raakel et al. "Impact of maternal probiotic-supplemented dietary counselling on pregnancy outcome and prenatal and postnatal growth: a double-blind, placebo-controlled study." *British Journal of Nutrition* 103.12 (2010): 1792-1799.

[36] Aagaard, Kjersti et al. "The placenta harbors a unique microbiome." *Science Translational Medicine* 6.237 (2014): 237ra65-237ra65.

[37] Mueller, Noel T et al. "Prenatal exposure to antibiotics, cesarean section and risk of childhood obesity." *International Journal of Obesity* (2014).

[38] "Jędrychowski, Wiesław, et al. "The prenatal use of antibiotics and the development of allergic disease in one year old infants. A preliminary study." *International journal of occupational medicine and environmental health* 19.1 (2006): 70-76.

[39] Timm, Signe, et al. "Prenatal antibiotics and atopic dermatitis among 18-month-old children in the Danish National Birth Cohort." *Clinical & Experimental Allergy* (2017).

[40] Gray, Lawrence EK, et al. "The Maternal Diet, Gut Bacteria, and Bacterial Metabolites during Pregnancy influence Offspring Asthma." *Frontiers in Immunology* 8 (2017).

[41] Rautava, Samuli, Marko Kalliomäki, and Erika Isolauri. "Probiotics during pregnancy and breast-feeding might confer immunomodulatory protection against atopic disease in the infant." *Journal of Allergy and Clinical Immunology* 109.1 (2002): 119-121.

[42] Baldassarre, Maria Elisabetta, et al. "Administration of a multi-strain probiotic product to women in the perinatal period differentially affects the breast milk cytokine profile and may have beneficial effects on neonatal gastrointestinal functional symptoms. A randomized clinical trial." *Nutrients* 8.11 (2016): 677.

[43] Yoon, Kyung Young, Edward E. Woodams, and Yong D. Hang. "Production of probiotic cabbage juice by lactic acid bacteria." *Bioresource technology* 97.12 (2006): 1427-1430.

[44] Timar, A. V. "Comparative study of kefir lactic microflora." *Analele Universității din Oradea, Fascicula: Ecotoxicologie, Zootehnie și Tehnologii de Industrie Alimentară* (2010): 847-858.

[45] Bird, A., et al. "Resistant starch, large bowel fermentation and a broader perspective of prebiotics and probiotics." *Beneficial Microbes* 1.4 (2010): 423-431.

[46] Thoma, Marie E et al. "Bacterial vaginosis is associated with variation in dietary indices." *The Journal of Nutrition* 141.9 (2011): 1698-1704.

[47] De Gregorio, P. R., et al. "Preventive effect of Lactobacillus reuteri CRL1324 on Group B Streptococcus vaginal colonization in an experimental mouse model." *Journal of Applied Microbiology* 118.4 (2015): 1034-1047.

[48] Martinez, Rafael CR, et al. "Improved cure of bacterial vaginosis with single dose of tinidazole (2 g), Lactobacillus rhamnosus GR-1, and Lactobacillus reuteri RC-14: a randomized, double-blind, placebo-controlled trial." *Canadian Journal of Microbiology* 55.2 (2009): 133-138.

[49] Ho, Ming, et al. "Oral Lactobacillus rhamnosus GR-1 and Lactobacillus reuteri RC-14 to reduce Group B Streptococcus colonization in pregnant women: a randomized controlled trial." *Taiwanese Journal of Obstetrics and Gynecology* 55.4 (2016): 515-518.

[50] Bailey, Regan L et al. "Estimation of total usual calcium and vitamin D intakes in the United States." *The Journal of Nutrition* 140.4 (2010): 817-822.

[51] Kovacs, Christopher S. "Maternal mineral and bone metabolism during pregnancy, lactation, and post-weaning recovery." *Physiological reviews* 96.2 (2016): 449-547.

[52] Rosanoff, Andrea, Connie M Weaver, and Robert K Rude. "Suboptimal magnesium status in the United States: are the health consequences underestimated?." *Nutrition Reviews* 70.3 (2012): 153-164.

[53] Bardicef, Mordechai et al. "Extracellular and intracellular magnesium depletion in pregnancy and gestational diabetes." *American Journal of Obstetrics and Gynecology* 172.3 (1995): 1009-1013.

[54] Dahle, Lars O , et al. "The effect of oral magnesium substitution on pregnancy-induced leg cramps." *American Journal of Obstetrics and Gynecology* 173.1 (1995): 175-180.

[55] Rylander, Ragnar, and Maria Bullarbo. "[304-POS]: Use of oral magnesium to prevent gestational hypertension." *Pregnancy Hypertension: An International Journal of Women's Cardiovascular Health* 5.1 (2015): 150.

[56] Guo, Wanli, et al. "Magnesium deficiency in plants: An urgent problem." *The crop journal* 4.2 (2016): 83-91.

[57] Mäder, Paul et al. "Soil fertility and biodiversity in organic farming." *Science* 296.5573 (2002): 1694-1697.

[58] Chandrasekaran, Navin Chandrakanth, et al. "Permeation of topically applied Magnesium ions through human skin is facilitated by hair follicles." *Magnesium Research* 29.2 (2016): 35-42.

[59] Edwards, Marshall J. "Hyperthermia and fever during pregnancy." *Birth Defects Research Part A: Clinical and Molecular Teratology* 76.7 (2006): 507-516.

[60] Aggett PJ. Iron. In: Erdman JW, Macdonald IA, Zeisel SH, eds. Present Knowledge in Nutrition. 10th ed. Washington, DC: Wiley-Blackwell; 2012: 506-20.

[61] Breymann, Christian. "Iron deficiency anemia in pregnancy." *Seminars in Hematology*. Vol. 52. No. 4. WB Saunders, 2015.

[62] Zimmermann, Michael B., Hans Burgi, and Richard F. Hurrell. "Iron deficiency predicts poor maternal thyroid status during pregnancy." *The Journal of Clinical Endocrinology & Metabolism* 92.9 (2007): 3436-3440.

[63] Hyder, SM Ziauddin, et al. "Do side-effects reduce compliance to iron supplementation? A study of daily- and weekly-dose regimens in pregnancy." *Journal of Health, Population and Nutrition* (2002): 175-179.

[64] Melamed, Nir, et al. "Iron supplementation in pregnancy—does the preparation matter?." *Archives of Gynecology and Obstetrics* 276.6 (2007): 601-604.

[65] Hurrell R, Egli I. Iron bioavailability and dietary reference values. *Am J Clin Nutr* 2010;91:1461S-7S.

[66] Moore CV. Iron nutrition and requirements. In "Iron Metabolism," *Series Haematologica, Scandinavia J. Hematol.* 1965. Vol 6: 1-14.

[67] Melamed, Nir, et al. "Iron supplementation in pregnancy—does the preparation matter?." *Archives of Gynecology and Obstetrics* 276.6 (2007): 601-604.

[68] Tompkins, Winslow T. "The clinical significance of nutritional deficiencies in pregnancy " *Bulletin of the New York Academy of Medicine* 24.6 (1948): 376.

[69] Niang, Khadim, et al. "Spirulina Supplementation in Pregnant Women in the Dakar Region (Senegal)." *Open Journal of Obstetrics and Gynecology* 7.01 (2016): 147.

[70] Rees, William D, Fiona A Wilson, and Christopher A Maloney. "Sulfur amino acid metabolism in pregnancy: the impact of methionine in the maternal diet." *The Journal of Nutrition* 136.6 (2006): 1701S-1705S.

[71] Dante, Giulia, et al. "Herbal therapies in pregnancy: what works?." *Current Opinion in Obstetrics and Gynecology* 26.2 (2014): 83-91.

[72] Holst, Lone, Svein Haavik, and Hedvig Nordeng. "Raspberry leaf–Should it be recommended to pregnant women?." *Complementary therapies in clinical practice* 15.4 (2009): 204-208.

[73] Burn JH, Withell ER. A principle in raspberry leaves which relaxes uterine muscle. *Lancet*. 1941; 241:6149–6151.

[74] Pavlović, Aleksandra V., et al. "Phenolics composition of leaf extracts of raspberry and blackberry cultivars grown in Serbia." *Industrial Crops and Products* 87 (2016): 304-314.

[75] Holst, Lone, Svein Haavik, and Hedvig Nordeng. "Raspberry leaf–Should it be recommended to pregnant women?." *Complementary therapies in clinical practice* 15.4 (2009): 204-208.

[76] Holst, Lone, Svein Haavik, and Hedvig Nordeng. "Raspberry leaf–Should it be recommended to pregnant women?." *Complementary therapies in clinical practice* 15.4 (2009): 204-208.

77 Dante, G., et al. "Herb remedies during pregnancy: a systematic review of controlled clinical trials." *The Journal of Maternal-Fetal & Neonatal Medicine* 26.3 (2013): 306-312.

78 Vutyavanich, Teraporn, Theerajana Kraisarin, and Rung-aroon Ruangsri. "Ginger for nausea and vomiting in pregnancy: randomized, double-masked, placebo-controlled trial." *Obstetrics & Gynecology* 97.4 (2001): 577-582.

79 Niebyl, Jennifer R. "Nausea and vomiting in pregnancy." *New England Journal of Medicine* 363.16 (2010): 1544-1550.

80 Anderson, F. W. J., and C. T. Johnson. "Complementary and alternative medicine in obstetrics." *International Journal of Gynecology & Obstetrics* 91.2 (2005): 116-124.

81 Gholami, Fereshte, et al. "Onset of Labor in Post-Term Pregnancy by Chamomile." *Iranian Red Crescent Medical Journal* 18.11 (2016).

82 Srivastava, Janmejai K., Eswar Shankar, and Sanjay Gupta. "Chamomile: a herbal medicine of the past with a bright future." *Molecular medicine reports* 3.6 (2010): 895-901.

83 Silva, Fernando V., et al. "Chamomile reveals to be a potent galactogogue: the unexpected effect." *The Journal of Maternal-Fetal & Neonatal Medicine* (2017): 1-3.

84 Chang, Shao-Min, and Chung-Hey Chen. "Effects of an intervention with drinking chamomile tea on sleep quality and depression in sleep disturbed postnatal women: a randomized controlled trial." *Journal of advanced nursing* 72.2 (2016): 306-315.

85 Dante, Giulia, et al. "Herbal therapies in pregnancy: what works?." *Current Opinion in Obstetrics and Gynecology* 26.2 (2014): 83-91.

86 Prabu, P. C., and S. Panchapakesan. "Prenatal developmental toxicity evaluation of Withania somnifera root extract in Wistar rats." *Drug and chemical toxicology* 38.1 (2015): 50-56.

87 Dar, Nawab John, Abid Hamid, and Muzamil Ahmad. "Pharmacologic overview of Withania somnifera, the Indian Ginseng." *Cellular and molecular life sciences* 72.23 (2015): 4445-4460.

88 Jafarzadeh, Lobat, et al. "Antioxidant activity and teratogenicity evaluation of Lawsonia Inermis in BALB/c mice." *Journal of clinical and diagnostic research: JCDR* 9.5 (2015): FF01.

89 Domaracký, M., et al. "Effects of selected plant essential oils on the growth and development of mouse preimplantation embryos in vivo." *Physiological Research* 56.1 (2007): 97.

90 Marcus, Donald M., and Arthur P. Grollman. "Botanical medicines--the need for new regulations." *The New England Journal of Medicine* 347.25 (2002): 2073.

91 American Herbal Products Association's Botanical Safety Handbook, 2nd ed. (CRC Press, 2013).

Ch7 常見症狀

1 Niebyl, Jennifer R. "Nausea and vomiting in pregnancy." *New England Journal of Medicine* 363.16 (2010): 1544-1550.

2 Ghani, Rania Mahmoud Abdel, and Adlia Tawfik Ahmed Ibrahim. "The effect of aromatherapy inhalation on nausea and vomiting in early pregnancy: a pilot randomized controlled trial." *J Nat Sci Res* 3.6 (2013): 10-22.

3 Niebyl, Jennifer R. "Nausea and vomiting in pregnancy." *New England Journal of Medicine* 363.16 (2010): 1544-1550.

4 Vutyavanich, Teraporn, Theerajana Kraisarin, and Rung-aroon Ruangsri. "Ginger for nausea and vomiting in pregnancy: randomized, double-masked, placebo-controlled trial." *Obstetrics & Gynecology* 97.4 (2001): 577-582.

5 Niebyl, Jennifer R. "Nausea and vomiting in pregnancy." *New England Journal of Medicine* 363.16 (2010): 1544-1550.

6 O'brien, Beverley, M. Joyce Relyea, and Terry Taerum. "Efficacy of P6 acupressure in the treatment of nausea and vomiting during pregnancy." *American Journal of Obstetrics and Gynecology* 174.2 (1996): 708-715.

7 Forbes, Scott. "Pregnancy sickness and parent-offspring conflict over thyroid function." *Journal of Theoretical Biology* 355 (2014): 61-67.

8 Forbes, Scott. "Pregnancy sickness and embryo quality." *Trends in Ecology & Evolution* 17.3 (2002): 115-120.

9 Orloff, Natalia C., and Julia M. Hormes. "Pickles and ice cream! Food cravings in pregnancy: hypotheses, preliminary evidence, and directions for future research." *Food Cravings* (2015): 66.

10 Sorenson, R. L., and T. C. Brelje. "Adaptation of islets of Langerhans to pregnancy: β-cell growth, enhanced insulin secretion and the role of lactogenic hormones." *Hormone and metabolic research* 29.06 (1997): 301-307.

11 Barbour, Linda A., et al. "Cellular mechanisms for insulin resistance in normal pregnancy and gestational diabetes." *Diabetes care* 30.Supplement 2 (2007): S112-S119.

12 Young, Sera L. "Pica in pregnancy: new ideas about an old condition." *Annual review of nutrition* 30 (2010): 403-422.

13 Costa, Sara, et al. "Fatty acids, mercury, and methylmercury bioaccessibility in salmon (Salmo salar) using an in vitro model: effect of culinary treatment." *Food chemistry* 185 (2015): 268-276.

14 Harrison, Michael, et al. "Nature and availability of iodine in fish." *The American journal of clinical nutrition* 17.2 (1965): 73-77.

15 Laird, Brian D., and Hing Man Chan. "Bioaccessibility of metals in fish, shellfish, wild game, and seaweed harvested in British Columbia, Canada." *Food and chemical toxicology* 58 (2013): 381-387.

[16] Pearce, Elizabeth N., et al. "Sources of dietary iodine: bread, cows' milk, and infant formula in the Boston area." *The Journal of Clinical Endocrinology & Metabolism* 89.7 (2004): 3421-3424.

[17] Scaife, Paula Juliet, and Markus Georg Mohaupt. "Salt, aldosterone and extrarenal Na+-sensitive responses in pregnancy." *Placenta* (2017).

[18] Flaxman, S. M., and Sherman, P. W. (2000). Morning sickness: a mechanism for protecting mother and embryo. Q. Rev. Biol. 75, 113–148.

[19] Orloff, Natalia C., and Julia M. Hormes. "Pickles and ice cream! Food cravings in pregnancy: hypotheses, preliminary evidence, and directions for future research." *Food Cravings* (2015): 66.

[20] Leonti, Marco. "The co-evolutionary perspective of the food-medicine continuum and wild gathered and cultivated vegetables." *Genetic Resources and Crop Evolution* 59.7 (2012): 1295-1302.

[21] Fessler, D. M. T. (2002). Reproductive immunosuppression and diet: an evolutionary perspective on pregnancy sickness and meat consumption. Curr. Anthropol. 43, 19–61.

[22] Fessler, D. M. T. (2002). Reproductive immunosuppression and diet: an evolutionary perspective on pregnancy sickness and meat consumption. Curr. Anthropol. 43, 19–61.

[23] Rasmussen, K. M., and Yaktine, A. L. (eds). (2009). *Weight Gain During Pregnancy: Reexamining the Guidelines*. Washington, DC: The National Academies Press.

[24] Nordin, S., Broman, D. A., Olofsson, J. K., and Wulff, M. (2004). A longitudinal descriptive study of self-reported abnormal smell and taste perception in pregnant women. *Chem. Senses* 29, 391–402.

[25] Nordin, S., Broman, D. A., Olofsson, J. K., and Wulff, M. (2004). A longitudinal descriptive study of self-reported abnormal smell and taste perception in pregnant women. *Chem. Senses* 29, 391–402.

[26] Orloff, Natalia C., and Julia M. Hormes. "Pickles and ice cream! Food cravings in pregnancy: hypotheses, preliminary evidence, and directions for future research." *Food Cravings* (2015): 66.

[27] Wideman, C. H., G. R. Nadzam, and H. M. Murphy. "Implications of an animal model of sugar addiction, withdrawal and relapse for human health." *Nutritional neuroscience* 8.5-6 (2005): 269-276.

[28] Avena, Nicole M., Pedro Rada, and Bartley G. Hoebel. "Evidence for sugar addiction: behavioral and neurochemical effects of intermittent, excessive sugar intake." *Neuroscience & Biobehavioral Reviews* 32.1 (2008): 20-39.

[29] Fuhrman, Joel, et al. "Changing perceptions of hunger on a high nutrient density diet." *Nutrition journal* 9.1 (2010): 51.

[30] Chang, Kevin T., et al. "Low glycemic load experimental diet more satiating than high glycemic load diet." *Nutrition and cancer* 64.5 (2012): 666-673.

[31] Chandler-Laney, Paula C., et al. "Return of hunger following a relatively high carbohydrate breakfast is associated with earlier recorded glucose peak and nadir." *Appetite* 80 (2014): 236-241.

[32] Fallaize, Rosalind, et al. "Variation in the effects of three different breakfast meals on subjective satiety and subsequent intake of energy at lunch and evening meal." *European journal of nutrition* 52.4 (2013): 1353-1359.

[33] Orloff, Natalia C., and Julia M. Hormes. "Pickles and ice cream! Food cravings in pregnancy: hypotheses, preliminary evidence, and directions for future research." *Food Cravings* (2015): 66.

[34] Bailey, L. (2001). Gender shows: first-time mothers and embodied selves. Gend. Soc. 15, 110–129.

[35] Orloff, Natalia C., and Julia M. Hormes. "Pickles and ice cream! Food cravings in pregnancy: hypotheses, preliminary evidence, and directions for future research." *Food Cravings* (2015): 66.

[36] Katterman, Shawn N., et al. "Mindfulness meditation as an intervention for binge eating, emotional eating, and weight loss: a systematic review." *Eating behaviors* 15.2 (2014): 197-204.

[37] Phupong, Vorapong, and Tharangrut Hanprasertpong. "Interventions for heartburn in pregnancy." *The Cochrane Library* (2015).

[38] Tan, Eng Kien, and Eng Loy Tan. "Alterations in physiology and anatomy during pregnancy." *Best Practice & Research Clinical Obstetrics & Gynaecology* 27.6 (2013): 791-802.

[39] Reinke, Claudia M., Jörg Breitkreutz, and Hans Leuenberger. "Aluminium in over-the-counter drugs." *Drug Safety* 26.14 (2003): 1011-1025.

[40] Wu, Keng-Liang, et al. "Effect of liquid meals with different volumes on gastroesophageal reflux disease." *Journal of Gastroenterology and Hepatology* 29.3 (2014): 469-473.

[41] Zhang, Qing, et al. "Effect of hyperglycemia on triggering of transient lower esophageal sphincter relaxations." *American Journal of Physiology-Gastrointestinal and Liver Physiology* 286.5 (2004): G797-G803.

[42] Austin, Gregory L., et al. "A very low-carbohydrate diet improves gastroesophageal reflux and its symptoms." *Digestive Diseases and Sciences* 51.8 (2006): 1307-1312.

[43] Altomare, Annamaria, et al. "Gastroesophageal reflux disease: Update on inflammation and symptom perception." *World J Gastroenterol* 19.39 (2013): 6523-8.

[44] Zou, Duowu, et al. "Inhibition of transient lower esophageal sphincter relaxations by electrical acupoint stimulation." *American Journal of Physiology-Gastrointestinal and Liver Physiology* 289.2 (2005): G197-G201.

[45] Longo, Sherri A., et al. "Gastrointestinal conditions during pregnancy." *Clinics in colon and rectal surgery* 23.02 (2010): 080-089.

[46] Longo, Sherri A., et al. "Gastrointestinal conditions during pregnancy." *Clinics in colon and rectal surgery* 23.02 (2010): 080-089.

[47] Avsar, A. F., and H. L. Keskin. "Haemorrhoids during pregnancy." *Journal of Obstetrics and Gynaecology* 30.3 (2010): 231-237.

48 Wong, Banny S., et al. "Effects of A3309, an ileal bile acid transporter inhibitor, on colonic transit and symptoms in females with functional constipation." *The American Journal of Gastroenterology* 106.12 (2011): 2154.

49 Sikirov, Dov. "Comparison of straining during defecation in three positions: results and implications for human health." *Digestive diseases and sciences* 48.7 (2003): 1201-1205.

50 Dimmer, Christine, et al. "Squatting for the Prevention of Haemorrhoids?." *Townsend Letter for Doctors and Patients* (1996): 66-71.

51 de Milliano, Inge, et al. "Is a multispecies probiotic mixture effective in constipation during pregnancy?'A pilot study'." *Nutrition Journal* 11.1 (2012): 80.

52 Bradley, Catherine S., et al. "Constipation in pregnancy: prevalence, symptoms, and risk factors." *Obstetrics & Gynecology* 110.6 (2007): 1351-1357.

53 Talley, Nicholas J., et al. "Risk factors for chronic constipation based on a general practice sample." *The American Journal of Gastroenterology* 98.5 (2003): 1107.

54 Shulman, Rachel, and Melissa Kottke. "Impact of maternal knowledge of recommended weight gain in pregnancy on gestational weight gain." *American journal of obstetrics and gynecology* 214.6 (2016): 754-e1.

55 Siega-Riz, Anna Maria, et al. "A systematic review of outcomes of maternal weight gain according to the Institute of Medicine recommendations: birthweight, fetal growth, and postpartum weight retention." *AJOG.* 201.4 (2009): 339-e1.

56 National Research Council and Institute of Medicine. (2007). *Influence of Pregnancy Weight on Maternal and Child Health (Workshop Report).* Washington, DC: The National Academies Press.

57 Shapiro, A. L. B., et al. "Maternal diet quality in pregnancy and neonatal adiposity: The healthy start study." *International Journal of Obesity* 40.7 (2016): 1056-1062.

58 Centers for Disease Control and Prevention (CDC. "Trends in intake of energy and macronutrients-- United States, 1971-2000." *MMWR. Morbidity and mortality weekly report* 53.4 (2004): 80.

59 Clapp III, James F. "Maternal carbohydrate intake and pregnancy outcome." *Proceedings of the Nutrition Society* 61.01 (2002): 45-50.

60 Bello, Jennifer K., et al. "Pregnancy Weight Gain, Postpartum Weight Retention, and Obesity." *Current Cardiovascular Risk Reports* 10.1 (2016): 1-12.

61 Alavi, N., et al. "Comparison of national gestational weight gain guidelines and energy intake recommendations." *Obesity Reviews* 14.1 (2013): 68-85.

62 Lain, Kristine Y., and Patrick M. Catalano. "Metabolic changes in pregnancy." *Clinical Obstetrics and Gynecology* 50.4 (2007): 938-948.

63 Flegal KM, Carroll MD, Ogden CL, Curtin LR. Prevalence and trends in obesity among US adults, 1999-2008. JAMA 2010; 303: 235–241.

64 Kiel, Deborah W., et al. "Gestational weight gain and pregnancy outcomes in obese women: how much is enough?." *Obstetrics & Gynecology* 110.4 (2007): 752-758.

65 Shapiro, A. L. B., et al. "Maternal diet quality in pregnancy and neonatal adiposity: The healthy start study." *International Journal of Obesity* 40.7 (2016): 1056-1062.

66 Report of the American College of Obstetricians and Gynecologists' Task Force on Hypertension in Pregnancy. ObstetGynecol. 2013;122(5):1122-1131.

67 Villar J, Repke J, Markush L, Calvert W, Rhoads G. The measuring of blood pressure during pregnancy. American Journal of Obstetrics and Gynecology 1989;161:1019-24.

68 Aune, Dagfinn, et al. "Physical activity and the risk of preeclampsia: a systematic review and meta-analysis." *Epidemiology* 25.3 (2014): 331-343.

69 Gildea, John J et al. "A linear relationship between the ex-vivo sodium mediated expression of two sodium regulatory pathways as a surrogate marker of salt sensitivity of blood pressure in exfoliated human renal proximal tubule cells: the virtual renal biopsy." *Clinica Chimica Acta* 421 (2013): 236-242.

70 Schoenaker, Danielle AJM, Sabita S. Soedamah-Muthu, and Gita D. Mishra. "The association between dietary factors and gestational hypertension and pre-eclampsia: a systematic review and meta-analysis of observational studies." *BMC medicine* 12.1 (2014): 157.

71 "Nabeshima, K. "Effect of salt restriction on preeclampsia." Nihon Jinzo Gakkai Shi 36.3 (1994): 227-232.

72 Iwaoka, Taisuke, et al. "Dietary NaCl restriction deteriorates oral glucose tolerance in hypertensive patients with impairment of glucose tolerance." *American journal of hypertension* 7.5 (1994): 460-463.

73 Sakuyama, Hiroe, et al. "Influence of gestational salt restriction in fetal growth and in development of diseases in adulthood." *Journal of biomedical science* 23.1 (2016): 12.

74 Guan J, Mao C, Feng X, Zhang H, Xu F, Geng C, et al. Fetal development of regulatory mechanisms for body fluid homeostasis. Brazil J Med Biol Res. 2008;41:446–54.

75 Duley, L., and D. Henderson-Smart. "Reduced salt intake compared to normal dietary salt, or high intake, in pregnancy." *The Cochrane database of systematic reviews* 2 (2000): CD001687.

76 Robinson, Margaret. "Salt in pregnancy." *The Lancet* 271.7013 (1958): 178-181.

77 Gennari, Carine, et al. "Normotensive blood pressure in pregnancy–the role of salt and aldosterone." *Hypertension* 63.2 (2014): 362-368.

78 Scaife, Paula Juliet, and Markus Georg Mohaupt. "Salt, aldosterone and extrarenal Na+-sensitive responses in pregnancy." *Placenta* (2017).

[79] Rakova, Natalia, et al. "Novel ideas about salt, blood pressure, and pregnancy." *Journal of reproductive immunology* 101 (2014): 135-139.

[80] Klein, Alice Victoria, and Hosen Kiat. "The mechanisms underlying fructose-induced hypertension: a review." *Journal of hypertension* 33.5 (2015): 912-920.

[81] Borgen, I., et al. "Maternal sugar consumption and risk of preeclampsia in nulliparous Norwegian women." *European journal of clinical nutrition* 66.8 (2012): 920-925.

[82] Bodnar, Lisa M., et al. "Inflammation and triglycerides partially mediate the effect of prepregnancy body mass index on the risk of preeclampsia." *American journal of epidemiology* 162.12 (2005): 1193-1206.

[83] Bahado-Singh, Ray O., et al. "Metabolomic determination of pathogenesis of late-onset preeclampsia." *The Journal of Maternal-Fetal & Neonatal Medicine* 30.6 (2017): 658-664.

[84] Bryson, Chris L., et al. "Association between gestational diabetes and pregnancy-induced hypertension." *American journal of epidemiology* 158.12 (2003): 1148-1153.

[85] Liebman, Michael. "When and why carbohydrate restriction can be a viable option." *Nutrition* 30.7 (2014): 748-754.

[86] Mehendale, Savita, et al. "Fatty acids, antioxidants, and oxidative stress in pre-eclampsia." *International Journal of Gynecology & Obstetrics* 100.3 (2008): 234-238.

[87] Grootendorst-van Mil, Nina H., et al. "Maternal Midpregnancy Plasma trans 18: 1 Fatty Acid Concentrations Are Positively Associated with Risk of Maternal Vascular Complications and Child Low Birth Weight." *The Journal of Nutrition* 147.3 (2017): 398-403.

[88] Bej, Punyatoya, et al. "Role of nutrition in pre-eclampsia and eclampsia cases, a case control study." *Indian Journal of Community Health* 26.6 (2014): 233-236.

[89] El Hafidi, Mohammed, Israel Perez, and Guadalupe Banos. "Is glycine effective against elevated blood pressure?" (2006): 26-31.

[90] Austdal, Marie, et al. "Metabolomic biomarkers in serum and urine in women with preeclampsia." *PloS one* 9.3 (2014): e91923.

[91] Kwan, Sze Ting Cecilia, et al. "Maternal choline supplementation during pregnancy improves placental vascularization and modulates placental nutrient supply in a sexually dimorphic manner." *Placenta* 45 (2016): 130.

[92] Zhang, Min, et al. "77 Choline supplementation during pregnancy protects against lipopolysaccharide-induced preeclampsia symptoms: Immune and inflammatory mechanisms." *Pregnancy Hypertension: An International Journal of Women's Cardiovascular Health* 6.3 (2016): 175.

[93] Kwan, Sze Ting Cecilia, et al. "Maternal choline supplementation during murine pregnancy modulates placental markers of inflammation, apoptosis and vascularization in a fetal sex-dependent manner." *Placenta* (2017).

[94] Jiang, Xinyin, et al. "Choline inadequacy impairs trophoblast function and vascularization in cultured human placental trophoblasts." *Journal of cellular physiology* 229.8 (2014): 1016-1027.

[95] Jiang, Xinyin, et al. "A higher maternal choline intake among third-trimester pregnant women lowers placental and circulating concentrations of the antiangiogenic factor fms-like tyrosine kinase-1 (sFLT1)." *The FASEB Journal* 27.3 (2013): 1245-1253.

[96] Galleano, Monica, Olga Pechanova, and Cesar G Fraga. "Hypertension, nitric oxide, oxidants, and dietary plant polyphenols." *Current pharmaceutical biotechnology* 11.8 (2010): 837-848.

[97] Rumbold, Alice R., et al. "Vitamins C and E and the risks of preeclampsia and perinatal complications." *New England Journal of Medicine* 354.17 (2006): 1796-1806.

[98] Bodnar, Lisa M., et al. "Maternal vitamin D deficiency increases the risk of preeclampsia." *The Journal of Clinical Endocrinology & Metabolism* 92.9 (2007): 3517-3522.

[99] Hyppönen, Elina, et al. "Vitamin D and pre-eclampsia: original data, systematic review and meta-analysis." *Annals of Nutrition and Metabolism* 63.4 (2013): 331-340.

[100] Schoenaker, Danielle AJM, Sabita S. Soedamah-Muthu, and Gita D. Mishra. "The association between dietary factors and gestational hypertension and pre-eclampsia: a systematic review and meta-analysis of observational studies." *BMC medicine* 12.1 (2014): 157.

[101] Rylander, Ragnar, and Maria Bullarbo. "[304-POS]: Use of oral magnesium to prevent gestational hypertension." *Pregnancy Hypertension: An International Journal of Women's Cardiovascular Health* 5.1 (2015): 150.

[102] Hofmeyr, G. J. "Prevention of pre-eclampsia: calcium supplementation and other strategies: review." *Obstetrics and Gynaecology Forum.* Vol. 26. No. 3. In House Publications, 2016.

[103] Asemi, Zatollah, and Ahmad Esmaillzadeh. "The effect of multi mineral-vitamin D supplementation on pregnancy outcomes in pregnant women at risk for pre-eclampsia." *International journal of preventive medicine* 6 (2015).

[104] Gulaboglu, Mine, Bunyamin Borekci, and Ilhan Delibas. "Urine iodine levels in preeclamptic and normal pregnant women." *Biological trace element research* 136.3 (2010): 249-257.

[105] Borekci, Bunyamin, Mine Gulaboglu, and Mustafa Gul. "Iodine and magnesium levels in maternal and umbilical cord blood of preeclamptic and normal pregnant women." *Biological trace element research* 129.1-3 (2009): 1.

[106] Dempsey, F. C., F. L. Butler, and F. A. Williams. "No need for a pregnant pause: physical activity may reduce the occurrence of gestational diabetes mellitus and preeclampsia." *Exercise and sport sciences reviews* 33.3 (2005): 141-149.

[107] Barakat, Ruben, et al. "Exercise during pregnancy protects against hypertension and macrosomia: randomized clinical trial." *American journal of obstetrics and gynecology* 214.5 (2016): 649-e1.

[108] Vianna, Priscila, et al. "Distress conditions during pregnancy may lead to pre-eclampsia by increasing cortisol levels and altering lymphocyte sensitivity to glucocorticoids." *Medical hypotheses* 77.2 (2011): 188-191.

[109] Shirazi, Marzieh Amohammadi. "Investigating the effectiveness of mindfulness training in the first trimester of pregnancy on improvement of pregnancy outcomes and stress reduction in pregnant women referred to Moheb Yas General Women Hospital." *International Journal of Humanities and Cultural Studies (IJHCS) ISSN 2356-5926* (2016): 2291-2301.

[110] Barbour, Linda A., et al. "Cellular mechanisms for insulin resistance in normal pregnancy and gestational diabetes." *Diabetes care* 30.Supplement 2 (2007): S112-S119.

[111] Hernandez, Teri L., et al. "Patterns of glycemia in normal pregnancy." *Diabetes Care* 34.7 (2011): 1660-1668.

[112] Hughes, Ruth CE, et al. "An early pregnancy HbA1c≥ 5.9%(41 mmol/mol) is optimal for detecting diabetes and identifies women at increased risk of adverse pregnancy outcomes." *Diabetes Care* 37.11 (2014): 2953-2959.

[113] Coustan, Donald R., et al. "The Hyperglycemia and Adverse Pregnancy Outcome (HAPO) study: paving the way for new diagnostic criteria for gestational diabetes mellitus." *American journal of obstetrics and gynecology* 202.6 (2010): 654-e1.

[114] Ma, Ronald CW, et al. "Maternal diabetes, gestational diabetes and the role of epigenetics in their long term effects on offspring." *Progress in biophysics and molecular biology* 118.1 (2015): 55-68.

[115] Holder, Tara, et al. "A low disposition index in adolescent offspring of mothers with gestational diabetes: a risk marker for the development of impaired glucose tolerance in youth." *Diabetologia* 57.11 (2014): 2413-2420.

[116] Oken, Emily, and Matthew W. Gillman. "Fetal origins of obesity." *Obesity* 11.4 (2003): 496-506.

[117] HAPO Study Cooperative Research Group, Metzger BE, Lowe LP et al (2008) Hyperglycemia and adverse pregnancy outcomes. N Engl J Med 358:1991–2002

[118] Priest, James R., et al. "Maternal Midpregnancy Glucose Levels and Risk of Congenital Heart Disease in Offspring." *JAMA pediatrics* 169.12 (2015): 1112-1116.

[119] Kremer, Carrie J., and Patrick Duff. "Glyburide for the treatment of gestational diabetes." *American journal of obstetrics and gynecology* 190.5 (2004): 1438-1439.

[120] Moses, Robert G., et al. "Can a low–glycemic index diet reduce the need for insulin in gestational diabetes mellitus? A randomized trial." *Diabetes care* 32.6 (2009): 996-1000.

[121] Kizirian, Nathalie V., et al. "Lower glycemic load meals reduce diurnal glycemic oscillations in women with risk factors for gestational diabetes." *BMJ Open Diabetes Research and Care* 5.1 (2017): e000351.

[122] Kokic SI, Ivanisevic M, Biolo G, Simunic B, Kokic T, Pisot R. P-68 The impact of structured aerobic and resistance exercise on the course and outcomes of gestational diabetes mellitus: a randomised controlled trial. Poster Presentations. *Br J Sports Med* 2016;50:A69

[123] Kim, Hail, et al. "Serotonin regulates pancreatic beta cell mass during pregnancy." *Nature medicine* 16.7 (2010): 804-808.

[124] Ruiz-Gracia, Teresa, et al. "Lifestyle patterns in early pregnancy linked to gestational diabetes mellitus diagnoses when using IADPSG criteria. The St Carlos gestational study." *Clinical Nutrition* 35.3 (2016): 699-705.

[125] Huang, Wu-Qing, et al. "Excessive fruit consumption during the second trimester is associated with increased likelihood of gestational diabetes mellitus: a prospective study." *Scientific Reports* 7 (2017).

[126] Clapp III, James F. "Maternal carbohydrate intake and pregnancy outcome." *Proceedings of the Nutrition Society* 61.01 (2002): 45-50.

[127] Dempsey, Jennifer C., et al. "A case-control study of maternal recreational physical activity and risk of gestational diabetes mellitus." *Diabetes research and clinical practice* 66.2 (2004): 203-215.

[128] Wei, Shu-Qin et al. "Maternal vitamin D status and adverse pregnancy outcomes: a systematic review and meta-analysis." *The Journal of Maternal-Fetal & Neonatal Medicine* 26.9 (2013): 889-899.

[129] Mostafavi, Ebrahim, et al. "Abdominal obesity and gestational diabetes: the interactive role of magnesium." *Magnesium Research* 28.4 (2015): 116-125.

[130] Asemi, Zatollah, et al. "Magnesium supplementation affects metabolic status and pregnancy outcomes in gestational diabetes: a randomized, double-blind, placebo-controlled trial." *The American journal of clinical nutrition* 102.1 (2015): 222-229.

Ch8 運動

[1] Downs, Danielle Symons, and Jan S Ulbrecht. "Understanding exercise beliefs and behaviors in women with gestational diabetes mellitus." *Diabetes Care* 29.2 (2006): 236-240.

[2] Evenson, Kelly R, A Savitz, and Sara L Huston. "Leisure-time physical activity among pregnant women in the US." *Paediatric and Perinatal Epidemiology* 18.6 (2004): 400-407.

[3] Garland, Meghan. "Physical Activity During Pregnancy: A Prescription for Improved Perinatal Outcomes." *The Journal for Nurse Practitioners* 13.1 (2017): 54-58.

[4] Artal, Raul. "Exercise in Pregnancy: Guidelines." *Clinical Obstetrics and Gynecology* 59.3 (2016): 639-644.

[5] Jovanovic-Peterson, Lois, Eric P Durak, and Charles M Peterson. "Randomized trial of diet versus diet plus cardiovascular conditioning on glucose levels in gestational diabetes." *American Journal of Obstetrics and Gynecology* 161.2 (1989): 415-419.

[6] "Brzęk, Anna, et al. "Physical activity in pregnancy and its impact on duration of labor and postpartum period." *Annales Academiae Medicae Silesiensis*. Vol. 70. 2016.

[7] Zhang, Cuilin, et al. "A prospective study of pregravid physical activity and sedentary behaviors in relation to the risk for gestational diabetes mellitus." *Archives of internal medicine* 166.5 (2006): 543-548.

[8] Barakat, Ruben, et al. "Exercise during pregnancy protects against hypertension and macrosomia: randomized clinical trial." *American journal of obstetrics and gynecology* 214.5 (2016): 649-e1.

[9] Collings, CA, LB Curet, and JP Mullin. "Maternal and fetal responses to a maternal aerobic exercise program." *American Journal of Obstetrics and Gynecology* 145.6 (1983): 702-707.

[10] Lassen, Kait, "Does Aerobic Exercise During Pregnancy Prevent Cesarean Sections?" (2016). PCOM *Physician Assistant Studies Student Scholarship*. 276.

[11] Babbar, Shilpa, and Jaye Shyken. "Yoga in Pregnancy." *Clinical obstetrics and gynecology* 59.3 (2016): 600-612.

[12] Lotgering, Frederik K. "30+ Years of Exercise in Pregnancy." *Advances in Fetal and Neonatal Physiology*. Springer New York, 2014. 109-116.

[13] May LE, Glaros A, Yeh HW, Clapp JF 3rd, Gustafson KM. Aerobic exercise during pregnancy influences fetal cardiac autonomic control of heart rate and heart rate variability. Early Hum Dev (2010) 86: 213–217.

[14] Labonte-Lemoyne, Elise, Daniel Curnier, and Dave Ellemberg. "Exercise during pregnancy enhances cerebral maturation in the newborn: A randomized controlled trial." *Journal of Clinical and Experimental Neuropsychology* 39.4 (2017): 347-354.

[15] Hillman, Charles H, Kirk I Erickson, and Arthur F Kramer. "Be smart, exercise your heart: exercise effects on brain and cognition." *Nature Reviews Neuroscience* 9.1 (2008): 58-65.

[16] Dempsey, Jennifer C et al. "A case-control study of maternal recreational physical activity and risk of gestational diabetes mellitus." *Diabetes Research and Clinical Practice* 66.2 (2004): 203-215.

[17] Moyer, Carmen, Olga Roldan Reoyo, and Linda May. "The Influence of Prenatal Exercise on Offspring Health: A Review." *Clinical medicine insights. Women's health* 9 (2016): 37.

[18] Perales, Maria, et al. "Benefits of aerobic or resistance training during pregnancy on maternal health and perinatal outcomes: A systematic review." *Early human development* 94 (2016): 43-48.

[19] Hammer, Roger L, Jan Perkins, and Richard Parr. "Exercise during the childbearing year." *The Journal of Perinatal Education* 9.1 (2000): 1.

[20] Brenner, IK et al. "Physical conditioning effects on fetal heart rate responses to graded maternal exercise." *Medicine and Science in Sports and Exercise* 31.6 (1999): 792-799.

[21] Zumwalt, Mimi. "Prevention and management of common musculoskeletal injuries incurred through exercise during pregnancy." *The Active Female*. Humana Press, 2008. 183-197.

[22] Belogolovsky, Inna, et al. "The Effectiveness of Exercise in Treatment of Pregnancy-Related Lumbar and Pelvic Girdle Pain: A Meta-Analysis and Evidence-Based Review." *Journal of Women's Health Physical Therapy* 39.2 (2015): 53-64.

[23] Sangsawang, Bussara, and Nucharee Sangsawang. "Is a 6-week supervised pelvic floor muscle exercise program effective in preventing stress urinary incontinence in late pregnancy in primigravid women?: a randomized controlled trial." *European Journal of Obstetrics & Gynecology and Reproductive Biology* 197 (2016): 103-110.

[24] Elenskaia, Ksena, et al. "The effect of pregnancy and childbirth on pelvic floor muscle function." *International urogynecology journal* 22.11 (2011): 1421.

[25] Benjamin, D. R., A. T. M. Van de Water, and C. L. Peiris. "Effects of exercise on diastasis of the rectus abdominis muscle in the antenatal and postnatal periods: a systematic review." *Physiotherapy* 100.1 (2014): 1-8.

[26] Candido, G., T. Lo, and P. A. Janssen. "Risk factors for diastasis of the recti abdominis." *Journal - Association of Chartered Physiotherapists in Women's Health*. (2005): 49.

[27] Chiarello, Cynthia M., et al. "The effects of an exercise program on diastasis recti abdominis in pregnant women." *Journal of Women's Health Physical Therapy* 29.1 (2005): 11-16.

[28] Benjamin, D. R., A. T. M. Van de Water, and C. L. Peiris. "Effects of exercise on diastasis of the rectus abdominis muscle in the antenatal and postnatal periods: a systematic review." *Physiotherapy* 100.1 . W(2014): 1-8.

[29] Kluge, Judith, et al. "Specific exercises to treat pregnancy-related low back pain in a South African population." *International Journal of Gynecology & Obstetrics* 113.3 (2011): 187-191.

[30] Richardson, Carolyn A., et al. "The relation between the transversus abdominis muscles, sacroiliac joint mechanics, and low back pain." *Spine* 27.4 (2002): 399-405.

[31] Chan, Justin, Aniket Natekar, and Gideon Koren. "Hot yoga and pregnancy." *Canadian Family Physician* 60.1 (2014): 41-42.

[32] Bacchi, Elisabetta, et al. "Physical Activity Patterns in Normal-Weight and Overweight/Obese Pregnant Women." *PloS one* 11.11 (2016): e0166254.

[33] Ward-Ritacco, Christie, Mélanie S. Poudevigne, and Patrick J. O'Connor. "Muscle strengthening exercises during pregnancy are associated with increased energy and reduced fatigue." *Journal of Psychosomatic Obstetrics & Gynecology* 37.2 (2016): 68-72.

Ch9 醫學檢驗

[1] Bodnar, Lisa M et al. "High prevalence of vitamin D insufficiency in black and white pregnant women residing in the northern United States and their neonates." *The Journal of Nutrition* 137.2 (2007): 447-452.

[2] Wei, Shu-Qin et al. "Maternal vitamin D status and adverse pregnancy outcomes: a systematic review and meta-analysis." *The Journal of Maternal-Fetal & Neonatal Medicine* 26.9 (2013): 889-899.

[3] Aghajafari, Fariba et al. "Association between maternal serum 25-hydroxyvitamin D level and pregnancy and neonatal outcomes: systematic review and meta-analysis of observational studies." *BMJ: British Medical Journal* 346 (2013).

[4] Javaid, MK et al. "Maternal vitamin D status during pregnancy and childhood bone mass at age 9 years: a longitudinal study." *The Lancet* 367.9504 (2006): 36-43.

[5] Elsori, Deena H., and Majeda S. Hammoud. "Vitamin D deficiency in mothers, neonates and children." *The Journal of Steroid Biochemistry and Molecular Biology* (2017).

[6] Hollis, Bruce W et al. "Vitamin D supplementation during pregnancy: Double-blind, randomized clinical trial of safety and effectiveness." *Journal of Bone and Mineral Research* 26.10 (2011): 2341-2357.

[7] "Vitamin D Council | Testing for vitamin D." https://www.vitamindcouncil.org/about-vitamin-d/testing-for-vitamin-d/. Accessed 8 May. 2017.

[8] Luxwolda, Martine F., et al. "Traditionally living populations in East Africa have a mean serum 25-hydroxyvitamin D concentration of 115 nmol/l." *British Journal of Nutrition* 108.09 (2012): 1557-1561.

[9] Dawodu, Adekunle, and Reginald C. Tsang. "Maternal vitamin D status: effect on milk vitamin D content and vitamin D status of breastfeeding infants." *Advances in Nutrition: An International Review Journal* 3.3 (2012): 353-361.

[10] Brunner C, Wuillemin WA. [Iron deficiency and iron deficiency anemia—symptoms and therapy]. Ther Umsch. 2010;67(5):219–23.

[11] Scholl TO, Hediger ML, Fischer RL, et al. Anemia vs iron deficiency— Increased risk of preterm delivery in a prospective study. Am J Clin Nutr. 1992;55:985-988.

[12] Zimmermann, Michael B., Hans Burgi, and Richard F. Hurrell. "Iron deficiency predicts poor maternal thyroid status during pregnancy." *The Journal of Clinical Endocrinology & Metabolism* 92.9 (2007): 3436-3440.

[13] Walsh, Thomas, et al. "Laboratory assessment of iron status in pregnancy." *Clinical chemistry and laboratory medicine* 49.7 (2011): 1225-1230.

[14] Vandevijvere, Stefanie, et al. "Iron status and its determinants in a nationally representative sample of pregnant women." *Journal of the Academy of Nutrition and Dietetics* 113.5 (2013): 659-666.

[15] "Moog, Nora K., et al. "Influence of maternal thyroid hormones during gestation on fetal brain development." *Neuroscience* 342 (2017): 68-100.

[16] Moog, Nora K., et al. "Influence of maternal thyroid hormones during gestation on fetal brain development." *Neuroscience* 342 (2017): 68-100.

[17] Johns, Lauren E., et al. "Longitudinal Profiles of Thyroid Hormone Parameters in Pregnancy and Associations with Preterm Birth." *PloS one* 12.1 (2017): e0169542.

[18] Almomin AM, Mansour AA, Sharief M. Trimester-Specific Reference Intervals of Thyroid Function Testing in Pregnant Women from Basrah, Iraq Using Electrochemiluminescent Immunoassay. Diseases. (2016) Apr 26;4(2):20.

[19] Abalovich, M., et al. "Overt and subclinical hypothyroidism complicating pregnancy." *Thyroid* 12.1 (2002): 63-68.

[20] Moog, Nora K., et al. "Influence of maternal thyroid hormones during gestation on fetal brain development." *Neuroscience* 342 (2017): 68-100.

[21] Alexander, Erik K., et al. "2017 Guidelines of the American Thyroid Association for the diagnosis and management of thyroid disease during pregnancy and the postpartum." *Thyroid* 27.3 (2017): 315-389.

[22] Stricker, R. T., et al. "Evaluation of maternal thyroid function during pregnancy: the importance of using gestational age-specific reference intervals." *European Journal of Endocrinology* 157.4 (2007): 509-514.

[23] Alexander, Erik K., et al. "2017 Guidelines of the American Thyroid Association for the diagnosis and management of thyroid disease during pregnancy and the postpartum." *Thyroid* 27.3 (2017): 315-389.

[24] Alexander, Erik K., et al. "2017 Guidelines of the American Thyroid Association for the diagnosis and management of thyroid disease during pregnancy and the postpartum." *Thyroid* 27.3 (2017): 315-389.

[25] Practice Committee of the American Society for Reproductive Medicine. "Subclinical hypothyroidism in the infertile female population: a guideline." *Fertility and sterility* 104.3 (2015): 545-553.

[26] Forbes, Scott. "Pregnancy sickness and parent-offspring conflict over thyroid function." *Journal of theoretical biology* 355 (2014): 61-67.

[27] Caldwell KL, Makhmudov A, Ely E, Jones RL, Wang RY. Iodine status of the U.S. population, National Health and Nutrition Examination Survey, 2005-2006 and 2007-2008. Thyroid 21 (2011): 419–427.

[28] Dunn, John T. "Iodine should be routinely added to complementary foods." *The Journal of nutrition* 133.9 (2003): 3008S-3010S.

[29] Zava, Theodore T., and David T. Zava. "Assessment of Japanese iodine intake based on seaweed consumption in Japan: A literature-based analysis." *Thyroid research* 4.1 (2011): 14.

[30] Fuse, Yozen, et al. "Iodine status of pregnant and postpartum Japanese women: effect of iodine intake on maternal and neonatal thyroid function in an iodine-sufficient area." *The Journal of Clinical Endocrinology & Metabolism* 96.12 (2011): 3846-3854.

[31] Leung, Angela M., Elizabeth N. Pearce, and Lewis E. Braverman. "Iodine content of prenatal multivitamins in the United States." *New England Journal of Medicine* 360.9 (2009): 939-940.

[32] "Iodine — Health Professional Fact Sheet - Office of Dietary Supplements." 24 Jun. 2011, https://ods.od.nih.gov/factsheets/Iodine-HealthProfessional/. Accessed 13 Jun. 2017.

[33] Fordyce, F. M. "Database of the iodine content of food and diets populated with data from published literature." (2003). Nottingham, UK, British Geological Survey.

[34] Diosady, L. L., et al. "Stability of iodine in iodized salt used for correction of iodine-deficiency disorders. II." *Food and Nutrition Bulletin* 19.3 (1998): 240-250.

[35] BaJaJ, Jagminder K., Poonam Salwan, and Shalini Salwan. "Various possible toxicants involved in thyroid dysfunction: A Review." *Journal of clinical and diagnostic research: JCDR* 10.1 (2016): FE01.

[36] Veltri, Flora, et al. "Prevalence of thyroid autoimmunity and dysfunction in women with iron deficiency during early pregnancy: is it altered?." *European Journal of Endocrinology* 175.3 (2016): 191-199.

[37] Mahmoodianfard, Salma, et al. "Effects of zinc and selenium supplementation on thyroid function in overweight and obese hypothyroid female patients: a randomized double-blind controlled trial.' *Journal of the American College of Nutrition* 34.5 (2015): 391-399.

[38] Negro, Roberto, et al. "The influence of selenium supplementation on postpartum thyroid status in pregnant women with thyroid peroxidase autoantibodies." *The Journal of Clinical Endocrinology & Metabolism* 92.4 (2007): 1263-1268.

[39] "Wang, Jiying, et al. "Meta-analysis of the association between vitamin D and autoimmune thyroid disease." *Nutrients* 7.4 (2015): 2485-2498.

[40] Lundin, Knut EA, and Cisca Wijmenga. "Coeliac disease and autoimmune disease [mdash] genetic overlap and screening." *Nature Reviews Gastroenterology & Hepatology* 12.9 (2015): 507-515.

[41] Leung, Angela M., et al. "Exposure to thyroid-disrupting chemicals: a transatlantic call for action." (2016): 479-480.

[42] Fong, Alex, et al. "Use of hemoglobin A1c as an early predictor of gestational diabetes mellitus." *American journal of obstetrics and gynecology* 211.6 (2014): 641-e1.

[43] Hughes, Ruth CE, et al. "An early pregnancy HbA1c≥ 5.9%(41 mmol/mol) is optimal for detecting diabetes and identifies women at increased risk of adverse pregnancy outcomes." *Diabetes Care* 37.11 (2014): 2953-2959.

[44] Ahmeda, Sheikh Salahuddin, and Tarafdar Runa Lailaa. "Hemoglobin A1c and Fructosamine in Diabetes: Clinical Use and Limitations."

[45] Shang, M., and L. Lin. "IADPSG criteria for diagnosing gestational diabetes mellitus and predicting adverse pregnancy outcomes." *Journal of Perinatology* 34.2 (2014): 100-104.

[46] Lamar, Michael E., et al. "Jelly beans as an alternative to a fifty-gram glucose beverage for gestational diabetes screening." *American journal of obstetrics and gynecology* 181.5 (1999): 1154-1157.

[47] Damayanti, Sophi, Benny Permana, and Choong Chie Weng. "Determination of Sugar Content in Fruit Juices Using High Performance Liquid Chromatography." *Acta Pharmaceutica Indonesia* 37.4 (2017): 131-139.

[48] Kuwa, Katsuhiko, et al. "Relationships of glucose concentrations in capillary whole blood, venous whole blood and venous plasma." *Clinica Chimica Acta* 307.1 (2001): 187-192.

[49] Hoffman, R. M., et al. "Glucose clearance in grazing mares is affected by diet, pregnancy, and lactation." *Journal of animal science* 81.7 (2003): 1764-1771.

[50] Wilkerson, Hugh LC, et al. "Diagnostic evaluation of oral glucose tolerance tests in nondiabetic subjects after various levels of carbohydrate intake." *New England Journal of Medicine* 262.21 (1960): 1047-1053.

[51] Tajima, Ryoko, et al. "Carbohydrate intake during early pregnancy is inversely associated with abnormal glucose challenge test results in Japanese pregnant women." *Diabetes/Metabolism Research and Reviews* (2017).

[52] Agarwal, Mukesh M. "Gestational diabetes mellitus: Screening with fasting plasma glucose." *World Journal of Diabetes* 7.14 (2016): 279.

[53] Agarwal, Mukesh M. "Gestational diabetes mellitus: Screening with fasting plasma glucose." *World Journal of Diabetes* 7.14 (2016): 279.

[54] Rudland, Victoria L., et al. "Gestational Diabetes: Seeing Both the Forest and the Trees." *Current Obstetrics and Gynecology Reports* 1.4 (2012): 198-206.

[55] Hernandez, Teri L., et al. "Patterns of glycemia in normal pregnancy." *Diabetes Care* 34.7 (2011): 1660-1668.

[56] Greenberg, James A, and Stacey J Bell. "Multivitamin supplementation during pregnancy: emphasis on folic acid and L-methylfolate." *Reviews in Obstetrics and Gynecology* 4.3-4 (2011): 126.

[57] Liu, Laura X., and Zolt Arany. "Maternal cardiac metabolism in pregnancy." *Cardiovascular research* 101.4 (2014): 545-553.

[58] Rizzo, Thomas A et al. "Prenatal and perinatal influences on long-term psychomotor development in offspring of diabetic mothers." American Journal of Obstetrics and Gynecology 173.6 (1995): 1753-1758.

[59] Liu, Laura X., and Zolt Arany. "Maternal cardiac metabolism in pregnancy." *Cardiovascular research* 101.4 (2014): 545-553.

[60] Felig, Philip, and Vincent Lynch. "Starvation in human pregnancy: hypoglycemia, hypoinsulinemia, and hyperketonemia." Science 170.3961 (1970): 990-992.

[61] Institute of Medicine (US). Panel on Macronutrients, and Institute of Medicine (US). Standing Committee on the Scientific Evaluation of Dietary Reference Intakes. Dietary Reference Intakes for energy,

carbohydrate, fiber, fat, fatty acids, cholesterol, protein, and amino acids. Natl Academy Pr, 2005. pg 275-277.

[62] Coetzee, EJ, WPU Jackson, and PA Berman. "Ketonuria in pregnancy—with special reference to calorie-restricted food intake in obese diabetics." Diabetes 29.3 (1980): 177-181.

[63] Institute of Medicine (US). Panel on Macronutrients, and Institute of Medicine (US). Standing Committee on the Scientific Evaluation of Dietary Reference Intakes. Dietary Reference Intakes for energy, carbohydrate, fiber, fat, fatty acids, cholesterol, protein, and amino acids. Natl Academy Pr, 2005. pg 275-277.

[64] Bon, C et al. "[Feto-maternal metabolism in human normal pregnancies: study of 73 cases]." Annales de Biologie Clinique Dec. 2006: 609-619.

[65] Muneta, Tetsuo, et al. "Ketone body elevation in placenta, umbilical cord, newborn and mother in normal delivery." Glycative Stress Research 3 (2016): 133-140.

Ch10 毒素

[1] Sultan, Charles, et al. "Environmental xenoestrogens, antiandrogens and disorders of male sexual differentiation." *Molecular and cellular endocrinology* 178.1 (2001): 99-105.

[2] Nagel, S. C., vom Saal, F. S., Thayer, K. A., Dhar, M. G., Boechler, M., & Welshons, W. V. (1997). Relative binding affinity-serum modified access (RBA-SMA) assay predicts the relative in vivo bioactivity of the xenoestrogens bisphenol A and octylphenol. Environmental health perspectives, 105(1), 70.

[3] Kass, Laura, et al. "Perinatal exposure to xenoestrogens impairs mammary gland differentiation and modifies milk composition in Wistar rats." *Reproductive Toxicology* 33.3 (2012): 390-400.

[4] Nadal, Angel, et al. "The pancreatic β-cell as a target of estrogens and xenoestrogens: Implications for blood glucose homeostasis and diabetes." *Molecular and cellular endocrinology* 304.1 (2009): 63-68.

[5] Alonso-Magdalena, Paloma, et al. "Bisphenol A exposure during pregnancy disrupts glucose homeostasis in mothers and adult male offspring." *Environmental health perspectives* 118.9 (2010): 1243.

[6] Rochester, Johanna R. "Bisphenol A and human health: a review of the literature." *Reproductive toxicology* 42 (2013): 132-155.

[7] Evans, Sarah F., et al. "Prenatal bisphenol A exposure and maternally reported behavior in boys and girls." *Neurotoxicology* 45 (2014): 91-99.

[8] Harley KG, et al. (2013) Prenatal and early childhood bisphenol A concentrations and behavior in school-aged children. Environ Res 126:43–50

[9] Kinch, Cassandra D., et al. "Low-dose exposure to bisphenol A and replacement bisphenol S induces precocious hypothalamic neurogenesis in embryonic zebrafish." *Proceedings of the National Academy of Sciences* 112.5 (2015): 1475-1480.

[10] Vandenberg, Laura N., et al. "Human exposure to bisphenol A (BPA)." *Reproductive toxicology* 24.2 (2007): 139-177.

[11] Ikezuki, Yumiko, et al. "Determination of bisphenol A concentrations in human biological fluids reveals significant early prenatal exposure." *Human reproduction* 17.11 (2002): 2839-2841.

[12] Rudel RA, Gray JM, Engel CL, et al. Food packaging and bisphenol A and bis(2-ethyhexyl) phthalate exposure: findings from a dietary intervention. Environ Health Perspect. 2011;119:914–920.

[13] Vandenberg, Laura N., et al. "Human exposure to bisphenol A (BPA)." *Reproductive toxicology* 24.2 (2007): 139-177.

[14] Qiu, Wenhui, et al. "Actions of bisphenol A and bisphenol S on the reproductive neuroendocrine system during early development in zebrafish." *Endocrinology* 157.2 (2016): 636-647.

[15] Kinch, Cassandra D., et al. "Low-dose exposure to bisphenol A and replacement bisphenol S induces precocious hypothalamic neurogenesis in embryonic zebrafish." *Proceedings of the National Academy of Sciences* 112.5 (2015): 1475-1480.

[16] Hormann, Annette M., et al. "Holding thermal receipt paper and eating food after using hand sanitizer results in high serum bioactive and urine total levels of bisphenol A (BPA)." *PloS one* 9.10 (2014): e110509.

[17] SCCNFP. 2002. Opinion of the Scientific Committee on Cosmetic Products and Non-Food Products Intended for Consumers. Concerning Diethyl Phthalate. Available: http://ec.europa.eu/health/archive/ph_risk/committees/sccp/documents/out168_en.pdf Accessed 22 May. 2017.

[18] Adibi, Jennifer J., et al. "Prenatal exposures to phthalates among women in New York City and Krakow, Poland." *Environmental Health Perspectives* 111.14 (2003): 1719.

[19] Adibi, Jennifer J., et al. "Prenatal exposures to phthalates among women in New York City and Krakow, Poland." *Environmental Health Perspectives* 111.14 (2003): 1719.

[20] Albert, O.; Jegou, B. (2013). "A critical assessment of the endocrine susceptibility of the human testis to phthalates from fetal life to adulthood". *Human Reproduction Update*. 20 (2): 231–49.

[21] Barrett, Julia R. "Phthalates and baby boys: potential disruption of human genital development." *Environmental health perspectives* 113.8 (2005): A542.

[22] Tilson HA (June 2008). "EHP Papers of the Year, 2008". *Environ. Health Perspect.* 116 (6): A234.

[23] Swan SH; Liu F; Hines M; et al. (April 2010). "Prenatal phthalate exposure and reduced masculine play in boys". *International Journal of Andrology*. 33: 259–269.

[24] Factor-Litvak, P; Insel, B; Calafat, A. M.; Liu, X; Perera, F; Rauh, V. A.; Whyatt, R. M. (2014). "Persistent Associations between Maternal Prenatal Exposure to Phthalates on Child IQ at Age 7 Years". *PLoS ONE*. **9** (12): e114003.

[25] Ferguson, Kelly K.; McElrath, Thomas F.; Meeker, John D. (2014-01-01). "Environmental phthalate exposure and preterm birth". *JAMA pediatrics*. 168 (1): 61–67.

[26] Geer, Laura A., et al. "Association of birth outcomes with fetal exposure to parabens, triclosan and triclocarban in an immigrant population in Brooklyn, New York." *Journal of hazardous materials* 323 (2017): 177-183.

[27] Vo, Thuy TB, and Eui-Bae Jeung. "An evaluation of estrogenic activity of parabens using uterine calbindin-D9k gene in an immature rat model." *Toxicological sciences* 112.1 (2009): 68-77.

[28] "European Commission - PRESS RELEASES - Press ... - Europa.eu." 26 Sep. 2014, http://europa.eu/rapid/press-release_IP-14-1051_en.htm. Accessed 25 May. 2017.

[29] Braun, Joe M., et al. "Personal care product use and urinary phthalate metabolite and paraben concentrations during pregnancy among women from a fertility clinic." *Journal of Exposure Science and Environmental Epidemiology* 24.5 (2014): 459-466.

[30] Fisher, Mandy, et al. "Paraben Concentrations in Maternal Urine and Breast Milk and Its Association with Personal Care Product Use." *Environmental Science & Technology* 51.7 (2017): 4009-4017.

[31] Philippat, Claire, et al. "Prenatal exposure to environmental phenols: concentrations in amniotic fluid and variability in urinary concentrations during pregnancy." *Environmental Health Perspectives (Online)* 121.10 (2013): 1225.

[32] Geer, Laura A., et al. "Association of birth outcomes with fetal exposure to parabens, triclosan and triclocarban in an immigrant population in Brooklyn, New York." *Journal of hazardous materials* 323 (2017): 177-183.

[33] Aker, Amira M., et al. "Phenols and parabens in relation to reproductive and thyroid hormones in pregnant women." *Environmental Research* 151 (2016): 30-37.

[34] Philippat, Claire, et al. "Prenatal exposure to phenols and growth in boys." *Epidemiology (Cambridge, Mass.)* 25.5 (2014): 625.

[35] Harley, Kim G., et al. "Reducing phthalate, paraben, and phenol exposure from personal care products in adolescent girls: findings from the HERMOSA Intervention Study." *Environmental Health Perspectives* 124.10 (2016): 1600.

[36] Rattan, Saniya, et al. "Exposure to endocrine disruptors during adulthood: consequences for female fertility." *Journal of Endocrinology* 233.3 (2017): R109-R129.

[37] Frazier, Linda M. "Reproductive disorders associated with pesticide exposure." *Journal of agromedicine* 12.1 (2007): 27-37.

[38] Koifman, Sergio, Rosalina Jorge Koifman, and Armando Meyer. "Human reproductive system disturbances and pesticide exposure in Brazil." *Cadernos de Saúde Pública* 18.2 (2002): 435-445.

[39] Fernandez, Mariana F., et al. "Human exposure to endocrine-disrupting chemicals and prenatal risk factors for cryptorchidism and hypospadias: a nested case-control study." (2007).

[40] Fernandez, Mariana F., et al. "Human exposure to endocrine-disrupting chemicals and prenatal risk factors for cryptorchidism and hypospadias: a nested case-control study." (2007).

[41] Andersen, Helle R., et al. "Impaired reproductive development in sons of women occupationally exposed to pesticides during pregnancy." *Environmental health perspectives* 116.4 (2008): 566.

[42] Jurewicz, Joanna, and Wojciech Hanke. "Prenatal and childhood exposure to pesticides and neurobehavioral development: review of epidemiological studies." *International journal of occupational medicine and environmental health* 21.2 (2008): 121-132.

[43] Brucker-Davis, F. "Effects of environmental synthetic chemicals on thyroid function." *Thyroid: Official Journal of the American Thyroid Association* 8.9 (1998): 827.

[44] Colborn, Theo. "A case for revisiting the safety of pesticides: a closer look at neurodevelopment." *Environmental health perspectives* (2006): 10-17.

[45] Toft, Gunnar, et al. "Fetal loss and maternal serum levels of 2, 2', 4, 4', 5, 5'-hexachlorbiphenyl (CB-153) and 1, 1-dichloro-2, 2-bis (p-chlorophenyl) ethylene (p, p'-DDE) exposure: a cohort study in Greenland and two European populations." *Environmental Health* 9.1 (2010): 22.

[46] Toft, Gunnar, et al. "Fetal loss and maternal serum levels of 2, 2', 4, 4', 5, 5'-hexachlorbiphenyl (CB-153) and 1, 1-dichloro-2, 2-bis (p-chlorophenyl) ethylene (p, p'-DDE) exposure: a cohort study in Greenland and two European populations." *Environmental Health* 9.1 (2010): 22.

[47] Guyton, Kathryn Z., et al. "Carcinogenicity of tetrachlorvinphos, parathion, malathion, diazinon, and glyphosate." *Lancet Oncology* 16.5 (2015): 490.

[48] Vandenberg, Laura N., et al. "Is it time to reassess current safety standards for glyphosate-based herbicides?." *J Epidemiol Community Health* 71.6 (2017): 613-618.

[49] Cuhra, Marek. "Review of GMO safety assessment studies: glyphosate residues in Roundup Ready crops is an ignored issue." *Environmental Sciences Europe* 27.1 (2015): 20.

[50] Samsel, A., and Seneff, S. "Glyphosate's suppression of cytochrome P450 enzymes and amino acid biosynthesis by the gut microbiome: pathways to modern diseases." *Entropy* 15.4 (2013): 1416-1463.

[51] Samsel, A., and Seneff, S. "Glyphosate's suppression of cytochrome P450 enzymes and amino acid biosynthesis by the gut microbiome: pathways to modern diseases." *Entropy* 15.4 (2013): 1416-1463.

[52] Samsel, A., and Seneff, S. "Glyphosate's suppression of cytochrome P450 enzymes and amino acid biosynthesis by the gut microbiome: pathways to modern diseases." *Entropy* 15.4 (2013): 1416-1463.

[53] Schimpf, Marlise Guerrero, et al. "Neonatal exposure to a glyphosate based herbicide alters the development of the rat uterus." *Toxicology* 376 (2017): 2-14.

[54] Richard, Sophie, et al. "Differential effects of glyphosate and roundup on human placental cells and aromatase." *Environmental health perspectives* (2005): 716-720.

[55] Nicolopoulou-Stamati, Polyxeni, et al. "Chemical Pesticides and Human Health: The Urgent Need for a New Concept in Agriculture." *Frontiers in Public Health* 4 (2016).

[56] Barański, Marcin, et al. "Higher antioxidant and lower cadmium concentrations and lower incidence of pesticide residues in organically grown crops: a systematic literature review and meta-analyses." *British Journal of Nutrition* 112.05 (2014): 794-811.

[57] "Oates, Liza, and Marc Cohen. "Assessing diet as a modifiable risk factor for pesticide exposure." *International journal of environmental research and public health* 8.6 (2011): 1792-1804.

[58] Krüger, Monika, et al. "Detection of glyphosate residues in animals and humans." *Journal of Environmental & Analytical Toxicology* 4.2 (2014): 1.

[59] Keikotlhaile, Boitshepo Miriam, Pieter Spanoghe, and Walter Steurbaut. "Effects of food processing on pesticide residues in fruits and vegetables: a meta-analysis approach." *Food and Chemical Toxicology* 48.1 (2010): 1-6.

[60] "eCFR — Code of Federal Regulations - acamedia.info." 2 Sep. 2016, http://www.acamedia.info/sciences/sciliterature/globalw/reference/glyphosate/US_eCFR.pdf. Accessed 19 May. 2017.

[61] Canadian Food Inspection Agency: Science Branch Survey Report. *"Safeguarding with Science: Glyphosate Testing in 2015-2016."* Ottawa, Ontario Canada.

[62] Krüger, Monika, et al. "Detection of glyphosate residues in animals and humans." *Journal of Environmental & Analytical Toxicology* 4.2 (2014): 1.

[63] "Strawberries | EWG's 2017 Shopper's Guide to Pesticides in Produce." https://www.ewg.org/foodnews/strawberries.php. Accessed 2 Jun. 2017.

[64] Colborn, Theo. "A case for revisiting the safety of pesticides: a closer look at neurodevelopment." *Environmental health perspectives* (2006): 10-17.

[65] Relea, AL, and Oking Tempera. "Teflon can't stand the heat." *Environmental Working Group.* 2013.

[66] Olsen, Geary W., et al. "Half-life of serum elimination of perfluorooctanesulfonate, perfluorohexanesulfonate, and perfluorooctanoate in retired fluorochemical production workers." *Environmental health perspectives* (2007): 1298-1305.

[67] Mitro, Susanna D., Tyiesha Johnson, and Ami R. Zota. "Cumulative chemical exposures during pregnancy and early development." *Current environmental health reports* 2.4 (2015): 367-378.

[68] Fei, Chunyuan, et al. "Perfluorinated chemicals and fetal growth: a study within the Danish National Birth Cohort." Environmental health perspectives (2007): 1677-1682.

[69] Washino, Noriaki, et al. "Correlations between prenatal exposure to perfluorinated chemicals and reduced fetal growth." *Environmental Health Perspectives* 117.4 (2009): 660.

[70] Fei, Chunyuan, et al. "Fetal growth indicators and perfluorinated chemicals: a study in the Danish National Birth Cohort." *American journal of epidemiology* 168.1 (2008): 66-72.

[71] Savitz, David A., et al. "Perfluorooctanoic acid exposure and pregnancy outcome in a highly exposed community." *Epidemiology (Cambridge, Mass.)* 23.3 (2012): 386.

[72] Fei, Chunyuan, Clarice R. Weinberg, and Jørn Olsen. "Commentary: perfluorinated chemicals and time to pregnancy: a link based on reverse causation?." *Epidemiology* 23.2 (2012): 264-266.

[73] Inoue, Koichi, et al. "Perfluorooctane sulfonate (PFOS) and related perfluorinated compounds in human maternal and cord blood samples: assessment of PFOS exposure in a susceptible population during pregnancy." *Environmental health perspectives* (2004): 1204-1207.

[74] Melzer, David, et al. "Association between serum perfluorooctanoic acid (PFOA) and thyroid disease in the US National Health and Nutrition Examination Survey." (2010).

[75] Wang, Yan, et al. "Association between maternal serum perfluoroalkyl substances during pregnancy and maternal and cord thyroid hormones: Taiwan maternal and infant cohort study." *Environmental Health Perspectives (Online)* 122.5 (2014): 529.

[76] Dallaire, Renée, et al. "Thyroid hormone levels of pregnant Inuit women and their infants exposed to environmental contaminants." *Environmental health perspectives* 117.6 (2009): 1014.

[77] Shah-Kulkarni, Surabhi, et al. "Prenatal exposure to perfluorinated compounds affects thyroid hormone levels in newborn girls." *Environment International* 94 (2016): 607-613.

[78] Melzer, David, et al. "Association between serum perfluorooctanoic acid (PFOA) and thyroid disease in the US National Health and Nutrition Examination Survey." (2010).

[79] "Strawberries | EWG's 2017 Shopper's Guide to Pesticides in Produce." https://www.ewg.org/foodnews/strawberries.php. Accessed 5 Jun. 2017.

[80] Iheozor-Ejiofor, Zipporah, et al. "Water fluoridation for the prevention of dental caries." *The Cochrane Library* (2015).

[81] Caldera, R., et al. "Maternal-fetal transfer of fluoride in pregnant women." *Neonatology* 54.5 (1988): 263-269.

[82] Chen, Y. X., et al. "Research on the intellectual development of children in high fluoride areas." *Fluoride* 41.2 (2008): 120-124.

[83] Zhao, L. B., et al. "Effect of a high fluoride water supply on children's intelligence." *Fluoride* 29.4 (1996): 190-192.

[84] Bashash, Morteza, et al. "Prenatal Fluoride Exposure and Cognitive Outcomes in Children at 4 and 6–12 Years of Age in Mexico." *Environmental Health Perspectives* 87008: 1 (2017).

[85] Jiménez, L. Valdez, et al. "In utero exposure to fluoride and cognitive development delay in infants." *Neurotoxicology* 59 (2017): 65-70.

[86] Yanni, Y. U. "Effects of fluoride on the ultrastructure of glandular epithelial cells of human fetuses." *Chinese Journal of Endemiology* 19.2 (2000): 81-83.

[87] Dong, Zhong, et al. "Determina on of the Contents of Amino Acid and Monoamine Neurotransmitters in Fetal Brains from a Fluorosis Endemic Area." Journal of Guiyang Medical College 18.4 (1997): 241-245.

[88] He, Han, Zaishe Cheng, and WeiQun Liu. "Effects of fluorine on the human fetus." *Fluoride* 41.4 (2008): 321-6.

[89] Du, Li, et al. "The effect of fluorine on the developing human brain." *Fluoride* 41.4 (2008): 327-30.

[90] Yu, Yanni, et al. "Neurotransmitter and receptor changes in the brains of fetuses from areas of endemic fluorosis." *Fluoride* 41.2 (2008): 134-138.

[91] Yu, Yanni, et al. "Neurotransmitter and receptor changes in the brains of fetuses from areas of endemic fluorosis." *Fluoride* 41.2 (2008): 134-138.

[92] Li, Jing, et al. "Effects of high fluoride level on neonatal neurobehavioral development." *Fluoride* 41.2 (2008): 165-70.

[93] Wang, J. D., et al. "Effects of high fluoride and low iodine on oxidative stress and antioxidant defense of the brain in offspring rats." *Fluoride* 37.4 (2004): 264-270.

[94] Christie, David P. "The spectrum of radiographic bone changes in children with fluorosis." *Radiology* 136.1 (1980): 85-90.

[95] "Fluoride Action Network | Dental Products." http://fluoridealert.org/issues/sources/f-toothpaste/. Accessed 13 Jun. 2017.

[96] Lu, Y. I., Wen-Fei Guo, and Xian-Qiang Yang. "Fluoride content in tea and its relationship with tea quality." *Journal of agricultural and food chemistry* 52.14 (2004): 4472-4476.

[97] Whyte, Michael P., et al. "Skeletal fluorosis from instant tea." *Journal of Bone and Mineral Research* 23.5 (2008): 759-769.

[98] Malinowska, E., et al. "Assessment of fluoride concentration and daily intake by human from tea and herbal infusions." *Food and Chemical Toxicology* 46.3 (2008): 1055-1061.

[99] Nayak, Prasunpriya. "Aluminum: impacts and disease." *Environmental research* 89.2 (2002): 101-115.

[100] Karimour, A., et al. "Toxicity Effects of Aluminum Chloride on Uterus and Placenta of Pregnant Mice." *JBUMS*, (2005): 22-27.

[101] Nayak, Prasunpriya. "Aluminum: impacts and disease." *Environmental research* 89.2 (2002): 101-115.

[102] Reinke, Claudia M., Jörg Breitkreutz, and Hans Leuenberger. "Aluminium in over-the-counter drugs." *Drug Safety* 26.14 (2003): 1011-1025.

[103] Abu-Taweel, Gasem M., Jamaan S. Ajarem, and Mohammad Ahmad. "Neurobehavioral toxic effects of perinatal oral exposure to aluminum on the developmental motor reflexes, learning, memory and brain neurotransmitters of mice offspring." *Pharmacology Biochemistry and Behavior* 101.1 (2012): 49-56.

[104] Fanni, Daniela. et al. "Aluminum exposure and toxicity in neonates: a practical guide to halt aluminum overload in the prenatal and perinatal periods." *World J Pediatr* 10.2 (2014): 101-107.

[105] Dórea, José G. "Exposure to mercury and aluminum in early life: developmental vulnerability as a modifying factor in neurologic and immunologic effects." *International journal of environmental research and public health* 12.2 (2015): 1295-1313.

[106] Fanni, Daniela, et al. "Aluminum exposure and toxicity in neonates: a practical guide to halt aluminum overload in the prenatal and perinatal periods." *World Journal of Pediatrics* 10.2 (2014): 101-107.

[107] Exley, Christopher. "Human exposure to aluminium." *Environmental Science: Processes & Impacts* 15.10 (2013): 1807-1816.

[108] Reinke, Claudia M., Jörg Breitkreutz, and Hans Leuenberger. "Aluminium in over-the-counter drugs." *Drug Safety* 26.14 (2003): 1011-1025.

[109] Fanni, Daniela, et al. "Aluminum exposure and toxicity in neonates: a practical guide to halt aluminum overload in the prenatal and perinatal periods." *World Journal of Pediatrics* 10.2 (2014): 101-107.

[110] Exley, Christopher. "Human exposure to aluminium." *Environmental Science: Processes & Impacts* 15.10 (2013): 1807-1816.

[111] Dórea, José G. "Exposure to mercury and aluminum in early life: developmental vulnerability as a modifying factor in neurologic and immunologic effects." *International journal of environmental research and public health* 12.2 (2015): 1295-1313.

[112] Shaw, C. A., and L. Tomljenovic. "Aluminum in the central nervous system (CNS): toxicity in humans and animals, vaccine adjuvants, and autoimmunity." *Immunologic research* 56.2-3 (2013): 304.

[113] Crépeaux, Guillemette, et al. "Non-linear dose-response of aluminium hydroxide adjuvant particles: Selective low dose neurotoxicity." *Toxicology* 375 (2017): 48-57.

[114] Crépeaux, Guillemette, et al. "Non-linear dose-response of aluminium hydroxide adjuvant particles: Selective low dose neurotoxicity." *Toxicology* 375 (2017): 48-57.

[115] Inbar, Rotem, et al. "Behavioral abnormalities in female mice following administration of aluminum adjuvants and the human papillomavirus (HPV) vaccine Gardasil." *Immunologic Research* 65.1 (2017): 136-149.

[116] "Ranau, R., J. Oehlenschläger, and H. Steinhart. "Aluminium levels of fish fillets baked and grilled in aluminium foil." *Food Chemistry* 73.1 (2001): 1-6.

117 Bassioni, Ghada, et al. "Risk assessment of using aluminum foil in food preparation." *Int. J. Electrochem. Sci* 7.5 (2012): 4498-4509.

118 Cardenas, Andres, et al. "Persistent DNA methylation changes associated with prenatal mercury exposure and cognitive performance during childhood." *Scientific Reports* 7 (2017).

119 Cardenas, Andres, et al. "Persistent DNA methylation changes associated with prenatal mercury exposure and cognitive performance during childhood." *Scientific Reports* 7 (2017).

120 Oken, Emily, et al. "Maternal fish intake during pregnancy, blood mercury levels, and child cognition at age 3 years in a US cohort." *American Journal of Epidemiology* 167.10 (2008): 1171-1181.

121 Hibbeln, Joseph R., et al. "Maternal seafood consumption in pregnancy and neurodevelopmental outcomes in childhood (ALSPAC study): an observational cohort study." *The Lancet* 369.9561 (2007): 578-585.

122 Björnberg, K. Ask, et al. "Methyl mercury and inorganic mercury in Swedish pregnant women and in cord blood: influence of fish consumption." *Environmental Health Perspectives* 111.4 (2003): 637.

123 Palkovicova, Lubica, et al. "Maternal amalgam dental fillings as the source of mercury exposure in developing fetus and newborn." *Journal of Exposure Science and Environmental Epidemiology* 18.3 (2008): 326-331.

124 Anderson BA, Arenholt-Bindslev D, Cooper IR, et al. Dental amalgam—a report with reference to the medical devices directive 93/42/EEC from an Ad Hoc Working Group mandated by DGIII of the European Commission. Angelholm, Sweden: Nordiska Dental AB, 1998.

125 Mahboubi, Arash, et al. "Evaluation of thimerosal removal on immunogenicity of aluminum salts adjuvanted recombinant hepatitis B vaccine." *Iranian journal of pharmaceutical research: IJPR* 11.1 (2012): 39.

126 Pletz, Julia, Francisco Sánchez-Bayo, and Henk A. Tennekes. "Dose-response analysis indicating time-dependent neurotoxicity caused by organic and inorganic mercury—Implications for toxic effects in the developing brain." *Toxicology* 347 (2016): 1-5.

127 Rattan, Saniya, et al. "Exposure to endocrine disruptors during adulthood: consequences for female fertility." *Journal of Endocrinology* 233.3 (2017): R109-R129.

128 Mitro, Susanna D., Tyiesha Johnson, and Ami R. Zota. "Cumulative chemical exposures during pregnancy and early development." *Current environmental health reports* 2.4 (2015): 367-378.

129 Hu, Jianzhong, et al. "Effect of postnatal low-dose exposure to environmental chemicals on the gut microbiome in a rodent model." *Microbiome* 4.1 (2016): 26.

130 Philippat, Claire, et al. "Prenatal exposure to phenols and growth in boys." *Epidemiology (Cambridge, Mass.)* 25.5 (2014): 625.

131 "Hu, Jianzhong, et al. "Effect of postnatal low-dose exposure to environmental chemicals on the gut microbiome in a rodent model." *Microbiome* 4.1 (2016): 26.

132 Geer, Laura A., et al. "Association of birth outcomes with fetal exposure to parabens, triclosan and triclocarban in an immigrant population in Brooklyn, New York." *Journal of hazardous materials* 323 (2017): 177-183.

133 Marcus, Donald M., and Arthur P. Grollman. "Botanical medicines--the need for new regulations." *The New England Journal of Medicine* 347.25 (2002): 2073.

134 "Metals > Questions and Answers on Lead-Glazed Traditional ... - FDA." 9 May. 2017, https://www.fda.gov/food/foodborneillnesscontaminants/metals/ucm233281.htm. Accessed 15 Jun. 2017.

135 Morita, K., T. Matsueda, and T. Iida. "Effect of green vegetable on digestive tract absorption of polychlorinated dibenzo-p-dioxins and polychlorinated dibenzofurans in rats." *Fukuoka igaku zasshi= Hukuoka acta medica* 90.5 (1999): 171-183.

136 Navarro, Sandi L., et al. "Modulation of human serum glutathione S-transferase A1/2 concentration by cruciferous vegetables in a controlled feeding study is influenced by GSTM1 and GSTT1 genotypes." *Cancer Epidemiology and Prevention Biomarkers* 18.11 (2009): 2974-2978.

137 Sears, Margaret E. "Chelation: harnessing and enhancing heavy metal detoxification—a review." *The Scientific World Journal* 2013 (2013).

138 Morita, Kunimasa, Masahiro Ogata, and Takashi Hasegawa. "Chlorophyll derived from Chlorella inhibits dioxin absorption from the gastrointestinal tract and accelerates dioxin excretion in rats." *Environmental Health Perspectives* 109.3 (2001): 289.

139 Nakano, Shiro, Hideo Takekoshi, and Masuo Nakano. "Chlorella (Chlorella pyrenoidosa) supplementation decreases dioxin and increases immunoglobulin a concentrations in breast milk." *Journal of medicinal food* 10.1 (2007): 134-142.

140 Uchikawa, Takuya, et al. "The enhanced elimination of tissue methylmercury in Parachlorella beijerinckii-fed mice." *The Journal of toxicological sciences* 36.1 (2011): 121-126.

141 Banji, David, et al. "Investigation on the role of Spirulina platensis in ameliorating behavioural changes, thyroid dysfunction and oxidative stress in offspring of pregnant rats exposed to fluoride." *Food chemistry* 140.1 (2013): 321-331.

142 Gargouri, M., et al. "Toxicity of Lead on Femoral Bone in Suckling Rats: Alleviation by Spirulina." *Research & Reviews in BioSciences* 11.3 (2016).

143 Niang, Khadim, et al. "Spirulina Supplementation in Pregnant Women in the Dakar Region (Senegal)." *Open Journal of Obstetrics and Gynecology* 7.01 (2016): 147.

144 Whanger, P. D. "Selenium in the treatment of heavy metal poisoning and chemical carcinogenesis." *Journal of trace elements and electrolytes in health and disease* 6.4 (1992): 209-221.

145 Lundebye, Anne-Katrine, et al. "Lower levels of persistent organic pollutants, metals and the marine omega 3-fatty acid DHA in farmed compared to wild Atlantic salmon (Salmo salar)." *Environmental research* 155 (2017): 49-59.

146 Verma, R. J., and DM Guna Sherlin. "Vitamin C ameliorates fluoride-induced embryotoxicity in pregnant rats." *Human & experimental toxicology* 20.12 (2001): 619-623.

147 Karthikeyan, Subramanian, et al. "Polychlorinated biphenyl (PCBs)-induced oxidative stress plays a role on vertebral antioxidant system: Ameliorative role of vitamin C and E in male Wistar rats." *Biomedicine & Preventive Nutrition* 4.3 (2014): 411-416.

148 Lee, Jun-Ho, et al. "Dietary vitamin C reduced mercury contents in the tissues of juvenile olive flounder (Paralichthys olivaceus) exposed with and without mercury." *Environmental toxicology and pharmacology* 45 (2016): 8-14.

Ch11 壓力與心理健康

1 Shahhosseini, Zohreh, et al. "A Review of the Effects of Anxiety During Pregnancy on Children's Health." *Materia socio-medica* 27.3 (2015): 200.

2 Field, Tiffany, Miguel Diego, and Maria Hernandez-Reif. "Prenatal depression effects on the fetus and newborn: a review." *Infant Behavior and Development* 29.3 (2006): 445-455.

3 Wadhwa, Pathik D., et al. "The contribution of maternal stress to preterm birth: issues and considerations." *Clinics in Perinatology* 38.3 (2011): 351-384.

4 Vianna, Priscila, et al. "Distress conditions during pregnancy may lead to pre-eclampsia by increasing cortisol levels and altering lymphocyte sensitivity to glucocorticoids." *Medical hypotheses* 77.2 (2011): 188-191.

5 Shahhosseini, Zohreh, et al. "A Review of the Effects of Anxiety During Pregnancy on Children's Health." *Materia socio-medica* 27.3 (2015): 200.

6 Fowden AL, Forhead AJ, Coan PM, Burton GJ. The placenta and intrauterine programming. *J Neuroendocrinol*. 2008;20(4):439-450.

7 Scheinost, Dustin, et al. "Does prenatal stress alter the developing connectome?." *Pediatric research* 81.1-2 (2017): 214-226.

8 Baibazarova, Eugenia, et al. "Influence of prenatal maternal stress, maternal plasma cortisol and cortisol in the amniotic fluid on birth outcomes and child temperament at 3 months." *Psychoneuroendocrinology* 38.6 (2013): 907-915.

9 Qiu, A., et al. "Maternal anxiety and infants' hippocampal development: timing matters." *Translational psychiatry* 3.9 (2013): e306.

10 Field, Tiffany, Miguel Diego, and Maria Hernandez-Reif. "Prenatal depression effects on the fetus and newborn: a review." *Infant Behavior and Development* 29.3 (2006): 445-455.

11 Urizar, Guido G., et al. "Impact of stress reduction instructions on stress and cortisol levels during pregnancy." *Biological Psychology* 67.3 (2004): 275-282.

12 Goodman, Janice H., et al. "CALM Pregnancy: results of a pilot study of mindfulness-based cognitive therapy for perinatal anxiety." *Archives of women's mental health* 17.5 (2014): 373-387.

13 Ahmadi, Zohre, et al. "Effect of breathing technique of blowing on the extent of damage to the perineum at the moment of delivery: A randomized clinical trial." *Iranian journal of nursing and midwifery research* 22.1 (2017): 62.

14 Haseeb, Yasmeen A., et al. "The impact of valsalva's versus spontaneous pushing techniques during second stage of labor on postpartum maternal fatigue and neonatal outcome." *Saudi Journal of Medicine and Medical Sciences* 2.2 (2014): 101.

15 Church, Dawson, Garret Yount, and Audrey J. Brooks. "The effect of emotional freedom techniques on stress biochemistry: a randomized controlled trial." *The Journal of nervous and mental disease* 200.10 (2012): 891-896.

16 Field, Tiffany, Miguel Diego, and Maria Hernandez-Reif. "Prenatal depression effects on the fetus and newborn: a review." *Infant Behavior and Development* 29.3 (2006): 445-455.

17 Errington-Evans, Nick. "Acupuncture for anxiety." *CNS neuroscience & therapeutics* 18.4 (2012): 277-284.

18 Manber, Rachel, et al. "Acupuncture: a promising treatment for depression during pregnancy." *Journal of affective disorders* 83.1 (2004): 89-95.

19 Leung, Brenda MY, and Bonnie J. Kaplan. "Perinatal depression: prevalence, risks, and the nutrition link—a review of the literature." *Journal of the American Dietetic Association* 109.9 (2009): 1566-1575.

20 DiGirolamo, Ann M., and Manuel Ramirez-Zea. "Role of zinc in maternal and child mental health." *The American journal of clinical nutrition* 89.3 (2009): 940S-945S.

21 Ramakrishnan, Usha. "Fatty acid status and maternal mental health." *Maternal & Child Nutrition* 7.s2 (2011): 99-111.

22 Beard, John L., et al. "Maternal iron deficiency anemia affects postpartum emotions and cognition." *The Journal of Nutrition* 135.2 (2005): 267-272.

23 Lin, Pao-Yen, et al. "Polyunsaturated Fatty Acids in Perinatal Depression: A Systematic Review and Meta-analysis." *Biological Psychiatry* (2017).

24 Rios, Adiel C., et al. "Microbiota abnormalities and the therapeutic potential of probiotics in the treatment of mood disorders." *Reviews in the Neurosciences* (2017).

[25] Foster, Jane A., and Karen-Anne McVey Neufeld. "Gut–brain axis: how the microbiome influences anxiety and depression." *Trends in neurosciences* 36.5 (2013): 305-312.

Ch12 第四孕期

[1] Campbell, Olivia. "Unprepared and unsupported, I fell through the cracks as a new mom." Quartz. 15 May. 2017, https://qz.com/959420/unprepared-and-unsupported-i-fell-through-the-cracks-as-a-new-mom/. Accessed 12 Sept. 2017.

[2] Kim-Godwin, Yeoun Soo. "Postpartum beliefs and practices among non-Western cultures." *MCN: The American Journal of Maternal/Child Nursing* 28.2 (2003): 74-78.

[3] Piperata, Barbara Ann. "Forty days and forty nights: a biocultural perspective on postpartum practices in the Amazon." *Social Science & Medicine* 67.7 (2008): 1094-1103.

[4] Dennis, Cindy-Lee, et al. "Traditional postpartum practices and rituals: a qualitative systematic review." *Women's Health* 3.4 (2007): 487-502.

[5] Kim-Godwin, Yeoun Soo. "Postpartum beliefs and practices among non-Western cultures." *MCN: The American Journal of Maternal/Child Nursing* 28.2 (2003): 74-78.

[6] "Secrets Of Breast-Feeding From Global Moms In The Know - NPR." 26 Jun. 2017, http://www.npr.org/sections/goatsandsoda/2017/06/26/534021439/secrets-of-breast-feeding-from-global-moms-in-the-know. Accessed 6 Jul. 2017.

[7] Dennis, Cindy-Lee, et al. "Traditional postpartum practices and rituals: a qualitative systematic review." *Women's Health* 3.4 (2007): 487-502.

[8] White, Patrice. "Heat, balance, humors, and ghosts: postpartum in Cambodia." *Health care for women international* 25.2 (2004): 179-194.

[9] Waugh, Lisa Johnson. "Beliefs associated with Mexican immigrant families' practice of la cuarentena during postpartum recovery." *Journal of Obstetric, Gynecologic, & Neonatal Nursing* 40.6 (2011): 732-741.

[10] "Freeman, Marci. "Postpartum care from ancient India." *Midwifery Today* 61 (2002): 23-4.

[11] Lennox, Jessica, Pammla Petrucka, and Sandra Bassendowski. "Eating practices during pregnancy: perceptions of select Maasai women in Northern Tanzania." *Global Health Research and Policy* 2.1 (2017): 9.

[12] Piperata, Barbara Ann. "Forty days and forty nights: a biocultural perspective on postpartum practices in the Amazon." *Social Science & Medicine* 67.7 (2008): 1094-1103.

[13] Dennis, Cindy-Lee, et al. "Traditional postpartum practices and rituals: a qualitative systematic review." *Women's Health* 3.4 (2007): 487-502.

[14] Kim-Godwin, Yeoun Soo. "Postpartum beliefs and practices among non-Western cultures." *MCN: The American Journal of Maternal/Child Nursing* 28.2 (2003): 74-78.

[15] Dennis, Cindy-Lee, et al. "Traditional postpartum practices and rituals: a qualitative systematic review." *Women's Health* 3.4 (2007): 487-502.

[16] Poh, Bee Koon, Yuen Peng Wong, and Norimah A. Karim. "Postpartum dietary intakes and food taboos among Chinese women attending maternal and child health clinics and maternity hospital, Kuala Lumpur." *Malaysian Journal of Nutrition* 11.1 (2005): 1-21.

[17] Poh, Bee Koon, Yuen Peng Wong, and Norimah A. Karim. "Postpartum dietary intakes and food taboos among Chinese women attending maternal and child health clinics and maternity hospital, Kuala Lumpur." *Malaysian Journal of Nutrition* 11.1 (2005): 1-21.

[18] Ou, Heng, et al. *The First Forty Days.* Abrams. New York, 2016.

[19] Poh, Bee Koon, Yuen Peng Wong, and Norimah A. Karim. "Postpartum dietary intakes and food taboos among Chinese women attending maternal and child health clinics and maternity hospital, Kuala Lumpur." *Malaysian Journal of Nutrition* 11.1 (2005): 1-21.

[20] Dennis, Cindy-Lee, et al. "Traditional postpartum practices and rituals: a qualitative systematic review." *Women's Health* 3.4 (2007): 487-502.

[21] Poh, Bee Koon, Yuen Peng Wong, and Norimah A. Karim. "Postpartum dietary intakes and food taboos among Chinese women attending maternal and child health clinics and maternity hospital, Kuala Lumpur." *Malaysian Journal of Nutrition* 11.1 (2005): 1-21.

[22] Waugh, Lisa Johnson. "Beliefs associated with Mexican immigrant families' practice of la cuarentena during postpartum recovery." *Journal of Obstetric, Gynecologic, & Neonatal Nursing* 40.6 (2011): 732-741.

[23] Piperata, Barbara Ann. "Forty days and forty nights: a biocultural perspective on postpartum practices in the Amazon." *Social Science & Medicine* 67.7 (2008): 1094-1103.

[24] "Kim-Godwin, Yeoun Soo. "Postpartum beliefs and practices among non-Western cultures." *MCN: The American Journal of Maternal/Child Nursing* 28.2 (2003): 74-78.

[25] White, Patrice. "Heat, balance, humors, and ghosts: postpartum in Cambodia." *Health care for women international* 25.2 (2004): 179-194.

[26] Iliyasu, Z., et al. "Postpartum beliefs and practices in Danbare village, Northern Nigeria." *Journal of obstetrics and gynaecology* 26.3 (2006): 211-215.

[27] Ngunyulu, Roinah N., Fhumulani M. Mulaudzi, and Mmapheko D. Peu. "Comparison between indigenous and Western postnatal care practices in Mopani District, Limpopo Province, South Africa." *Curationis* 38.1 (2015): 1-9.

[28] Duffield, Todd. "Subclinical ketosis in lactating dairy cattle." *Veterinary clinics of north america: Food Animal Practice* 16.2 (2000): 231-253.

[29] Feldman, Anna Z., and Florence M. Brown. "Management of type 1 diabetes in pregnancy " *Current diabetes reports* 16.8 (2016): 1-13.

[30] Mohammad, Mahmoud A., Agneta L. Sunehag, and Morey W. Haymond. "Effect of dietary macronutrient composition under moderate hypocaloric intake on maternal adaptation during lactation." *The American journal of clinical nutrition* 89.6 (2009): 1821-1827.

[31] Allen, Lindsay H. "B vitamins in breast milk: relative importance of maternal status and intake, and effects on infant status and function." *Advances in Nutrition: An International Review Journal* 3.3 (2012): 362-369.

[32] Valentine, Christina J., and Carol L. Wagner. "Nutritional management of the breastfeeding dyad." *Pediatric clinics of North America* 60.1 (2013): 261-274.

[33] Emmett, Pauline M., and Imogen S. Rogers. "Properties of human milk and their relationship with maternal nutrition." *Early human development* 49 (1997): S7-S28.

[34] Allen, Lindsay H. "B vitamins in breast milk: relative importance of maternal status and intake, and effects on infant status and function." *Advances in Nutrition: An International Review Journal* 3.3 (2012): 362-369.

[35] Greer, Frank R., et al. "Improving the vitamin K status of breastfeeding infants with maternal vitamin K supplements." *Pediatrics* 99.1 (1997): 88-92.

[36] "Gilmore JH, Lin W, Prasatwa MW, et al. Regional gray matter growth, sexual dimorphism, and cerebral asymmetry in the neonatal brain. Journal of Neuroscience. 2007;27(6):1255-1260

[37] Allen, Lindsay H. "B vitamins in breast milk: relative importance of maternal status and intake, and effects on infant status and function." *Advances in Nutrition: An International Review Journal* 3.3 (2012): 362-369.

[38] Valentine, Christina J., and Carol L. Wagner. "Nutritional management of the breastfeeding dyad." *Pediatric clinics of North America* 60.1 (2013): 261-274.

[39] Graham, Stephen M., Otto M. Arvela, and Graham A. Wise. "Long-term neurologic consequences of nutritional vitamin B 12 deficiency in infants." *The Journal of pediatrics* 121.5 (1992): 710-714.

[40] Kühne, T., R. Bubl, and R. Baumgartner. "Maternal vegan diet causing a serious infantile neurological disorder due to vitamin B 12 deficiency." *European journal of pediatrics* 150.3 (1991): 205-208.

[41] Weiss, Rachel, Yacov Fogelman, and Michael Bennett. "Severe vitamin B12 deficiency in an infant associated with a maternal deficiency and a strict vegetarian diet." *Journal of pediatric hematology/oncology* 26.4 (2004): 270-271.

[42] Sklar, Ronald. "Nutritional vitamin B12 deficiency in a breast-fed infant of a vegan-diet mother." *Clinical pediatrics* 25.4 (1986): 219-221.

[43] Allen, Lindsay H. "B vitamins in breast milk: relative importance of maternal status and intake, and effects on infant status and function." *Advances in Nutrition: An International Review Journal* 3.3 (2012): 362-369.

[44] Kühne, T., R. Bubl, and R. Baumgartner. "Maternal vegan diet causing a serious infantile neurological disorder due to vitamin B 12 deficiency." *European journal of pediatrics* 150.3 (1991): 205-208.

[45] Herrmann, Wolfgang, et al. "Vitamin B-12 status, particularly holotranscobalamin II and methylmalonic acid concentrations, and hyperhomocysteinemia in vegetarians." *The American journal of clinical nutrition* 78.1 (2003): 131-136.

[46] Davenport, Crystal, et al. "Choline intakes exceeding recommendations during human lactation improve breast milk choline content by increasing PEMT pathway metabolites." *The Journal of nutritional biochemistry* 26.9 (2015): 903-911.

[47] Meck, Warren H., and Christina L. Williams. "Metabolic imprinting of choline by its availability during gestation: implications for memory and attentional processing across the lifespan." *Neuroscience & Biobehavioral Reviews* 27.4 (2003): 385-399.

[48] U.S. National Library of Medicine. *"LACTMED: Lecithin"* TOXNET. https://toxnet.nlm.nih.gov/. Accessed 14 Nov. 2017.

[49] Kim, Hyesook, et al. "Breast milk fatty acid composition and fatty acid intake of lactating mothers in South Korea." *British Journal of Nutrition* 117.4 (2017): 556-561.

[50] Ratnayake, WM Nimal, et al. "Mandatory trans fat labeling regulations and nationwide product reformulations to reduce trans fatty acid content in foods contributed to lowered concentrations of trans fat in Canadian women's breast milk samples collected in 2009–2011." *The American journal of clinical nutrition* 100.4 (2014): 1036-1040.

[51] Mohammad, Mahmoud A., Agneta L. Sunehag, and Morey W. Haymond. "Effect of dietary macronutrient composition under moderate hypocaloric intake on maternal adaptation during lactation." *The American journal of clinical nutrition* 89.6 (2009): 1821-1827.

[52] Innis, Sheila M., Judith Gilley, and Janet Werker. "Are human milk long-chain polyunsaturated fatty acids related to visual and neural development in breast-fed term infants?" *The Journal of pediatrics* 139.4 (2001): 532-538.

[53] Innis, Sheila M., Judith Gilley, and Janet Werker. "Are human milk long-chain polyunsaturated fatty acids related to visual and neural development in breast-fed term infants?." *The Journal of pediatrics* 139.4 (2001): 532-538.

[54] Carlson, Susan E. "Docosahexaenoic acid supplementation in pregnancy and lactation." *The American journal of clinical nutrition* 89.2 (2009): 678S-684S.

55 Francois, Cindy A., et al. "Supplementing lactating women with flaxseed oil does not increase docosahexaenoic acid in their milk." *The American journal of clinical nutrition* 77.1 (2003): 226-233.

56 Finley, Dorothy Ann, et al. "Breast milk composition: fat content and fatty acid composition in vegetarians and non-vegetarians." *The American journal of clinical nutrition* 41.4 (1985): 787-800.

57 Chang, Pishan, et al. "Seizure control by ketogenic diet-associated medium chain fatty acids." *Neuropharmacology* 69 (2013): 105-114.

58 Muneta, Tetsuo, et al. "Ketone body elevation in placenta, umbilical cord, newborn and mother in normal delivery." *Glycative Stress Research* 3.3 (2016): 133-140.

59 Desbois, Andrew P., and Valerie J. Smith. "Antibacterial free fatty acids: activities, mechanisms of action and biotechnological potential." *Applied microbiology and biotechnology* 85.6 (2010): 1629-1642.

60 Rist, Lukas, et al. "Influence of organic diet on the amount of conjugated linoleic acids in breast milk of lactating women in the Netherlands." *British journal of Nutrition* 97.4 (2007): 735-743.

61 Thijs, C., et al. "Fatty acids in breast milk and development of atopic eczema and allergic sensitisation in infancy." *Allergy* 66.1 (2011): 58-67.

62 Helland, Ingrid B., et al. "Similar effects on infants of n-3 and n-6 fatty acids supplementation to pregnant and lactating women." *Pediatrics* 108.5 (2001): e82-e82.

63 Friesen, Russell, and Sheila M. Innis. "Trans fatty acids in human milk in Canada declined with the introduction of trans fat food labeling." *The Journal of nutrition* 136.10 (2006): 2558-2561.

64 Innis, Sheila M. "Trans fatty intakes during pregnancy, infancy and early childhood." *Atherosclerosis Supplements* 7.2 (2006): 17-20.

65 Albuquerque, KT, Sardinha, FL, Telles, MM, Watanabe, RL, Nascimento, CM, Tavares do Carmo, MG et al. Intake of trans fatty acid-rich hydrogenated fat during pregnancy and lactation inhibits the hypophagic effect of central insulin in the adult offspring. *Nutrition.* 2006; 22: 820–829.

66 Pimentel, GD, Lira, FS, Rosa, JC, Oliveira, JL, Losinskas-Hachul, AC, Souza, GI et al. Intake of trans fatty acids during gestation and lactation leads to hypothalamic inflammation via TLR4/NFκBp65 signaling in adult offspring. *J Nutr Biochem.* 2012; 23: 265–271.

67 Elias, Sandra L., and Sheila M. Innis. "Bakery foods are the major dietary source of trans-fatty acids among pregnant women with diets providing 30 percent energy from fat." *Journal of the American Dietetic Association* 102.1 (2002): 46-51.

68 Valentine, Christina J., and Carol L. Wagner. "Nutritional management of the breastfeeding dyad." *Pediatric clinics of North America* 60.1 (2013): 261-274.

69 Bahl, Rajiv, et al. "Vitamin A supplementation of women postpartum and of their infants at immunization alters breast milk retinol and infant vitamin A status." *The Journal of nutrition* 132.11 (2002): 3243-3248.

70 Gurgel, Cristiane Santos Sânzio, et al. "Effect of routine prenatal supplementation on vitamin concentrations in maternal serum and breast milk." *Nutrition* 33 (2017): 261-265.

71 Hollis, Bruce W., et al. "Maternal versus infant vitamin D supplementation during lactation: a randomized controlled trial." *Pediatrics* 136.4 (2015): 625-634.

72 Hollis, Bruce W., et al. "Maternal versus infant vitamin D supplementation during lactation: a randomized controlled trial." *Pediatrics* 136.4 (2015): 625-634.

73 Mulrine, Hannah M., et al. "Breast-milk iodine concentration declines over the first 6 mo postpartum in iodine-deficient women." *The American journal of clinical nutrition* 92.4 (2010): 849-856.

74 Azizi, Fereidoun, and Peter Smyth. "Breastfeeding and maternal and infant iodine nutrition." *Clinical endocrinology* 70.5 (2009): 803-809.

75 Azizi, Fereidoun, and Peter Smyth. "Breastfeeding and maternal and infant iodine nutrition." *Clinical endocrinology* 70.5 (2009): 803-809.

76 Leung, Angela M., Elizabeth N. Pearce, and Lewis E. Braverman. "Iodine nutrition in pregnancy and lactation." *Endocrinology and metabolism clinics of North America* 40.4 (2011): 765-777.

77 Dasgupta, Purnendu K., et al. "Intake of iodine and perchlorate and excretion in human milk." *Environmental science & technology* 42.21 (2008): 8115-8121.

78 Levant, Beth, Jeffery D. Radel, and Susan E. Carlson. "Reduced brain DHA content after a single reproductive cycle in female rats fed a diet deficient in N-3 polyunsaturated fatty acids." *Biological psychiatry* 60.9 (2006): 987-990.

79 Veugelers, Paul J., and John Paul Ekwaru. "A statistical error in the estimation of the recommended dietary allowance for vitamin D." *Nutrients* 6.10 (2014): 4472-4475.

80 Papadimitriou, Dimitrios T. "The big Vitamin D mistake." *Journal of Preventive Medicine and Public Health* (2017).

81 Heaney, Robert P., et al. "Vitamin D3 is more potent than vitamin D2 in humans." *The Journal of Clinical Endocrinology & Metabolism* 96.3 (2011): E447-E452.

82 Alexander, Erik K., et al. "2017 Guidelines of the American Thyroid Association for the diagnosis and management of thyroid disease during pregnancy and the postpartum." *Thyroid* 27.3 (2017): 315-389.

83 Aceves, Carmen, Brenda Anguiano, and Guadalupe Delgado. "Is iodine a gatekeeper of the integrity of the mammary gland?." *Journal of mammary gland biology and neoplasia* 10.2 (2005): 189-196.

84 Soto, Ana, et al. "Lactobacilli and bifidobacteria in human breast milk: influence of antibiotherapy and other host and clinical factors." *Journal of pediatric gastroenterology and nutrition* 59.1 (2014): 78.

85 Rautava, Samuli, Marko Kalliomäki, and Erika Isolauri. "Probiotics during pregnancy and breast-feeding might confer immunomodulatory protection against atopic disease in the infant." *Journal of Allergy and Clinical Immunology* 109.1 (2002): 119-121.

[86] Baldassarre, Maria Elisabetta, et al. "Administration of a multi-strain probiotic product to women in the perinatal period differentially affects the breast milk cytokine profile and may have beneficial effects on neonatal gastrointestinal functional symptoms. A randomized clinical trial." *Nutrients* 8.11 (2016): 677.

[87] Young, Sharon Marie, "Effects of Human Maternal Placentophagy on Postpartum Maternal Affect, Health, and Recovery" (2016). *UNLV Theses, Dissertations, Professional Papers, and Capstones*. 2818.

[88] Young, Sharon M., et al. "Human placenta processed for encapsulation contains modest concentrations of fourteen trace minerals and elements." *Nutr Res* (2016).

[89] Abascal, Kathy, and Eric Yarnell. "Botanical galactagogues." *Alternative and Complementary Therapies* 14.6 (2008): 288-294.

[90] Silva, Fernando V., et al. "Chamomile reveals to be a potent galactogogue: the unexpected effect." *The Journal of Maternal-Fetal & Neonatal Medicine* (2017): 1-3.

[91] Chang, Shao-Min, and Chung-Hey Chen. "Effects of an intervention with drinking chamomile tea on sleep quality and depression in sleep disturbed postnatal women: a randomized controlled trial." *Journal of advanced nursing* 72.2 (2016): 306-315.

[92] Klier, C. M., et al. "St. John's Wort (Hypericum Perforatum)-Is it Safe during Breastfeeding?." *Pharmacopsychiatry* 35.01 (2002): 29-30.

[93] Palacios, Cristina, and Lilliana Gonzalez. "Is vitamin D deficiency a major global public health problem?." *The Journal of steroid biochemistry and molecular biology* 144 (2014): 138-145.

[94] Murphy, Pamela K., et al. "An exploratory study of postpartum depression and vitamin D." *Journal of the American Psychiatric Nurses Association* 16.3 (2010): 170-177.

[95] "Vitamin D Council | Testing for vitamin D." https://www.vitamindcouncil.org/about-vitamin-d/testing-for-vitamin-d/. Accessed 8 May. 2017.

[96] Le Donne, Maria, et al. "Postpartum mood disorders and thyroid autoimmunity." *Frontiers in endocrinology* 8 (2017).

[97] Stagnaro-Green, Alex. "Postpartum management of women begun on levothyroxine during pregnancy." *Frontiers in endocrinology* 6 (2015).

[98] Le Donne, Maria, et al. "Postpartum mood disorders and thyroid autoimmunity." *Frontiers in endocrinology* 8 (2017).

[99] Le Donne, Maria, et al. "Postpartum mood disorders and thyroid autoimmunity." *Frontiers in endocrinology* 8 (2017).

[100] Le Donne, Maria, et al. "Postpartum mood disorders and thyroid autoimmunity." *Frontiers in endocrinology* 8 (2017).

[101] Stagnaro-Green, Alex. "Postpartum management of women begun on levothyroxine during pregnancy." *Frontiers in endocrinology* 6 (2015).

[102] Krysiak, R., K. Kowalcze, and B. Okopien. "The effect of vitamin D on thyroid autoimmunity in non-lactating women with postpartum thyroiditis." *European journal of clinical nutrition* (2016).

[103] Jeffcoat, Heather. "Postpartum Recovery After Vaginal Birth: The First 6 Weeks." *International Journal of Childbirth Education* 24.3 (2009): 32.

[104] Reimers, C., et al. "Change in pelvic organ support during pregnancy and the first year postpartum: a longitudinal study." *BJOG: An International Journal of Obstetrics & Gynaecology* 123.5 (2016): 821-829.

[105] Dennis, Cindy-Lee, et al. "Traditional postpartum practices and rituals: a qualitative systematic review." *Women's Health* 3.4 (2007): 487-502.

[106] Gyhagen, M. 1., et al. "Prevalence and risk factors for pelvic organ prolapse 20 years after childbirth: a national cohort study in singleton primiparae after vaginal or caesarean delivery." *BJOG: An International Journal of Obstetrics & Gynaecology* 120.2 (2013): 152-160.

[107] Wu, Jennifer M., et al. "Lifetime risk of stress incontinence or pelvic organ prolapse surgery." *Obstetrics and gynecology* 123.6 (2014): 1201.

[108] Kandadai, Padma, Katharine O'Dell, and Jyot Saini. "Correct performance of pelvic muscle exercises in women reporting prior knowledge." *Female pelvic medicine & reconstructive surgery* 21.3 (2015): 135-140.

[109] Price, Natalia, Rehana Dawood, and Simon R. Jackson. "Pelvic floor exercise for urinary incontinence: a systematic literature review." *Maturitas* 67.4 (2010): 309-315.

[110] Strang, Victoria R., and Patricia L. Sullivan. "Body image attitudes during pregnancy and the postpartum period." *Journal of Obstetric, Gynecologic, & Neonatal Nursing* 14.4 (1985): 332-337.

[111] Leahy, Katie, et al. "The Relationship between Intuitive Eating and Postpartum Weight Loss." *Maternal and Child Health Journal* (2017): 1-7.

[112] Fergerson SS, Jamieson DJ, Lindsay M. "Diagnosing postpartum depression: can we do better?" *Am J Obstet Gynecol* 2002 May; 186(5):899-902.

[113] Leung, Brenda MY, and Bonnie J. Kaplan. "Perinatal depression: prevalence, risks, and the nutrition link—a review of the literature." *Journal of the American Dietetic Association* 109.9 (2009): 1566-1575.

[114] Candela, C. Gómez, LMa Bermejo López, and V. Loria Kohen. "Importance of a balanced omega 6/omega 3 ratio for the maintenance of health. Nutritional recommendations." *Nutricion hospitalaria* 26.2 (2011): 323-329.

[115] Le Donne, Maria, et al. "Postpartum mood disorders and thyroid autoimmunity." *Frontiers in endocrinology* 8 (2017).

[116] Smits, Luc JM, and Gerard GM Essed. "Short interpregnancy intervals and unfavourable pregnancy outcome: role of folate depletion." *The Lancet* 358.9298 (2001): 2074-2077.

[117] Conde-Agudelo, Agustín, Anyeli Rosas-Bermudez, and Maureen H. Norton. "Birth spacing and risk of autism and other neurodevelopmental disabilities: a systematic review." *Pediatrics* (2016): e20153482.

[118] DaVanzo, Julie, et al. "Effects of interpregnancy interval and outcome of the preceding pregnancy on pregnancy outcomes in Matlab, Bangladesh." *BJOG: An International Journal of Obstetrics & Gynaecology* 114.9 (2007): 1079-1087.

[119] Conde-Agudelo, Agustín, et al. "Effects of birth spacing on maternal, perinatal, infant, and child health: a systematic review of causal mechanisms." *Studies in family planning* 43.2 (2012): 93-114.

[120] Conde-Agudelo, Agustín, et al. "Effects of birth spacing on maternal, perinatal, infant, and child health: a systematic review of causal mechanisms." *Studies in family planning* 43.2 (2012): 93-114.

[121] Conde-Agudelo, Agustín, Anyeli Rosas-Bermudez, and Maureen H. Norton. "Birth spacing and risk of autism and other neurodevelopmental disabilities: a systematic review." *Pediatrics* (2016): e20153482.

[122] DaVanzo, Julie, et al. "Effects of interpregnancy interval and outcome of the preceding pregnancy on pregnancy outcomes in Matlab, Bangladesh." *BJOG: An International Journal of Obstetrics & Gynaecology* 114.9 (2007): 1079-1087.

[123] Price, Weston A. *Nutrition and Physical Degeneration A Comparison of Primitive and Modern Diets and Their Effects.* New York: Hoeber. 1939. Print.

國家圖書館出版品預行編目 (CIP) 資料

懷孕全食物營養指南：結合西醫與自然醫學，以最新
營養科學，為媽媽和寶寶打造的完整孕期指引／莉
莉．尼克斯 (Lily Nichols) 作；駱香潔譯 . -- 初版 . --
臺北市：如果出版：大雁出版基地發行, 2021.08
　　面；　公分

譯自：Real food for pregnancy : the science and wisdom of
optimal prenatal nutrition
ISBN 978-986-06767-7-8(平裝)
1. 懷孕 2. 健康飲食 3. 婦女健康

429.12　　　　　　　　　　　　110012572

懷孕全食物營養指南：
結合西醫與自然醫學，以最新營養科學，為媽媽和寶寶打造的完整孕期指引
Real Food For Pregnancy: the Science and Wisdom of Optimal Prenatal Nutrition

作　　　者──莉莉・尼克斯 認證營養師／糖尿病衛教師（Lily Nichols, RDN, CDE）
譯　　　者──駱香潔
封面設計──萬勝安
責任編輯──鄭襄憶
行銷業務──王綬晨、邱紹溢
行銷企劃──曾志傑
副總編輯──張海靜
總 編 輯──王思迅
榮譽顧問──郭其彬
發 行 人──蘇拾平
出　　　版──如果出版
發　　　行──大雁出版基地
地　　　址──台北市松山區復興北路 333 號 11 樓之 4
電　　　話──02-2718-2001
傳　　　真──02-2718-1258
讀者傳真服務──02-2718-1258
讀者服務信箱 E-mail──andbooks@andbooks.com.tw
劃撥帳號──19983379
戶　　　名──大雁文化事業股份有限公司
出版日期──2021 年 8 月 初版
定　　　價──580 元
I S B N──978-986-06767-7-8

歡迎光臨大雁出版基地官網
www.andbooks.com.tw
訂閱電子報並填寫回函卡